化学分析

李增和　主编

科学出版社
北京

内 容 简 介

本书共 7 章，系统介绍了分析化学的发展历程、化学定量分析的共性问题、数据处理问题、滴定分析、重量分析及化学定性分析整体内容，并加入化学计量的基础内容。编者结合多年的教学经验，每个章节通过问题引入的方式，方便学生带着问题进行预习，符合学生学习习惯，并在每章后加入仪器分析的相关知识链接，为后续课程学习奠定基础。

本书可作为高等学校化学类各专业本科生的教材，也可作为化学、化工及相关专业工程技术人员的参考用书。

图书在版编目（CIP）数据

化学分析/李增和主编．—北京：科学出版社，2024.1

ISBN 978-7-03-077362-3

Ⅰ．①化⋯　Ⅱ．①李⋯　Ⅲ．①化学分析-高等学校-教材　Ⅳ．①O652

中国国家版本馆 CIP 数据核字（2024）第 001820 号

责任编辑：丁　里　陈雅娴　李丽娇 / 责任校对：杨　赛

责任印制：赵　博 / 封面设计：迷底书装

科学出版社 出版

北京东黄城根北街 16 号

邮政编码：100717

http://www.sciencep.com

天津市新科印刷有限公司印刷

科学出版社发行　各地新华书店经销

*

2024 年 1 月第　一　版　开本：787×1092　1/16

2024 年 11 月第三次印刷　印张：16 1/2

字数：426 000

定价：59.00 元

（如有印装质量问题，我社负责调换）

前　言

党的二十大报告指出，我们要“加强基础学科、新兴学科、交叉学科建设，加快建设中国特色、世界一流的大学和优势学科”，“深化教育领域综合改革，加强教材建设和管理”。为适应一流本科专业建设对教材建设的新需求，编者在总结多年教学经验的基础上编写了本书，尝试将化学分析的内容完善，并与后续仪器分析课程的教学内容衔接。

为了落实“强基础、重应用”的要求，本书在阐述分析化学基础知识的同时，注重具体应用，通过案例将基础知识与实际应用相结合。各章开篇设计了“问题提出”，让学生带着问题和疑问进行预习，提高学生的参与意识，章末设计了“知识链接”，简单介绍仪器分析的原理和方法，方便与后续课程衔接。

本书内容围绕经典化学分析展开，主要介绍滴定分析法和重量分析法，数据处理章节增加了正态性检验等数据统计处理的内容；依据新的国家标准，将“准确度”更正为“正确度”；为了保证知识体系的完整，增加了无机离子定性分析的内容；删除了分光光度法，避免与有机分析和仪器分析内容重复。

本书第 1 章和第 2 章由李增和编写，第 3 章由陈旭、管伟江编写，第 4 章由袁智勤编写，第 5 章由张普敦编写，第 6 章由许苏英编写，第 7 章由陈咏梅编写。

本书是在广泛参考各类相关书籍的基础上编写的，书中借鉴和应用了部分经典案例和习题，在此对原作者致以诚挚的谢意！感谢科学出版社对本书出版的支持！编写过程中杜浩林、赵锦霞、胡婷欣、姚瑞瑞、肖秀、蒋绣俄、李玲秀、李志群等学生协助进行了资料收集和文字录入工作，在此一并致谢！

由于编者水平有限，书中不妥之处在所难免，恳请各位读者和同仁批评指正。

编　者

2023 年 10 月 30 日于北京

目　　录

第1章　绪　　论

1.1　分析化学概述

1.1.1　分析化学的任务和作用

分析化学（analytical chemistry）是指应用各种理论、方法、仪器获取有关物质在相对时空内的组成和性质等信息的科学，也称为分析科学。

分析化学在化学发展中一直起着重要作用，被称为“现代化学之母”。分析化学是一门理论与实践紧密结合的基础学科，也是一门以多学科为基础的综合性学科。它与物理学、信息科学、环境科学、能源科学、地球与空间科学等相互交叉和渗透，相互促进和发展。我国近代化学的先驱徐寿（1818—1884）曾对分析化学学科给予了很高的评价：“考质求数之学，乃格物之大端，而为化学之极致也。”

分析化学可以及时提供有效的结果与信息，并给出科学的解释，在发现和解决实际问题的过程中扮演着重要角色。例如，分析化学在工业原料的选择、工艺流程条件的控制、成品质量检测、资源勘探、环境监测和新型材料的研制，以及医药、食品的质量分析和突发公共卫生事件的处理等方面均发挥着重要作用，因而被称为“科学技术的眼睛”。分析化学已成为 21 世纪生命科学和纳米科技发展的关键：基因组计划、蛋白质组计划等的实现，纳米技术的发展和应用，人类在分子水平上认识世界，生态环境保护检测和发现污染源，早期诊断疾病保证人类健康，兴奋剂的检测，原子量的准确测定，生命过程的控制以及工农业生产的发展，都离不开分析化学。

分析化学是高等学校化学、应用化学、材料科学、生命科学、环境科学、医学、药学、农学等专业的重要基础课之一。通过对本课程的学习，学生可以掌握分析化学的基本理论、基础知识和实验方法，养成严谨的科学态度、踏实细致的工作作风、实事求是的科学品德，初步具备从事科学研究的技能，提高自身的综合素质和创新意识。

1.1.2　分析化学发展历程及趋势

分析化学是化学学科最早存在的分支，其发展经历了三次大的变革。如表 1-1 所示，第一次变革发生在 20 世纪初，溶液理论的发展为分析化学提供了理论基础，使分析化学由技术发展为一门科学。第二次变革发生在 20 世纪中叶，物理学和电子学的发展促进了各种仪器分析方法的出现。20 世纪 70 年代以来，计算机科学的发展以及基础理论和测试手段的不断完善，促使分析化学进入第三次变革。现代分析化学可为各种物质提供组成、含量、结构、分布、形态等全方位的信息，微区分析、无损分析、瞬时分析，以及在线（on-line）分析、实时（real-time）分析甚至活体（*in vivo*）原位分析等新方法应运而生。

表 1-1　20 世纪以来分析化学的主要变革

时期	1900～1940 年	1940～1970 年	1970 年到现在
特点	经典分析—— 以化学分析为主	近代分析—— 以仪器分析为主	现代分析—— 以化学计量学为主
理论	热力学 溶液四大平衡	热力学 化学动力学	热力学 化学动力学 物理动力学
仪器	分析天平	光度 极谱 电位 色谱	自动化分析仪 联用技术
分析对象	无机样品	无机和有机样品	无机、有机、生物及药物样品

如今，为适应化学、生命科学、医学、药学、环境科学、能源科学、材料科学的发展与卫生、资源与综合利用等的需求，分析化学向高灵敏度、高选择性、准确、快速、简便、高通量、智能化和信息化的纵深方向发展，为不断发展的人类社会解决更多、更新、更复杂的问题。

现代分析化学发展趋势及目标。

（1）提高灵敏度（sensitivity）。

（2）复杂体系的分离及提高方法的选择性（separation & selectivity）。

（3）扩展时空多维信息（multidimensional information）。

（4）微型化及微环境（micromation & microenvironment）的表征与测定。

（5）形态、状态分析。

（6）生物大分子及生物活性物质的表征与测定。

（7）非破坏性（non-destructive）检测及遥控。

（8）自动化与智能化（automation & intelligent）。

分析科学的发展日新月异，分析技术和方法层出不穷，分析化学文献资料的种类和形式多样，如丛书、大全、手册、教材、期刊、学位论文、技术标准、会议资料、文摘及专利等，以及音频、视频、互联网形式资料等，信息丰富，因此应高度重视文献资料的利用。

1.1.3　分析方法的分类

根据分析要求、分析对象、测定原理、试样用量与待测成分含量的不同及工作性质等，分析方法有不同的分类方式。

1. 定性分析和定量分析

定性分析（qualitative analysis）是指鉴定物质由哪些元素、原子团或化合物组成，其中结构分析（structural analysis）的主要任务是研究物质的分子结构、晶体结构、化学形态，是目前分析科学发展的前沿领域。

定量分析（quantitative analysis）是指测定物质中各成分的含量，如本书重点讨论的滴定分析和重量分析就是最传统的定量分析方法。

2. 化学分析和仪器分析

根据测定原理可将分析方法分为两大类，分别是化学分析（chemical analysis）和仪器分析（instrumental analysis）。

化学分析是以化学反应及其计量关系为基础的分析方法，也称为经典分析法，主要有重量分析（gravimetric analysis）和滴定分析（titrimetric analysis）等，主要用于常量组分（待测组分的质量分数在 1%以上）的测定。重量分析法的准确度很高，至今仍是一些组分测定的标准方法，但其操作烦琐、分析速度较慢。滴定分析法操作简便、条件易于控制、快速省时且测定结果的准确度高（相对误差约为±0.2%），是重要的例行分析方法。

仪器分析是以物理或物理化学性质为基础的分析方法，又称为物理分析（physical analysis）或物理化学分析（physico-chemical analysis），这类方法是通过测量物质的物理或物理化学参数进行分析。

如图 1-1 所示，化学分析和仪器分析是分析化学的两大分支，共同承担各种不同的分析任务，并在化学及相关专业的人才培养中起着十分重要的作用。

根据测定原理
- 化学分析
  - 重量分析法
  - 滴定分析法
    - 酸碱滴定法
    - 配位滴定法
    - 氧化还原滴定法
    - 沉淀滴定法
- 仪器分析
  - 光学分析法
    - 分子光谱
      - 比色法
      - 紫外-可见(UV-vis)光谱
      - 红外(IR)光谱
      - 分子荧光、磷光
    - 原子光谱
      - 原子吸收光谱法
      - 原子发射光谱法
    - 激光拉曼光谱
    - 光声光谱
  - 电分析法：库仑、安培、极谱、电位、电导、电解及伏安分析法
  - 色谱法：柱色谱、纸色谱、薄层色谱、气相色谱(GC)、高效液相色谱(HPLC)、液相色谱(LC)、毛细管电泳(CE)
  - 其他：质谱(MS)、质谱-气相色谱(MS-GC)、核磁共振(NMR)波谱、电子探针、电子显微镜

图 1-1　根据测定原理对分析方法进行分类

3. 无机分析和有机分析

无机分析的对象是无机物质，有机分析的对象是有机物质，两者分析对象不同，对分析的要求和使用方法也不同。针对不同的分析对象，还可以进一步分类，如冶金分析、地质分析、环境分析、药物分析、材料分析和生物分析等。

4. 常量分析和微量分析

根据分析过程中所需试样量的多少，可将分析方法分为如表 1-2 中所示的几类。

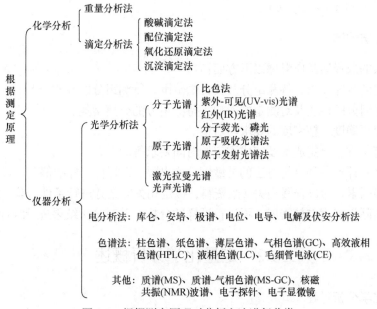

表 1-2 基于试样用量的分析方法分类

分析方法	试样用量/mg	试样体积/mL
常量分析（macro analysis）	>100	>10
半微量分析（semimicro analysis）	10～100	1～10
微量分析（micro analysis）	0.1～10	0.01～1
超微量分析（ultramicro analysis）	<0.1	<0.01

也可以根据被分析组分在试样中的相对含量高低，将分析方法分为常量组分（major，> 1%）分析、微量组分（micro，0.01%～1%）分析、痕量组分（trace，<0.01%）分析和超痕量组分（ultratrace，约 0.0001%）分析。

5. 例行分析和仲裁分析

一般实验室对日常生产流程中的产品质量指标进行检查控制的分析称为例行分析（routine analysis）。对产品质量和分析结果有争议，请权威的分析测试部门进行裁判的分析称为仲裁分析（referee analysis）。

1.1.4 分析方法的选择

分析方法的选择通常应考虑以下方面：

（1）测定的具体要求，待测组分及其含量范围，待测组分的性质。

（2）共存组分的性质及对测定的影响，待测组分的分离富集。

（3）测定正确度、精密度的要求与对策。

（4）现有条件、测定成本及完成测定的时间要求等。

综合考量和评价各种分析方法的灵敏度、检出限、选择性、标准偏差、置信概率及分析速度、成本等因素，通过查阅相关文献资料，拟定相关方案并进行条件试验，借助标准物质考察方法的实际正确度与精密度，再进行试样的分析，并对分析结果进行统计处理。

1.2 定量化学分析概述

1.2.1 定量化学分析过程

分析过程多种多样，定量化学分析过程通常包括：问题的提出、试样的采集与预处理、试样的分离与富集、分析方法的选择与分析测定、分析结果的处理（包括计算、必要的数据统计、结果评价）和分析报告的撰写。

1. 问题的提出

一般由用户提出，也可以由分析测试单位根据课题要求提出，包括分析内容、准确度要求等内容。

2. 试样的采集与预处理

试样的采集与制备必须保证得到的是具有代表性的试样（representative sample），即分析试样的组成能代表整批物料的平均组成。否则，无论后续的分析测定完成得多么认真、准确，所得结果也是毫无价值的，甚至会给实际工作造成严重的影响。具体的试样采集与处理方法见 1.6 节。

3. 试样的分离与富集

复杂试样中常含有多种组分，在测定其中某一组分时，共存的其他组分通常会产生干扰，因而应设法消除干扰。采用掩蔽剂消除干扰是一种有效又简便的方法。若无合适的掩蔽方法，就需要对被测组分与干扰组分进行分离（经常会伴有富集）。常用的分离方法有沉淀分离法、萃取分离法、离子交换分离法和色谱分离法等。

4. 分析方法的选择与分析测定

根据被测组分的性质、含量及对分析结果准确度的要求，选择合适的分析方法进行分析测定。应从理论和实验两方面熟悉各种分析方法的原理、准确度、灵敏度、选择性和适用范围等，选择正确的分析方法。

5. 分析结果的处理

根据试样质量、测量所得信号（数据）和分析过程中有关反应的计量关系，计算试样中相关组分的含量或浓度。

6. 分析报告的撰写

分析报告一般依据规则撰写，包括题目、分析方法、采用标准、分析结果、结论等内容。

1.2.2 分析结果的表达

1. 待测组分的化学表示形式

分析结果通常以待测组分实际存在形式的含量表示。例如，测得试样中氮的含量以后，根据实际情况，以 NH_3、NO_3^-、N_2O_5、NO_2 或 N_2O_3 的含量表示分析结果。

如果待测组分的实际存在形式不确定，通常以氧化物或元素含量计。例如，在矿石分析中，分析结果常以各种元素的氧化物（如 K_2O、Na_2O、CaO、MgO、FeO、Fe_2O_3、SO_3、P_2O_5 和 SiO_2 等）计；在金属材料和有机物分析中，常以元素（如 Fe、Cu、Mo、W、C、H、O、N、S 等）计。

在工业分析中，有时还用所需要的组分含量表示分析结果。例如，分析铁矿石是炼铁的需要，故经常用金属铁的含量来表示分析结果。

2. 待测组分含量的表示方法

1）固体试样

固体试样中待测组分的含量通常以质量分数表示。试样中待测物质 B 的质量以 m_B 表示，试样的质量以 m_S 表示，它们的比值称为物质 B 的质量分数，以符号 w_B 表示，即

$$w_B = \frac{m_B}{m_S} \tag{1-1}$$

实际工作中使用的百分数符号“%”是质量分数的一种表示方法，可理解为“10^{-2}”。例如，某铁矿中铁的质量分数为 0.5643，可以表示为 $w_{Fe} = 56.43\%$。

当待测组分含量非常低时，可采用$\mu g \cdot g^{-1}$（或 10^{-6}）、$ng \cdot g^{-1}$（或 10^{-9}）、$pg \cdot g^{-1}$（或 10^{-12}）来表示。

2）液体试样

液体试样中待测组分的含量可用下列方式表示：

（1）物质的量浓度，指单位体积试液中所含待测组分的物质的量，常用单位 $mol \cdot L^{-1}$。

（2）质量摩尔浓度，指单位质量溶剂中所含待测组分的物质的量，常用单位 $mol \cdot kg^{-1}$。

（3）质量分数，指单位质量试液中所含待测组分的质量，量纲为 1。

（4）体积分数，指单位体积试液中所含待测组分的体积，量纲为 1。

（5）摩尔分数，指单位物质的量试液中所含待测组分的物质的量，量纲为 1。

（6）质量浓度，指单位体积试液中所含待测组分的质量，常用单位 $g \cdot L^{-1}$、$mg \cdot L^{-1}$、$\mu g \cdot L^{-1}$、$ng \cdot L^{-1}$、$pg \cdot L^{-1}$ 等。

3）气体试样

气体试样中的常量或微量组分的含量通常以体积分数或质量浓度表示。

1.3　滴定分析法概述

滴定分析法是主要的化学分析法，包括酸碱滴定法、配位滴定法、氧化还原滴定法及沉淀滴定法，它们的基本原理将分别在后面的章节详细讨论。本节主要讨论滴定分析法的共性问题。

1.3.1　滴定分析法的特点

滴定分析法又称容量分析法，是将一种已知准确浓度的试剂（标准溶液，standard solution）通过滴定管滴加到被测物质的溶液中，或者将被测物质的溶液滴加到标准溶液中，直到所加的试剂与被测物质按化学计量关系反应完全为止，然后根据标准溶液的浓度和滴定体积等计算被测物质的含量或浓度。

通常将滴定管中充入的溶液称为“滴定剂”，将滴定剂从滴定管滴加到被测物质溶液中的过程称为“滴定”，加入的滴定剂与被测物质定量反应完全时，反应即到达了“化学计量点”（stoichiometric point，简称计量点，以 sp 表示）。实际工作中经常依据指示剂（indicator）的变色来确定反应是否结束，在滴定中指示剂改变颜色的那一点与化学计量点经常不能重合，由此造成的分析误差称为“终点误差”（end point error，以 E_t 表示）。

滴定分析法简便、快速，可用于测定多种元素和化合物，特别是在常量组分分析中，由于它具有很高的准确度，故常作为标准方法使用。但滴定分析法的灵敏度较低，选择性较差，不适合用于微量组分的分析。

1.3.2 滴定分析法对化学反应的要求

化学反应成千上万，并不是每个都适合设计成滴定分析。适合直接滴定分析法的化学反应应具备以下条件：

（1）反应必须具有确定的化学计量关系，即反应按一定的化学反应方程式进行，这是定量计算的依据。

（2）反应必须定量完全地进行，即反应的完全程度要达到99.9%以上，而且副反应少，这是定量计算的基础。

（3）反应必须具有较快的反应速率。对于反应速率较慢的反应，可通过加热或加入催化剂以适应滴定分析。

（4）必须有适当的简便方法来确定滴定终点，如指示剂法和仪器法等。

1.3.3 滴定方式

滴定分析法的滴定方式分为以下几类。

1）直接滴定法

凡能满足滴定分析法对化学反应要求的反应，都可用直接滴定法（direct titration），即用标准溶液直接滴定待测物质，如工业乙酸含量的测定、强酸强碱溶液的标定。

2）返滴定法

当试液中待测物质与滴定剂反应缓慢，或者用滴定剂直接滴定固体试样反应不能立即完成时，可先准确定量地加入过量的标准溶液，使之与待测物质充分反应，待反应完全后，再用另一种标准溶液滴定剩余的标准溶液，这种滴定方法称为返滴定法（back titration）。例如，Al^{3+}与 EDTA 的反应速率较慢，若采用配位滴定法测定 Al^{3+}，可在定量加入过量的 EDTA 标准溶液至反应完全后，剩余的 EDTA 用 Zn^{2+}或 Cu^{2+}标准溶液返滴定。再如，滴定固体 $CaCO_3$ 时，在定量加入过量的 HCl 标准溶液至反应完全后，剩余的 HCl 用 NaOH 标准溶液返滴定。

有时采用返滴定法是由于没有合适的指示剂，如在酸性溶液中用 $AgNO_3$ 滴定 Cl^-缺乏合适的指示剂，此时可先加过量的 $AgNO_3$ 标准溶液，再以三价铁盐作指示剂，用 NH_4SCN 标准溶液返滴定过量的 Ag^+，出现$[Fe(SCN)]^{2+}$淡红色即为终点。

3）置换滴定法

当反应不按一定反应式定量进行或伴有副反应时，可先用适当试剂与待测组分反应，使其定量地置换出另一种物质，再用标准溶液滴定被置换出的物质，这种滴定方法称为置换滴定法（replacement titration）。例如，在酸性溶液中强氧化剂会将 $S_2O_3^{2-}$氧化为 $S_4O_6^{2-}$及 SO_4^{2-}等的混合物，反应没有定量关系，因而 $Na_2S_2O_3$ 不能用来直接滴定 $K_2Cr_2O_7$ 及其他氧化剂。但是，$Na_2S_2O_3$ 又是滴定 I_2 的很好的滴定剂，如果在 $K_2Cr_2O_7$ 的酸性溶液中加入过量的 KI，使 $K_2Cr_2O_7$ 还原并生成一定量的 I_2，即可通过用 $Na_2S_2O_3$ 滴定 I_2 间接计算出氧化剂含量。

4）间接滴定法

不能与滴定剂直接反应的物质，可以通过一定的化学反应，经过定量转化后，利用中间产物进行测定，称为间接滴定法（indirect titration）。例如，将 Ca^{2+}定量沉淀为 CaC_2O_4 后，用 H_2SO_4 溶解后再用 $KMnO_4$ 标准溶液滴定与 Ca^{2+}结合的 $C_2O_4^{2-}$，依据 $C_2O_4^{2-}$ 的结果间接得到 Ca^{2+}的含量。

返滴定法、置换滴定法和间接滴定法极大地拓展了滴定分析法的应用范围。

1.4　标准物质和标准溶液

1.4.1　标准物质

标准物质（reference material，RM）是具有一种或多种足够均匀和很好确定的特性值，用以校准设备、评价测量方法或给材料赋值的材料或物质。有证标准物质（certified reference material，CRM）是附有证书的标准物质，其一种或多种特性值用建立了溯源性的程序确定，使其可溯源到准确复现的用于表示该特性值的计量单位，而且每个标准值都附有给定置信水平的不确定度。标准物质是我国计量的基础，其溯源路径如图 1-2 所示。

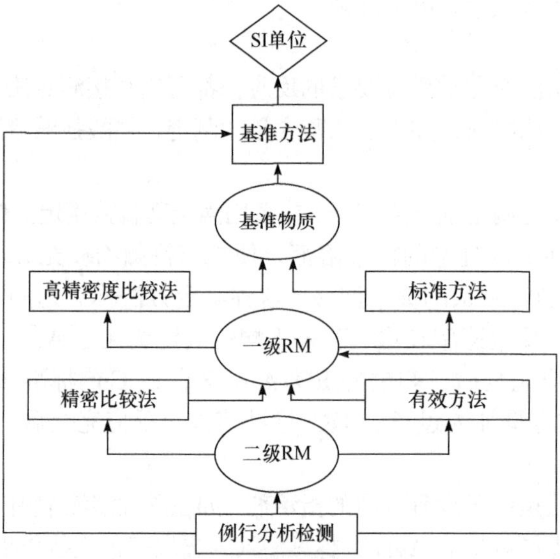

图 1-2　标准物质溯源体系

1.4.2　基准物质

滴定分析离不开标准溶液。能用来直接配制标准溶液或标定溶液准确浓度的物质称为基准物质（primary standard substance），基准物质属于标准物质的一种，称为纯度标准物质。

基准物质应符合下列要求：

（1）试剂的组成与化学式完全相符，若含结晶水，如 $H_2C_2O_4 \cdot 2H_2O$、$Na_2B_4O_7 \cdot 10H_2O$ 等，其结晶水的含量均应符合化学式。

（2）试剂的纯度足够高（质量分数在 99.9%以上）。有证标准物质纯度依据证书给定的准确值确定。

（3）性质稳定，不易与空气中的 O_2 及 CO_2 反应，也不易吸收空气中的水分。

（4）具有较大的摩尔质量，可减少称量误差。

常用的基准物质有纯金属和纯化合物，如 Ag、Cu、Zn、Cd、Si、Ge、Al、Co、Ni、Fe 和 NaCl、$K_2Cr_2O_7$、Na_2CO_3、邻苯二甲酸氢钾、硼砂、$CaCO_3$ 等。它们的质量分数一般在 99.9%以上。

有些标识为高纯、超纯和光谱纯的试剂，只是表明这些试剂中特定杂质的含量很低，并不表明其主要成分的质量分数在 99.9%以上，因此不可随意认定基准物质。从计量学角度来说，只有有证标准物质才能用作基准物质。

1.4.3　标准溶液的配制

标准溶液是浓度准确、已知的溶液。目前标准溶液可以直接通过购买有证溶液标准物质获得，也可以自行配制。自行配制标准溶液的方法有以下两种。

1. 直接配制法

准确称取一定量基准物质，溶解后配制成一定体积的溶液，根据物质质量和溶液体积，即可计算出该标准溶液的准确浓度。

【例 1-1】 准确称取基准物质 $K_2Cr_2O_7$ 1.4710 g，溶解后定量转移至 250.0 mL 容量瓶中，求此 $K_2Cr_2O_7$ 溶液的浓度。

解

$$M_{K_2Cr_2O_7} = 294.2\ g \cdot mol^{-1}$$

$$c_{K_2Cr_2O_7} = \frac{1.4710 \div 294.2}{0.2500} = 0.0200\ (mol \cdot L^{-1})$$

【例 1-2】 浓度为 0.1035 $mol \cdot L^{-1}$ 的 NaOH 标准溶液 500 mL，欲使其浓度恰好为 0.1000 $mol \cdot L^{-1}$，需加入多少毫升水？

解　设应加水的体积为 V（mL），根据溶液稀释前后其溶质的物质的量相等原则：

$$0.1035 \times 500 = (500 + V) \times 0.1000$$

$$V = \frac{(0.1035 - 0.1000) \times 500}{0.1000} = 17.5(mL)$$

【例 1-3】 欲配制 0.1000 $mol \cdot L^{-1}$ 的 Na_2CO_3 标准溶液 500 mL，应称取基准物质 Na_2CO_3 多少克？

解

$$M_{Na_2CO_3} = 106.0\ g \cdot mol^{-1}$$

$$m_{Na_2CO_3} = c_{Na_2CO_3} V_{Na_2CO_3} M_{Na_2CO_3} = 0.1000 \times 0.5000 \times 106.0 = 5.3000\ (g)$$

2. 间接配制法（标定法）

有很多物质不能直接用来配制标准溶液，但可先配制成近似所需浓度的溶液，然后用基准物质（或标准溶液）标定它的准确浓度。例如，配制浓度大约是 0.1 $mol \cdot L^{-1}$ 的 HCl 标准溶液，可先将浓 HCl 稀释制成浓度大约为 0.1 $mol \cdot L^{-1}$ 的稀溶液，然后称取一定量的基准物质（如硼砂）进行标定，或者用已知准确浓度的 NaOH 标准溶液进行标定，即可获得 HCl 标准溶液的准确浓度。

【例 1-4】 称取硼砂（$Na_2B_4O_7 \cdot 10H_2O$）0.4710 g 标定 HCl 溶液，滴定至化学计量点时消耗 HCl 溶液 24.20 mL，求 HCl 溶液的浓度。

解　滴定反应式为

$$5H_2O + Na_2B_4O_7 + 2HCl \longequal 4H_3BO_3 + 2NaCl$$

故

$$n_{HCl} = 2n_{Na_2B_4O_7 \cdot 10H_2O}$$

$$c_{HCl} = \frac{2 \times 0.4710}{381.37 \times 24.20 \times 10^{-3}} = 0.1021(\text{mol} \cdot \text{L}^{-1})$$

基准物质的称量范围的计算：

$$m_{A_1} = \frac{a}{b} c_B \cdot V_{B_1} \cdot M_A$$
$$m_{A_2} = \frac{a}{b} c_B \cdot V_{B_2} \cdot M_A \qquad (1\text{-}2)$$

在滴定分析中，为使滴定的体积误差在±0.1%以内，消耗体积一般控制在 20～30 mL，所以 $V_{B_1} = 20$ mL，$V_{B_2} = 30$ mL，计算其称量范围为 $m_{A_1} \sim m_{A_2}$。

当体积代入 25 mL，计算得出称取的基准物质的质量大于 0.2 g 时，天平的绝对误差一般为±0.2 mg，则称量的相对误差为 0.1%，满足滴定分析的要求，可分别称取三份基准物质平行滴定，标定出溶液的浓度，这种标定基准物质的称量称为“小份称量”。当计算得出称取的基准物质的质量小于 0.2 g 时，则称量的相对误差大于 0.1%，为了减小称量误差，可以称取 10 倍量的基准物质溶解定容在 250.0 mL 容量瓶中，然后用移液管移取三份 25.00 mL 溶液进行标定，这种标定基准物质的称量称为“大份称量”。

正确地配制标准溶液，准确地标定其浓度，妥善保存与正确使用标准溶液，对提高滴定分析的准确度是非常重要的。

1.5　滴定分析中的计算

滴定分析涉及一系列计算问题，如标准溶液的配制和标定、滴定剂和待测定物质之间的计量关系、分析结果的计算等。

1.5.1　含量的表达方式及计算

1. 物质的量浓度 c

物质 B 的物质的量浓度是指单位体积溶液中所含溶质 B 的物质的量，用符号 c_B 表示：

$$c_B = \frac{n_B}{V} \qquad (1\text{-}3)$$

B 的物质的量的单位为 mol 或 mmol；分析化学中，最常用的体积单位为 L；浓度的常用单位为 $\text{mol} \cdot \text{L}^{-1}$。

由于物质的量 n_B 的数值取决于基本单元的选择，因此表示物质的量浓度时，必须指明基本单元。基本单元可以是分子、原子、离子、电子或其他粒子及其特定组合，分析化学中常根据反应的计量关系确定基本单元，如酸碱反应以质子转移数为“1”来确定基本单元，氧化还原反应以电子得失数为“1”来确定基本单元，即物质 A 在反应中转移质子或得失电子数为 Z_A 时，基本单元为 $\frac{1}{Z_A}A$。显然

$$c_{\frac{1}{Z_A}A} = Z_A c_A \tag{1-4}$$

这就是计算基本单元的通式。例如，$c_{H_2SO_4} = 0.1\ mol \cdot L^{-1}$，对应的 $c_{\frac{1}{2}H_2SO_4} = 0.2\ mol \cdot L^{-1}$。

2. 滴定度 T

在生产单位的例行分析中，为了简化计算常用滴定度表示标准溶液的浓度。滴定度（titer）T 是指每毫升滴定剂溶液相当于被测物质的质量（克或毫克）。例如，$T_{Fe/K_2Cr_2O_7} = 0.005000\ g \cdot mL^{-1}$，表示每毫升 $K_2Cr_2O_7$ 标准溶液恰好能与 0.005000 g Fe^{2+}反应。如果在滴定中消耗该 $K_2Cr_2O_7$ 标准溶液 21.50 mL，则被滴定溶液中铁的质量为

$$m_{Fe} = 0.005000 \times 21.50 = 0.1075(g)$$

滴定度与物质的量浓度可以换算，上例中每升 $K_2Cr_2O_7$ 溶液中 $K_2Cr_2O_7$ 物质的量，即它的物质的量浓度为

$$c_{K_2Cr_2O_7} = \frac{T \times 10^3}{M_{Fe} \times 6} = 0.01492\ mol \cdot L^{-1}$$

【例 1-5】 计算 0.01000 $mol \cdot L^{-1}$ $K_2Cr_2O_7$ 溶液对 Fe 的滴定度。

解 $K_2Cr_2O_7$ 与 Fe^{2+}的反应计量数比为 1∶6，即每毫升 $K_2Cr_2O_7$ 标准溶液中 $K_2Cr_2O_7$ 的物质的量相当于 Fe 的物质的量的 1/6。

$$c_{K_2Cr_2O_7} = \frac{T_{Fe/K_2Cr_2O_7}}{M_{Fe}} \times \frac{1}{6} \times 10^3$$

$$T_{Fe/K_2Cr_2O_7} = \frac{c_{K_2Cr_2O_7} \times M_{Fe} \times 6}{1000} = 0.003351\ g \cdot mL^{-1}$$

3. 质量分数 w

设试样的质量为 m，测得其中待测组分 B 的质量为 m_B，则待测组分在试样中的质量分数 w_B 为

$$w_B = \frac{m_B}{m_S} \tag{1-5}$$

在进行滴定分析计算时应注意，通常试样的质量 m_S 以 g 为单位，滴定体积 V_T 以 mL 为单位，而浓度 c_T 的单位为 $mol \cdot L^{-1}$，因此必须注意有关数据单位的统一。若用百分数表示质量分数，则将质量分数乘以 100%。

【例 1-6】 称取铁矿石试样 0.5006 g，溶解后全部转换为 Fe^{2+}，用 0.01500 $mol \cdot L^{-1}$ $K_2Cr_2O_7$ 标准溶液滴定，消耗 $K_2Cr_2O_7$ 标准溶液 33.45 mL，求试样中 Fe 和 Fe_2O_3 的质量

分数。

解 滴定反应式为

$$6Fe^{2+}+Cr_2O_7^{2-}+14H^+ \longrightarrow 6Fe^{3+}+2Cr^{3+}+7H_2O$$

根据反应计量数比，由式（1-5）可得

$$w_{Fe}=\frac{n_{Fe^{2+}}\times M_{Fe}}{m_S}=\frac{6c_{K_2Cr_2O_7}\times V_{K_2Cr_2O_7}\times M_{Fe}}{m_S}=\frac{6\times 0.01500\times 33.45\times 10^{-3}\times 55.85}{0.5006}=0.3359$$

若以 Fe_2O_3 形式计算质量分数，由于每个 Fe_2O_3 分子中有两个 Fe 原子，对同一试样有如下关系式：

$$w_{Fe_2O_3}=\frac{3n_{K_2Cr_2O_7}\times M_{Fe_2O_3}}{m_S}=\frac{3\times 0.01500\times 33.45\times 10^{-3}\times 159.7}{0.5006}=0.4802$$

1.5.2 滴定分析结果的计量

在直接滴定法中，设滴定剂 A 与被滴定物质 B 有下列化学反应：

$$aA+bB\longrightarrow cC+dD$$

滴定反应到达化学计量点时，滴定剂 A 的物质的量 n_A 与被测物质 B 的物质的量 n_B 之比为

$$n_A : n_B = a : b$$

即

$$n_B=\frac{b}{a}n_A \tag{1-6}$$

$\frac{b}{a}$ 称为反应计量比。

例如，在酸性溶液中，用 $H_2C_2O_4$ 作为基准物质标定 $KMnO_4$ 溶液的浓度时，滴定反应为

$$2MnO_4^-+5C_2O_4^{2-}+16H^+ \longrightarrow 2Mn^{2+}+10CO_2+8H_2O$$

可得出

$$n_{KMnO_4}=\frac{2}{5}n_{H_2C_2O_4}$$

根据实际滴定反应中滴定剂 A 与待测物 B 之间的反应计量比，可以方便地进行各种有关滴定分析的计算。

当然，也可以根据等物质的量规则计算。例如，上例中根据反应式，$KMnO_4$ 的基本单元可选为 $\frac{1}{5}KMnO_4$，$H_2C_2O_4$ 的基本单元为 $\frac{1}{2}H_2C_2O_4$，即相当于 $\frac{1}{5}KMnO_4$ 正好与 $\frac{1}{2}H_2C_2O_4$ 反应。由等物质的量规则可得

$$n_{\frac{1}{5}KMnO_4}=n_{\frac{1}{2}H_2C_2O_4}$$

同样可得出

$$n_{KMnO_4} = \frac{2}{5} n_{H_2C_2O_4}$$

涉及两个或两个以上的反应，应找出被测物质与实际参加反应的物质之间的计量关系。例如，用 $K_2Cr_2O_7$ 标定 $Na_2S_2O_3$ 溶液的浓度，此时包括两个反应。首先是在酸性溶液中 $K_2Cr_2O_7$ 与过量的 KI 反应析出 I_2：

$$Cr_2O_7^{2-} + 6I^- + 14H^+ \xlongequal{\quad} 2Cr^{3+} + 3I_2 + 7H_2O \qquad (1)$$

然后用 $Na_2S_2O_3$ 溶液滴定析出的 I_2：

$$I_2 + 2S_2O_3^{2-} \xlongequal{\quad} 2I^- + S_4O_6^{2-} \qquad (2)$$

6 个 I^- 被 $K_2Cr_2O_7$ 氧化为 3 个 I_2，1 个 I_2 又被 2 个 $Na_2S_2O_3$ 还原为 1 个 I^-。因此，实际上相当于 1 个 $K_2Cr_2O_7$ 氧化了 6 个 $Na_2S_2O_3$。由此得到 $K_2Cr_2O_7$ 与 $Na_2S_2O_3$ 的反应计量比为 1∶6，即

$$n_{Na_2S_2O_3} = 6n_{K_2Cr_2O_7}$$

【例 1-7】 采用返滴定法测定试样中的铝含量，称取试样 0.2000 g 溶解后加入 0.02000 mol · L^{-1} EDTA 标准溶液 30.00 mL，使 Al^{3+} 与 EDTA 反应完全后用 0.02000 mol · L^{-1} Zn^{2+} 标准溶液返滴定，消耗 Zn^{2+} 标准溶液 7.00 mL，计算试样中 Al_2O_3 的质量分数。

解 EDTA（H_2Y^{2-}）与 Al^{3+} 及 Zn^{2+} 的反应式为

$$Al^{3+} + H_2Y^{2-} \xlongequal{\quad} AlY^- + 2H^+ \qquad Zn^{2+} + H_2Y^{2-} \xlongequal{\quad} ZnY^{2-} + 2H^+$$

$$w_{Al_2O_3} = \left[\frac{1}{2} \times (0.02000 \times 30.00 \times 10^{-3} - 0.02000 \times 7.00 \times 10^{-3}) \times 102.0\right] / 0.2000 = 0.1173$$

【例 1-8】 称取 1.6160 g 试样测定化肥中 NH_3 的含量，溶解后先在 250.0 mL 容量瓶中定容，再移取 25.00 mL 加入过量 NaOH 溶液，将产生的 NH_3 通入 40.00 mL 浓度为 0.05100 mol · L^{-1} 的 H_2SO_4 标准溶液中吸收，吸收完全后剩余的 H_2SO_4 用浓度为 0.0960 mol · L^{-1} 的 NaOH 标准溶液返滴定，消耗 17.00 mL，计算试样中 NH_3 的含量。

解

$$H_2SO_4 + 2NH_3 \xlongequal{\quad} (NH_4)_2SO_4$$

$$H_2SO_4(\text{剩余}) + 2NaOH \xlongequal{\quad} Na_2SO_4 + 2H_2O$$

在化学计量点时，$n_{NH_3} = 2\left(n_{H_2SO_4} - \frac{1}{2}n_{NaOH}\right)$，得

$$w_{NH_3} = \frac{2\left(n_{H_2SO_4} - \frac{1}{2}n_{NaOH}\right)M_{NH_3}}{m_S \times \frac{25}{250}} \times 100\% = 25.79\%$$

若依据等物质的量规则计算，选择 $\frac{1}{2}H_2SO_4$ 为硫酸的基本单元，NaOH 为氢氧化钠的基本单元，则 $n_{H_2SO_4} = \frac{1}{2}n_{NaOH}$；在化学计量点时，$n_{NH_3} = n_{\frac{1}{2}H_2SO_4} - n_{NaOH}$，得

$$w_{NH_3} = \frac{\left(n_{\frac{1}{2}H_2SO_4} - n_{NaOH}\right)M_{NH_3}}{m_S \times \frac{25}{250}} \times 100\% = 25.79\%$$

1.6　分析试样的采集与处理

试样的采集与处理是分析工作中的重要环节，往往是误差的主要来源，直接影响分析结果的可靠性。因此，必须注重试样的采集与处理。

1.6.1　试样的采集

试样的采集（sampling）是指从大批物料中抽取少量样本经加工处理后用于分析，其分析结果用来给整个物料赋值。因此，采集的试样应具有代表性。为了保证采样的代表性，采样时应依照一定的原则和方法进行。不同类型物料的采样方法不同，具体可参阅相关的国家标准或行业标准。

1. 固体试样

固体物料种类繁多、形态各异，物料的性质和均匀程度差别大，因此应按照一定方式确定不同的采样点，然后混合以保证所采试样的代表性。采样点的选择方法有随机采样法、判断采样法、系统采样法等。

采样单元数与被测组分的均匀性和颗粒大小、分散程度有关。理论上采样份数越多，越具有代表性，当然所消耗的人力、物力将大大增加。因此，采样应在达到预期要求的前提下，尽可能做到节省。

假设测量误差很小，分析结果的误差主要是由采样引起，则包含物料总体平均值的区间为

$$\mu = \bar{x} \pm \frac{t\sigma}{\sqrt{n}} \tag{1-7}$$

式中，μ为整批物料的平均含量；$\bar{x}$为采集试样的平均含量；t为与采样单元数和置信度有关的统计量；σ为各个试样单元含量标准偏差的估计值；n为采样单元数。

设$E = \bar{x} - \mu$，代入式（1-7）可得

$$n = \left(\frac{t\sigma}{E}\right)^2 \tag{1-8}$$

这就是采样单元数的估算公式，对分析结果的准确度要求越高，即E越小，采样数就越多；物料越不均匀、分散度越大，σ就越大，要达到同样的准确度，采样数也需要增加。若置信度要求高，则t值变大，采样单元数相应也会增多。

【例 1-9】　已知某批次矿石中各块矿石含铁量的标准偏差约为 0.20%，若要求在置信度为 90%时所采试样与整批矿石中铁的平均含量的误差不高于 0.15%，则采样单元数 n 至少应为多少？

解　先假设采样单元数为∞，可知 $t=1.96$，则

$$n=\left(\frac{1.96\times0.20}{0.15}\right)^2=6.8\approx7$$

$n=7$ 时，查表得 $t=2.36$，则

$$n_2=\left(\frac{2.36\times0.20}{0.15}\right)^2=9.9\approx10$$

$n=10$ 时，查表得 $t=2.23$，则可求得 $n_3=9$。如此反复迭代，当 n 值不再变化时，即为该题的解。本题中 $n=9$ 时不再变化，即需采集至少 9 份试样。

每个单元试样的采集量与物料的均匀性、粒径大小、破碎难易有关。可通过切乔特经验公式估算，即

$$Q\geqslant Kd^2 \tag{1-9}$$

式中，Q 为试样采集量的最小值（kg）；d 为试样中最大颗粒直径（mm）；K 为反映物料特性的系数，可根据物料种类和性质不同，依据经验拟定，通常为 0.05～1。

2. 液体试样

液体试样一般比较均匀，因此采样单元数可以相对少些。当物料的量较大时，应在不同的位置和深度分别采样后混合，以保证其具有代表性。

液态物料的采样器材质常为塑料或玻璃，当检测对象为有机物时，宜选用玻璃器皿，而测定对象为微量金属元素时，应选用塑料采样器，以减少容器吸附和溶出产生的影响。

液体试样的化学组成易因溶液中的化学、生物和物理作用而发生变化。因此，试样采好后应采取适当的保存措施，常用的保存措施有：控制 pH、加入稳定剂、冷藏和冷冻、避光和密封等。采取这些措施旨在减缓生物作用、化合物的水解、氧化还原作用及减少组分的挥发。表 1-3 为几种常见液体试样的保存方法及其作用。

表 1-3　几种常见液体试样的保存方法及应用范围

保存方法	作用	测定项目
加 $HgCl_2$	抑制细菌生长	N、P、Cl
加 HNO_3，pH＜2	防止金属离子水解	多种金属
加 H_2SO_4，pH＜2	抑制细菌生长，与有机碱形成盐	有机水样、氨、胺类
加 NaOH	与挥发性酸性化合物形成盐	氰化物、有机酸
冷冻	抑制细菌生长，减慢化学反应速率	酸碱度、BOD、有机物

3. 气体试样

气体试样采集最简单的方法是将气体充入取样容器中，选择容器时应注意对微量成分的影响。大多数气体试样采用装有吸收液、固体吸附剂或过滤器的装置收集。吸收液用于收集气态和蒸气状态物质，常用的吸收液有水溶液和有机溶液。固体吸附剂用于挥发性和

半挥发性气体的采集，过滤器用于收集气溶胶中的非挥发性组分。这些采样方法均会使被测组分得到富集，因此常称为浓缩采样法。

气体试样的化学成分通常较稳定，不需采取特别措施保存。对于用固体吸附剂和过滤器采集的试样，可通过热解吸或用适当的溶剂溶解。

4. 生物试样

生物试样的组成因部位和季节不同有较大差异。因此，采样时应根据研究或分析需要选取适当部位和生长阶段来进行，除了注意群体代表性，还应有适时性和部位典型性。

对于植物试样，若需测定生物试样中的酚类、亚硝酸、有机农药、维生素、氨基酸等易发生转化降解或不稳定的成分，一般应采用新鲜试样进行分析，新鲜试样分析应立即进行处理（如切细、捣碎、研磨等）和分析，当天未分析完的新鲜样品应置于冰箱内保存。若需进行干样分析，可先将干燥的试样粉碎，再根据分析方法的要求，分别通过 40～100 目筛，然后混匀备用。处理过程应避免所用器皿带来的污染。由于生物试样的含水量很高，若要进行干样分析，其新鲜样品采集量应为所需干样量的 5～10 倍。

对于动物试样，如各种体液、粪便、毛发、指甲、骨骼和脏器等，应按照行业规定采集，并根据分析项目的要求对试样进行适当处理。例如，毛发和指甲采样后要用中性洗涤剂处理，经蒸馏水冲洗后，再用丙酮、乙醚、乙醇或 EDTA 溶液洗涤；对于血液试样，可根据分析需要离心分离得到所需的血清、全血或血浆。

1.6.2 试样的制备

分析测试所需试样量一般为零点几克至几十克，而原始试样的量一般很大且组成复杂，均匀性很差，因此需对其进行加工缩分处理，来减少样本量。由于液体和气体试样制备过程相对简单，因此主要针对固体试样的制备进行介绍。

1. 破碎和过筛

用机械或人工方法将试样破碎，直至能通过所要求的筛孔为止。分析试样要求的粒度与试样的分解难易等因素有关，一般要求通过 100～200 目筛。

试样中粗颗粒与细颗粒的化学成分通常不同，因此在任何一次过筛时，都应将未通过筛孔的粗颗粒进一步破碎，直至全部过筛为止，切不可将粗颗粒弃去，否则会影响分析试样的代表性。

2. 混合与缩分

试样经破碎后，使用分样器或人工方法充分混匀后取出一部分，试样量逐步减少，这个过程称为缩分。常用的人工方法是四分法（quartering），将试样充分混匀后堆成圆锥形，然后压成圆饼，按“十”字形将其分为四等份，弃去任意对角的两份，这样试样便缩减了一半，称为一次缩分，留下的试样混匀后再重复上述步骤直至达到所需用量。

1.6.3 试样的分解

在分析工作中，绝大多数的分析方法都要求试样为溶液，若试样不是溶液，就需通过适当方法将其转化成溶液，这个过程称为试样的分解。

在分解试样时，必须确保试样分解完全，溶液中不应有残留。若为部分分解试样，则应确保被测组分完全转入溶液中。常见的分解方法如下。

1. 溶解法

溶解法是指采用适当的溶剂将试样溶解成溶液。水是最重要的溶剂之一，碱金属盐、铵盐、无机硝酸盐及大多数碱土金属盐和一些有机物等易溶于水，可直接用水溶解。

许多有机物不溶于水，可用有机溶剂溶解。一般根据相似相溶原理选择溶剂，极性有机化合物用甲醇、乙醇等溶解；非极性有机化合物用氯仿、四氯化碳、苯、甲苯等溶解。

对于不溶于水的试样，可用酸碱辅助溶解。常用的酸、碱列于表 1-4。

表 1-4 常见的酸碱溶解体系及其溶解样品

酸碱体系	应用
盐酸	铁、钴、镍、铬、锌等活泼金属及多数金属氧化物、氢氧化物、碳酸盐、磷酸盐和多种硫化物
盐酸和溴	大多数硫化矿物
盐酸和 H_2O_2	钢、铝、钨、铜及其合金
硝酸	除铂系金属、金和某些稀有金属外的金属试样及其合金，大多数氧化物、氢氧化物和几乎所有硫化物
硝酸＋盐酸	金属铝、铬、铁
硫酸	铁、钴、镍、锌等金属及其合金和铝、铍、锰、钍、钛、铀等矿石；试样中含有有机物时，可用浓硫酸除去
硫酸＋磷酸	高合金钢、低合金钢、铁矿、钒钛矿及含铌、钽、钨、钼的矿石
硫酸＋硝酸	金属钼、锆、锡及黄铁矿、方铅矿、锌矿石等
浓硫酸＋高氯酸	金属镓、铬矿石等
高氯酸	不锈钢和其他铁合金、铬矿石、钨铁矿等
硝酸＋高氯酸	含有机物和还原性物质的试样
磷酸	铬铁矿、钛铁矿、铝矾土、金红石（TiO_2）；高岭土、云母、长石等硅酸盐矿物；含高碳、高铬、高钨的合金钢
氢氟酸＋硫酸	硅酸盐和含硅化合物
氢氟酸	含 As、B、Te、Fe 等的试样
氢氧化钠或氢氧化钾	两性金属铝、锌及其合金，以及它们的氧化物、氢氧化物；酸性氧化物；有机试样中的低级醇、多元酸、糖类、氨基酸、有机酸的碱金属盐

2. 熔融法

熔融法是指将试样与酸性或碱性固体熔剂（flux）混合，在高温下反应，使待测组分转变为可溶于水或酸的化合物。不溶于水、酸和碱的无机试样一般可采用这种方法分解。熔融法分解能力强，但熔融时要加入大量熔剂（一般为试样量的 6～12 倍），故会带入熔剂本身的杂质。

根据熔剂性质的不同，熔融法分为酸熔法和碱熔法。酸熔法用于分解碱性试样，如钛铁矿、镁砂等；碱熔法用于熔融酸性试样，常用的熔剂如下。

1）$K_2S_2O_7$ 或 $KHSO_4$

这种熔剂在 300℃以上可与碱或中性氧化物作用，生成可溶性的硫酸盐。该法可用于分解氧化铝、氧化铬、氧化锆、四氧化三铁、钛铁矿、铬矿、中性耐火材料（如铝砂、高铝砖）及碱性耐火材料（如镁砂、镁砖）等。

2）铵盐混合熔剂

采用铵盐混合熔剂熔样，铵盐分解产生的无水酸在高温下与试样发生强的化学作用。一些铵盐的热分解反应如下：

$$NH_4F \xlongequal{\text{约110℃}} NH_3\uparrow + HF\uparrow$$

$$5NH_4NO_3 \xlongequal{\text{高于190℃}} 4N_2\uparrow + 9H_2O\uparrow + 2HNO_3$$

$$NH_4Cl \xlongequal{\text{330℃}} NH_3\uparrow + HCl\uparrow$$

$$(NH_4)_2SO_4 \xlongequal{\text{350℃}} 2NH_3\uparrow + H_2SO_4$$

对于不同试样，可以选用不同比例的铵盐混合物。

3）KHF_2

KHF_2 为弱酸性熔剂，浸取熔块时，F^-具有配位作用，在低温下熔融。主要用于分解硅酸盐、稀土和钍的矿石。

4）Na_2CO_3 和 K_2CO_3

Na_2CO_3 或 K_2CO_3 常用于分解硅酸盐和硫酸盐，熔融时发生复分解反应，使试样中的阳离子转变为可溶于酸的碳酸盐或氧化物，阴离子则转变成可溶性的钠盐。采用 Na_2CO_3 与 KNO_3 的混合熔剂，可以使 Cr_2O_3 转化为 Na_2CrO_4，MnO_2 转化为 Na_2MnO_4。如果在 Na_2CO_3 熔剂中加入硫，则可使含砷、锑、锡的试样转变为硫代硫酸盐而溶解。

5）Na_2O_2

Na_2O_2 是强氧化性、强碱性熔剂，能分解难溶于酸的铁、铬、镍、钼、钨的合金和各种铂合金，以及难分解的矿石，如铬矿石、钛铁矿、绿柱石、铌矿石、锆英石和电气石等。为了降低熔融温度，可采用 Na_2O_2 与 NaOH 的混合熔剂。为了减缓氧化作用的剧烈程度，可采用 Na_2O_2 与 Na_2CO_3 的混合熔剂，用来分解硫化物或砷化物矿石。

6）NaOH 或 KOH

氢氧化物熔剂熔融速度快、熔块易溶解，而且熔点低，常用来分解硅酸盐、磷酸盐矿物、矿石和耐火材料等。

3. 半熔法

半熔法（semi-fusion method）又称烧结法，是在低于熔点的温度下，使试样与熔剂发生反应。与熔融法相比，半熔法的温度较低，加热时间较长，不易损坏坩埚，通常可以在瓷坩埚中进行。例如，以 ZnO 与一定比例的 Na_2CO_3 混合物为熔剂分解矿石及煤试样中的硫，ZnO 的作用是利用其高熔点，防止 Na_2CO_3 在约 800℃灼烧时熔合，使其保持疏松状态，便于空气中的氧将试样氧化，同时使反应产生的气体易于逸出。

4. 干法灰化

干法灰化（dry ashing）是将试样放在坩埚内，先在电炉上预热、炭化，然后转入马弗炉进一步分解，燃烧后留下的无机残余物用浓盐酸或热的硝酸浸取，然后定量转移到玻璃容器中。该法适用于分解有机和生物试样，测定其中的金属、硫及卤素的含量。

氧瓶燃烧法也常用于干法灰化，该法是将试样包在定量滤纸内，放入充满氧气的锥形烧瓶中进行燃烧，产物用适当的吸收液吸收。这种方法最初主要用于卤素和硫的快速测定，后来被推广应用于测定有机化合物中的非金属和金属元素。氧瓶燃烧法分解试样完全，适用于少量试样的分解，操作简便、快速。

干法灰化的另一种方式称为低温灰化法，该法通过射频放电产生的强活性氧自由基在低温下破坏有机物质。温度一般在 100℃以下，可以最大限度地减少挥发损失。

干法灰化的优点是无需加入或只加入少量试剂，避免了外部引入的杂质，而且方法简便。缺点是因少数元素挥发及器皿壁黏附金属而造成误差。

5. 湿式消解

湿式消解（wet digestion）通常将硝酸和硫酸混合物与试样一起置于克氏烧瓶内煮解，当冒出浓厚的 SO_3 白烟时开始回流，直到溶液变得透明为止。在消化过程中，硝酸将有机物氧化为二氧化碳，剩下无机酸或盐。若使用体积比为 3∶1∶1 的硝酸、高氯酸和硫酸的混合物进行消化，有更好的效果，高氯酸作为一种强氧化剂能破坏微量的有机物，若加入少量的钼（Ⅵ）盐作催化剂，能缩短消化时间。有时也使用硝酸和高氯酸的混合物进行消化，注意高氯酸不能直接加入有机或生物试样中，而应先加入过量的硝酸，这样可以防止高氯酸引起爆炸。对于容易形成挥发性化合物的被测物质（如砷、汞等），一般采用蒸馏的方式进行消化分解。这样既可避免挥发损失和产生有害物质，又能使分解和分离同时进行。

6. 微波消解

微波消解（microwave digestion）是利用微波能产生热量加热试样，使分解更有效。由于微波能同时直接传递给溶液（或固体）中的各分子，因此溶液整体快速升温，加热效率高。微波消解一般采用密闭容器，这样可以加热到较高温度和较高压力，也可减少溶剂用量和易挥发组分的损失。这种方法通常用于有机和生物试样的氧化分解，也可用于难熔无机材料的分解。

1.6.4　测定前的预处理

试样经分解后经常还需进一步处理才能用于测定。处理的方法应考虑下述几个方面。

1）试样的状态

一般化学分析和仪器分析在水溶液中进行。红外光谱、光电子能谱表征等要求试样为固态或非水溶液。所以需要根据分析方法将试样转化成固态、水溶液、非水溶液等形式，以适应结构、形态和含量等的测定。

2）被测组分的形态

被测组分的价态、存在形式（如游离态、配位化合物、盐等）应适合测量。可采用适当的方法将其转变为所需形态。

3）被测组分的含量范围

各种分析方法均有一定的适用范围，被测组分的浓度或含量应在所用分析方法的检测范围内才能保证测定结果的准确性。对于含量低的组分，应采取分离、富集的方法使其含量提高；高含量的试样则可适当稀释，然后再进行测定。

4）共存物的干扰

可采取化学掩蔽和沉淀、萃取、离子交换等分离方法消除干扰组分的影响。

5）辅助试剂的选择

测定前向被测试样中加入一些辅助试剂，可以提高被测组分的测定灵敏度，如催化剂、增敏剂、显色剂等，可根据相关分析手册或具体实验确定。

试样的预处理方法很多，针对具体的试样应根据实验或参考资料采取适用的方法，以简化操作，提高分析结果的准确性。

【知识链接】

分析测试方法进入仪器分析时代。随着仪器的不断推陈出新，分析化学逐渐进入仪器分析为主的阶段，尤其是定性分析和微量分析，仪器分析逐渐成为分析工作者首选的方法。但化学分析方法对于常量分析仍然是准确度最高的方法，在某些情况下无可替代，且其定量分析原理是仪器分析的基础。

思考题

1. 简述分析化学的定义、任务和作用。

2. 按照原理简述分析方法的分类。

3. 简述分析方法选择的基本原则。

4. 简述定量分析的主要过程。

5. 名词解释：滴定分析法、标准物质、标准溶液、化学计量点、滴定终点、终点误差、干法灰化、湿法消解。

6. 滴定度有什么意义？

7. 标定 NaOH 溶液，邻苯二甲酸氢钾（$KHC_8H_4O_4$）和二水合草酸（$H_2C_2O_4 \cdot 2H_2O$）都可以作为基准物质，选择哪一种更好？为什么？

8. 下列各分析纯（A. R.）物质，哪些可以直接用于配制标准溶液？请给出不能直接配制需要标定采用相应的基准物质的名称。

（1）NaOH；（2）H_2SO_4；（3）NaCl；（4）$Na_2S_2O_3$；（5）$K_2Cr_2O_7$；（6）$KMnO_4$。

习题

1-1　称取纯氯化锌 0.3000 g，溶解后在 250.00 mL 容量瓶中定容，Zn^{2+}的浓度是多少？

1-2　有 0.0980 mol · L^{-1} 的 H_2SO_4 溶液 450.00 mL，欲将其浓度变为 0.1000 mol · L^{-1}，应加入多少毫升 0.5000 mol · L^{-1} 的 H_2SO_4 溶液?

1-3　采用邻苯二甲酸氢钾标定 0.2 mol · L^{-1} NaOH 溶液，称量范围应控制在多少?

1-4　含 S 有机试样 0.4800 g，在氧气中燃烧使 S 氧化为 SO_2，用预中和过的 H_2O_2 将 SO_2 吸收，全部转化为 H_2SO_4，以 0.1000 mol · L^{-1} NaOH 标准溶液滴定至化学计量点，消耗 30.00 mL。计算试样中 S 的质量分数。

1-5　用 $KMnO_4$ 法测定石灰石中 CaO 的含量，钙经过草酸沉淀后转化为草酸钙，与高锰酸钾反应，若试样中 CaO 的含量约为 40%，为使滴定时消耗的 0.020 mol · L^{-1} 高锰酸钾溶液约 30 mL，应称取石灰石样品多少克?

1-6　分析铁矿石中铁的含量，若 $c_{\frac{1}{6}K_2Cr_2O_7} = 0.1200\ mol \cdot L^{-1}$，如果用消耗的溶液体积（单位：毫升）表示铁的含量（%），应称取铁矿石多少克?

1-7　含 Cr^{3+}的试样 2.5000 g 加入 10.00 mL 0.01000 mol · L^{-1} EDTA 标准溶液充分反应后，剩余的 EDTA 需消耗 7.50 mL 0.0100 mol · L^{-1} Zn^{2+}标准溶液。计算此试样中 $CrCl_3$（$M = 158.0$）的质量分数。

1-8　酒石酸与甲酸的混合溶液 10.00 mL，用 0.1000 mol · L^{-1} 氢氧化钠滴定至终点，消耗 15.00 mL。另取一份 10.00 mL 混合酸溶液加入 0.2000 mol · L^{-1} Ce^{4+}溶液 30.00 mL，在强酸条件下全部转化为 CO_2，剩余的 Ce^{4+}用 0.1000 mol · L^{-1} 的 Fe^{2+}溶液滴定，消耗 10.00 mL，求混合酸中各自的浓度。

1-9　测定试样中锰含量，称取试样 0.2000 g，加入 50.00 mL 0.1000 mol · L^{-1} $(NH_4)_2Fe(SO_4)_2$ 标准溶液还原 MnO_2 到 Mn^{2+}，完全反应后，过量的 Fe^{2+}在酸性溶液中被 0.02000 mol · L^{-1} $KMnO_4$ 标准溶液滴定，消耗 $KMnO_4$ 溶液 15.00 mL。计算该试样中锰的含量。

1-10　移取草酸溶液 25.00 mL，用 0.1500 mol · L^{-1} 氢氧化钠溶液滴定至终点，消耗 25.00 mL。现移取上述溶液 30.00 mL，酸化后用 0.06000 mol · L^{-1} 高锰酸钾溶液滴定，消耗多少毫升?

1-11　称取铁矿石试样 0.3000 g 溶于酸并还原为 Fe^{2+}。用 0.02000 mol · L^{-1} $K_2Cr_2O_7$ 溶液滴定，消耗 20.00 mL，计算试样中 Fe_2O_3 的含量。

第 2 章　分析数据处理与误差分析估算

【问题提出】　分析测试中应当如何正确记录数据？如何进行数据的处理才能保证分析结果准确可靠？本章将介绍正确记录数据及合理运算——有效数字问题，误差分析及估算相关的统计学基本知识——误差分类及评估、误差特点及计算方法、有限数据的处理方法。

2.1　有 效 数 字

为了得到准确的分析结果，不仅要准确地进行测量，还要正确地记录数字的位数，有效数字就是实际能测到的数字。有效数字的位数不仅表示数量的大小，也反映测量的精确程度。

2.1.1　有效数字的位数

有效数字保留的位数是根据分析方法和仪器准确度确定的，应使数值中只有最后一位是可疑的。例如，用分析天平称取试样时应写作 0.5000 g，表示最后一位的 0 是可疑数字，称量误差为±0.0002 g，其相对误差为

$$\frac{\pm 0.0002\,\text{g}}{0.5000\,\text{g}} \times 100\% = \pm\, 0.04\%$$

而称取试样 0.5 g，则表示是用台秤称量的，因台秤量误差为±0.2 g，则其相对误差为

$$\frac{\pm 0.2\,\text{g}}{0.5\,\text{g}} \times 100\% = \pm 40\%$$

同样，若将溶液的体积记为 24 mL，表示是用量筒量取的，而从滴定管中放出的体积则应写作 24.00 mL。

数字“0”若作为普通数字使用，则是有效数字；若用于定位，则不是有效数字。例如，滴定管读数 20.30 mL，两个“0”都是测量数字，都是有效数字，此读数的有效数字为 4 位。若改用升表示则是 0.02030 L，这时前面的两个“0”仅起定位作用，不是有效数字，此数仍是 4 位有效数字。改变单位不得改变有效数字的位数。当需要在数的末尾加“0”作定位用时，最好采用指数形式表示，否则有效数字的位数含混不清。例如，质量为 25.0 mg，若以 μg 为单位，则表示为 2.50×10^{4} μg。若写成 25000 μg，就容易误解为 5 位有效数字。

在分析化学中常遇到倍数、分数关系，可视为无限多位有效数字。而对 pH、pM、lg$K$ 等对数数值，其有效数字的位数仅取决于小数点后的位数，而其整数部分只代表该数的方次。例如，pH = 11.02，即$[H^+] = 9.6 \times 10^{-12}\ \text{mol} \cdot \text{L}^{-1}$，其有效数字为 2 位而非 4 位。

在计算中若遇首位数大于或等于 8 的数字，可多记一位有效数字，如 0.0985，可按 4

位有效数字对待。这样的处理仅限用于计算过程中，如果判定它的有效数字位数，仍然是 3 位。

2.1.2　有效数字的修约规则

对分析数据进行处理时，由于目前分析手段的进步，可获取的数字位数很多，需根据各步的测量精度及有效数字的计算规则，合理保留有效数字的位数，称为有效数字的修约，目前多采用“四舍六入五成双”规则。

当修约的第一位数小于或等于 4 时舍去；修约的第一位数大于或等于 6 进位；修约的第一位数等于 5 而后面的数为 0 时，若“5”前面为偶数则舍去，为奇数则进位；当 5 后面还有不是 0 的任何数时，无论 5 前面是偶数还是奇数皆进位。例如，将下列数据修约为 4 位有效数字：

$$0.52664 \rightarrow 0.5266$$

$$0.36266 \rightarrow 0.3627$$

$$10.2350 \rightarrow 10.24$$

$$250.650 \rightarrow 250.6$$

$$18.0852 \rightarrow 18.09$$

2.1.3　数据运算规则

在分析结果的计算中，每个测量值的误差都要传递到结果中。因此，必须运用有效数字的运算规则，做到合理取舍，既不能无原则地保留过多位数使计算复杂化，也不因舍弃任何尾数而使准确度受到影响。运算过程中应先按下述规则进行修约，再计算结果。

1）加减法

加减运算是各个数值绝对误差的传递，结果的绝对误差应与各数中绝对误差最大的那个数相适应。可以按照小数点后位数最少的那个数来保留其他各数的位数，以便于计算。例如

$$50.1 + 1.45 + 0.5812 = ?$$

原数	绝对误差	修约为
50.1	±0.1	50.1
1.45	±0.01	1.4
0.5812	±0.0001	0.6
52.1312	±0.1	52.1

可见 3 个数中以第一个数绝对误差最大，它决定了总和的不确定性为 ± 0.1。其他误差小的数不起作用，结果的绝对误差仍保持 ± 0.1，故为 52.1。实际计算时可以小数点后位数最少的数 50.1 为准，将各数修约为一位小数的数，再相加求和。

2）乘除法

乘除运算是各个数值相对误差的传递，因此结果的相对误差应与各数中相对误差最大

的那个数相适应。通常可以按照有效数字位数最少的那个数来保留其他各数的位数，修约后再运算。例如

$$0.0121 \times 25.64 \times 1.05782 = ?$$

上面 3 个数的相对误差是

原数	相对误差
0.0121	$\pm\frac{1}{121}\times 100\% = \pm 0.8\%$
25.64	$\pm\frac{1}{2564}\times 100\% = \pm 0.04\%$
1.05782	$\pm\frac{1}{105782}\times 100\% = \pm 0.0009\%$

其中以第一个数（3 位有效数字）相对误差最大，应以它为标准，其他各数都修约为 3 位有效数字，然后相乘，即 $0.0121 \times 25.6 \times 1.06 = 0.328$。这样，最后结果仍为 3 位有效数字，相对误差为±0.3%，与准确度最差的第一个数相适应。若直接相乘，得到积为 0.3281823…，应按第一个数修约为 3 位有效数字。

凡涉及化学平衡的有关计算，由于常数的有效数字多为两位，一般保留两位有效数字。常量组分的重量分析法和滴定分析法测定，方法误差约 0.1%，一般取 4 位有效数字。但若含量在 80%以上，则取 3 位有效数字，这样与方法的准确度更为相近；若取 4 位，则表示准确度近万分之一，通过计算提高了准确度，显然是不合理的。采用计算器连续运算的过程中可能保留了过多的有效数字，但最后结果应当修约成适当位数，以正确表达分析结果的准确度。

2.2 误差的基本概念

分析所得结果不可能绝对准确，总伴随一定误差。即使采用最可靠的分析方法，使用最精密的仪器，由最熟练的分析人员进行测定，也不可能得到绝对准确的结果。同一个人对同一样品进行多次分析，结果也不尽相同，这就表明，在分析过程中，误差是客观存在的。例如，常用的分析天平称量只能准确到 0.1 mg，滴定管读数误差为 0.01 mL，pH 计测量误差为 0.02 等。测定的结果只能趋近于被测组分的真实值，而不可能达到其真实值。因此，应该了解分析过程中产生误差的原因及误差出现的规律，并采取相应措施来减小误差，使测定的结果尽量接近真值。

2.2.1 定值结果的评价——正确度与精密度

分析结果的好坏通常用准确度来衡量，衡量的指标包括正确度和精密度。

分析结果的正确度表示被测组分的测定值与其真实值的接近程度，测定值与真实值之间差别越小，则分析结果的正确度越高。

为了获得可靠的分析结果，在实际工作中人们总是在相同条件下对样品平行测定几

份，然后以平均值作为测定结果。如果平行测定所得数据很接近，说明分析的精密度高。

精密度是指几次平行测定结果相互接近的程度。在分析化学中，有时用重现性（repeatability）和再现性（reproducibility）表示不同情况下分析结果的精密度。前者表示同一分析人员在相同条件下所得分析结果的精密度，后者表示不同分析人员或不同实验室之间在各自的条件下所得结果的精密度。

如何从精密度与正确度两方面来衡量分析结果的好坏?

图 2-1 表示出甲、乙、丙、丁四人分析同一试样的结果。由图可见，甲所得结果正确度与精密度均好，结果可靠；乙的精密度虽很高，但正确度太低，可能测量中存在系统误差；丙的精密度与正确度均很差；丁的平均值虽也接近于真实值，但几个测定值彼此相差甚远，而仅是由于大的正负误差相互抵消才使结果接近真实值，如只取 2 次或 3 次测定值来平均，结果就会与真实值相差很大，因此这个结果是碰巧得来的，是不可靠的。

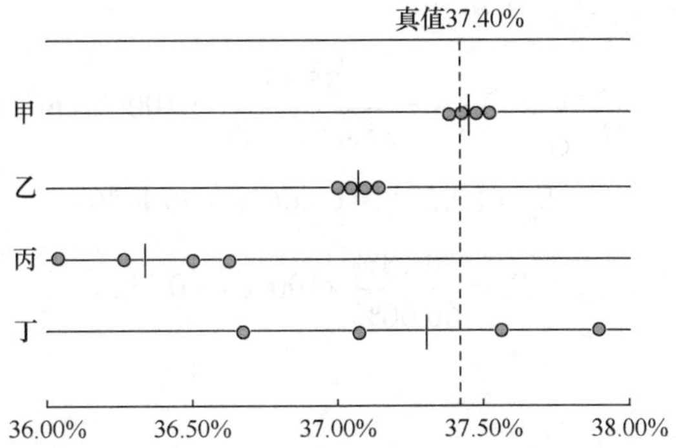

图 2-1　不同人分析同一样品的结果

综上所述，可得到下述结论：

（1）精密度是保证正确度的先决条件。精密度差，所测结果不可靠，就失去了衡量正确度的前提。

（2）高的精密度不一定能保证高的正确度，正确度往往取决于测定方法、仪器精度、试剂品质。

2.2.2　误差的表达——误差与偏差

1. 误差

正确度的高低用误差来衡量，表示测定值与真实值的差异。每个测定值 $x_1, x_2, \cdots, x_n$ 与真实值 T 之差称为单次测定的误差，分别表示为

$$x_1-T, x_2-T, \cdots, x_n-T$$

实际工作中通常采用测定的平均值 $\overline{x}$ 表示测定结果。因此，经常用 $\overline{x}-T$ 表示测定结果的误差，它实际是全部单次测定的误差的算术平均值。误差可用绝对误差 E_a 与相对误差 E_r 两种方法表示。

（1）绝对误差：

$$E_a=\overline{x}-T \tag{2-1a}$$

（2）相对误差：

$$E_r = \frac{E_a}{T} \times 100\% \qquad (2\text{-}1b)$$

误差小，表示结果与真实值接近，测定的正确度高；误差大，表示测定正确度低。若测定值大于真实值，视为正误差，误差为正值；反之，视为负误差，误差为负值。相对误差反映出误差在测定结果中所占百分数，更具有实际意义，因此更常用。

真实值往往是不可能准确知道的，实际工作中一般用标准值代替真实值来检查分析结果的正确度。标准值一般采用有证标准物质证书给定值或将纯物质中元素的理论含量作为真实值。

【例 2-1】 用沉淀滴定法测得纯 NaCl 试剂中的 w_{Cl} 为 60.53%，计算绝对误差和相对误差。

解 纯 NaCl 试剂中 w_{Cl} 的理论值是

$$w_{Cl} = \frac{M_{Cl}}{M_{NaCl}} \times 100\% = \frac{35.45}{35.45 + 22.99} \times 100\% = 60.66\%$$

绝对误差 $$E_a = 60.53\% - 60.66\% = -0.13\%$$

相对误差 $$E_r = \frac{-0.13\%}{60.66\%} \times 100\% = -0.2\%$$

2. 偏差

精密度的高低采用偏差来衡量，它表示平行测定数据相互接近的程度。偏差小，表示测定的精密度高。各次测量值对样本平均值的偏差为 $d_i = x_i - \bar{x}$（$i = 1, 2, \cdots, n$），表示每次测量结果与平均值的接近程度，也称残差。偏差与误差的表达相似，也常用相对偏差表示，它等于残差除以平均值。

2.2.3 误差的分类

在实际测量中有时结果的精密度很好，正确度却很差。每个人所得的重复测量数据均存在或大或小的差别，其原因就是要说明的误差的来源问题。

根据误差的特点，一般将误差分为系统误差与随机误差。个别教材介绍还有过失误差，是由于分析工作者粗心大意或违反操作规程所产生的错误，如溶液溅失、沉淀穿滤、读数记错等，都会使结果有较大的误差。编者认为既然是过失，是分析测试工作不能容忍的，不应该作为误差来讨论。

1. 系统误差

系统误差是由某种固定的原因造成的，它具有单向性，即正负、大小都有一定的规律，当每次测定时都会重复出现。通过查找原因，可以减免或量化，因此也称为可测误差。

系统误差产生的主要原因包括下述几方面：

（1）方法误差。指分析方法本身带来的误差。例如，在重量分析法中，存在沉淀的溶解、共沉淀现象；滴定分析中反应进行不可能 100%、滴定终点与化学计量点不能完全重合等，都会导致测定结果偏高或偏低，只要方法确定不变，误差就会重复出现。为了减小或避免方法误差，可进行分析方法的选择和优化，或对方法进行校正（对照实验）量化。

（2）仪器误差。来源于仪器本身不够精确，如天平两臂不等长、砝码长期使用后质量有所改变、容量仪器长期使用后体积不够准确等。减小或避免仪器误差一般通过仪器校准来实现。

（3）试剂误差。由试剂不纯所引起的误差。湿法分析中经常使用的去离子水存在杂质带来的误差就属于此类。减小或避免试剂误差可通过空白校正或使用纯度更高的试剂。

（4）操作误差。由操作人员的主观原因造成的。例如，在滴定分析中辨别滴定终点颜色时，有人偏深，有人偏浅；在读滴定管刻度时个人习惯性地偏高或偏低等。

检验和消除测定过程中的系统误差，通常采用如下方法。

1）对照实验

为了检验某分析方法是否存在系统误差，做对照实验是最常用的方法。对照实验一般可分为两种。一种是用该分析方法对标准物质或标准样品进行测定，将所得到的测定结果与标准值进行对照，用显著性检验判断是否有系统误差。进行对照实验时，应尽量选择与试样组成相近的标准试样进行对照分析，有时也用有可靠结果的试样或自己制备的“人工合成试样”来代替标准试样进行对照实验。另一种是用其他可靠的分析方法进行对照实验来判断是否有系统误差。对照实验所用的分析方法一般选用标准分析方法或公认的经典分析方法。

当对试样的组成不清楚时，对照实验也难以检查出系统误差的存在，这时可采用“加标回收法”进行实验。这种方法是向试样中加入已知量的待测组分，然后进行对照实验，确定加入的待测组分是否被定量回收，以判断分析过程是否存在系统误差。对回收率的要求主要根据待测组分的含量而定，对常量组分回收率要求高，一般为 99%以上，对微量组分回收率可要求在 90%～110%。

2）空白实验

为了检查实验用水和试剂是否存在杂质，所用器皿是否被污染等可能造成系统误差的情况，可以做空白实验。空白实验就是在不加待测组分的情况下，按照与待测组分分析同样的分析条件和步骤进行实验，将所得结果作为空白值，从试样的分析结果中扣除空白值后作为最后的分析结果。当空白值较大时，应找出原因，加以消除。

3）校准仪器

校准仪器可以减小或消除由仪器不准确引起的系统误差。例如，砝码、移液管、滴定管、容量瓶等，必须进行校准，并在计算结果时采用校正值。

2. 随机误差

随机误差是由某些难以控制、无法避免的偶然因素造成的，其大小、正负都不固定。例如，天平及滴定管的读数不确定性，操作中的温度、湿度、灰尘等影响都会引起测量数据的波动等。

随机误差虽然不能通过校正而减小或消除，但它的出现服从统计规律，可以通过增加测定次数来减小误差，并采用统计方法进行估算。

两类误差的划分并非绝对的，有时很难区别某种误差是系统误差还是随机误差。例如，判断滴定终点的迟早、观察颜色的深浅，总有偶然性；使用同一仪器或试剂所引起的误差也未必是相同的。

随机误差比系统误差更具有普遍意义，所以在本书中着重介绍随机误差的统计学特点及其统计方法的估算。

2.3 随机误差的统计规律

随机误差是由偶然因素造成的，其大小与正负都不定，它的出现有无规律性?

2.3.1 频率分布

某班学生用重量分析法测定 $BaCl_2 \cdot 2H_2O$ 的试剂纯度，共测得 173 个实验结果，若将数据逐个列出，有大有小，似乎杂乱无章。但将其按大小顺序排列，可知数据处于 98.9%～100.2% 范围内；进一步按组距为 0.1%分组，可将 173 个数据分为 14 组。每组中数据出现的个数称为频数（n_i），频数除以数据总数（n）称为频率。频率除以组距（Δs）（组中最大值与最小值之差）就是频率密度。表 2-1 列出这些数据，以频率密度和组值范围作图，就可以得到频率密度直方图（图 2-2）。

表 2-1 频数分布表

组号	分组	频数（n_i）	频率（n_i/n）	频率密度（$n_i/n\Delta s$）
1	98.85～98.95	1	0.006	0.06
2	98.95～99.05	2	0.012	0.12
3	99.05～99.15	2	0.012	0.12
4	99.15～99.25	5	0.029	0.29
5	99.25～99.35	9	0.052	0.52
6	99.35～99.45	21	0.121	1.21
7	99.45～99.55	30	0.173	1.73
8	99.55～99.65	50	0.289	2.89
9	99.65～99.75	26	0.150	1.5
10	99.75～99.85	15	0.087	0.87
11	99.85～99.95	8	0.046	0.46
12	99.95～100.05	2	0.012	0.12
13	100.05～100.15	1	0.006	0.06
14	100.15～100.25	1	0.006	0.06
合计		173	1.001	

由表 2-1 和图 2-2 可见，数据具有明显的集中趋势，频率密度最大值处于平均值（99.6%）左右。87%的数据处于平均值±0.3%之间，远离平均值的数据很少。直接连接相邻组中值所对应的频率密度点，即得频率密度多边形。可以设想，实验数据越多，分组越细，频率密度多边形将逐渐趋近于一条平滑的曲线，该曲线称为概率密度曲线。

2.3.2　正态分布

测量值大多数情况下服从或近似服从正态分布，正态分布的概率密度函数式为

$$y = f(x) = \frac{1}{\sigma\sqrt{2\pi}} e^{-\frac{(x-\mu)^2}{2\sigma^2}} \quad (2\text{-}2)$$

式中，$f(x)$ 为概率密度；x 为测量值；μ和σ为正态分布的两个参数，这样的正态分布记作 $N(\mu,\sigma)$，也常记作 $N(\mu,\sigma^2)$，其中的 σ^2 是标准偏差 σ 的平方，称为方差。

μ 是总体均值，即有限次测定所得数据的平均值，对应于曲线最高点的横坐标值，它表示无限个数据的集中趋势。总体均值绝大多数情况下不等于真值，只有在没有系统误差时它才是真值。图 2-3 为两条正态分布曲线。

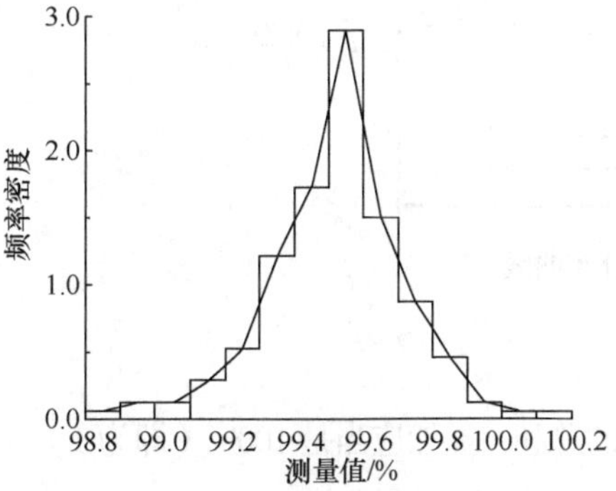

图 2-2　频率密度直方图

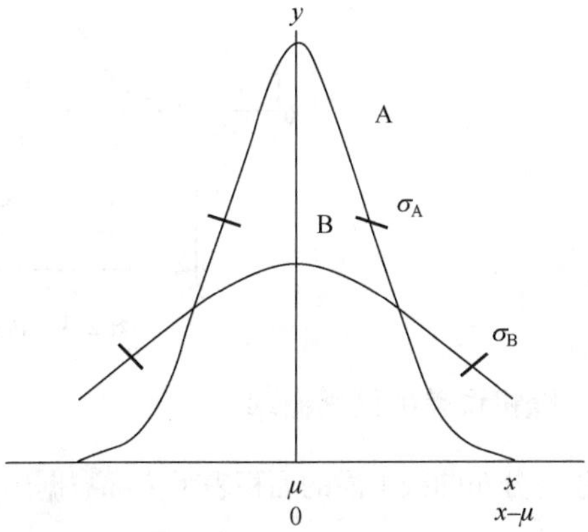

图 2-3　正态分布曲线（μ同，σ不同）

σ 是总体标准偏差，是曲线两转折点之间距离的一半，它表征数据分散程度。σ 数值小，数据集中，曲线瘦高；σ 数值大，数据分散，曲线矮胖（图 2-3）。

$x-\mu$ 表示随机误差。若以 $x-\mu$ 为横坐标，曲线最高点对应的横坐标为 0，这时表示的是随机误差的正态分布曲线。

正态分布曲线清楚地反映出随机误差的规律性：小误差出现的概率大，大误差出现的概率小，特别大的误差出现的概率极小，正误差和负误差出现的概率是相等的。

由于正态分布曲线的形状随 σ 而异，若将横坐标改用 u 表示，则正态分布曲线都归结为一条曲线。u 定义为

$$u = \frac{x-\mu}{\sigma}$$

也就是说，以 σ 为单位来表示随机误差。这时函数表达式为

$$f(x) = \frac{1}{\sigma\sqrt{2\pi}} e^{-\frac{u^2}{2}}$$

又

$$dx = \sigma \cdot du$$

故
$$f(x)=\frac{1}{\sqrt{2\pi}}\mathrm{e}^{-\frac{u^2}{2}}\mathrm{d}u=\phi(u)\mathrm{d}u$$

即
$$y=\phi(u)=\frac{1}{\sqrt{2\pi}}\mathrm{e}^{-\frac{u^2}{2}} \tag{2-3}$$

这样的分布称为标准正态分布，记作 $N(0,1)$，它与 σ 的大小无关。标准正态分布曲线如图 2-4 所示。

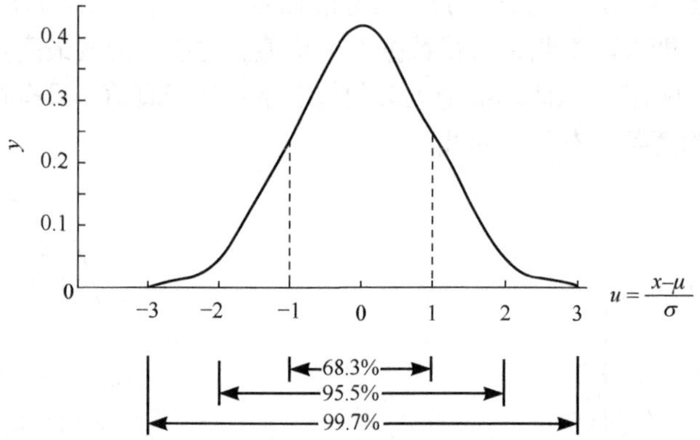

图 2-4　标准正态分布曲线

2.3.3　随机误差的区间概率

正态分布曲线下面的面积表示全部数据出现概率的总和，显然应当是 100%（即为 1），即

$$\int_{-\infty}^{\infty}\phi(u)\mathrm{d}u=\frac{1}{\sqrt{2\pi}}\int_{-\infty}^{\infty}\mathrm{e}^{-\frac{u^2}{2}}\mathrm{d}u=1$$

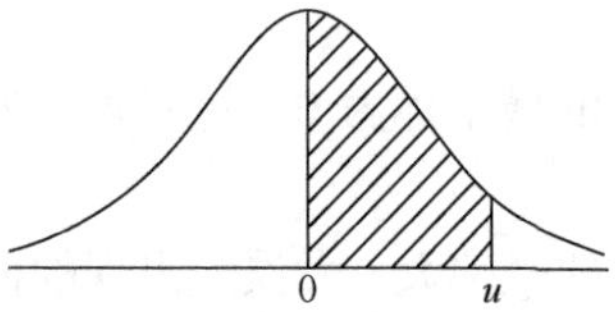

随机误差在某一区间内出现的概率，可取不同 u 值对式（2-3）积分得到。不同 u 值时曲线下所包括的面积已制成不同形式的概率积分表，可以直接查阅。表 2-2 列出其中一种形式的部分数据。表中列出的面积与图中阴影部分相对应，表示随机误差在此区间的概率，若是求 $\pm u$ 值区间的概率，只需乘以 2 即可。

$$概率=\int_0^u\phi(u)\mathrm{d}u=\frac{1}{\sqrt{2\pi}}\int_0^u\mathrm{e}^{-\frac{u^2}{2}}\mathrm{d}u=面积$$

$$|u|=\frac{|x-\mu|}{\sigma}$$

表 2-2　正态分布概率积分表（部分数值）

$\lvert u\rvert$	面积	$\lvert u\rvert$	面积
0.674	0.2500	2.000	0.4773
1.000	0.3413	2.576	0.4950
1.645	0.4500	3.00	0.4987
1.960	0.4750	∞	0.5000

由表 2-2 可求出随机误差或测量值出现在某区间内的概率。例如，随机误差在 $(-1\sigma,+1\sigma)$ 区间，即测量值 x 在 $(\mu-\sigma,\mu+\sigma)$ 区间的概率是 $2\times0.3413=68.3\%$。同样，可求出测量值出现在其他区间的概率（表 2-3）。

表 2-3　测量值在不同误差区间出现的概率

随机误差出现的区间 u (以 σ 为单位)	测量值出现的区间	概率
(−1, + 1)	$(\mu-1\sigma,\mu+1\sigma)$	68.3%
(−1.96, + 1.96)	$(\mu-1.96\sigma,\ \mu+1.96\sigma)$	95.0%
(−2, + 2)	$(\mu-2\sigma,\ \mu+2\sigma)$	95.5%
(−2.58, + 2.58)	$(\mu-2.58\sigma,\ \mu+2.58\sigma)$	99.0%
(−3, + 3)	$(\mu-3\sigma,\ \mu+3\sigma)$	99.7%

由表中数据结果可见，随机误差超过 $\pm3\sigma$ 的测量值出现的概率是很小的，仅有 0.3%。

2.4　有限数据的统计处理

随机误差分布的规律给数据处理提供了理论基础，但它是对无限多次测量而言，无限次测量在实践中是不现实的，实际测定只能是有限次，一般情况下往往是从总体中抽取一部分来进行测定。从总体中随机抽出的一部分，称为样本。样本所含的个体数称为样本容量，用 n 表示。数据处理的任务是通过对样本的分析，对总体做出推断。

2.4.1　数据的集中趋势和分散程度的表示

前面已经介绍，对于无限次测量，总体均值 μ 是数据集中趋势的表征，总体标准偏差 σ 是分散程度的表征，但它们往往是未知的，因此实际工作中，只能通过有限次测定数据对 μ 和 σ 做出合理的估计。

1. 数据集中趋势的表示

1）算术平均值 $\bar{x}$

n 次测定数据的平均值 $\bar{x}$ 为

$$\bar{x}=\frac{x_1+x_2+\cdots+x_n}{n}=\frac{1}{n}\sum_{i=1}^{n}x_i \tag{2-4}$$

当测量数据符合正态分布或近似正态分布情况下，$\bar{x}$ 是总体平均值 μ 的最佳估计值。对有限次测定，测量值往往围绕算术平均值 $\bar{x}$ 集中，理论上当 $n\to\infty$ 时，$\bar{x}\to\mu$。

2）中位数 $\tilde{x}$

将数据按大小顺序排列，位于正中间的数据称为中位数。当 n 为奇数时，居中者即是中位数；当 n 为偶数时，正中间两个数的平均值为中位数。中位数表示法的优点是受离群值的影响小，但用它表示集中趋势不如平均值好，而且不能充分利用数据。

3）加权平均值 $\bar{x}_w$

$$\bar{x}_w = \frac{\sum_{i=1}^{n} w_i x_i}{\sum_{i=1}^{n} w_i}$$

其他的表示方法还有几何平均值、众数、均方根平均值、调和平均数等，按照数理统计学理论，测量值在服从正态分布的情况下，采用算术平均值是对总体平均值的最佳估计。

2. 数据分散程度的表示

1）极差 R

极差 R 指一组平行测定数据中最大者（x_{max}）和最小者（x_{min}）的差，即

$$R = x_{max} - x_{min} \tag{2-5a}$$

利用极差表达数据分散程度比较简单，适用于少数几次测定。例如，几次平行滴定所消耗滴定剂体积的精密度常以 R 表示。

相对极差为

$$\frac{R}{\bar{x}} \times 100\% \tag{2-5b}$$

2）平均偏差 $\bar{d}$

将各次测量值偏差取绝对值后平均，称为平均偏差 $\bar{d}$。平均偏差为

$$\bar{d} = \frac{|d_1| + |d_2| + \cdots + |d_n|}{n} = \frac{1}{n}\sum_{i=1}^{n}|d_i| \tag{2-6a}$$

由于 d_i 值有正有负，若不取绝对值，其和趋近于零，就不能表示数据的精密度了。

相对平均偏差为

$$\frac{\bar{d}}{\bar{x}} \times 100\% \tag{2-6b}$$

3）标准偏差 s

$$s = \sqrt{\frac{\sum_{i=1}^{n}(x_i - \bar{x})^2}{n-1}} = \sqrt{\frac{\sum_{i=1}^{n} d_i^2}{n-1}} \tag{2-7a}$$

标准偏差比平均偏差能更灵敏地反映出较大偏差的存在，在统计上更有意义。式中，$n-1$ 为自由度，常用 f 表示。

相对标准偏差（RSD）也称变异系数（CV），用百分数表示

$$\text{RSD} = \frac{s}{\bar{x}} \times 100\% \tag{2-7b}$$

【例 2-2】 比较下列两组实验数据的优劣。

（1）d_1：0.11、−0.73、0.24、0.51、−0.14、0.00、0.30、−0.21；

（2）d_2：0.18、0.26、–0.25、–0.37、0.32、–0.28、0.31、–0.27。

解　如果采用平均偏差来判断：

$$\overline{d}_1=\overline{d}_2=0.28$$

无法判断数据的优劣。

如果采用标准偏差：$s_1=0.38$，$s_2=0.29$。

显然，第二组数据比第一组的精度高。

3. 平均值的标准偏差

一般情况下，用平均值 $\overline{x}$ 来估计总体均值 μ，通常在测定过程中取几个样本，每个样本进行多次平行测定，则一系列测定的平均值 $\overline{x}_1,\overline{x}_2,\cdots$ 的波动也遵从正态分布。显然，平均值的精密度应当比单次测定的精密度更好，所以应当用平均值的标准偏差 $\sigma_{\overline{x}}$ 来表示平均值的分散程度。统计学已证明

$$\sigma_{\overline{x}}=\frac{\sigma}{\sqrt{n}} \tag{2-8}$$

因此对有限次测定，样本平均值的标准偏差为

$$s_{\overline{x}}=\frac{s}{\sqrt{n}} \tag{2-9}$$

理论上是说平均值的标准偏差与测定次数的平方根成反比，表明增加测定次数可以提高测量的精密度，但增加测定次数会耗费更多的精力和财力，而且从图 2-5 可见，开始时 $s_{\overline{x}}$ 随 n 增加减小得很快，但当 $n>5$ 变化就较慢了，而当 $n>10$ 后，测量次数增加对精密度的影响已很小，所以实际工作中测定 4～6 次已足够，最多不超过 10 次。

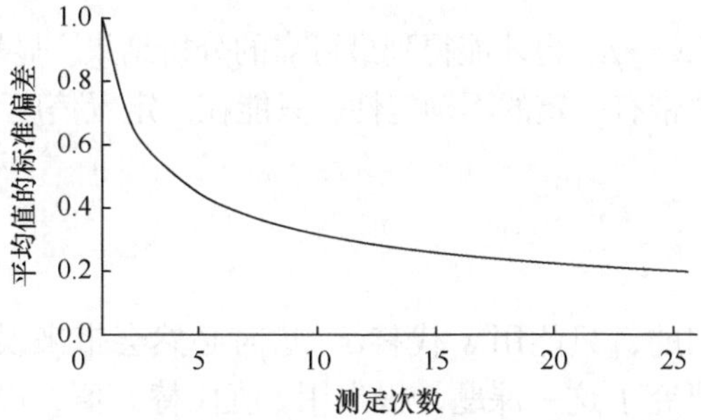

图 2-5　平均值的标准偏差与测定次数的关系

【例 2-3】　分析铁矿中铁的质量分数，得到如下数据（%）：37.45，37.20，37.50，37.30，37.25。计算此结果的平均值、中位数、极差、平均偏差、标准偏差、相对标准偏差和平均值的标准偏差。

解
$$\overline{x}=\frac{37.45+37.20+37.50+37.30+37.25}{5}\%=37.34\%$$

$$\tilde{x}=37.30\%$$

$$R=37.50\%-37.20\%=0.30\%$$

各次测量的偏差 d_i（%）分别是 +0.11、–0.14、+0.16、–0.04、–0.09，则

$$\bar{d}=\frac{\sum|d_i|}{n}=\frac{0.11+0.14+0.16+0.04+0.09}{5}\%=0.11\%$$

$$s=\sqrt{\frac{\sum d_i^2}{n-1}}=\sqrt{\frac{(0.11)^2+(0.14)^2+(0.16)^2+(0.04)^2+(0.09)^2}{5-1}}=0.13\%$$

$$\text{RSD}=\frac{s}{\bar{x}}\times 100\%$$

$$s_{\bar{x}}=\frac{s}{\sqrt{n}}=\frac{0.13\%}{\sqrt{5}}=0.058\%\approx 0.06\%$$

分析结果只需报告出 n、$\bar{x}$、s，无需将数据一一列出。此例结果可表示为

$$n=5,\ \bar{x}=37.34\%,\ s=0.13\%$$

4. 或然误差ρ

或然误差是指在一组测量值的误差中，落在$-\rho\sim+\rho$范围内的误差个数与落在该区间之外的误差个数相等，或者说在所有的测量误差中有一种误差，比它大的与比它小的误差出现的可能性恰好相等，这一误差就称为或然误差。

2.4.2　置信区间

只有当$n\to\infty$，才有$\bar{x}\to\mu$，也才能得到最可靠的分析结果。显然这是做不到的，由有限次测量得到的平均值$\bar{x}$总带有一定的不确定性，只能在一定置信度下，根据$\bar{x}$值对μ可能存在的区间做出估计。

1. t分布曲线

有限次测定σ是未知的，只能用 s 代替σ，这时必然会带来误差。英国化学家和统计学家戈塞特（Gosset）研究了这一课题，提出用t值代替u值，以补偿这一误差。定义为

$$t=\frac{\bar{x}-\mu}{s_{\bar{x}}}=\frac{\bar{x}-\mu}{s}\sqrt{n} \tag{2-10}$$

这时，随机误差不是正态分布，而是t分布。t分布曲线的纵坐标是概率密度，横坐标是t。图 2-6 为t分布曲线。

t分布曲线随自由度f（$f=n-1$）变化。当$n\to\infty$时，t分布曲线即成为标准正态分布曲线。t分布曲线下面某区间的面积也表示随机误差在某区间的概率（图 2-7）。

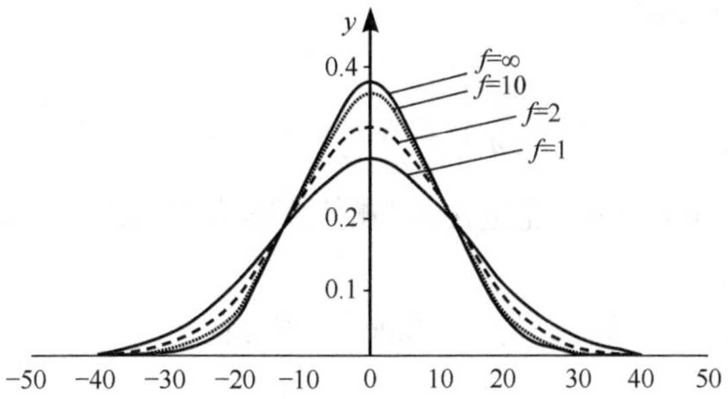

图 2-6　t 分布曲线

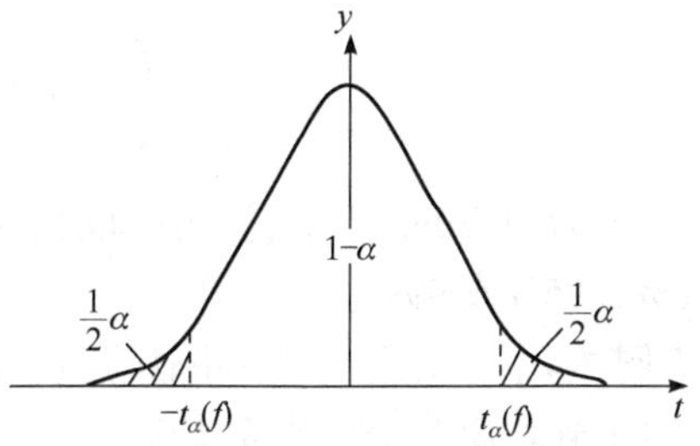

图 2-7　$-t_\alpha(f)\sim t_\alpha(f)$ 的区间概率

t 值不仅随概率而异，而且还随 f 变化，表 2-4 列出了常用的部分数据，表中的 $t_\alpha(f)$的下标 α 表示 t 出现在大于 $t_\alpha(f)$和小于$-t_\alpha(f)$时的概率（又称显著性水平）。t 出现在 $[-t_\alpha(f),t_\alpha(f)]$ 区间的概率则为$1-\alpha$（又称置信度），用 P 表示。由表 2-4 可见，当 $f\to\infty$ 时，$s\to\sigma$，t 即 u（见表 2-2 和表 2-4 中最后一行的数据）。实际上，f= 20 时，t 与 u 已很接近。

表 2-4　t 分布值表

自由度 f	$t_\alpha(f)$			
	0.50	0.10	0.05	0.01
1	1.00	6.31	12.71	63.66
2	0.82	2.92	4.30	9.93
3	0.76	2.35	3.18	5.84
4	0.74	2.13	2.78	4.60
5	0.73	2.02	2.57	4.03
6	0.72	1.94	2.45	3.71
7	0.71	1.90	2.37	3.50
8	0.71	1.86	2.31	3.36
9	0.70	1.83	2.26	3.25
10	0.70	1.81	2.23	3.17
20	0.69	1.73	2.09	2.85
∞	0.67	1.65	1.96	2.58

2. 置信区间

总体标准偏差σ未知时，对置信区间的确定用 t 这个统计量

$$t=\frac{\overline{x}-\mu}{s/\sqrt{n}} \tag{2-11}$$

它服从自由度为 f 的 t 分布。由图 2-7 可知$-t_\alpha(f)<t<t_\alpha(f)$的概率等于$1-\alpha$。将式（2-11）代入，即得

$$\overline{x}-t_\alpha(f)\frac{s}{\sqrt{n}}<\mu<\overline{x}+t_\alpha(f)\frac{s}{\sqrt{n}} \tag{2-12}$$

于是，置信度为（$1-\alpha$）×100%的μ的置信区间是

$$\left(\bar{x}-t_{\alpha}(f)\frac{s}{\sqrt{n}},\ \bar{x}+t_{\alpha}(f)\frac{s}{\sqrt{n}}\right) \tag{2-13}$$

它是以$\bar{x}$为中心的区间，这个区间有$(1-\alpha)\times 100\%$的可能包含μ。置信度需事先给出，通常是90%、95%或99%。

【例2-4】 测定铁矿石中铁含量：$n=4$，$\bar{x}=35.21\%$，$s=0.06\%$。求：

（1）置信度为95%的置信区间；

（2）置信度为99%的置信区间。

解 （1）$1-\alpha=0.95$，则$\alpha=0.05$。查表2-4知$t_{0.05}(3)=3.18$，代入式（2-13），得μ的95%置信区间：

$$\left(35.21\%-3.18\times\frac{0.06\%}{\sqrt{4}},\ 35.21\%+3.18\times\frac{0.06\%}{\sqrt{4}}\right)=(35.11\%,\ 35.31\%)$$

（2）$1-\alpha=0.99$，则$\alpha=0.01$。查表2-4知$t_{0.01}(3)=5.84$，代入式（2-13），得μ的99%置信区间：

$$\left(35.21\%-5.84\times\frac{0.06\%}{\sqrt{4}},\ 35.21\%+5.84\times\frac{0.06\%}{\sqrt{4}}\right)=(35.03\%,\ 35.39\%)$$

由【例2-4】可见，置信度高，置信区间就大。这个结论不难理解，区间的大小反映估计的精度，置信度高低说明估计的把握程度。100%的置信度意味着区间无限大，肯定会包含μ，但这样的区间是毫无意义的，应当根据工作需要定出置信度。

对于经常性的分析试样，由于大量数据的积累，σ可以认为是已知的，这时的$(1-\alpha)\times$100%置信区间可类似地推出，因为

$$u=\frac{\bar{x}-\mu}{\sigma/\sqrt{n}} \tag{2-14}$$

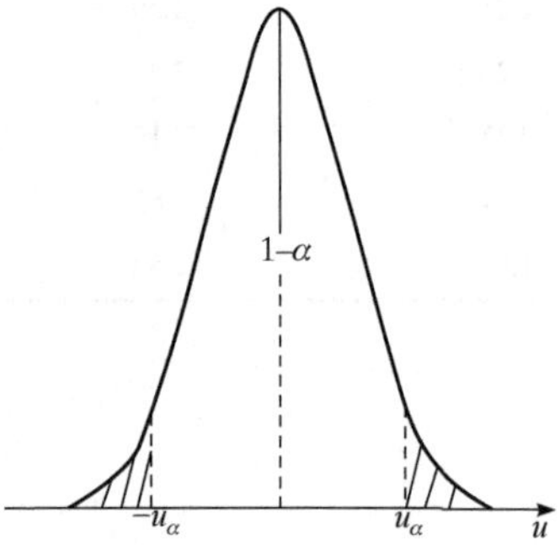

图2-8　$-u_\alpha$～u_α的区间概率

由图2-8可见，$-u_\alpha<u<u_\alpha$的概率等于$1-\alpha$。

将式（2-14）代入，得

$$-u_\alpha<\frac{\bar{x}-\mu}{\sigma/\sqrt{n}}<u_\alpha \tag{2-15}$$

改写为

$$\bar{x}-u_\alpha\frac{\sigma}{\sqrt{n}}<\mu<\bar{x}+u_\alpha\frac{\sigma}{\sqrt{n}} \tag{2-16a}$$

于是μ的$(1-\alpha)\times$100%置信区间为

$$\left(\bar{x}-u_\alpha\frac{\sigma}{\sqrt{n}},\ \bar{x}+u_\alpha\frac{\sigma}{\sqrt{n}}\right) \tag{2-16b}$$

【例2-5】 分析某矿石的铁含量获得如下结果：$n=4$，$\bar{x}=35.21\%$，$\sigma=0.06\%$。求μ的95%置信区间。

解　$1-\alpha=0.95$，则$\alpha=0.05$。查表可知 $u_{0.05}=1.96$。将 $n=4$，$\overline{x}=35.21\%$，$\sigma=0.06\%$代入式（2-16b）得μ的 95%置信区间：

$$\left(35.21\%-1.96\times\frac{0.06\%}{\sqrt{4}},\ 35.21\%+1.96\times\frac{0.06\%}{\sqrt{4}}\right)=(35.15\%, 35.27\%)$$

与【例 2-4】（1）相比，置信区间变窄了，即精度提高了。

2.4.3　数据处理的步骤与方法

获得一组实验数据的处理步骤是：先进行可疑值的判断，去除离群值后进行正态性检验，通过正态性检验后计算算术平均值和标准偏差，计算不确定度，最后给出结果。

1. 异常值的检验

在一组平行测定所得测定值中，有时会出现个别值远离其他值的情况。如果这个异常值是由明显过失引起的（如配制溶液时溶液的溅失、滴定管活塞处出现渗漏等），则无论这个值与其他数据是近是远都应该将其舍弃，否则就要进行异常值的检验。

1）Q 检验法

Q 检验法的做法如下：

（1）测定值按大小顺序排列。

（2）计算测定值的极差 R。

（3）计算可疑值与其相邻值之差的绝对值$|d|$。

（4）代入下式计算：

$$Q_{计算}=\frac{|d|}{R}$$

根据测定次数 n，从表 2-5 中查得指定置信度下的 Q 值。若 $Q_{计算}>Q_{表}$，则该可疑值即为异常值，应予舍弃，否则应予保留。

表 2-5　舍弃商 Q 值表

测定次数 n	3	4	5	6	7	8	9	10
$Q_{0.90}$	0.94	0.76	0.64	0.56	0.51	0.47	0.44	0.41
$Q_{0.95}$	0.97	0.84	0.73	0.64	0.59	0.54	0.51	0.49

【例 2-6】　测定某溶液浓度（$mol\cdot L^{-1}$）得到如下测定值：0.1014，0.1012，0.1016，0.1025。检验说明 0.1025 这个值是否应当舍弃（置信度 90%）。

解
$$Q_{计算}=\frac{0.1025-0.1016}{0.1025-0.1012}=0.69$$

查表 2-5，置信度为 90%，$n=4$ 时，$Q_{表}=0.76$；$Q_{计算}<Q_{表}$，故 0.1025 不是异常值，应该保留。

2）$4\overline{d}$ 法

根据正态分布规律，偏差超过 3σ的测量值出现的概率小于 0.3%，故这一测量值通常可以舍去。而$\delta=0.80\sigma$、$3\sigma\approx4\delta$，即偏差超过 4δ的个别测量值可以舍去。

对于少量实验数据，可以用 s 代替 σ，用 $\bar{d}$ 代替 δ，故可粗略地认为，偏差大于 $4\bar{d}$ 的个别测量值可以舍去。采用 $4\bar{d}$ 法判断可疑值取舍虽然存在较大误差，但该法比较简单，不必查表，至今仍为人们所采用。

3）格鲁布斯（Grubbs）检验法

首先将测量值按由小到大的顺序排列为：x_1、x_2、…、x_n，并求出平均值 $\bar{x}$ 和标准偏差 s，再根据统计量 T 进行判断。若 x_1 为可疑值，则

$$T=\frac{\bar{x}-x_1}{s}$$

若 x_n 为可疑值，则

$$T=\frac{x_n-\bar{x}}{s}$$

将计算所得 T 值与表 2-6 中查得的 $T_{\alpha,n}$（对应于某一置信度）相比较。若 $T>T_{\alpha,n}$，则应舍去可疑值，否则保留。

表 2-6 $T_{\alpha,n}$ 值表

n	显著性水平 α		
	0.05	0.025	0.01
3	1.15	1.15	1.15
4	1.46	1.48	1.49
5	1.67	1.71	1.75
6	1.82	1.89	1.94
7	1.94	2.02	2.10
8	2.03	2.13	2.22
9	2.11	2.21	2.32
10	2.18	2.29	2.41
11	2.23	2.36	2.48
12	2.29	2.41	2.55
13	2.33	2.46	2.61
14	2.37	2.51	2.63
15	2.41	2.55	2.71
20	2.56	2.71	2.88

格鲁布斯法最大的优点是在判断可疑值的过程中，引入了正态分布中的两个最重要的样本参数——平均值 $\bar{x}$ 和标准偏差 s，故此方法的准确性较好。此方法的缺点是需要计算 $\bar{x}$ 和 s，步骤稍烦琐。

4）拉依达（Pauta）准则

如果对某测量值 x_p，有残差 $v_p=x_p-$平均值，当 $|v_p|>3s$（有时也采用 $2s$）时，则认为 x_p 含有过失误差，应被剔除。

除了上述判断方法外，还有肖维勒（Chauvenet）准则、罗马诺夫斯基（Romanovsky）准则和狄克逊（Dixon）准则，每个判别方法都有一定的使用条件，可以根据实际工作要求和数据的多少进行选择。

2. 数据的正态性检验

依照统计学的原理，只有在数据满足正态分布的情况下，采用算术平均值给总体赋值才是合理的。所以在拿到重复性数据后，应该进行正态性检验。正态性检验的方法有很多，常用的方法如下。

1）偏态系数与峰态系数

获得的一组独立数据，按照从小到大的顺序排列，表示为 $x_1, x_2, x_3, \cdots, x_n$，记

$$m_2 = \frac{\sum_{i=1}^{n}(x_i - \overline{x})^2}{n}$$

$$m_3 = \frac{\sum_{i=1}^{n}(x_i - \overline{x})^3}{n}$$

$$m_4 = \frac{\sum_{i=1}^{n}(x_i - \overline{x})^4}{n}$$

$A = |m_3| / \sqrt{m_2^3}$ 称为偏态系数，用它检验不对称性；$B = m_4 / m_2^2$ 称为峰态系数，用来检验峰态。对于服从正态分布的数据 A 和 B 应分别小于相应的临界值 A_1 和落入区间 $B_1 \sim B_1'$，临界值和区间数值见表 2-7 和表 2-8。

表 2-7　不对称检验的临界值 A_1

n	P		n	P		n	P	
	0.95	0.99		0.95	0.99		0.95	0.99
8	0.99	1.42	100	0.39	0.57	800	0.14	0.10
9	0.97	1.42	125	0.35	0.51	850	0.14	0.20
10	0.95	1.39	150	0.32	0.46	900	0.13	0.19
12	0.91	1.34	175	0.30	0.43	950	0.13	0.18
15	0.85	1.26	200	0.28	0.40	1000	0.13	0.18
20	0.77	1.15	250	0.25	0.36	1200	0.12	0.16
25	0.71	1.06	300	0.23	0.33	1400	0.11	0.15
30	0.66	0.98	350	0.21	0.30	1600	0.10	0.14
35	0.62	0.92	400	0.20	0.28	1800	0.10	0.13
40	0.59	0.87	450	0.19	0.27	2000	0.09	0.13
45	0.56	0.82	500	0.18	0.26	2500	0.08	0.11
50	0.53	0.79	550	0.17	0.24	3000	0.07	0.10
60	0.49	0.72	600	0.16	0.23	3500	0.07	0.10
70	0.46	0.67	650	0.16	0.22	4000	0.06	0.09
80	0.43	0.63	700	0.15	0.22	4500	0.06	0.08
90	0.42	0.60	750	0.15	0.21	5000	0.06	0.08

表 2-8　峰态检验的区间数值

n	P 0.95	P 0.99	n	P 0.95	P 0.99
7	1.41～3.55	1.25～4.23	200	2.51～3.57	2.37～3.98
8	1.46～3.70	1.31～4.53	250	2.55～3.52	2.42～3.87
9	1.53～3.86	1.35～4.82	300	2.59～3.47	2.46～3.79
10	1.56～3.95	1.39～5.00	350	2.62～3.44	2.50～3.72
12	1.64～4.05	1.46～5.20	400	2.64～3.41	2.52～3.67
15	1.72～4.13	1.55～5.30	450	2.66～3.49	2.55～3.63
20	1.82～4.17	1.65～5.36	500	2.67～3.37	2.57～3.60
25	1.91～4.16	1.72～5.30	550	2.69～3.35	2.58～3.57
30	1.98～4.11	1.79～5.21	600	2.70～3.34	2.60～3.54
35	2.03～4.10	1.84～5.13	650	2.71～3.33	2.61～3.52
40	2.07～4.06	1.89～5.04	700	2.72～3.31	2.62～3.50
45	2.11～4.00	1.93～4.94	750	2.73～3.30	2.64～3.48
50	2.15～3.99	1.95～4.88	800	2.74～3.29	2.65～3.46
75	2.27～3.87	2.08～4.59	850	2.74～3.28	2.66～3.45
100	2.35～3.77	2.18～4.39	900	2.75～3.28	2.66～3.43
125	2.40～3.71	2.24～4.24	950	2.76～3.27	2.67～3.42
150	2.45～3.65	2.29～4.13	1000	2.76～3.26	2.68～3.41

2）夏皮罗-威尔克检验法

夏皮罗-威尔克（Shapiro - Wilk）检验法即正态性 W 检验，是用概率回归直线的斜率建立统计量进行假设检验，计算简单，功效高，是工程中常用的最佳检验法。

将数据从小到大排列，统计量为

$$W=\left[\sum\alpha_k(x_{n+1-k}-x_k)\right]^2/\sum_{k=1}^{n}(x_k-\overline{x})^2$$

式中，下标 k 值当测量次数 n 为偶数时为 1–n/2，n 为奇数时为 1–(n–1)/2。系数 α_k 是与 n 和 k 有关的特定值，可以查阅相关书籍获得。

该统计量的判据是 $W > W(n,P)$ 时，接受数据为正态分布。$W(n, P)$的数值见表 2-9。

表 2-9　$W(n, P)$数值表

n	P 0.99	P 0.95	n	P 0.99	P 0.95	n	P 0.99	P 0.95	n	P 0.99	P 0.95
3	0.753	0.767	15	0.835	0.881	27	0.894	0.923	39	0.917	0.923
4	0.687	0.748	16	0.844	0.887	28	0.896	0.924	40	0.919	0.940
5	0.686	0.762	17	0.851	0.892	29	0.898	0.926	41	0.920	0.941
6	0.713	0.788	18	0.858	0.897	30	0.900	0.927	42	0.922	0.942
7	0.730	0.803	19	0.863	0.901	31	0.902	0.929	43	0.923	0.943
8	0.749	0.818	20	0.868	0.906	32	0.904	0.930	44	0.924	0.944
9	0.764	0.829	21	0.873	0.908	33	0.906	0.931	45	0.926	0.945
10	0.781	0.842	22	0.878	0.911	34	0.908	0.933	46	0.927	0.946
11	0.792	0.850	23	0.881	0.914	35	0.910	0.934	47	0.928	0.947
12	0.805	0.859	24	0.884	0.916	36	0.912	0.935	48	0.929	0.947
13	0.814	0.866	25	0.888	0.918	37	0.914	0.936	49	0.929	0.947
14	0.825	0.875	26	0.891	0.920	38	0.916	0.938	50	0.930	0.947

3）达格斯提诺（D'Agostino）法

将数据从小到大排列，检验的统计量为

$$Y=\sqrt{n}\left\{\frac{\sum\left[\left(\frac{n+1}{2}-K\right)\left(X_{n+1-K}-X_K\right)\right]}{n^2\sqrt{m_2}}-0.28209479\right\}/0.02998598$$

式中，下标 K 值当测量次数 n 为偶数时为 $1-n/2$，n 为奇数时为 $1-(n-1)/2$。该统计量的判据是：当置信概率为 95%时，Y 值应落入 a-a 范围，当置信概率为 99%时，Y 应落在 b-b 范围内，具体区间见表 2-10。

表 2-10　达格斯提诺区间数值

n	区间		n	区间	
	a-a（$P=0.95$）	b-b（$P=0.99$）		a-a（$P=0.95$）	b-b（$P=0.99$）
50	−2.74～−1.06	−3.91～1.24	450	−2.25～1.65	−3.06～2.09
60	−2.68～−1.13	−3.81～1.34	500	−2.24～1.67	−3.04～2.11
70	−2.64～−1.19	−3.73～1.42	550	−2.23～1.68	−3.02～2.14
80	−2.60～−1.24	−3.67～1.48	600	−2.22～1.69	−3.00～2.15
90	−2.57～−1.28	−3.61～1.54	650	−2.21～1.7	−2.98～2.17
100	−2.54～−1.31	−3.57～1.59	700	−2.20～1.71	−2.97～2.18
150	−2.45～−1.42	−3.41～1.75	750	−2.19～1.72	−2.96～2.2
200	−2.39～−1.50	−3.30～1.85	800	−2.18～1.73	−2.94～2.21
250	−2.35～−1.54	−3.23～1.93	850	−2.18～1.74	−2.93～2.22
300	−2.32～−1.53	−3.17～1.98	900	−2.17～1.74	−2.92～2.23
350	−2.29～−1.61	−3.13～2.03	950	−2.16～1.75	−2.91～2.24
400	−2.27～−1.63	−3.09～2.06	1000	−2.16～1.75	−2.91～2.25

当用偏态系数与峰态系数判断与正态分布的偏离时，这种检验是定向的且不对称检验要求 $8\leqslant n\leqslant 5000$，峰态检验要求 $7\leqslant n\leqslant 1000$。而夏皮罗-威尔克检验和达格斯提诺检验是在分布没有事先了解的情况下进行的，称为公用性检验，前者对测定次数较少（$3\leqslant n\leqslant 50$）时适用，后者对测定次数多（$50\leqslant n\leqslant 1000$）时适用。在学校教学活动中，一般将一组平行数据均按照正态分布处理，正态性检验很少涉及，但在实际工作中应用很广泛，应根据实际情况选择具体方法进行检验。

3. 不确定度分析与估算

测量不确定度的定义是：与测量结果相联系的参数，表征合理地赋予被测量值的分散性。

该分散性是由许多成分组成的，一些成分可以由测量列结果统计分布计算，由实验标准偏差 s_i 表征，称这类分量为 A 类分量或 A 类不确定度评定；另一些成分不是用统计方法算出，而是基于经验或其他信息的概率分布估计的，也用假设存在的类似于标准偏差的量 s_j 表征，称这类分量为 B 类分量或 B 类不确定度评定；将 A 类和 B 类不确定度按平方和开方的办法叠加起来就给出合成标准不确定度，记为 u_c。将合成标准不确定度乘以包含因子得出的不确定度称为展伸不确定度或称总不确定度，记为 U。

单次测量的不确定度可表示为 $u(x) = t_{\alpha}(n-1)s$，算术平均值的不确定度可表示为

$$u(x) = t_{\alpha}(n-1)\frac{s}{\sqrt{n}}$$

化学分析测量不确定度的来源有以下几种：

（1）被测对象的定义不完善，如被测定的物质缺少确切的结构说明。

（2）取样带来的不确定度，测定样品可能不完全代表所定义的被测对象。

（3）被测对象的预富集和分离不完全。

（4）基体影响和干扰。

（5）在抽样、样品制备、样品分析过程中的沾污，这对痕量分析工作尤为重要。

（6）对环境条件的影响缺乏认识或对环境条件的测量不够完善。例如，容量玻璃器具校准与使用时温度不同所带来的不确定度。

（7）读数不准，读取计数或刻度形成的习惯性偏高或偏低倾向。

（8）称量和容量仪器等的不确定度。

（9）仪器的分辨率、灵敏度、稳定性、噪声水平、仪器的偏倚、检定校准中的不确定度，以及自动分析仪器的滞后影响等。

（10）测量标准和标准物质所给定的不确定度值，特别是作为基准或标准用的试剂纯度的影响。

估计不确定度时可以建立测量的数学模型，$y = f(\overline{x}_1, \overline{x}_2, \cdots, \overline{x}_N)$，通过对 $\overline{x}_1, \overline{x}_2, \cdots, \overline{x}_N$ 等每一个量的不确定度详细评估，最后给出 y 的不确定度。如果函数关系没有建立起来，就需要以实验或其他方式估计这些量对被测对象的影响，最终合成给出被测对象的不确定度。

2.5　显著性检验

在生产和试验中，测得的数据总是有波动的，平均值 $\overline{x}$ 通常不等于真值 μ_0。这种差异可能完全是由随机误差引起的，也可能包含系统误差。这两种情形是直观上难以分辨的。显著性检验就是为了处理这类问题而提出的。

2.5.1　总体均值的检验

总体均值的准确与否是日常监督和质量控制的指标之一，一般有两种情况。

1. u 检验法（σ 已知）

当 σ 已知时，可用 u 检验法。

$u < -u_{\alpha}$ 和 $u > u_{\alpha}$ 的概率等于 α（图 2-9），或

$$\frac{\overline{x} - \mu}{\sigma / \sqrt{n}} < -u_{\alpha} \text{ 和 } \frac{\overline{x} - \mu}{\sigma / \sqrt{n}} > u_{\alpha}$$

改写为
$$\bar{x} < \mu - u_\alpha \frac{\sigma}{\sqrt{n}} \text{ 和 } \bar{x} > \mu + u_\alpha \frac{\sigma}{\sqrt{n}}$$

此结果可用图 2-10 表示。例如，$u_\alpha = 1.96$，则 $\alpha = 0.05$，它是一个小概率。根据小概率原理：小概率在一次试验中可以认为基本上不会发生。如果小概率发生了，则出现在拒绝域，就拒绝假设，即$\mu \neq \mu_0$。习惯上，总体均值 μ 与 μ_0 存在显著差异，表明有系统误差存在。小概率α称为显著性水平，通常取 0.10、0.05 或 0.01，这是在检验前就指定的。

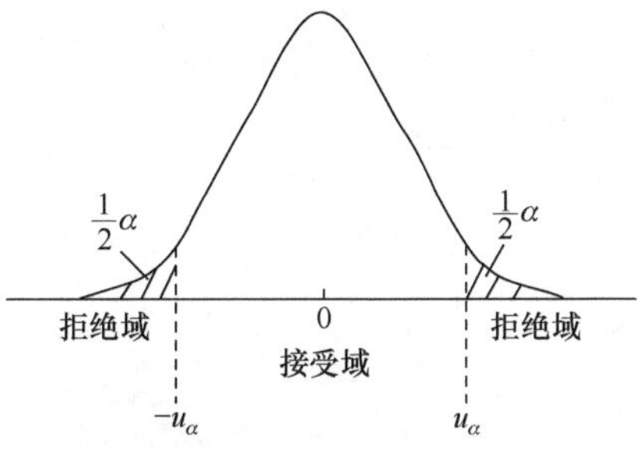

图 2-9　拒绝域和接受域（按随机误差大小）

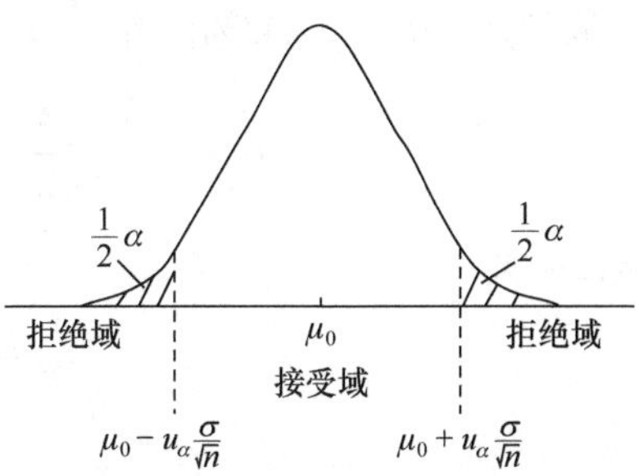

图 2-10　拒绝域和接受域（按测量值大小）

u 检验的步骤为：

（1）提出假设：$\mu = \mu_0$。

（2）计算 $u = \dfrac{\bar{x} - \mu}{\sigma / \sqrt{n}}$。

（3）给定显著性水平α，查表 2-4 中 $f \to \infty$ 时的 t 值（即 u 值），并与$u_{计算}$ 比较。

如果选择 $\alpha = 0.05$，则$|u_{计算}| > 1.96$ 时拒绝假设；如果选择 $\alpha = 0.01$，则计算$|u_{计算}| > 2.58$ 时拒绝假设。

【例 2-7】　某炼铁厂生产的铁水含碳量服从正态分布，μ_0 为 4.55%，σ为 0.08%。现在又测了 5 炉铁水，其含碳量分别为 4.28%、4.40%、4.42%、4.35%、4.37%。平均值有无变化？（给定 $\alpha = 0.05$）

解　假设$\mu = \mu_0 = 4.55\%$，$\bar{x} = 4.36\%$，则有

$$u_{计算} = \frac{\bar{x} - \mu}{\sigma / \sqrt{n}} = \frac{4.36\% - 4.55\%}{0.08\% / \sqrt{5}} = -5.3$$

查表知
$$u_{0.05} = 1.96$$
$$|u_{计算}| = 5.3 > 1.96$$

故应该拒绝假设，即平均含碳量比原来的降低了。

2. t 检验法（σ未知）

当σ未知时，可用 t 检验法。

假设 $\mu = \mu_0$，将 μ_0、n、$\bar{x}$、s 代入式（2-11），得

$$t_{计算}=\frac{\overline{x}-\mu}{s/\sqrt{n}}$$

给定显著性水平α，从 t 分布值表（表 2-4）中查得$t_{\alpha}(f)$值。若$|u_{计算}|>t_{\alpha}(f)$时，拒绝假设。

【例 2-8】 测定某样品 CaO 的含量（已知 CaO 的质量分数为 30.43%）获得如下结果：$n=6$，$\overline{x}=30.51\%$，$s=0.05\%$。此测定是否有系统误差？（给定$\alpha=0.05$）

解 假设$\mu=\mu_0=30.43\%$，有

$$t_{计算}=\frac{\overline{x}-\mu_0}{s/\sqrt{n}}=\frac{30.51\%-30.43\%}{0.05\%/\sqrt{6}}=3.9$$

查表 2-4 知

$$t_{表}=t_{0.05}(5)=2.57$$

因此

$$|t_{计算}|>t_{表}$$

说明μ与μ_0有显著差异，此测定存在系统误差。

2.5.2 两组测量结果间的显著性检验

1. F 检验法

两组数据是否等精度可以用 F 这个量检验两个总体标准偏差σ_1和σ_2是否相等，即

$$F=\frac{s_1^2}{s_2^2} \tag{2-17a}$$

是否服从自由度为(n_1-1)、(n_2-1)的 F 分布。在检验前先假设$\sigma_1=\sigma_2$，计算出两组试验的标准偏差 s_1 和 s_2。假定$\alpha=0.10$，则$F_{计算}>F_2$和$F_{计算}<F_1$时（图 2-11），拒绝假设，σ_1和σ_2有显著差异。而如果 $F_{计算}$介于 F_1 和 F_2之间，则接受假设。

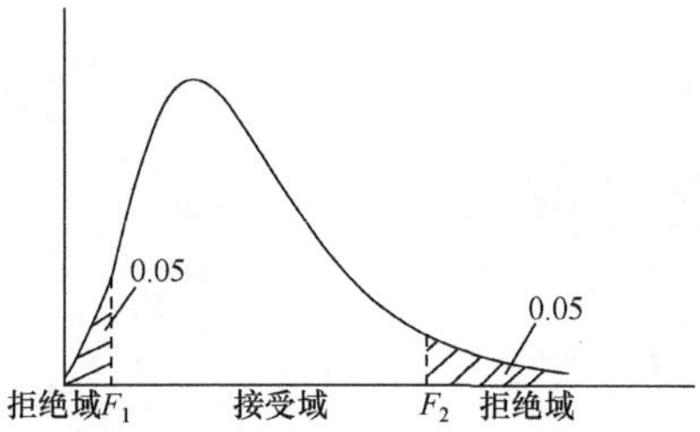

图 2-11 拒绝域和接受域

由于大多数教材只列出 $F>1$ 的值，所以计算时只要把大的 s^2 值当作分子，小的 s^2 当作分母就可以了，即

$$F_{计算}=\frac{s_{大}^2}{s_{小}^2} \tag{2-17b}$$

从图 2-11 可知，如果给定$\alpha=0.10$，则应查$F_{0.05}(n_{大}-1,n_{小}-1)$，即图上的 F_2。若$F_{计算}>F_2$时拒绝假设；$F_{计算}<F_2$时接受假设。表 2-11 列出$\alpha=0.05$的 F 分布值（部分）。

表 2-11　显著性水平为 0.05 的 *F* 分布值

f_2	f_1（$s_大$的自由度）									
	2	3	4	5	6	7	8	9	10	∞
2	19.00	19.16	19.25	19.30	19.33	19.35	19.37	19.38	19.40	19.50
3	9.55	9.28	9.12	9.01	8.94	8.89	8.85	8.81	8.79	8.53
4	6.94	6.59	6.39	6.26	6.16	6.09	6.04	6.00	5.96	5.63
5	5.79	5.41	5.19	5.05	4.95	4.88	4.82	4.77	4.74	4.36
6	5.14	4.76	4.53	4.39	4.28	4.21	4.15	4.10	4.06	3.67
7	4.74	4.35	4.12	3.97	3.87	3.79	3.73	3.68	3.64	3.23
8	4.46	4.07	3.84	3.69	3.58	3.50	3.44	3.39	3.35	2.93
9	4.26	3.86	3.63	3.69	3.58	3.50	3.44	3.39	3.35	2.93
10	4.10	3.71	3.48	3.33	3.22	3.14	3.07	3.02	2.98	2.54
∞	3.00	2.60	2.37	2.21	2.10	2.01	1.94	1.88	1.83	1.00

2. *t* 检验法

经过 *F* 检验，若σ_1和σ_2无显著差异，还需要进行 *t* 检验判定两个总体均值是否等精度。假设$\mu=\mu_0$，计算

$$t=\frac{\overline{x}_2-\overline{x}_1}{s_\mathrm{p}}\sqrt{\frac{n_1 n_2}{n_1+n_2}} \tag{2-18}$$

式中，s_p为合并标准偏差

$$s_\mathrm{p}=\sqrt{\frac{(n_1-1)s_1^2+(n_2-1)s_2^2}{n_1+n_2-2}} \tag{2-19}$$

给定显著性水平α，查表 2-4 可得 $t_2(n_1+n_2-2)$，当$|t_{计算}|>t_{表}$时，说明μ_1与μ_2存在显著差异；相反，则接受假设，$\mu_1=\mu_2$。

【**例 2-9**】　用两种方法测定某碱石灰试样中 Na_2CO_3 的质量分数，结果如下：

方法 1	方法 2
$n_1=5$	$n_2=4$
$\overline{x}_1=42.34\%$	$\overline{x}_2=42.44\%$
$s_1=0.10\%$	$s_2=0.12\%$

请比较 μ_1 与 μ_2 有无显著差异。

解　（1）先用 *F* 检验法检验σ_1等于σ_2是否成立（给定$\alpha=0.10$）。

假设$\sigma_1=\sigma_2$，则

$$F_{计算}=\frac{s_{大}^2}{s_{小}^2}=\frac{0.12^2}{0.10^2}=1.44$$

查表 2-5 知　$$F_{\frac{1}{2}\alpha}(n_{大}-1, n_{小}-1)=F_{0.05}(4,3)=9.12$$

故　$$F_{计算}<F_{表}$$

接受假设，σ_1 等于 σ_2 无显著差异。

（2）再用 t 检验法检验 μ_1 是否等于 μ_2（给定 $\alpha=0.10$）。

假设 $\mu_1=\mu_2$，则

$$t_{计算}=\frac{\overline{x}_2-\overline{x}_1}{\sqrt{\frac{(n_1-1)s_1^2+(n_2-1)s_2^2}{n_1+n_2-2}}}\sqrt{\frac{n_1n_2}{n_1+n_2}}$$

$$=\frac{42.44-42.34}{\sqrt{\frac{(5-1)\times0.10^2+(4-1)\times0.12^2}{5+4-2}}}\sqrt{\frac{5\times4}{5+4}}$$

$$=1.35$$

查表 2-4 知

$$t_{\alpha}(n_1+n_2-2)=t_{0.10}(7)=1.90$$

故　$$t_{计算}<t_{表}$$

接受假设，μ_1 和 μ_2 无显著差异。

【知识链接】　数据处理的计算机应用

数据处理是分析测试工作的重要组成部分，计算机的普及给数据处理带来了便利，绝大多数的计算可以在 Office 系统中实现，如平均值的计算、标准偏差的计算等，包括许多正态性检验也被放在固定的程序中，可以直接引用。对于经常性使用的计算公式可以自己编写程序；大多数检测机构都实现了电子报告的自动生成。

思 考 题

1. 误差有哪些类型？如何减免？

2. 概率、置信度和置信区间的含义各是什么？

3. 正态分布曲线和 t 分布曲线有什么不同？

4. 不确定度的概念是什么？置信区间与不确定度的关系是什么？

5. 正态性检验的意义是什么？

习　　题

2-1　测定矿石中铝的质量分数时，6 次平行测定的测定值是 23.48%、23.55%、23.58%、23.60%、23.53%、23.50%。

（1）计算这组数据的平均值、中位数、极差、平均偏差、标准偏差、相对标准偏差和平均值的标准偏差；

（2）若此样品是标准物质，其中铝的质量分数为 23.50%，计算以上测定值的绝对误差和相对误差。

2-2　测定试样中 CaO 的质量分数时，得到如下测定值：35.60%，35.69%，35.70%，35.64%。

（1）统计处理后的分析结果应如何表达？

（2）比较 95%和 90%置信度下总体平均值的置信区间。

2-3　用某方法测定矿样中锰的质量分数时，标准偏差（σ）是 0.10%。现测得锰的质量分数为 9.54%，如果分析结果分别是经过 4 次、9 次测定得到的，计算各次结果平均值的置信区间。（95%置信度）

2-4　采用测定氯的新方法分析某标准物质（证书值为 16.65%），4 次测定的平均值为 16.70%，标准偏差为 0.1%。判断此结果与标准值是否有显著差异。（显著性水平为 0.05）

2-5　在不同温度下对某试样硅含量进行分析，所得测定值（%）如下：

15℃：96.5，95.8，97.1，96.0；

35℃：94.2，93.0，95.0，93.0，94.5。

试比较两组结果是否存在显著性差异。（显著性水平为 0.10）

2-6　测定某溶液浓度（$mol \cdot L^{-1}$）获得以下测定值：0.2038、0.2042、0.2052、0.2039。第三个结果是否应舍弃？若增加一次测定，结果为 0.2041，这时第三个结果还需要弃去吗？（置信度为 90%）

2-7　标定 0.1 $mol \cdot L^{-1}$ HCl，应称取 Na_2CO_3 基准物质范围为多少？称量误差能否达到 0.1%的准确度？若改用硼砂（$Na_2B_4O_7 \cdot 10H_2O$）为基准物质，结果又如何？

2-8　下列数据各有几位有效数字？

0.0111，8.015×10^{23}，54.126，4.801×10^{-10}，999，3000，1.0×10^3，pH = 5.26 时的$[H^+]$。

2-9　按有效数字运算规则计算下列结果：

（1）$313.64 + 6.8 + 0.2236$；

（2）$\dfrac{0.0982 \times (20.00 - 14.39) \times 162.206 / 3}{1.4182 \times 1000} \times 100$；

（3）pH = 12.205 溶液的$[H^+]$。

2-10　某学生用配位滴定法测定试样中铝的质量分数。称取试样 0.2000 g，加入 0.02000 $mol \cdot L^{-1}$ EDTA 溶液 25.00 mL，返滴定时消耗了 0.02000 $mol \cdot L^{-1}$ Zn^{2+}溶液 23.00 mL。结果的有效数字应保留几位？

第 3 章　酸碱滴定法

【问题提出】　工业乙酸含量的测定。

采用酸碱滴定法测定乙酸时，如何配制浓度已知的 NaOH 标准滴定溶液？能否直接称量配制？如果是浓度未知的 NaOH 溶液，通过什么基准物质能对其实际浓度进行标定？如何判定滴定乙酸的滴定终点？如何选择指示剂？乙酸是弱酸，弱酸的电离对滴定结果有什么影响？本章将从上述问题出发阐述酸碱滴定法。

酸碱滴定法（acid-base titration）是一种基于酸碱反应的定量分析方法，也称中和滴定法。该方法简便、快速，是广泛应用的定量分析方法之一。酸碱平衡理论是酸碱滴定法的理论基础。溶液的酸度决定物种存在的型体，进而影响各类反应的完全度和反应速率。为了便于对水溶液与非水溶液的酸碱平衡进行统一论述，本章采用酸碱质子理论处理有关酸碱平衡问题。对于酸碱平衡体系中的计算，以代数法为主，同时简要介绍对数图解法。有关酸碱滴定条件、指示剂选择和滴定误差等则通过计算和分析滴定曲线来阐述。

3.1　溶液中的酸碱反应与平衡

3.1.1　离子的活度和活度系数

在电解质溶液中，由于荷电离子之间、离子和溶剂之间的相互作用，离子在化学反应中表现出的有效浓度（又称为活度 a）与其平衡浓度存在差别。如果以 c_i 表示 i 离子的平衡浓度，a_i 表示 i 离子的活度，则它们之间的关系可表示为

$$a_i = \gamma_i \cdot c_i \tag{3-1}$$

式中，γ_i 称为 i 离子的活度系数，用于反映实际溶液与理想溶液之间偏差的大小。对于强电解质溶液，如果溶液的浓度极稀，那么离子之间的距离会变得相当大，导致离子之间的相互作用力变得相当小，可近似看作理想溶液，此时 $\gamma_i \approx 1$。其他情况下，离子的活度需要通过测量或计算得到。

德拜-休克尔（Debye-Hückel）提出了稀溶液（$I \leqslant 0.01\ \text{mol} \cdot \text{kg}^{-1}$）中 γ_i 的计算公式：

$$-\lg \gamma_i = 0.51 z_i^2 \frac{\sqrt{I}}{1 + B\mathring{a}\sqrt{I}} \tag{3-2}$$

式中，z_i 为 i 离子的电荷数；B 为常数，25℃时为 0.00328；$\mathring{a}$ 为离子体积参数，约等于水化离子的有效半径，以 pm（10^{-12} m）计，一些常见离子的 $\mathring{a}$ 值列于附录 4 中；I 为溶液的离子强度。当 I 较小时，水化离子半径的影响可忽略，γ_i 可按德拜-休克尔极限公式计算。在进行近似计算时也可考虑采用以下公式：

$$-\lg \gamma_i = 0.51 z_i^2 \sqrt{I} \tag{3-3}$$

I与溶液中各离子的浓度及所带电荷有关，稀溶液I的计算式为

$$I = \frac{1}{2}\sum_{i=1}^{n} c_i z_i^2 \tag{3-4}$$

【例 3-1】 计算 0.10 mol · L^{-1} HCl 溶液中 H^+的活度系数。

解

$$I = \frac{1}{2}\sum_{i=1}^{n} c_i z_i^2 = \frac{1}{2}([H^+]z_{H^+}^2 + [Cl^-]z_{Cl^-}^2) = \frac{1}{2}\times 0.10\times 1^2 + \frac{1}{2}\times 0.10\times 1^2$$
$$= 0.10\ (mol\cdot L^{-1})$$

查附录 4，得 H^+的 $\mathring{a} = 900$ pm，根据式（3-2）可知：

$$-\lg\gamma_{H^+} = 0.51\times 1^2\times\left(\frac{\sqrt{0.10}}{1+0.00328\times 900\times\sqrt{0.10}}\right) = 0.084$$

$$\gamma_{H^+} = 0.83$$

【例 3-2】 计算 0.010 mol · L^{-1} $AlCl_3$ 溶液中 Cl^-和 Al^{3+}的活度。

解

$$I = \frac{1}{2}\sum_{i=1}^{n} c_i z_i^2 = \frac{1}{2}\times(0.010\times 3^2 + 3\times 0.010\times 1^2) = 0.060\ (mol\cdot L^{-1})$$

查附录 4，得 Cl^-的 $\mathring{a} = 300$ pm，根据式（3-2）可知：

$$-\lg\gamma_{Cl^-} = 0.51\times 1^2\times\left(\frac{\sqrt{0.060}}{1+0.00328\times 300\times\sqrt{0.060}}\right) = 0.10$$

$$\gamma_{Cl^-} = 0.78$$

$$a_{Cl^-} = \gamma_{Cl^-}[Cl^-] = 0.78\times 3\times 0.010 = 0.023\ (mol\cdot L^{-1})$$

对于 Al^{3+}，$\mathring{a} = 900$ pm，故

$$-\lg\gamma_{Al^{3+}} = 0.51\times 3^2\times\left(\frac{\sqrt{0.060}}{1+0.00328\times 900\times\sqrt{0.060}}\right) = 0.65$$

$$\gamma_{Al^{3+}} = 0.22$$

$$a_{Al^{3+}} = \gamma_{Al^{3+}}[Al^{3+}] = 0.22\times 0.010 = 0.0022\ (mol\cdot L^{-1})$$

通过比较 Al^{3+}和 Cl^-的结果可知，高价离子更容易受到离子强度的影响。

对于溶液中的中性分子，由于它们的电荷数为 0，若根据德拜-休克尔公式计算，其γ将恒为 1。但是，实际情况下γ会随溶液中I的变化发生微小改变，是近似等于 1。

3.1.2 酸碱反应与平衡常数

根据布朗斯特（Brønsted）的酸碱质子理论：凡能给出质子（H^+）的物质为酸，凡能接受质子的物质为碱，既能接受质子又能给出质子的物质为两性物质，酸碱反应是酸和碱之间的质子授受过程。

$$HA \rightleftharpoons A^- + H^+$$

$$酸 \rightleftharpoons 碱 + 质子$$

酸 HA 给出质子后变成它的共轭碱 A^-，碱 A^-接受质子后变成它的共轭酸 HA。HA 和 A^-相互依存，称为共轭酸碱对（conjugate acid-base pair）。

酸和碱可以是中性分子、阳离子或阴离子。酸较其共轭碱多一个质子。例如

$$酸 \rightleftharpoons 碱 + 质子$$

$$HCO_3^- \rightleftharpoons CO_3^{2-} + H^+$$

$$HAc \rightleftharpoons Ac^- + H^+$$

$$H_2CO_3 \rightleftharpoons HCO_3^- + H^+$$

$$NH_4^+ \rightleftharpoons NH_3 + H^+$$

$$NH_3OH^+ \rightleftharpoons NH_2OH + H^+$$

酸给出质子的反应或碱接受质子的反应都称为酸碱半反应，两个半反应构成一个完整的酸碱反应。酸碱半反应其实是酸碱的解离反应，如弱酸 HA 在水溶液中的解离反应及平衡常数为

$$HA + H_2O \rightleftharpoons H_3O^+ + A^-$$

$$K_a = \frac{a_{H_3O^+} a_{A^-}}{a_{HA}} \tag{3-5}$$

同理，弱碱 A^-在水溶液中的解离反应及平衡常数为

$$A^- + H_2O \rightleftharpoons HA + OH^-$$

$$K_b = \frac{a_{HA} a_{OH^-}}{a_{A^-}} \tag{3-6}$$

从上述 HA 和 A^-的解离反应可知，溶剂 H_2O 既可以给出质子又可以接受质子，是典型的两性物质。在稀溶液中，溶剂 H_2O 的活度规定为 1。酸碱解离反应的平衡常数 K_a 和 K_b 分别称为酸的解离常数和碱的解离常数，数值仅随温度变化。K_a 或 K_b 值越大，表示该酸或碱越强。

乙酸（HAc）在水中的解离反应：

半反应 1　　$HAc(酸\ 1) \rightleftharpoons Ac^-(共轭碱\ 1) + H^+$

半反应 2　　$H_2O(碱\ 2) \rightleftharpoons H^+ + OH^-(共轭酸\ 2)$

总反应　　$HAc + H_2O \rightleftharpoons H_3O^+ + Ac^-$

酸 1　碱 2　　酸 2　碱 1

需要注意的是，H^+不能在水中单独存在，而是以水合质子 $H_9O_4^+$的形式存在（简化为 H_3O^+），为了书写方便而写成 H^+，则以上反应式简写为

$$HAc \rightleftharpoons H^+ + Ac^-$$

$$K_a = \frac{[Ac^-][H^+]}{[HAc]}$$

氨（NH_3）在水中的解离反应：

半反应 1　　NH_3(碱 1) + $H^+ \rightleftharpoons NH_4^+$(共轭酸 1)

半反应 2　　H_2O(酸 2) $\rightleftharpoons H^+ + OH^-$(共轭碱 2)

总反应　　$NH_3 + H_2O \rightleftharpoons NH_4^+ + OH^-$

碱 1　酸 2　　　碱 2　酸 1

与 H^+类似，OH^-也不能在水中单独存在，而是以水合离子 $H_7O_4^-$的形式存在，简化为 OH^-，NH_3的平衡常数为

$$K_b = \frac{[NH_4^+][OH^-]}{[NH_3]}$$

其共轭酸 NH_4^+的解离反应为 $NH_4^+ \rightleftharpoons NH_3 + H^+$，$NH_4^+$的平衡常数为

$$K_a = \frac{[NH_3][H^+]}{[NH_4^+]}$$

除了酸碱解离反应，溶液中常见的酸碱反应还有质子自递反应、酸碱中和反应和水解反应。

1）质子自递反应

质子自递反应（autoprotolysis reaction）是溶剂分子间的质子转移反应，其平衡常数 K 称为溶剂分子的质子自递常数。例如，水的质子自递反应平衡常数 K_w 称为水的质子自递常数或水的活度积：

$$H_2O + H_2O \rightleftharpoons H_3O^+ + OH^- \text{（常简写为 } H_2O \rightleftharpoons H^+ + OH^-\text{）}$$

$$K_w = a_{H_3O^+}a_{OH^-} = 1\times10^{-14.00} \text{（25℃）} \qquad (3\text{-}7)$$

2）酸碱中和反应

一般是酸碱解离反应的逆反应，反应产生比原来弱的酸和碱，溶液趋于中性。例如

$$H^+ + OH^- = H_2O \text{（强酸与强碱）}$$

$$K_t = \frac{1}{[H^+][OH^-]} = \frac{1}{K_w} = 10^{14.00}$$

$$HAc + OH^- \rightleftharpoons Ac^- + H_2O \text{（弱酸与强碱）}$$

$$K_t = \frac{[Ac^-]}{[HAc][OH^-]} = \frac{K_a}{K_w} = \frac{1}{K_b}$$

$$A^- + H^+ \rightleftharpoons HA \text{（弱碱与强酸）}$$

$$K_t=\frac{[HA]}{[A^-][H^+]}=\frac{K_b}{K_w}=\frac{1}{K_a}$$

$$NH_3+HAc \rightleftharpoons NH_4^+ + Ac^-\text{（弱碱与弱酸）}$$

$$K_t=\frac{[NH_4^+][Ac^-]}{[NH_3][HAc]}=\frac{K_bK_a}{K_w}$$

K_t称为酸碱反应常数。在水溶液中，反应完全度最高的是强碱和强酸的反应，它的平衡常数 $K_t=10^{14.00}$；反应完全度最差的是水的质子自递反应，它的平衡常数 $K_t=K_w=10^{-14.00}$；其他酸碱反应的平衡常数均介于两者之间，K_t取决于酸碱的K_a或K_b。

3）水解反应

典型的弱酸弱碱的水解反应（hydrolysis reaction）与酸碱解离反应相同，但有些水解反应则稍有区别，如Cr^{3+}的水解：

$$Cr^{3+}+2H_2O \rightleftharpoons Cr(OH)_2^+ + 2H^+$$

$$K_a=\frac{[Cr(OH)_2^+][H^+]^2}{[Cr^{3+}]}$$

在浓度相同的情况下，酸碱反应的平衡常数能够用于衡量酸碱反应进行的程度，其中酸/碱解离常数和水的质子自递常数是最基本的反应平衡常数，其他均可由此导出。以共轭酸碱对 HA-A^-来说，若酸 HA 的酸性很强，其共轭碱 A^-的碱性必弱。共轭酸碱对的K_a和K_b的关系可由式（3-5）～式（3-7）导出。

$$K_aK_b=\frac{a_{H_3O^+}a_{A^-}}{a_{HA}}\times\frac{a_{HA}a_{OH^-}}{a_{A^-}}=a_{H_3O^+}a_{OH^-}=K_w \tag{3-8}$$

或写成

$$pK_a+pK_b=pK_w \tag{3-9}$$

因此，可通过式（3-9）由酸的解离常数 K_a 计算出其共轭碱的解离常数 K_b，反之亦然。pK_a可以直观地表示酸和碱的强度。

【例 3-3】 查得NH_4^+的 pK_a 为 9.25，求 NH_3 的 pK_b。

解 NH_4^+-NH_3 为共轭酸碱对，故

$$pK_b=pK_w-pK_a=14.00-9.25=4.75$$

多元酸在水中逐级解离，溶液中存在多个共轭酸碱对。例如，三元酸 H_3A 逐级解离为 H_2A^-、HA^{2-}、A^{3-}，通常是 $K_{a1}>K_{a2}>K_{a3}$，酸的强度次序是 $H_3A>H_2A^->HA^{2-}$。其各级共轭碱的解离反应及平衡常数为

$$A^{3-}+H_2O \rightleftharpoons HA^{2-}+OH^- \quad K_{b1}=\frac{K_w}{K_{a3}}$$

$$HA^{2-}+H_2O \rightleftharpoons H_2A^-+OH^- \quad K_{b2}=\frac{K_w}{K_{a2}}$$

$$H_2A^- + H_2O \rightleftharpoons H_3A + OH^- \quad K_{b3} = \frac{K_w}{K_{a1}}$$

根据式（3-9），本例中 pK_a 和 pK_b 的关系为

$$pK_{b1} = 14.00 - pK_{a3}$$

$$pK_{b2} = 14.00 - pK_{a2}$$

$$pK_{b3} = 14.00 - pK_{a1}$$

最强的碱的解离常数 K_{b1} 对应最弱的共轭酸的 K_{a3}；而最弱的碱的解离常数 K_{b3} 对应最强的共轭酸的 K_{a1}，所以 $K_{b1} > K_{b2} > K_{b3}$。

【例 3-4】 求柠檬酸氢二钠（Na_2HCit）的解离常数 K_b。

解 其碱式解离反应为

$$HCit^{2-} + H_2O \rightleftharpoons H_2Cit^- + OH^-$$

$$K_b = \frac{[H_2Cit^-][OH^-]}{[HCit^{2-}]} = \frac{K_w}{K_{a2}}$$

查表得

$$K_{a2} = 1.7 \times 10^{-5}$$

故

$$K_b = \frac{K_w}{K_{a2}} = 5.9 \times 10^{-10}$$

【例 3-5】 计算 HS^- 的 pK_b。

解 HS^- 为两性物质，K_b 是它作为碱的解离常数，即

$$HS^- + H_2O \rightleftharpoons H_2S + OH^-$$

其共轭酸是 H_2S。HS^- 的 K_b 可由 H_2S 的 K_{a1} 求得。

由附录 3 查得 H_2S 的 pK_{a1} 为 6.88，故 $pK_{b2} = 14.00 - pK_{a1} = 14.00 - 6.88 = 7.12$。

3.1.3 溶液中的相关平衡——物料平衡、电荷平衡和质子平衡

酸碱平衡常数表达式是进行酸碱平衡计算的基本关系式，但单凭这一关系式处理酸碱平衡问题常会遇到一些困难。若能结合溶液中存在的其他平衡关系，则处理起来容易得多。下面介绍几个常用的平衡。

1. 物料平衡

物料平衡是指在一个化学平衡体系中，某一给定物质的总浓度（分析浓度 c）与各有关型体平衡浓度之和相等。物料平衡方程（material balance equation）为其数学表达式，简写为 MBE。例如，浓度为 c 的 H_3PO_4 溶液的 MBE：

$$[H_3PO_4] + [H_2PO_4^-] + [HPO_4^{2-}] + [PO_4^{3-}] = c$$

又如，浓度为 c 的 Na_2SO_3 溶液，可列出 Na^+ 和 SO_3^{2-} 有关的两个物料平衡方程

$$[Na^+] = 2c,\quad [SO_3^{2-}] + [HSO_3^-] + [H_2SO_3] = c$$

2. 电荷平衡

溶液呈电中性，因此同一溶液中阳离子所带正电荷的量应等于阴离子所带负电荷的量，此即电荷平衡。电荷平衡方程（charge balance equation）为其数学表达式，简写为CBE。例如，浓度为 c 的 NaCN 溶液，在溶液中有下列反应：

$$NaCN = Na^+ + CN^-$$

$$CN^- + H_2O \rightleftharpoons HCN + OH^-$$

$$H_2O \rightleftharpoons H^+ + OH^-$$

因此，溶液中阳离子所带正电荷的量为$[H^+]V + [Na^+]V$，阴离子所带负电荷的量为$[CN^-]V + [OH^-]V$。由于溶液是电中性的，两者相等，即

$$([H^+] + [Na^+])V = ([CN^-] + [OH^-])V$$

$$[H^+] + c = [CN^-] + [OH^-]$$

因为是在同一溶液中，体积相同，所以可直接用平衡浓度表示离子荷电量之间的关系。例如，浓度为 c 的 $CaCl_2$ 溶液，根据下列反应：

$$CaCl_2 \rightleftharpoons Ca^{2+} + 2Cl^-$$

$$H_2O \rightleftharpoons H^+ + OH^-$$

可知溶液中的阳离子有 Ca^{2+}和 H^+，阴离子有 Cl^-和 OH^-，其中 Ca^{2+}带两个正电荷。列 CBE 时应在$[Ca^{2+}]$前乘以 2，以保证各离子浓度所代表的电荷量的单位相同。因此，其 CBE 为

$$[H^+] + 2[Ca^{2+}] = [OH^-] + [Cl^-]$$

3. 质子平衡

按照酸碱质子理论，溶液中酸碱反应的结果是有些物质失去质子，有些物质得到质子，即得质子物质（碱）得到质子的量与失质子物质（酸）失去质子的量应该相等，构成质子平衡。根据质子得失数和相关组分的浓度列出的表达式称为质子平衡方程（proton balance equation）或质子条件式，简写为 PBE。由于溶液中的酸碱组分往往有多种，因此列质子平衡方程时，需要知道哪些组分得到质子，哪些组分失去质子。在判断哪种酸碱组分得失质子时，通常要选择一些酸碱组分作为参考水准（reference level 或 zero level）。其他酸碱组分与它们相比，质子减少的是失质子产物，质子增多的是得质子产物。参考水准通常要选原始的酸碱组分，或者溶液中大量存在且与质子转移直接相关的酸碱组分。对于同一物质，只能选择其中一种型体作为参考水准。另外，在涉及多元酸碱时，有些组分的质子转移数目超过 1，这时应在代表质子量的平衡浓度前乘以相应的系数。

【例 3-6】 写出$(NH_4)_2HPO_4$水溶液的质子平衡方程。

解 以 NH_4^+、HPO_4^{2-}和 H_2O 为参考水准，得质子后的产物有 $H_2PO_4^-$、H_3PO_4 和 H^+，失质子后的产物为 NH_3、PO_4^{3-}和 OH^-。

得失质子量相同，故 PBE 为

$$[H^+] + [H_2PO_4^-] + 2[H_3PO_4] = [OH^-] + [PO_4^{3-}] + [NH_3]$$

有时，酸碱组分溶于水时，会发生明显的酸碱反应，溶液中实际存在的主要酸碱组分不再是原始酸碱组分。这时，仍可以原始酸碱组分为参考水准，其得失质子的量依然是相等的。如浓度为 c 的 Na_2S 溶液，可选择原始酸碱组分 S^{2-}、H_2O 为质子参考水准。这样，得质子后的产物有 H^+、HS^-和 H_2S，失质子后的产物为 OH^-，由此得 PBE 为

$$[H^+] + [HS^-] + 2[H_2S] = [OH^-]$$

对于酸碱共轭体系，可以将其视为弱酸与强碱，或者强酸与弱碱的混合溶液。因此，其质子参考水准可选相应的弱酸（与强碱）或强酸（与弱碱）。例如，$0.2\ mol \cdot L^{-1}$ NaAc-$0.1\ mol \cdot L^{-1}$ HAc 溶液，其质子参考水准可选 NaOH（$0.2\ mol \cdot L^{-1}$，强碱）、HAc、H_2O，或 HCl（$0.1\ mol \cdot L^{-1}$，强酸）、Ac^-与 H_2O，PBE 为

$$[Na^+] + [H^+] = [Ac^-] + [OH^-]\quad（其中，[Na^+] = c_{NaOH} = 0.2\ mol \cdot L^{-1}）$$

$$[HAc] + [H^+] = [Cl^-] + [OH^-]\quad（其中，[Cl^-] = c_{HAc} = 0.1\ mol \cdot L^{-1}）$$

3.2　酸度对弱酸（碱）形态分布的影响

分析化学中所使用的试剂（如沉淀剂、配位剂等）大多是弱酸（碱）。在弱酸（碱）平衡体系中，往往存在多种形态，为使反应进行完全，必须控制有关形态的浓度。它们的浓度分布是由溶液中的氢离子浓度决定的，因此酸度是影响各类化学反应的重要因素。酸度对弱酸（碱）各型体分布的影响可用分布分数（摩尔分数）描述，溶液中某组分的平衡浓度占其总浓度的分数，称为它的分布分数（distribution fraction），以 δ 表示。分布分数的大小能定量说明溶液中各酸碱组分的分布情况。知道了分布分数，便可计算有关组分的平衡浓度。

3.2.1　一元酸溶液

一元酸（monoprotic acid）仅有一级解离，其分布较简单。例如，乙酸在溶液中以 HAc 和 Ac^-两种型体存在。设 c 为乙酸的总浓度（分析浓度），δ_0 和δ_1 分别为 Ac^-和 HAc 的分布分数，则

$$\delta_1 = \frac{[HAc]}{c} = \frac{[HAc]}{[HAc]+[Ac^-]} = \frac{[HAc]}{[HAc]+K_a\dfrac{[HAc]}{[H^+]}} = \frac{[H^+]}{K_a+[H^+]}$$

$$\delta_0 = \frac{[Ac^-]}{c} = \frac{[Ac^-]}{[HAc]+[Ac^-]} = \frac{K_a}{K_a+[H^+]}$$

$$\delta_0 + \delta_1 = 1$$

【例 3-7】　计算 pH 为 4.00 和 8.00 时，Ac^-和 HAc 的分布分数。

解　已知 HAc 的 $K_a = 1.75 \times 10^{-5}$。

pH = 4.00：

$$\delta_1 = \frac{[H^+]}{K_a+[H^+]} = \frac{1.0\times10^{-4}}{1.75\times10^{-5}+1.0\times10^{-4}} = 0.85$$

$$\delta_0 = 1 - 0.85 = 0.15$$

pH = 8.00：

$$\delta_1 = \frac{[H^+]}{K_a + [H^+]} = \frac{1.0\times10^{-8}}{1.75\times10^{-5} + 1.0\times10^{-8}} = 5.7\times10^{-4}$$

$$\delta_0 = 1 - 5.7\times10^{-4} \approx 1$$

若将不同 pH 时的 δ_1 和 δ_0 计算出来，并对 pH 作图，可得酸碱两种型体的分布图。

由图 3-1 可知，δ_0 随 pH 升高而增大，δ_1 随 pH 升高而减小。两曲线相交于 pH = pK_a（4.74）这一点。此时，$\delta_1 = \delta_0 = 0.5$，即两种形态各占一半。图形以 p$K_a$ 点为界分成两个区域：当酸度高时（pH＜pK_a），以酸型（HAc）为主；当酸度低时（pH＞pK_a），以碱型（Ac^-）为主；在过渡区，两种形态都以较大量存在。以上结论可以推广到任何一元酸。其形态分布图形状都相同，只是图中曲线的交点随其 pK_a 大小不同而左右移动。

优势区域图是对酸碱分布图的简化，它可以更加简明地表示出 pK_a 对酸碱形态分布的重要意义。HF 和 HCN 的优势区域图如图 3-2 所示。

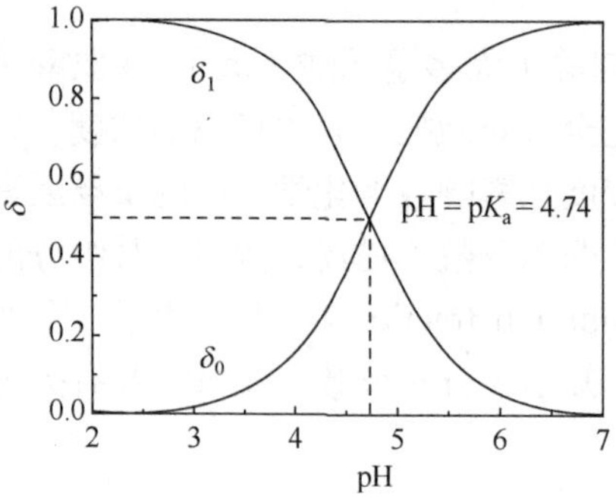

图 3-1　HAc 与 Ac^-的分布分数与溶液 pH 的关系

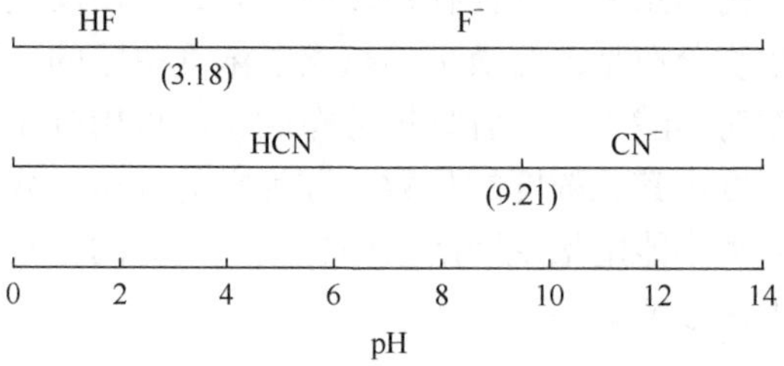

图 3-2　HF（pK_a = 3.18）和 HCN（pK_a = 9.21）的优势区域图

F^-与 CN^-常用作配位剂以掩蔽某些金属离子，为使掩蔽效果好，必须控制$[F^-]$与$[CN^-]$足够大。由于 HF 远比 HCN 的酸性强，F^-占优势的区域（pH＞3.18）就比 CN^-占优势的区域（pH＞9.21）宽得多，因此它作为掩蔽剂应用的 pH 范围比 CN^-宽得多。酸越弱，其碱性占优势的区域越窄，控制酸度就更为重要。如果用 KCN 作配位剂，pH＜9.21 时不仅反应难以进行，而且大量的 HCN 从溶液中挥发逸出，极其危险，必须严格控制 pH＞10。若反应中要利用的是酸型，则恰好相反，即其 pK_a 越大越好。由此可见，弱酸的 pK_a 是决定形态分布的内在因素，pH 的控制则是其外部条件。

在平衡计算中经常涉及平衡浓度与总浓度（分析浓度），它们是既有联系但又不同的概念，必须区别清楚。通过分布分数（摩尔分数）式将这两种浓度联系起来，以 HA 为例

$$[HA] = c\delta_{HA}，[A^-] = c\delta_{A^-}$$

在计算溶液的$[H^+]$时，平衡式中表示的是各形态的平衡浓度，而实际知道的是分析浓度，弄清两者的关系将使计算大大简化。对于 HA-A^-体系：

若 pH＜pK_a－1，则[HA]≫[A$^-$]，即 $\delta_{HA}\approx 1$，此时[HA]≈c，[A$^-$]≪c；

若 pH＞pK_a＋1，则[A$^-$]≫[HA]，即 $\delta_{A^-}\approx 1$，此时[A$^-$]≈c，[HA]≪c；

若 pH≈pK_a，则[HA]≈[A$^-$]，此时[HA]和[A$^-$]均不能用 c 代替，而必须用 c、K_a 和[H$^+$]通过摩尔分数式计算[HA]和[A$^-$]。

3.2.2　多元酸溶液

多元酸（polyprotic acid）溶液中酸碱组分较多，其分布要复杂一些。例如，草酸在溶液中以 $H_2C_2O_4$、$HC_2O_4^-$ 和 $C_2O_4^{2-}$ 三种型体存在。设草酸的总浓度为 c，δ_0、δ_1 和 δ_2 分别表示 $C_2O_4^{2-}$、$HC_2O_4^-$ 和 $H_2C_2O_4$ 的分布分数，则

$$\delta_2=\frac{[H_2C_2O_4]}{c}=\frac{[H_2C_2O_4]}{[H_2C_2O_4]+[HC_2O_4^-]+[C_2O_4^{2-}]}$$

$$=\frac{1}{1+\dfrac{[HC_2O_4^-]}{[H_2C_2O_4]}+\dfrac{[C_2O_4^{2-}]}{[H_2C_2O_4]}}=\frac{[H^+]^2}{[H^+]^2+K_{a1}[H^+]+K_{a1}K_{a2}}$$

同理可得

$$\delta_1=\frac{K_{a1}[H^+]}{[H^+]^2+K_{a1}[H^+]+K_{a1}K_{a2}}$$

$$\delta_0=\frac{K_{a1}K_{a2}}{[H^+]^2+K_{a1}[H^+]+K_{a1}K_{a2}}$$

若以 δ 对 pH 作图，可得到如图 3-3 所示的曲线。可见，当溶液 pH 变化时，有时仅有两种组分受影响，有时则三者同时变化。

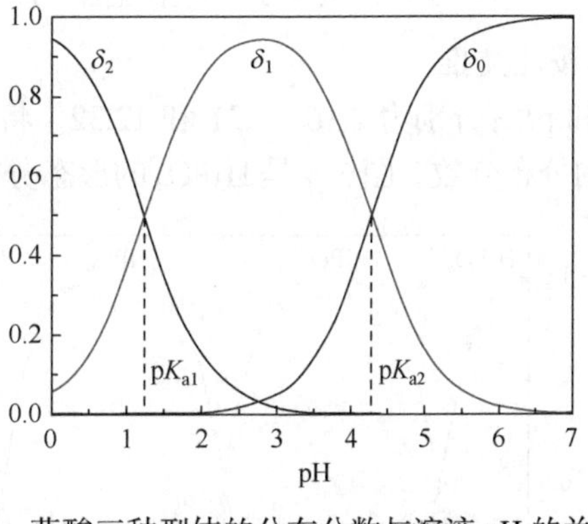

图 3-3　草酸三种型体的分布分数与溶液 pH 的关系

【例 3-8】　计算 pH＝4.00 时，0.050 mol · L^{-1} 酒石酸（以 H_2A 表示）溶液中酒石酸根离子的浓度[A^{2-}]。

解　已知酒石酸的 pK_{a1}＝3.04，pK_{a2}＝4.37，则

$$\delta_0 = \frac{K_{a1}K_{a2}}{[H^+]^2 + K_{a1}[H^+] + K_{a1}K_{a2}} = \frac{10^{-3.04-4.37}}{10^{-8.0} + 10^{-4.0-3.04} + 10^{-3.04-4.37}} = 0.28$$

$$[A^{2-}] = c\delta_0 = 0.050 \times 0.28 = 0.014\ (\text{mol} \cdot \text{L}^{-1})$$

二元弱酸有两个 pK_a（pK_{a1} 和 pK_{a2}），以它们为界，可分为 3 个区域。pH＜pK_{a1} 时，H_2A 占优势；pH＞pK_{a2} 时，A^{2-}形态为主；pK_{a1}＜pH＜pK_{a2} 时，主要是 HA^-形态。pK_{a1} 与 pK_{a2} 相差越小，HA^-占优势的区域越窄。酒石酸正是这种情况，pK_{a1} = 3.04，pK_{a2} = 4.37，以酒石酸氢钾沉淀形式检出 K^+时，希望酒石酸氢根离子（HA^-）浓度大些，这时要求控制 pH 为 3.0～4.3；反之，在含有酒石酸和钾（或铵）盐的分析溶液中，为防止酒石酸氢钾（或铵）沉淀，应控制 pH 在 3.0～4.3 范围以外。酒石酸氢根离子（HA^-）最多时也占 72%，此时其他两种形态（H_2A 和 A^{2-}）各占 14%。换言之，即使将纯的酒石酸氢钾溶于水中，将有 28%发生酸式和碱式解离，酒石酸氢根离子（HA^-）的浓度将比其分析浓度小很多。

如果是三元酸，如 H_3PO_4，则情况更为复杂一些，但可采用同样的方法处理，得到各组分的分布分数为

$$\delta_3 = \frac{[H_3PO_4]}{c} = \frac{[H^+]^3}{[H^+]^3 + K_{a1}[H^+]^2 + K_{a1}K_{a2}[H^+] + K_{a1}K_{a2}K_{a3}}$$

$$\delta_2 = \frac{[H_2PO_4^-]}{c} = \frac{K_{a1}[H^+]^2}{[H^+]^3 + K_{a1}[H^+]^2 + K_{a1}K_{a2}[H^+] + K_{a1}K_{a2}K_{a3}}$$

$$\delta_1 = \frac{[HPO_4^{2-}]}{c} = \frac{K_{a1}K_{a2}[H^+]}{[H^+]^3 + K_{a1}[H^+]^2 + K_{a1}K_{a2}[H^+] + K_{a1}K_{a2}K_{a3}}$$

$$\delta_0 = \frac{[PO_4^{3-}]}{c} = \frac{K_{a1}K_{a2}K_{a3}}{[H^+]^3 + K_{a1}[H^+]^2 + K_{a1}K_{a2}[H^+] + K_{a1}K_{a2}K_{a3}}$$

其他多元酸的分布分数可按此类推。

H_3PO_4 的 pK_{a1}、pK_{a2} 和 pK_{a3} 分别为 2.16、7.21 和 12.32，将不同$[H^+]$代入以上各式，可以计算在任何 pH 下各形态的分布分数。图 3-4 是 H_3PO_4 的形态分布图。可见，在 pH = 2.16～

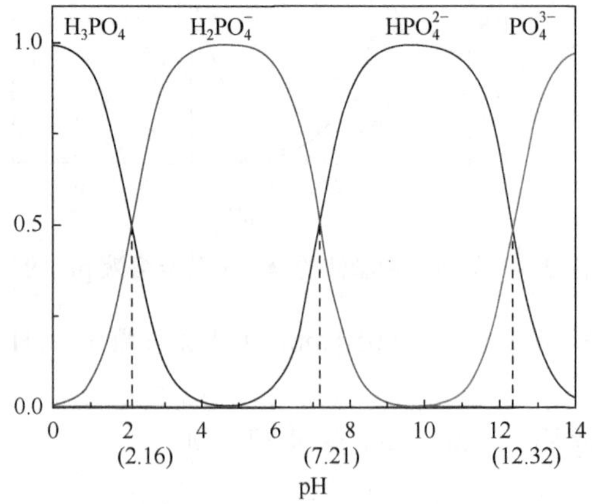

图 3-4　H_3PO_4 的形态分布图

7.21 范围内，溶液中以 $H_2PO_4^-$为主；在 pH = 4.69 时，$H_2PO_4^-$浓度达到最大，其他形态的浓度极小，用酸碱滴定法测定 H_3PO_4时，就可以把 H_3PO_4反应到 $H_2PO_4^-$。同样在 pH = 7.21～12.32 范围内，溶液中以 HPO_4^{2-}为主；在 pH = 9.77 时，HPO_4^{2-}浓度达到最大，其他形态的浓度极小，所以 H_3PO_4 也可以用 NaOH 反应到 HPO_4^{2-}这一步。$H_2PO_4^-$ 和 HPO_4^{2-}之所以存在的 pH 范围较宽，是由于 H_3PO_4 的 pK_a 之间相差较大。以后可以证明多元酸分步滴定时，要求$\Delta pK_a \geqslant 5$。

至于碱的分布分数，可按类似方法处理。若将其当作酸的组分来看，那么它完全质子化的型体可视作其原始酸的存在型体。在计算时要注意是用碱的解离常数 K_b 还是用相应共轭酸的解离常数 K_a。例如，NH_3 溶液若按碱处理，其分布分数为

$$\delta_0 = \frac{[NH_3]}{c} = \frac{[OH^-]}{[OH^-]+K_b}$$

$$\delta_1 = \frac{[NH_4^+]}{c} = \frac{K_b}{[OH^-]+K_b}$$

若按酸处理，NH_4^+为它原始酸的型体，分布分数为

$$\delta_1 = \frac{[NH_4^+]}{c} = \frac{[H^+]}{[H^+]+K_a}$$

$$\delta_0 = \frac{[NH_3]}{c} = \frac{K_a}{[H^+]+K_a}$$

由上可知，分布分数取决于酸碱物质的解离常数和溶液中 H^+的浓度，而与其总浓度无关。同一物质的不同型体的分布分数的和恒为 1。

3.3 溶液中 H^+浓度的计算

3.3.1 强酸（碱）溶液

强酸强碱在溶液中全部解离，其质子平衡方程为（以 HCl 为例）

$$[H^+] = [OH^-] + c_{HCl}$$

它表示溶液中总的$[H^+]$来自 HCl 和 H_2O 的解离，引用平衡关系

$$[H^+] = \frac{K_w}{[H^+]} + c_{HCl}$$

此为计算强酸溶液$[H^+]$的精确式。按此式计算需解一元二次方程。

若HCl浓度不太低（不应小于1×10^{-6} mol · L^{-1}），可忽略水的解离，采用近似式计算，即$[H^+] = c_{HCl}$。例如，0.01 mol · L^{-1} HCl溶液，其中H^+浓度也是0.01 mol · L^{-1}。但当它们的浓度很低时（如小于1×10^{-6} mol · L^{-1}或大于1×10^{-8} mol · L^{-1}），计算溶液的H^+浓度除需考虑酸或碱本身解离出的H^+和OH^-外，还应考虑水解离出的H^+和OH^-。若强酸或强碱的浓度小于1×10^{-8} mol · L^{-1}，则此时它们解离出的H^+和OH^-可忽略。

对强碱溶液，如 NaOH 溶液，则有如下关系：

$$[OH^-] = [H^+] + c_{NaOH}$$

$$[H^+] = [OH^-] - c_{NaOH}$$

当 NaOH 浓度不太低时，则有 $[OH^-] = c_{NaOH}$。

3.3.2　弱酸（碱）溶液

1. 一元弱酸溶液

设一元弱酸（HA）解离常数为 K_a，溶液浓度为 c。溶液中存在的酸碱组分有 H^+、OH^-、H_2O、A^- 和 HA，以 HA 和 H_2O 为参考水准，其质子平衡方程为

$$[H^+] = [A^-] + [OH^-]$$

根据解离平衡 $HA \rightleftharpoons A^- + H^+$ 可知

$$[A^-]=\frac{K_a[HA]}{[H^+]}$$

将其代入质子平衡方程得

$$[H^+]=\frac{K_a[HA]}{[H^+]}+\frac{K_w}{[H^+]}$$

$$[H^+]=\sqrt{K_a[HA]+K_w} \tag{3-10}$$

将 $[HA] = c\delta_{HA}$ 代入上式，可得

$$[H^+]^3+K_a[H^+]^2-(K_a c+K_w)[H^+]-K_aK_w=0$$

这是计算一元弱酸溶液 H^+ 浓度的精确式，若直接用代数法求解，比较麻烦。通常根据计算 H^+ 浓度时的允许误差，根据弱酸的 K_a 和 c 值的大小，采用近似方法进行计算。在式（3-10）中，当 $K_a[HA] \geqslant 20K_w$ 时，K_w 可忽略，此时计算结果的相对误差不大于±5%。考虑到弱酸的解离度一般不大，为简便起见，常以 $K_a[HA] \approx K_ac \geqslant 20K_w$ 进行判断，即当 $K_ac \geqslant 20K_w$ 时，可忽略 K_w，式（3-10）简化为

$$[H^+]\approx\sqrt{K_a[HA]} \tag{3-11}$$

根据物料平衡和质子平衡关系，对于浓度为 c 的弱酸 HA 溶液：

$$[HA] = c - [A^-] = c - [H^+] + [OH^-] \approx c - [H^+]$$

代入式（3-11）得

$$[H^+]=\sqrt{K_a(c-[H^+])} \tag{3-12}$$

即

$$[H^+]^2+K_a[H^+]-K_ac=0 \text{ 或 } [H^+]=\frac{-K_a+\sqrt{K_a^2+4K_ac}}{2}$$

式（3-12）是计算一元弱酸溶液中 H^+ 浓度的近似式。若平衡时溶液中 H^+ 的浓度远小于弱酸的原始浓度，即 $c > 20[H^+]$，则式（3-12）中的 $c - [H^+] \approx c$，故

$$[H^+]=\sqrt{K_a c} \tag{3-13}$$

式（3-13）是计算一元弱酸溶液中 H^+浓度的最简式。一般来说，当 $cK_a \geqslant 20K_w$ 且 $c/K_a \geqslant 400$ 时，即可采用最简式进行计算。

【例 3-9】 计算 $0.10\ mol \cdot L^{-1}$ 乳酸（2-羟基丙酸）溶液的 pH。

解 已知 $c = 0.10\ mol \cdot L^{-1}$，查附录 3 得乳酸的 $K_a = 1.4 \times 10^{-4}$，$K_a c \geqslant 20K_w$，又因 $c/K_a \geqslant 400$，故采用最简式计算：

$$[H^+]=\sqrt{K_a c}=\sqrt{1.4\times10^{-4}\times0.10}=3.7\times10^{-3}\ (mol\cdot L^{-1})$$

$$pH = 2.43$$

【例 3-10】 计算 $0.010\ mol \cdot L^{-1}$ 一氯乙酸（$CH_2ClCOOH$）溶液中的 H^+浓度。

解 已知 $c = 0.010\ mol \cdot L^{-1}$，查附录 3 得一氯乙酸的 $K_a = 1.4 \times 10^{-3}$，$K_a c \geqslant 20K_w$，但 $c/K_a < 400$，故采用近似式计算，即

$$\begin{aligned}[H^+]&=\frac{-K_a+\sqrt{K_a^2+4K_a c}}{2}\\&=\frac{-1.4\times10^{-3}+\sqrt{(1.4\times10^{-3})^2+4\times1.4\times10^{-3}\times0.010}}{2}\\&=3.1\times10^{-3}\ (mol\cdot L^{-1})\end{aligned}$$

对于极稀或极弱酸的溶液，由于溶液中 H^+的浓度非常小，这时不能忽略水本身解离出的 H^+，甚至它可能就是 H^+的主要来源。在这种情况下，有时也可采用近似方法计算。例如，当 $K_a c < 20K_w$ 时，此时水解离出的 H^+不能忽略，但只要其浓度不是太小，即 $c/K_a \geqslant 400$，则弱酸的平衡浓度近似等于它的原始浓度 c。由式（3-10）得

$$[H^+]=\sqrt{K_a c+K_w} \tag{3-14}$$

【例 3-11】 计算 $1.0 \times 10^{-4}\ mol \cdot L^{-1}\ H_3BO_3$ 溶液的 pH。

解 查附录 3 得 H_3BO_3 的 $K_a = 5.8 \times 10^{-10}$，$K_a c < 20K_w$，$c/K_a \geqslant 400$，可采用式（3-14）计算，得

$$[H^+]=\sqrt{5.8\times10^{-10}\times1.0\times10^{-4}+1.0\times10^{-14}}=2.6\times10^{-7}(mol\cdot L^{-1})$$

$$pH = 6.58$$

2. 一元弱碱溶液

对于一元弱碱 B，它在水溶液中存在下列酸碱平衡：

$$B + H_2O \rightleftharpoons HB^+ + OH^-$$

可见，与一元弱酸类似，所不同的是解离出的是 OH^-。其质子平衡方程为

$$[HB^+] + [H^+] = [OH^-]$$

可根据类似方法计算得出相应的计算式。实际上，前面有关计算一元弱酸溶液中 H^+

的浓度，只要将 K_a 换成 K_b，H^+ 换成 OH^-，均可用于计算一元弱碱溶液中 OH^- 的浓度。后面有关酸的计算式也同样适用于碱的计算。

【例 3-12】 计算 1.0×10^{-4} mol · L^{-1} NaCN 溶液的 pH。

解 CN^- 的水解反应为

$$CN^- + H_2O \rightleftharpoons HCN + OH^-$$

查附录 3 得 HCN 的 $K_a = 6.2 \times 10^{-10}$，故 CN^- 的 $K_b = K_w/K_a = 1.6 \times 10^{-5}$，$cK_b \geqslant 20K_w$，又因 $c/K_a < 400$，应采用近似式计算：

$$[OH^-] = \frac{-K_b + \sqrt{K_b^2 + 4K_bc}}{2}$$

$$= \frac{-1.6\times10^{-5} + \sqrt{(1.6\times10^{-5})^2 + 4\times1.6\times10^{-5}\times1.0\times10^{-4}}}{2}$$

$$= 3.3\times10^{-5}\ (mol\cdot L^{-1})$$

$$pOH = 4.48,\ pH = 14.00 - 4.48 = 9.52$$

3. 多元酸碱溶液

多元酸碱溶液中 H^+ 浓度的计算方法与一元弱酸弱碱相似，但由于多元酸碱在溶液中逐级解离，因此情况复杂。例如，二元弱酸 H_2B，设其浓度为 c，解离常数为 K_{a1} 和 K_{a2}。以 H_2O 和 H_2B 为参考水准，其质子平衡方程为

$$[H^+] = [HB^-] + 2[B^{2-}] + [OH^-]$$

根据解离平衡关系，并将式中的酸碱组分浓度用原始组分的浓度表示，得

$$[H^+] = \frac{[H_2B]K_{a1}}{[H^+]} + \frac{2[H_2B]K_{a1}K_{a2}}{[H^+]^2} + \frac{K_w}{[H^+]}$$

即

$$[H^+] = \sqrt{[H_2B]K_{a1}\left(1 + \frac{2K_{a2}}{[H^+]}\right) + K_w} \quad (3\text{-}15)$$

而

$$[H_2B] = \delta_{H_2B}c = \frac{[H^+]^2}{[H^+]^2 + K_{a1}[H^+] + K_{a1}K_{a2}}c$$

整理后得

$$[H^+]^4 + K_{a1}[H^+]^3 + (K_{a1}K_{a2} - K_{a1}c - K_w)[H^+]^2 - (K_{a1}K_w + 2K_{a1}K_{a2}c)[H^+] - K_{a1}K_{a2}K_w = 0 \quad (3\text{-}16)$$

式（3-15）和式（3-16）是计算二元弱酸溶液 H^+ 浓度的精确公式，若采用此式计算，数学处理比较复杂。通常根据具体情况，对其进行近似、简化处理。由式（3-15）可以看出，当 $[H_2B]K_{a1} \geqslant 20K_w$ 时，K_w 可忽略，计算结果的相对误差不大于±5%。在一般情况下，二元弱酸的解离度不是很大，为简便起见，可以按 $[H_2B]K_{a1} \approx cK_{a1} \geqslant 20K_w$ 进行初步判断，即当 $cK_{a1} \geqslant 20K_w$ 时，忽略 K_w。

若 $\frac{K_{a2}}{[H^+]} \approx \frac{K_{a2}}{\sqrt{cK_{a1}}} < 0.05$，则第二级解离也可忽略。此时，二元弱酸可按一元弱酸处理，H^+浓度为

$$[H^+] = \sqrt{K_{a1}[H_2B]} \approx \sqrt{K_{a1}(c-[H^+])}$$

或

$$[H^+]^2 + K_{a1}[H^+] - cK_{a1} = 0 \quad (3\text{-}17)$$

式（3-17）是计算二元弱酸溶液中H^+浓度的近似式。与一元弱酸相似，如果二元弱酸除满足上述条件外，其 $c/K_{a1} > 400$，说明二元弱酸的一级解离度也较小。在这种情况下，二元弱酸的平衡浓度可视为等于其原始浓度 c，即

$$[H_2B] = c - [H^+] \approx c$$

因此，式（3-17）可简化为

$$[H^+] = \sqrt{K_{a1}c} \quad (3\text{-}18)$$

式（3-18）是计算二元弱酸溶液H^+浓度的最简式。

【例 3-13】 室温时，H_2CO_3饱和溶液的浓度约为 0.040 mol · L^{-1}。计算该溶液的pH。

解　H_2CO_3溶液中存在如下平衡：

$$H_2CO_3 \rightleftharpoons CO_2 + H_2O$$

$$K = \frac{[CO_2]}{[H_2CO_3]} = 3.8 \times 10^2 \text{（25℃）}$$

由 K 值可知，水合 CO_2 是最主要的存在形式（占 99.7%以上），H_2CO_3 占不到 0.3%，但通常统一用 H_2CO_3 表示这两种存在型体。查附录 3 得 H_2CO_3 的 $K_{a1} = 4.2 \times 10^{-7}$，$K_{a2} = 5.6 \times 10^{-11}$，因此$[H_2CO_3]K_{a1} \approx cK_{a1} \geqslant 20K_w$，$K_w$ 可忽略。

由于 $\frac{K_{a2}}{\sqrt{K_{a1}c}} = \frac{5.6\times10^{-11}}{\sqrt{4.2\times10^{-7}\times0.040}} < 0.05$，$\frac{c}{K_{a1}} = \frac{0.040}{4.2\times10^{-7}} \gg 400$，故采用式（3-18）计算，得

$$[H^+] = \sqrt{K_{a1}c} = \sqrt{4.2\times10^{-7}\times0.040} = 1.3\times10^{-4}\ (\text{mol}\cdot\text{L}^{-1})$$

$$\text{pH} = 3.89$$

某些有机酸，如酒石酸等，它们的 K_{a1} 和 K_{a2} 之间的差别不是很大，当浓度较小时，通常还需考虑它们的二级解离，因此其代数计算式较复杂，不便求解。在这种情况下，欲定量计算这些有机酸溶液中的 H^+浓度，可采用迭代法，即先以分析浓度代替平衡浓度，通过近似式计算 H^+的近似浓度，再根据所得 H^+的浓度计算酸的平衡浓度，并将其代入 H^+的计算式中求 H^+的二级近似值。如此反复计算，直至所得 H^+浓度基本不再变化，此即该溶液的 H^+浓度。采用迭代法可得到较准确的结果。该方法也适用于其他情况下的计算，但一般会增加计算量。

3.3.3　混合溶液

1. 弱酸与弱酸混合溶液

设有一元弱酸 HA 和 HB 的混合溶液，其浓度分别为 c_{HA} 和 c_{HB}，解离常数为 K_{HA} 和

K_{HB}。此溶液的质子平衡方程为

$$[H^+] = [A^-] + [B^-] + [OH^-]$$

因为溶液呈弱酸性，$[OH^-]$可忽略，故$[H^+] = [A^-] + [B^-]$，根据平衡关系，得

$$[H^+] = \frac{K_{HA}[HA]}{[H^+]} + \frac{K_{HB}[HB]}{[H^+]} \tag{3-19}$$

即

$$[H^+] = \sqrt{K_{HA}[HA] + K_{HB}[HB]} \tag{3-20}$$

由于两者解离出的 H^+彼此抑制，所以当两种弱酸都比较弱而浓度又比较大（$c/K_a \geqslant 400$）时，忽略其解离，可认为$[HA] \approx c_{HA}$、$[HB] \approx c_{HB}$。这样，式（3-20）可简化为

$$[H^+] = \sqrt{K_{HA}c_{HA} + K_{HB}c_{HB}} \tag{3-21}$$

实际上两酸总有强弱之分。若 $c_{HA}K_{HA} \gg c_{HB}K_{HB}$，则

$$[H^+] = \sqrt{K_{HA}c_{HA}} \tag{3-22}$$

如果不能简化，一般可在式（3-20）的基础上采用迭代法计算；对于弱碱混合溶液，其$[OH^-]$的计算方法与此类似。

【例 3-14】 计算 0.10 $mol \cdot L^{-1}$ HF 和 0.20 $mol \cdot L^{-1}$ HAc 混合溶液的 pH。

解 查附录 3 得 HF 的 $K_a = 6.6 \times 10^{-4}$，HAc 的 $K_a = 1.8 \times 10^{-5}$，故两者的 $c/K_a \geqslant 400$，将数据代入式（3-21），得

$$[H^+] = \sqrt{6.6 \times 10^{-4} \times 0.10 + 1.8 \times 10^{-5} \times 0.20} = 8.3 \times 10^{-3}\ (mol \cdot L^{-1})$$

$$pH = 2.08$$

2. 弱酸与弱碱混合溶液

设弱酸-弱碱混合溶液中弱酸 HA 的浓度为 c_{HA}，弱碱 B^-的浓度为 c_{B^-}。以 HA、B^-、H_2O 为参考水准，其质子平衡方程为

$$[H^+] + [HB] = [OH^-] + [A^-]$$

若两者的原始浓度都较大，且酸碱性都较弱（混合溶液接近中性），相互间的酸碱反应可忽略，则质子平衡方程可简化为

$$[HB] \approx [A^-]$$

根据解离平衡关系可得

$$\frac{K_{HA}[HA]}{[H^+]} = \frac{[H^+][B^-]}{[K_{HB}]} \tag{3-23}$$

平衡时，$[HA] \approx c_{HA}$、$[B^-] \approx c_{B^-}$，将此代入式（3-23），得

$$\frac{K_{HA}c_{HA}}{[H^+]}=\frac{[H^+]c_{B^-}}{K_{HB}}$$

$$[H^+]=\sqrt{\frac{c_{HA}}{c_{B^-}}K_{HA}K_{HB}} \tag{3-24}$$

【例 3-15】　计算 0.10 mol · L^{-1} 的 HAc 和 0.20 mol · L^{-1} 的 KF 混合溶液的 pH。

解　溶液中的酸碱解离平衡为

$$HAc \rightleftharpoons H^+ + Ac^- \quad K_a = 1.8\times10^{-5}$$

$$F^- + H_2O \rightleftharpoons HF + OH^- \quad K_b = \frac{K_w}{K_a} = 1.5\times10^{-11}$$

两者的原始浓度都较大，且酸碱性都较弱，相互间的酸碱反应可忽略，因此可用式（3-24）计算。将 c_{HAc} = 0.10 mol · L^{-1}、c_{F^-} = 0.20 mol · L^{-1} 代入式（3-24），求得

$$[H^+]=\sqrt{\frac{c_{HAc}}{c_{F^-}}K_{HAc}K_{HF}}=\sqrt{\frac{0.10}{0.20}\times1.8\times10^{-5}\times6.6\times10^{-4}} = 7.7\times10^{-5}(mol\cdot L^{-1})$$

$$pH = 4.11$$

应当指出，在这类混合溶液中，酸碱组分之间不应发生显著的酸碱反应，否则据此计算出的 H$^+$浓度会与实际情况有较大出入。对于发生反应的混合溶液，应根据反应产物或反应后溶液的组成进行计算，如 HAc 与 NH_3 的混合溶液，应当作 NH_4Ac 溶液或其与 HAc 或 NH_3 的混合溶液处理。

3. 强碱与弱碱的混合溶液

设强碱-弱碱混合溶液中强碱 NaOH 的浓度为 c_{NaOH}，弱碱 B 的浓度为 c_{B^-}，其质子平衡方程为

$$H^+ + [HB] = [OH^-] - c_{NaOH}$$

可写作

$$[OH^-] = H^+ + [HB] + c_{NaOH}$$

即溶液中的[OH$^-$]由 NaOH、B$^-$和 H_2O 提供。溶液为碱性，可略去[H$^+$]项。为求解[OH$^-$]，应用如下关系，将[HB]变成[OH$^-$]的函数：

$$[HB]=\frac{c_{B^-}K_{B^-}}{K_{B^-}+[OH^-]}$$

这样就得到近似计算式

$$[OH^-]=\frac{c_{B^-}K_{B^-}}{K_{B^-}+[OH^-]}+c_{NaOH} \tag{3-25}$$

若 $c_{NaOH} \gg$ [HB]，则得最简式

$$[OH^-] = c_{NaOH} \tag{3-26}$$

计算的方法仍是先按最简式计算[OH$^-$]，然后由[OH$^-$]计算[HB]判断是否合理，不合理

再用近似式计算。

【例 3-16】 在 20.00 mL 0.10 mol · L^{-1} 的 HB（$K_a = 10^{-7}$）溶液中加入 0.10 mol · L^{-1} 的 NaOH 溶液 20.04 mL（此为滴定到化学计量点后 0.2%），计算溶液的 pH。

解 混合后 B^- 和 NaOH 的浓度分别为

$$c_{B^-} = \frac{0.10 \times 20.00}{20.00 + 20.04} = 10^{-1.30}(\text{mol} \cdot \text{L}^{-1})$$

$$c_{NaOH} = \frac{0.10 \times 0.04}{20.00 + 20.04} = 10^{-4.00}(\text{mol} \cdot \text{L}^{-1})$$

先按最简式[式（3-26）]计算：

$$[OH^-] = c_{NaOH}$$

再由[OH^-]计算[HB]：

$$[HB] = \frac{c_{B^-} K_{B^-}}{K_{B^-} + [OH^-]} = \frac{10^{-1.30} \times 10^{-7.00}}{10^{-7.00} + 10^{-4.00}} = 10^{-4.30}(\text{mol} \cdot \text{L}^{-1})$$

$[HB] \approx c_{NaOH}$，必须用近似式[式（3-25）]计算：

$$[OH^-] = \frac{c_{B^-} K_{B^-}}{K_{B^-} + [OH^-]} + c_{NaOH} = \frac{10^{-1.30} \times 10^{-7.00}}{10^{-7.00} + [OH^-]} + 10^{-4.00}$$

解此一元二次方程，得

$$[OH^-] = 10^{-3.86}\ \text{mol} \cdot \text{L}^{-1}$$

$$\text{pH} = 10.14$$

对于强酸与弱酸（HCl + HA）混合溶液，可做类似处理。

质子平衡方程：

$$[H^+] = [OH^-] + [A^-] + c_{HCl} \tag{3-27}$$

近似计算式：

$$[H^+] = \frac{c_{HA} K_{HA}}{K_{HA} + [H^+]} + c_{HCl} \tag{3-28}$$

最简式：

$$[H^+] \approx c_{HCl} \tag{3-29}$$

3.3.4 两性物质溶液

较重要的两性物质有多元酸的酸式盐、弱酸弱碱盐和氨基酸等。两性物质溶液中的酸碱平衡比较复杂，应根据具体情况，进行简化处理。

1. 酸式盐

设二元弱酸的酸式盐为 NaHA，其浓度为 c。在此溶液中，若选择 HA^-、H_2O 为质子参考水准，则质子平衡方程为

$$[H^+]=[A^{2-}]+[OH^-]-[H_2A]$$

结合二元弱酸 H_2A 的解离平衡关系，可得

$$[H^+]=\frac{K_{a2}[HA^-]}{[H^+]}+\frac{K_w}{[H^+]}-\frac{[H^+][HA^-]}{K_{a1}}$$

整理后得

$$[H^+]=\sqrt{\frac{K_{a1}(K_{a2}[HA^-]+K_w)}{K_{a1}+[HA^-]}} \tag{3-30}$$

一般情况下，HA^-的酸式解离和碱式解离的倾向都较小，因此溶液中的 HA^-消耗甚少，式（3-30）中 HA^-的平衡浓度近似等于其原始浓度 c，即$[HA^-]\approx c$，故

$$[H^+]=\sqrt{\frac{K_{a1}(K_{a2}c+K_w)}{K_{a1}+c}} \tag{3-31}$$

当 $cK_{a2}\geqslant 20K_w$ 时，式（3-31）中的 K_w 可忽略，即

$$[H^+]=\sqrt{\frac{K_{a1}K_{a2}c}{K_{a1}+c}} \tag{3-32}$$

当 $c\geqslant 20K_{a1}$ 时，则式（3-32）中的 $c+K_{a1}\approx c$，即

$$[H^+]=\sqrt{K_{a1}K_{a2}} \tag{3-33}$$

式（3-31）和式（3-32）是计算酸式盐溶液中$[H^+]$的近似式，式（3-33）是最简式。应当注意，最简式只有在两性物质的浓度不是很小且水的解离可以忽略的情况下才能应用。对于其他多元酸的酸式盐，其$[H^+]$的计算式可依此类推。

【例 3-17】　计算 5.0×10^{-3} mol · L^{-1} 酒石酸氢钾溶液的 H^+浓度。

解　查附录 3 得酒石酸 $K_{a1}=9.1\times10^{-4}$，$K_{a2}=4.3\times10^{-5}$，$cK_{a2}\geqslant 20K_w$，但 K_{a1} 与 c 相比不可忽略，故应采用式（3-32）计算：

$$[H^+]=\sqrt{\frac{K_{a1}K_{a2}c}{K_{a1}+c}}=\sqrt{\frac{9.1\times10^{-4}\times4.3\times10^{-5}\times5.0\times10^{-3}}{9.1\times10^{-4}+5.0\times10^{-3}}}=1.8\times10^{-4}(\text{mol}\cdot\text{L}^{-1})$$

【例 3-18】　计算 1.0×10^{-2} mol · L^{-1} Na_2HPO_4 溶液的 pH。

解　查附录 3 得 H_3PO_4 的 $K_{a2}=6.3\times10^{-8}$，$K_{a3}=4.4\times10^{-13}$，$cK_{a3}<20K_w$，K_w 不可忽略，但 $K_{a1}+c\approx c$，故可用近似式[式（3-31）]计算，得

$$[H^+]=\sqrt{\frac{K_{a2}(K_{a3}c+K_w)}{K_{a2}+c}}=\sqrt{\frac{6.3\times10^{-8}\times(4.4\times10^{-13}\times1.0\times10^{-2}+1.0\times10^{-14})}{1.0\times10^{-2}}}$$
$$=3.0\times10^{-10}(\text{mol}\cdot\text{L}^{-1})$$

$$\text{pH}=9.52$$

2. 弱酸弱碱盐

弱酸弱碱盐溶液中$[H^+]$的计算方法与同浓度弱酸弱碱混合溶液及酸式盐溶液相似。例

如，浓度为 c 的 $CH_2ClCOONH_4$ 溶液，其中 NH_4^+ 起酸的作用，CH_2ClCOO^- 起碱的作用，其质子平衡方程为

$$[H^+] = [NH_3] + [OH^-] - [CH_2ClCOOH]$$

设 $CH_2ClCOOH$ 的解离常数为 K_{a1}，NH_4^+ 的解离常数为 K_{a2}，则上述有关酸式盐溶液 $[H^+]$ 的计算式均适用于它的计算。

【例 3-19】 计算 1.0×10^{-3} mol · L^{-1} $CH_2ClCOONH_4$ 溶液的 pH。

解 CH_2ClCOO^- 的共轭酸的 $K_{a1} = 1.4\times10^{-3}$，$NH_4^+$ 的 $K_{a2} = K_w/K_b = 5.6\times10^{-10}$，可见 $cK_{a2} \geqslant 20K_w$。但 K_{a1} 与 c 相比不可忽略，故应采用式（3-32）计算：

$$[H^+] = \sqrt{\frac{K_{a1}K_{a2}c}{K_{a1}+c}} = \sqrt{\frac{1.4\times10^{-3}\times5.6\times10^{-10}\times1.0\times10^{-3}}{1.4\times10^{-3}+1.0\times10^{-3}}} = 5.7\times10^{-7}(\text{mol}\cdot\text{L}^{-1})$$

$$\text{pH} = 6.24$$

【例 3-20】 计算 0.10 mol · L^{-1} 氨基乙酸溶液的 H^+ 浓度。

解 氨基乙酸 NH_2CH_2COOH 在溶液中以双极离子（内盐）$^+H_3NCH_2COO^-$ 形式存在，它既能起酸的作用：

$$^+H_3NCH_2COO^- \rightleftharpoons H_2NCH_2COO^- + H^+$$

$$K_{a2} = 2.5\times10^{-10}$$

又能起碱的作用：

$$^+H_3NCH_2COO^- + H_2O \rightleftharpoons {}^+H_3NCH_2COOH + OH^-$$

$$K_{b2} = \frac{K_w}{K_{a1}} = 2.2\times10^{-12}$$

由于 $cK_{a2} \geqslant 20K_w$、$c \geqslant 20K_{a1}$，因此可采用最简式计算，得

$$[H^+] = \sqrt{K_{a1}K_{a2}} = \sqrt{4.5\times10^{-3}\times2.5\times10^{-10}} = 1.1\times10^{-6}\ (\text{mol}\cdot\text{L}^{-1})$$

以上讨论的弱酸弱碱盐溶液中，酸碱组成比均为 1∶1。对于酸碱组成比不为 1∶1 的弱酸弱碱盐溶液，其溶液 pH 的计算与此类似，可根据情况进行近似处理。例如，浓度为 c 的 $(NH_4)_2CO_3$ 溶液，选 NH_4^+、CO_3^{2-}、H_2O 为质子参考水准，则质子平衡方程为

$$[H^+] + [HCO_3^-] + 2[H_2CO_3] = [NH_3] + [OH^-]$$

因为溶液呈弱碱性，$[H^+]$ 和 $[H_2CO_3]$ 均可忽略；另外，只要 c 不是太小，水的解离就可以忽略。因此，上述质子平衡方程可简化为

$$[HCO_3^-] \approx [NH_3]$$

故

$$\delta_{HCO_3^-} \times c = \delta_{NH_3} \times 2c$$

$$\frac{[H^+]K_{a1}}{[H^+]^2 + [H^+]K_{a1} + K_{a1}K_{a2}} \times c = \frac{K_{NH_4^+}}{[H^+] + K_{NH_4^+}} \times 2c$$

上式仍过于复杂，还可进行适当简化。在 $(NH_4)_2CO_3$ 溶液中，只考虑 CO_3^{2-} 的第一级解

离，即溶液中主要以 CO_3^{2-}及 HCO_3^-两种型体存在，则

$$[HCO_3^-]=\frac{[H^+]}{[H^+]+K_{a2}}\times c$$

将此关系式代入上式中，得

$$\frac{[H^+]}{[H^+]+K_{a2}}\times c=\frac{K_{NH_4^+}}{[H^+]+K_{NH_4^+}}\times 2c$$

整理后得

$$[H^+]=\frac{K_{NH_4^+}+\sqrt{K_{NH_4^+}^2+8K_{NH_4^+}K_{a2}}}{2}$$

【例 3-21】 计算 $0.10\ mol\cdot L^{-1}$ 的$(NH_4)_2CO_3$溶液的 pH。

解 其解离平衡为

$$(NH_4)_2CO_3 \rightleftharpoons 2NH_4^+ + CO_3^{2-}$$

由于 c 较大，故可采用简化式计算，将相关数据代入，得

$$\begin{aligned}[H^+]&=\frac{K_{NH_4^+}+\sqrt{K_{NH_4^+}^2+8K_{NH_4^+}K_{a2}}}{2}\\&=\frac{5.6\times10^{-10}+\sqrt{(5.6\times10^{-10})^2+8\times5.6\times10^{-10}\times5.6\times10^{-11}}}{2}\\&=6.6\times10^{-10}\ (mol\cdot L^{-1})\end{aligned}$$

$$pH=9.18$$

综上所述，计算溶液中的 H^+浓度一般遵循以下几个步骤：先写出相应的质子平衡方程，再根据溶液的酸碱性，判断其中哪些为明显的次要组分，并将其忽略掉；然后根据解离平衡关系，将质子平衡方程中的酸碱组分浓度用溶液中大量存在的原始组分和 H^+的平衡浓度表示；再在此基础上，通过采用分析浓度代替平衡浓度、忽略次要项等，进行简化处理和计算。若在未考虑简化条件的情况下采用简化式计算，则在计算完后应根据计算结果反过来进行计算检验，判断所用的近似方法是否合理，以确定是否需进一步计算。

3.4　酸碱缓冲溶液

酸碱缓冲溶液（acid-base buffer solution）是一类对溶液的酸度有稳定作用的溶液。它能维持溶液的酸度，使其不因外加少量酸、碱或溶液的稀释而发生显著变化。酸碱缓冲溶液在化学、生物化学和临床医学中有十分重要的作用，是维持生化反应向特定方向进行的重要因素。例如，人体血液的 pH 为 7.36～7.44，就是由酸碱缓冲溶液控制。酸碱缓冲溶液可分为两大类：①弱酸及其共轭碱，它们基于弱酸解离平衡以控制$[H^+]$，如 HAc-Ac^-、NH_4^+-NH_3、$(CH_2)_6N_4H^+$-$(CH_2)_6N_4$ 等；②强酸或强碱溶液，由于其酸度或碱度较高，外

加少量酸或碱不会对溶液的酸度产生大的影响。显然，强酸、强碱溶液只适合作为高酸度（pH＜2）和高碱度（pH＞12）时的缓冲溶液。另外，它们对稀释不具有缓冲作用。

3.4.1 缓冲容量

缓冲溶液的缓冲能力是有一定限度的，如果加入的酸或碱的量太多，或是稀释的倍数太大，缓冲溶液的 pH 将不再保持基本不变。缓冲溶液的缓冲能力大小常用缓冲容量（buffer capacity）衡量，以 β 表示。其定义为：使 1 L 缓冲溶液的 pH 增加 dpH 单位所需强碱的量 db mol，或是使 1 L 缓冲溶液的 pH 降低 dpH 单位所需强酸的量 da mol。因此，缓冲容量 β 的数学表达式为

$$\beta=\frac{\mathrm{d}b}{\mathrm{dpH}}=-\frac{\mathrm{d}a}{\mathrm{dpH}}$$

由于酸的增加使 pH 降低，故在 da/dpH 前加负号，以使 β 具有正值。显然，β 值越大，表明缓冲溶液的缓冲能力越强。根据这个定义，β 具有类似强度的量纲，所以也称为缓冲指数，但习惯上称为缓冲容量。

现以 HB-B^-缓冲体系为例，说明缓冲组分的比值和总浓度对缓冲容量的影响。设缓冲溶液的总浓度为 c，其中 B^-的浓度为 b。显然，它相当于 c mol · L^{-1} HB 与 b mol · L^{-1} 强碱的混合溶液。溶液的质子平衡方程为

$$b=[\mathrm{OH^-}]+[\mathrm{B^-}]-[\mathrm{H^+}]$$

所以

$$b=-[\mathrm{H^+}]+\frac{K_\mathrm{w}}{[\mathrm{H^+}]}+\frac{cK_\mathrm{a}}{[\mathrm{H^+}]+K_\mathrm{a}}$$

$$\frac{\mathrm{d}b}{\mathrm{d}[\mathrm{H^+}]}=-1-\frac{K_\mathrm{w}}{[\mathrm{H^+}]^2}-\frac{cK_\mathrm{a}}{([\mathrm{H^+}]+K_\mathrm{a})^2}$$

而

$$\mathrm{pH}=-\lg[\mathrm{H^+}]=-\frac{1}{2.30}\ln[\mathrm{H^+}]$$

$$\mathrm{dpH}=-\frac{\mathrm{d}[\mathrm{H^+}]}{2.30[\mathrm{H^+}]}$$

$$\frac{\mathrm{d}[\mathrm{H^+}]}{\mathrm{dpH}}=-2.30[\mathrm{H^+}]$$

故

$$\begin{aligned}\beta&=\frac{\mathrm{d}b}{\mathrm{dpH}}=\frac{\mathrm{d}b}{\mathrm{d}[\mathrm{H^+}]}\times\frac{\mathrm{d}[\mathrm{H^+}]}{\mathrm{dpH}}=-2.30[\mathrm{H^+}]\left[-1-\frac{K_\mathrm{w}}{[\mathrm{H^+}]^2}-\frac{cK_\mathrm{a}}{([\mathrm{H^+}]+K_\mathrm{a})^2}\right]\\&=2.30[\mathrm{H^+}]+2.30[\mathrm{OH^-}]+2.30\frac{cK_\mathrm{a}[\mathrm{H^+}]}{([\mathrm{H^+}]+K_\mathrm{a})^2}\end{aligned}\qquad(3\text{-}34)$$

当$[H^+]$和$[OH^-]$较小时均可忽略，得到近似式：

$$\beta = 2.30\frac{cK_a[H^+]}{([H^+]+K_a)^2} = 2.30\delta_0\delta_1 c \qquad (3\text{-}35)$$

对式（3-35）求导数，并令其等于零，即

$$\beta = \frac{db}{dpH} = 2.30cK_a\frac{K_a-[H^+]}{([H^+]+K_a)^3} = 0$$

可得当$[H^+] = K_a$，即 $pH = pK_a$ 时，β有极大值。将其代入式（3-35），可求得缓冲容量的极大值：

$$\beta_{max} = \frac{2.30c}{4} = 0.575c$$

由上可见：

（1）缓冲物质总浓度越大，缓冲容量越大，过分稀释将导致缓冲能力显著下降。

（2）对于共轭酸碱对缓冲体系，当$[H^+] = K_a$，此时 $c_a = c_b = 0.5c$，即两组分浓度相等时，其缓冲容量最大。

根据式（3-35），当$[HB]/[B^-]$为 10 或 0.1 时，即 $pH = pK_a \pm 1$，缓冲容量约为β_{max}的 1/3。若该比例进一步偏离该范围，缓冲容量会更小，溶液的缓冲能力逐渐消失。见缓冲溶液的有效 pH 缓冲范围约为 $pK_a \pm 1$。因此，配制缓冲溶液时，所选缓冲剂的 pK_a 应尽量与所需 pH 接近，这样所得溶液的缓冲能力较强。图 3-5 中实线是 $0.10\ mol\cdot L^{-1}$ 的 $HAc\text{-}Ac^-$缓冲溶液在不同 pH 时的缓冲容量，虚线表示强酸（pH＜3）和强碱（pH＞11）溶液的缓冲容量，即 $\beta_{H^+} = 2.30[H^+]$和 $\beta_{OH^-} = 2.30[OH^-]$。曲线的极大点就是 $HAc\text{-}Ac^-$缓冲溶液的最大缓冲容量β_{max}。

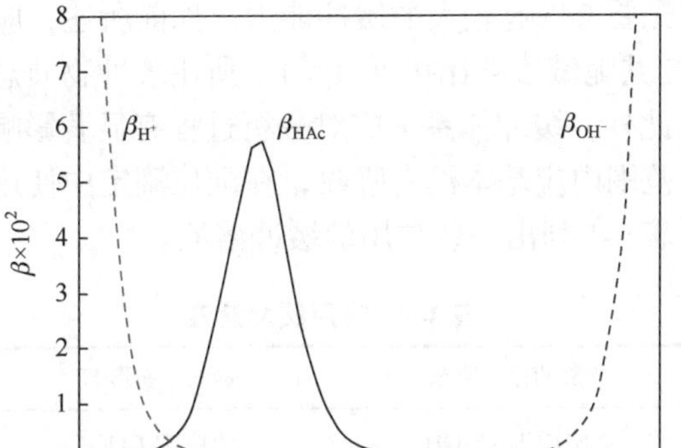

图 3-5　$0.10\ mol\cdot L^{-1}$ $HAc\text{-}Ac^-$溶液在不同 pH 时的缓冲容量

对强酸、强碱溶液，其缓冲容量分别为式（3-34）中的第一项和第二项，即

$$\beta = 2.30[H^+] + 2.30[OH^-]$$

对强碱溶液，忽略$[H^+]$；对强酸溶液，忽略$[OH^-]$。

若强酸或强碱的浓度为 c，则其缓冲容量β为

$$\beta = 2.30c$$

可见，强酸或强碱与共轭酸碱对的总浓度相同时，强酸、强碱的缓冲容量是共轭酸碱对的 4 倍。但它们的缓冲范围只在浓度较大的区域（低 pH 和高 pH 区），在 pH = 3～11 范围内几乎没有缓冲能力。实际上，需要缓冲作用的化学试剂大多是从弱酸到弱碱性这一区域，因此这类缓冲溶液的作用不如共轭酸碱缓冲溶液大。

【例 3-22】 欲制备 200 mL pH = 9.35 的 NH_3-NH_4Cl 缓冲溶液，且使该溶液在加入 1.0 mmol 的 HCl 或 NaOH 时 pH 的改变不大于 0.12 单位，需用多少克 NH_4Cl 和多少毫升 1.0 $mol \cdot L^{-1}$ 氨水？

解

$$\beta = \frac{db}{dpH} = \frac{1.0 \times 10^{-3} \times \dfrac{1000}{200}}{0.12} = 4.2 \times 10^{-2}$$

又

$$\beta = 2.30 \frac{cK_a[H^+]}{([H^+] + K_a)^2}$$

将 $K_a = 10^{-9.25}$ 和 $[H^+] = 10^{-9.35}$ 代入，解得

$$c = \frac{4.2 \times 10^{-2}(10^{-9.25} + 10^{-9.35})^2}{2.30 \times 10^{-9.25} \times 10^{-9.35}} = 0.074(mol \cdot L^{-1})$$

$$m_{NH_4Cl} = c\delta_{NH_4^+} \cdot VM = 0.074 \times \frac{10^{-9.35}}{10^{-9.25} + 10^{-9.35}} \times 0.20 \times 53.49 = 0.35(g)$$

$$V_{NH_3 \cdot H_2O} = 0.074 \times \frac{10^{-9.25}}{10^{-9.25} + 10^{-9.35}} \times 200 \div 1.0 = 8.2\ (mL)$$

3.4.2　缓冲溶液的选择

缓冲溶液的选择首先要考虑有较大的缓冲能力。如前所述，应选择弱酸的 pK_a 接近所需的 pH，并控制弱酸与共轭碱浓度比接近 1∶1，所用缓冲物质总浓度应当大一些（一般为 0.01～1 $mol \cdot L^{-1}$）。此外，缓冲体系不应对分析过程有显著影响。例如，用于光度分析的缓冲溶液在所测波长范围内应基本没有吸收，在配位滴定中使用的缓冲溶液不应与被测离子有显著的副反应。表 3-1 列出一些常用的缓冲溶液。

表 3-1　常用缓冲溶液

缓冲溶液	酸的存在形态	碱的存在形态	pK_a
氨基乙酸-HCl	$NH_3^+CH_2COOH$	$NH_3^+CH_2COO^-$	2.35
一氯乙酸-NaOH	$CH_2ClCOOH$	CH_2ClCOO^-	2.87
甲酸-NaOH	HCOOH	$HCOO^-$	3.75
HAc-NaOH	HAc	Ac^-	4.76
六次甲基四胺-HCl	$(CH_2)_6N_4H^+$	$(CH_2)_6N_4$	5.13
NaH_2PO_4-Na_2HPO_4	$H_2PO_4^-$	HPO_4^{2-}	7.21
三乙醇胺-HCl	$^+HN(CH_2CH_2OH)_3$	$N(CH_2CH_2OH)_3$	7.76
三羟甲基甲胺-HCl	$^+H_3NC(CH_2OH)_3$	$NH_2C(CH_2OH)_3$	8.21

续表

缓冲溶液	酸的存在形态	碱的存在形态	pK_a
$NH_3 \cdot H_2O$-NH_4Cl	NH_4^+	NH_3	9.24
$NaHCO_3$-Na_2CO_3	HCO_3^-	CO_3^{2-}	10.25
Na_2HPO_4-NaOH	HPO_4^{2-}	PO_4^{3-}	12.36

在实际工作中，要求在很宽的 pH 范围内都有缓冲作用，具有这种性质的溶液称为全域缓冲溶液。这种缓冲溶液是由几种 pK_a 不同的弱酸混合后加入不同量的强酸、强碱制备的。例如，将 pK_a 分别为 3、5、7、9、11 的几种弱酸混合在一起，由其配制成的溶液的缓冲范围可以在 2～12。伯瑞坦-罗宾森（Britton-Robinson）缓冲溶液是一种经典的全域缓冲溶液，它是由浓度均为 0.04 $mol \cdot L^{-1}$ 的 H_3PO_4、H_3BO_3 和 HAc 混合而成的，向其中加入不同体积的 0.2 $mol \cdot L^{-1}$ NaOH，即可得所需 pH 的缓冲溶液。

3.4.3　缓冲溶液 pH 的计算

假设缓冲溶液由弱酸 HB 及其共轭碱 NaB 组成，它们的浓度分别为 c_{HB} 和 c_{B^-}。该溶液的物料平衡方程为

$$[Na^+] = c_{B^-},\ [HB] + [B^-] = c_{HB} + c_{B^-}$$

电荷平衡方程为

$$[Na^+] + [H^+] = [B^-] + [OH^-]$$

即

$$[B^-] = c_{B^-} + [H^+] - [OH^-]$$

将此式代入物料平衡方程，得

$$[HB] = c_{HB} - [H^+] + [OH^-]$$

再根据 HB 的解离平衡关系，得

$$[H^+] = K_a \frac{[HB]}{[B^-]} = K_a \frac{c_{HB} - [H^+] + [OH^-]}{c_{B^-} + [H^+] - [OH^-]} \tag{3-36}$$

这是计算由弱酸及其共轭碱组成的缓冲溶液的 H^+浓度的精确式。用精确式进行计算时，数学处理较烦琐，故通常根据具体情况，对其进行简化。

当溶液的 pH＜6 时，一般可忽略$[OH^-]$，式（3-36）变为

$$[H^+] = K_a \frac{c_{HB} - [H^+]}{c_{B^-} + [H^+]} \tag{3-37}$$

当溶液的 pH＞8 时，可忽略$[H^+]$，式（3-36）变为

$$[H^+] = K_a \frac{c_{HB} + [OH^-]}{c_{B^-} - [OH^-]} \tag{3-38}$$

式（3-37）和式（3-38）是计算缓冲溶液[H$^+$]的近似式，若 $c_{HB} \gg [OH^-]-[H^+]$，$c_{B^-} \gg [H^+]-[OH^-]$，则式（3-36）简化为

$$[H^+]=K_a\frac{c_{HB}}{c_{B^-}} \quad 即 \quad pH=pK_a+\lg\frac{c_{B^-}}{c_{HB}} \tag{3-39}$$

这是计算缓冲溶液[H$^+$]的最简式。作为一般控制酸度的缓冲溶液，因缓冲剂本身的浓度较大，对计算结果也不要求十分准确，所以通常可采用该式进行计算。

【例 3-23】 计算 0.10 mol · L^{-1} NH_4Cl 与 0.20 mol · L^{-1} NH_3 组成的缓冲溶液的 pH。

解 已知 NH_3 的 $K_b=1.8\times10^{-5}$，$K_a=\frac{K_w}{K_b}=5.6\times10^{-10}$，由于 $c_{NH_4^+}$ 和 c_{NH_3} 均较大，故可采用式（3-39）计算，得

$$pH=pK_a+\lg\frac{c_{NH_3}}{c_{NH_4^+}}=9.26+\lg\frac{0.20}{0.10}=9.56$$

显然，$c_{NH_4^+}\gg[OH^-]-[H^+]$，$c_{NH_3}\gg[H^+]-[OH^-]$，表明采用近似方法是合理的。

【例 3-24】 计算 0.20 mol · L^{-1} HAc 与 4.0×10^{-3} mol · L^{-1} NaAc 组成的缓冲溶液的 pH。

解 已知 HAc 的 $K_a = 1.8\times10^{-5}$，先采用最简式计算溶液的 H^+浓度，即

$$[H^+]\approx1.8\times10^{-5}\times\frac{0.20}{4.0\times10^{-3}}=9.0\times10^{-4}(mol\cdot L^{-1})$$

由于 c_{Ac^-} 和 H^+的浓度接近，故用式（3-37）计算，即

$$[H^+]=K_a\frac{c_{HAc}-[H^+]}{c_{Ac^-}+[H^+]}\approx1.8\times10^{-5}\times\frac{0.20}{4.0\times10^{-3}+[H^+]}$$

$$[H^+]=7.6\times10^{-4}mol\cdot L^{-1}$$

$$pH=3.12$$

【例 3-25】 0.30 mol · L^{-1} 吡啶和 0.10 mol · L^{-1} HCl 等体积混合，所得溶液是否为缓冲溶液？计算溶液的 pH。

解 吡啶为有机弱碱，与 HCl 作用生成吡啶盐酸盐：

$$C_5H_5N+HCl \rightleftharpoons C_5H_6N^+ + Cl^-$$

生成吡啶盐的量和加入 HCl 的量相等。因此，两溶液等体积混合后，吡啶盐酸盐的浓度为 0.050 mol · L^{-1}，未发生作用的吡啶的浓度为 0.10 mol · L^{-1}。可见，溶液中同时存在吡啶盐及吡啶，所以该溶液是缓冲溶液。已知吡啶的 $K_b = 1.7\times10^{-9}$，故吡啶盐酸盐的 $K_a=\frac{K_w}{K_b}=5.9\times10^{-6}$，由于 $c_{C_5H_6N^+}$ 和 $c_{C_5H_5N}$ 都较大，故可采用式（3-39）计算，即

$$pH=pK_a+\lg\frac{c_{C_5H_5N}}{c_{C_5H_6N^+}}=5.23+\lg\frac{0.10}{0.050}=5.53$$

缓冲溶液除用于控制溶液的酸度外，有些也用作测量溶液 pH 时的参照标准，称为标准缓冲溶液。这类溶液又分为两种：

（1）由逐级解离常数相差较小的两性物质组成。以酒石酸氢钾（简写作 KHA）为例，由于 pK_{a1}（3.04）与 pK_{a2}（4.37）相近，HA^-的酸式、碱式解离均大。

（2）由直接配制的共轭酸碱对组成，如 $H_2PO_4^- \text{-} HPO_4^{2-}$、硼砂等；有的甚至还可用强碱单独配制，如 $Ca(OH)_2$。

常用的标准缓冲溶液及其 pH 列于表 3-2。用于校准 pH 计时，所选标准缓冲溶液的 pH 应当与被测 pH 范围相近，这样测量的准确度才高。同时，还要注意温度对缓冲溶液 pH 的影响。

表 3-2　几种常见的标准缓冲溶液

标准缓冲溶液	pH（25℃）
$0.034\ mol \cdot L^{-1}$ 饱和酒石酸氢钾	3.56
$0.05\ mol \cdot L^{-1}$ 邻苯二甲酸氢钾	4.01
$0.025\ mol \cdot L^{-1}\ KH_2PO_4 \text{-} 0.025\ mol \cdot L^{-1}\ Na_2HPO_4$	6.86
$0.010\ mol \cdot L^{-1}$ 硼砂	9.18

标准缓冲溶液的 pH 是由非常精确的实验确定的。如果要通过理论计算加以核对，必须同时考虑离子强度的影响。

【例 3-26】 计算 $0.025\ mol \cdot L^{-1}\ KH_2PO_4 \text{-} 0.025\ mol \cdot L^{-1}\ Na_2HPO_4$ 缓冲溶液的 pH，考虑离子强度的影响，并与标准值（25℃，pH = 6.86）相比较。

解　若不考虑离子强度的影响，按通常方法计算，则

$$pH = pK_{a2} + \lg\frac{c_{HPO_4^{2-}}}{c_{H_2PO_4^-}} = -\lg(6.3\times10^{-8}) + \lg\frac{0.025}{0.025} = 7.20$$

计算结果与标准值相差较大，产生偏差的原因是实测的为 H^+的活度而不是浓度。因此，计算时应考虑离子强度的影响，该溶液的离子强度为

$$\begin{aligned} I &= \frac{1}{2}\sum c_i z_i^2 = \frac{1}{2}(c_{K^+}\times1^2 + c_{Na^+}\times1^2 + c_{H_2PO_4^-}\times1^2 + c_{HPO_4^{2-}}\times2^2) \\ &= \frac{1}{2}\times(0.025 + 2\times0.025 + 0.025 + 0.025\times4) \\ &= 0.10(mol\cdot L^{-1}) \end{aligned}$$

由附录 4 查得 $\gamma_{H_2PO_4^-} = 0.770$，$\gamma_{HPO_4^{2-}} = 0.351$，故

$$\begin{aligned} a_{H^+} &= K_{a2}\frac{a_{H_2PO_4^-}}{a_{HPO_4^{2-}}} = K_{a2}\frac{\gamma_{H_2PO_4^-}}{\gamma_{HPO_4^{2-}}}\times\frac{[H_2PO_4^-]}{[HPO_4^{2-}]} \\ &= 6.3\times10^{-8}\times\frac{0.770\times0.025}{0.351\times0.025} \\ &= 1.4\times10^{-7}(mol\cdot L^{-1}) \end{aligned}$$

$$pH = -\lg a_{H^+} = 6.86$$

计算结果与标准值一致。

实际工作中，缓冲溶液的 pH 一般以测定结果为准。所以，配制缓冲溶液时，可先根据需要选取合适的缓冲体系，再通过计算确定取样量，然后用 pH 计测定所配溶液的 pH，并在此基础上通过加酸或加碱，将 pH 调节至所需值。缓冲溶液也可参考有关手册和参考书上的配方配制。

3.5 酸碱指示剂

3.5.1 酸碱指示剂的作用原理

酸碱指示剂一般是弱的有机酸或有机碱，它的酸式和共轭碱式具有明显不同的颜色。当溶液的 pH 改变时，指示剂失去质子由酸式转变为碱式，或者得到质子由碱式转化为酸式，从而导致颜色发生变化。例如，甲基橙（methyl orange，MO）是一种双色指示剂，它在溶液中存在如下解离平衡和颜色变化：

$(CH_3)_2N \!\!-\!\!\bigcirc\!\!-\!\!N\!\!=\!\!N\!\!-\!\!\bigcirc\!\!-\!\!SO_3^- \underset{OH^-}{\overset{H^+}{\rightleftharpoons}} (CH_3)_2\overset{+}{N}\!\!=\!\!\bigcirc\!\!=\!\!N\!\!-\!\!\overset{H}{\underset{}{N}}\!\!-\!\!\bigcirc\!\!-\!\!SO_3^-$

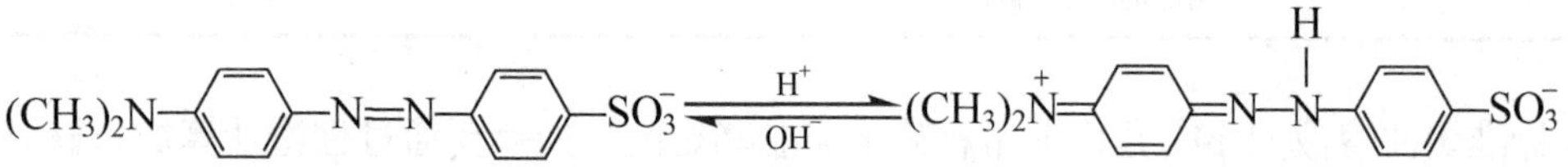

黄色(偶氮式)　　　　　　　　　　　　　　红色(醌式)

由平衡关系可以看出，当溶液[H^+]增大时，反应向右进行，甲基橙主要以醌式（酸型）存在，溶液呈红色；当溶液[H^+]减小时，反应向左进行，甲基橙主要以偶氮式（碱型）存在，溶液显黄色。又如，酚酞（phenolphthalein，PP）是一种单色指示剂，在酸性溶液中它以多种无色形式存在，在碱性溶液中则转化为醌式而显红色，但在足够浓的强碱溶液中，它又进一步转化为无色的羧酸盐式。

若以 HIn 表示指示剂的酸式，In⁻表示指示剂的碱式，它们在溶液中的解离平衡为

$$HIn \rightleftharpoons H^+ + In^-$$

因此，有

$$K_a = \frac{[H^+][In^-]}{[HIn]}$$

即

$$\frac{[In^-]}{[HIn]} = \frac{K_a}{[H^+]}$$

溶液的颜色取决于指示剂碱型浓度与酸型浓度的比值（[In^-]/[HIn]）。

对一定的指示剂而言，在指定条件下 K_a 是常数，因此[In^-]/[HIn]值只取决于[H^+]。理论上，不同[H^+]时，[In^-]/[HIn]会有不同数值，应当呈现不同的颜色：

（1）当[H^+]≥$10K_a$，即 pH≤pK_a − 1 时，溶液中[HIn]/[In^-]≥10，看到的应是 HIn（酸型）的颜色。

（2）当 K_a≥10[H^+]，即 pH≥pK_a + 1 时，溶液中[In^-]/[HIn]≥10，看到的应是 In⁻（碱型）的颜色。

（3）当 pK_a − 1＜pH＜pK_a + 1 时，溶液中酸型与碱型的量相差不大，所以溶液表现为

酸型与碱型复合后的颜色，随着 pH 的改变，颜色也在改变（这个 pH 范围是理论上的指示剂变色范围）。

（4）当 $pH = pK_a$ 时，溶液中$[In^-]/[HIn] = 1$，此时酸型与碱型浓度相等，称为指示剂的理论变色点，计算时将其视作滴定终点。例如，MO 的 pK_a 为 3.4，所以其理论上的变色范围为 2.4～4.4，颜色转变点为 pH = 3.4。

但是，在实际工作中，指示剂变色的 pH 范围需要依靠人眼进行观察。由于不同的人对颜色敏感程度不同，因此观察的变色范围不尽相同。此外，在实际滴定中，并不需要指示剂从酸型完全变为碱型，只要看到明显的变色就可以了。通常在指示剂的变色范围内存在变化特别明显的一点颜色。例如，当 pH ≈ 4.0 时 MO 呈显著的橙色，这一点也就是实际的滴定终点，称为指示剂的滴定指数，以 pT 表示。当指示剂的酸型与碱型的颜色对人的眼睛同样敏感时，则指示剂理论上的颜色转变点就是 pT，即 $pT = pK_a$。但是在观测这一点时，还会有 0.3 pH 的出入，所以 $\Delta pH = 0.3$ 常作为目视滴定分辨终点的极限。常用酸碱指示剂见表 3-3，更多酸碱指示剂见附录 1。

表 3-3　常用酸碱指示剂

指示剂	颜色			pK_a	pT	变色范围 pH
	酸型	过渡色	碱型			
甲基橙	红色	橙色	黄色	3.4	4.0	3.1～4.4
甲基红	红色	橙色	黄色	5.0	5.0	4.4～6.2
酚酞	无色	粉红色	红色	9.1		8.0～9.6
百里酚酞	无色	淡蓝色	蓝色	10.0	10.0	9.4～10.6

3.5.2　影响指示剂变色范围的因素

1. 指示剂的用量

由指示剂的解离平衡可以看出，对于双色指示剂（如 MO 等），pT 仅与$[In^-]/[HIn]$有关，与用量无关。但是，指示剂的用量不宜太多，否则颜色的变化不明显，而且指示剂本身也会消耗一些滴定剂，带来误差。对于单色指示剂（如 PP 等），指示剂用量的多少对它的变色点有一定影响。例如，PP 的酸型是无色，碱型是红色。假设人眼能观察到红色时所要求的最低碱式 PP 浓度为 b，指示剂的总浓度为 c，由指示剂的解离平衡可知

$$\frac{K_a}{[H^+]} = \frac{[In^-]}{[HIn]} = \frac{b}{c-b}$$

因为 K_a 和 b 都是定值，当 c 增大时，为了维持溶液中碱式酚酞浓度为 b，要求的$[H^+]$就要相应增大。也就是说，酚酞会在较低 pH 时显粉红色。例如，在 50～100 mL 溶液中加 2～3 滴 0.1%酚酞，pH ≈ 9 时出现粉红色；而在同样情况下加 10～15 滴 0.1%酚酞，则在 pH ≈ 8 时出现粉红色。

2. 温度

温度改变时，指示剂的解离常数和水的质子自递常数都有改变，因而指示剂的变色范围也随之发生改变。例如，MO 在室温下的变色范围是 3.1～4.4，在 100℃时为 2.5～3.7，温度升高导致 MO 对$[H^+]$的响应灵敏度大幅降低。因此，滴定大多在室温下进行，有必要加热煮沸时，最好将溶液冷却后再滴定。

3. 盐类

中性电解质的存在会增加溶液的离子强度，使指示剂的解离常数发生改变，影响指示剂的变色。例如，某些盐具有吸收不同波长光的性质，对指示剂的颜色产生干扰。因此，在滴定过程中不宜有大量盐类存在。此外，在制备对照参比溶液时，除需要加入相同量的指示剂外，还应该有相同浓度的电解质（包括反应生成的盐）在内。

3.5.3 混合指示剂

在一些酸碱滴定中，有时需要将滴定终点限制在很窄的 pH 范围内，才能达到要求的准确度。但是，单一指示剂的 pH 变色间隔约为 2，同时目测终点会有 0.3 pH 的波动，导致难以达到要求。这时可采用混合指示剂。

混合指示剂是利用颜色互补的原理使终点观测明显，按其作用分为两类：

（1）由两种或两种以上酸碱指示剂混合而成，由于颜色互补使变色间隔变窄，颜色变化更加敏锐。例如，溴甲酚绿（$pK_a = 4.68$）的酸式为黄色、碱式为蓝色，甲基红（$pK_a = 4.95$）的酸式为红色、碱式为黄色。当它们混合后，溶液在酸性条件下显橙色（黄＋红）、在碱性条件下显绿色（蓝＋黄），而在 pH ≈ 5.1 时，溴甲酚绿的碱式成分较多呈绿色，甲基红的酸式成分较多呈橙红色，这两种颜色互补产生灰色，使得颜色在此时发生突变，从而被敏锐地观察到。

（2）由一种酸碱指示剂与一种惰性染料（如亚甲基蓝、靛蓝磺酸钠等）组成，惰性染料的颜色不随 pH 的改变而变化。从理论上讲，这类混合剂的变色范围仍与单一酸碱指示剂相同，但颜色的互补作用使颜色变化更加敏锐。例如，MO（pH ≈ 3.1～4.4，红～黄）与靛蓝磺酸钠（蓝色）混合后，pH＜3.1 呈紫色（红＋蓝），pH＞4.4 呈绿色（黄＋蓝），颜色变化更加明显。附录 2 列出若干常用的混合酸碱指示剂。

3.6 酸碱滴定原理

酸碱滴定法是以酸碱反应为基础的滴定分析方法。在酸碱滴定中，一般是强酸（如 HCl、H_2SO_4）或强碱（如 NaOH、KOH）作滴定剂；被滴定的是各种具有碱性或酸性的物质，如 NaOH、NH_3、Na_2CO_3、H_3PO_4 和吡啶盐等。在进行滴定时，需要了解被测物质能否被准确滴定、滴定过程中溶液 pH 如何变化（特别是化学计量点附近 pH 的改变），以及选择何种指示剂来确定滴定终点（end point，ep）。本节将根据酸碱平衡原理，通过具体计算展示滴定过程中溶液 pH 随滴定剂体积增加而变化的情况，进而讨论各类酸碱的滴定曲线和相关问题。

3.6.1　强酸强碱的滴定

强酸强碱在溶液中全部解离，所以滴定时的反应为

$$H^+ + OH^- \;=\!=\!=\; H_2O$$

它是反应完全程度最高、确定滴定终点最容易的酸碱滴定法。以 0.1000 $mol \cdot L^{-1}$ NaOH 滴定 20.00 mL 的 0.1000 $mol \cdot L^{-1}$ HCl 为例，讨论强酸强碱相互滴定时的滴定曲线和指示剂的选择。

1. 滴定过程

滴定分数（titration fraction）α 的表达式如下：

$$\alpha = \frac{n_{NaOH}}{n_{HCl}} = \frac{(cV)_{NaOH}}{(cV)_{HCl}}$$

1）滴定前

HCl 溶液的酸度等于 HCl 的初始浓度，即$[H^+] = 0.1000\ mol \cdot L^{-1}$，pH = 1.00。

2）滴定开始至化学计量点前

溶液的酸度取决于剩余 HCl 的浓度。例如，当滴入 NaOH 溶液 18.00 mL，则未反应的 HCl 为 2.00 mL，有

$$[H^+] = \frac{0.1000 \times 2.00}{20.00 + 18.00} = 5.26 \times 10^{-3}\ (mol \cdot L^{-1})$$

当滴入 NaOH 溶液 19.98 mL，则未反应的 HCl 为 0.02 mL，即 $\alpha = 0.999$，有

$$[H^+] = \frac{0.1000 \times 0.02}{20.00 + 19.98} = 5.00 \times 10^{-5}\ (mol \cdot L^{-1})$$

$$pH = 4.30$$

3）化学计量点（stoichiometric point，sp）

滴入 NaOH 溶液 20.00 mL，HCl 反应完全。溶液中$[H^+]$由水的解离决定，即

$$[H^+] = [OH^-] = \sqrt{K_w} = 10^{-7.00}\ mol \cdot L^{-1}$$

$$pH = 7.00$$

4）化学计量点后

溶液的 pH 取决于过量 NaOH 的浓度。例如，滴入 NaOH 溶液 20.02 mL，此时 NaOH 过量 0.02 mL，有

$$[OH^-] = \frac{0.1000 \times 0.02}{20.00 + 20.02} = 5.00 \times 10^{-5}\ (mol \cdot L^{-1})$$

$$pOH = 4.30$$

$$pH = 14.00 - pOH = 14.00 - 4.30 = 9.70$$

照此逐一计算，将计算结果列于表 3-4 中。以 NaOH 的加入量或滴定分数 α 为横坐标、pH 为纵坐标绘图，可得到如图 3-6(a)所示的酸碱滴定曲线（titration curve）。

表 3-4　用 0.1000 mol · L^{-1} NaOH 滴定 20.00 mL 0.1000 mol · L^{-1} HCl 时溶液 pH 随 α 的变化

加入 NaOH 体积/mL	滴定分数 α	剩余 HCl 体积/mL	过量 NaOH 体积/mL	pH
0.00	0.00	20.00		1.00
18.00	0.90	2.00		2.88
19.80	0.99	0.20		3.30
19.96	0.998	0.04		4.00
19.98	0.999	0.02		4.30*
20.00	1.000	0.00	0.00	7.00**
20.02	1.001		0.02	9.70*
20.04	1.002		0.04	10.00
20.20	1.010		0.20	10.70
22.00	1.100		2.00	11.70
40.00	2.000		20.00	12.52

*突跃范围；**计量点。

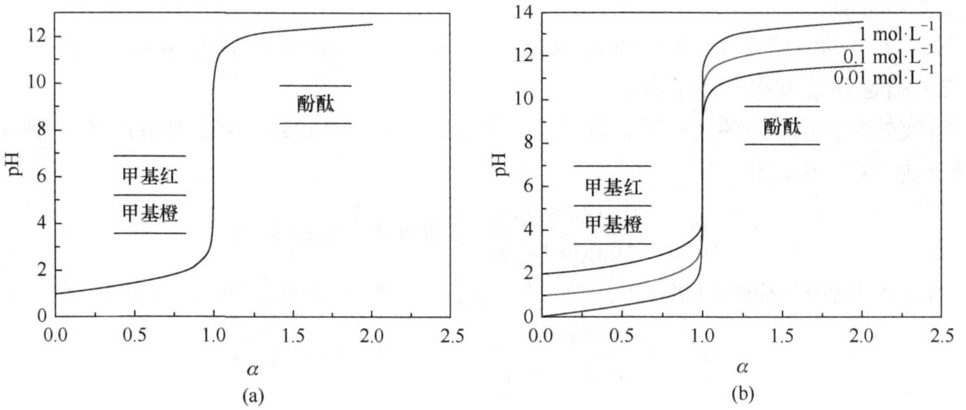

图 3-6　（a）0.1000 mol · L^{-1} NaOH 滴定 0.1000 mol · L^{-1} HCl 的滴定曲线；（b）不同浓度 NaOH 溶液滴定不同浓度 HCl 溶液的滴定曲线

2. 滴定曲线和滴定突跃

图 3-6 表明，在滴定开始时，滴定曲线比较平坦；随着滴定的进行，曲线逐渐向上倾斜；在化学计量点前后发生较大的变化；之后曲线变回平坦。例如，从滴定开始到加入 19.80 mL NaOH 溶液，溶液的 pH 只改变 2.3 个单位；再滴入 0.18 mL NaOH 溶液，pH 就会改变 1 个单位，变化速度明显加快；再滴入 0.02 mL NaOH 溶液，正好是化学计量点，此时 pH 迅速增至 7.0；继续滴入 0.02 mL NaOH 溶液，pH 为 9.70。此后，过量 NaOH 溶液所引起的 pH 的变化又越来越小。

由此可见，在化学计量点前后，从剩余 0.02 mL HCl 到过量 0.02 mL NaOH，即滴定由缺量 0.1%（$\alpha = 0.999$）到过量 0.1%（$\alpha = 1.001$），溶液的 pH 从 4.30 增大到 9.70，变化约 5.4 个单位。pH 的这种急剧变化称为滴定突跃（titration jump），对应化学计量点前后的 ±0.1%（$\alpha = 1.000 \pm 0.001$）的 pH 变化范围称为突跃范围。突跃范围是选择指示剂的基本依据，凡在突跃范围以内变色的指示剂，都可保证滴定终点误差在±0.1%范围内。因此，甲基红（pH = 4.4～6.2）、酚酞（pH = 8.0～9.6）等均可作上述滴定的指示剂。

图 3-6（b）为通过计算得到的不同浓度 NaOH 与 HCl 的滴定曲线。可见，当酸碱浓

度增大 10 倍时，滴定突跃部分的 pH 变化范围增加约 2 个单位。假设用 1.0000 $mol \cdot L^{-1}$ 的 NaOH 滴定 1.0000 $mol \cdot L^{-1}$ 的 HCl，其 pH 突跃范围为 3.3～10.7。此时，若以甲基橙为指示剂，滴定至黄色为终点，滴定误差将在±0.1%以内。假设用 0.0100 $mol \cdot L^{-1}$ 的 NaOH 滴定 0.0100 $mol \cdot L^{-1}$ 的 HCl，则 pH 突跃范围减小到 5.3～8.7。由于滴定突跃小了，指示剂的选择受到限制。要使终点误差在±0.1%以内，最好用甲基红作指示剂，也可用酚酞。若用甲基橙作指示剂，误差则达±0.1%以上。此外，空气中的 CO_2 也可能影响滴定，若终点 pH＜5，则基本不影响；若 pH 较高，则需通过煮沸溶液等方法消除溶解的 CO_2 带来的影响。强酸滴定强碱的情况与强碱滴定强酸相似，只是 pH 的变化与此相反。

3.6.2　一元弱酸弱碱的滴定

1. 强碱滴定弱酸

滴定弱酸（HA）、弱碱（B）溶液一般采用强碱或强酸。例如，用 NaOH 滴定甲酸、乙酸、乳酸和吡啶盐等，用 HCl 滴定氨水、乙胺等。滴定时的反应通式为

$$HA + OH^- \rightleftharpoons A^- + H_2O$$

$$B + H^+ \rightleftharpoons HB^+$$

$$K_t = \frac{[A^-]}{[HA][OH^-]} = \frac{K_a}{K_w}$$

$$K_t = \frac{[HB^+]}{[H^+][B]}$$

滴定反应常数 K_t 比强碱滴定强酸的小，说明反应的完全程度不如强碱滴定强酸。现以 0.1000 $mol \cdot L^{-1}$ 的 NaOH 滴定 20.00 mL 0.1000 $mol \cdot L^{-1}$ 的 HAc 为例，讨论强碱滴定弱酸时的情况。

1）滴定前

$\alpha = 0.00$，溶液是 0.1000 $mol \cdot L^{-1}$ HAc，溶液中 H^+浓度为

$$[H^+] = \sqrt{K_a c} = \sqrt{1.8 \times 10^{-5} \times 0.1000} = 1.34 \times 10^{-3}\ (mol \cdot L^{-1})$$

$$pH = 2.87$$

2）滴定开始至化学计量点前

溶液中未反应的 HAc 和反应产物 Ac^-同时存在，组成一个缓冲体系。因此，溶液的 pH 可根据缓冲溶液 pH 计算式计算。由于 HAc 不是太弱，一般情况下可按式（3-39）计算。例如，当滴入 NaOH 溶液 19.80 mL 时，有

$$c_{HAc} = \frac{0.20}{20.00 + 19.80} \times 0.1000 = 5.03 \times 10^{-4}\ (mol \cdot L^{-1})$$

$$c_{Ac^-} = \frac{19.80}{20.00 + 19.80} \times 0.1000 = 4.97 \times 10^{-2} (mol \cdot L^{-1})$$

代入式（3-39），得

$$pH = pK_a + \lg\frac{c_{Ac^-}}{c_{HAc}} = 4.74 + \lg\frac{4.97 \times 10^{-2}}{5.03 \times 10^{-4}} = 6.73$$

当滴入 NaOH 溶液 19.98 mL，即 $\alpha = 0.999$ 时，则

$$\mathrm{pH} = \mathrm{p}K_\mathrm{a} + \lg\frac{c_{\mathrm{Ac}^-}}{c_{\mathrm{HAc}}} = 4.74 + \lg\frac{5.0\times10^{-2}}{5.0\times10^{-5}} = 7.74$$

3）化学计量点时

此时 HAc 完全反应，生成 NaAc。由于 Ac^- 为弱碱，溶液 pH 可根据弱碱的最简式计算。

$$[\mathrm{OH}^-] = \sqrt{K_\mathrm{b}c} = \sqrt{\frac{10^{-14.00}}{10^{-4.76}}\times10^{-1.30}} = 10^{-5.27}\ (\mathrm{mol\cdot L^{-1}})$$

$$\mathrm{pOH} = 5.27$$

$$\mathrm{pH} = 14.00 - 5.27 = 8.73$$

4）化学计量点后

溶液的组成是 NaOH 和 NaAc。由于过量 NaOH 的存在抑制了 Ac^- 的解离，故此时溶液的 pH 主要取决于过量的 NaOH 浓度，其计算方法与强碱滴定强酸相同。例如，滴入 NaOH 溶液 20.02 mL（$\alpha = 1.001$），即过量的溶液的 NaOH 为 0.02 mL。溶液的 pH 可按下式计算：

$$[\mathrm{OH}^-] = \frac{0.02}{20.00+20.02}\times0.1000 = 5.0\times10^{-5}\ (\mathrm{mol\cdot L^{-1}})$$

$$\mathrm{pOH} = 4.30$$

$$\mathrm{pH} = 14.00 - 4.30 = 9.70$$

照此逐一计算，将计算结果列于表 3-5 中。以 NaOH 的加入量或滴定分数 α 为横坐标、pH 为纵坐标绘图，可得到如图 3-7（a）所示的滴定曲线。与表 3-4 和图 3-6（a）相比，滴定前，0.1000 $\mathrm{mol\cdot L^{-1}}$ HAc 的 pH = 2.87，比 0.1000 $\mathrm{mol\cdot L^{-1}}$ HCl 的 pH = 1.00 大约 2 个单位，这是因为 HAc 是弱酸，解离度小于等浓度的 HCl。滴定开始之后，曲线的坡度比滴定 HCl 时更倾斜，这是因为部分 HAc 与 NaOH 反应生成 NaAc，Ac^- 的同离子效应使 HAc 的解离度变小，导致 H^+ 浓度迅速降低，pH 较快增大；继续滴入 NaOH 时，由于 NaAc 的不断生成，与 HAc 构成缓冲体系，因此这一段曲线较为平坦。接近化学计量点时，由于溶液中 HAc 已很少，缓冲容量减弱，继续滴入的 NaOH 会迅速提升溶液的 pH。其突跃范围为 7.74～9.70，比同浓度的强碱滴定强酸（4.30～9.70）小得多。化学计量点以后，溶液 pH 的变化规律与强碱滴定强酸时的情况基本相同。

表 3-5　用 0.1000 $\mathrm{mol\cdot L^{-1}}$ NaOH 滴定 20.00 mL 0.1000 $\mathrm{mol\cdot L^{-1}}$ HAc 时溶液 pH 随 α 的变化

加入 NaOH 体积/mL	滴定分数 α	剩余 HCl 体积/mL	过量 NaOH 体积/mL	pH
0.00	0.00	20.00		2.87
18.00	0.90	2.00		5.70
19.80	0.99	0.20		6.73
19.98	0.999	0.02		7.74*
20.00	1.000	0.00	0.00	8.72**
20.02	1.001		0.02	9.70*
20.02	1.010		0.20	10.70
22.00	1.100		2.00	11.70
40.00	2.000		20.00	12.50

*突跃范围；**计量点。

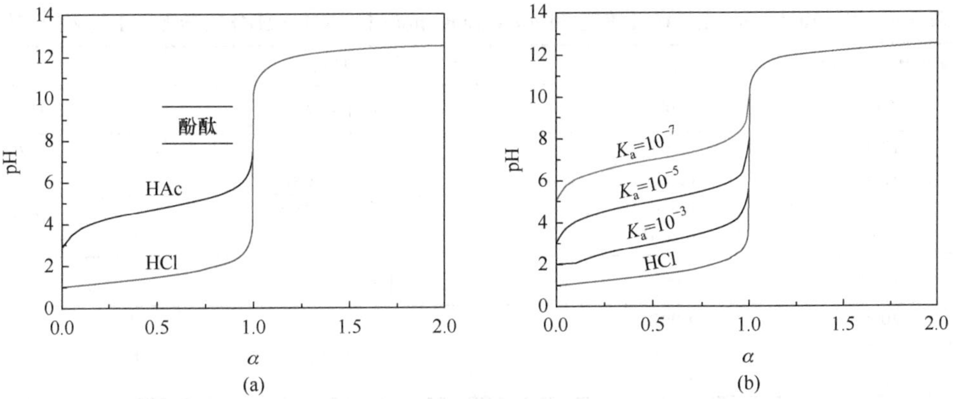

图 3-7　（a）0.1000 mol · L^{-1} NaOH 溶液滴定 0.1000 mol · L^{-1} HAc 的滴定曲线；（b）滴定 0.1000 mol · L^{-1} 不同强度弱酸的滴定曲线

酸的强弱是影响突跃大小的重要因素。酸越弱（K_a 越小），滴定反应常数 K_t（$K_t = K_a/K_w$）越小，突跃范围也越小。由于 pH 突跃范围为 7.74～9.70，因此在酸性范围内变色的指示剂，如甲基橙、甲基红等，都不能用作 NaOH 滴定 HAc 的指示剂，否则将引起较大的滴定误差；酚酞、百里酚酞和百里酚蓝等的变色范围恰好在突跃范围之内，可作为这一滴定体系的指示剂。

图 3-7（b）为用 0.1000 mol · L^{-1} NaOH 溶液滴定 0.1000 mol · L^{-1} 不同强度弱酸的滴定曲线。强碱滴定弱酸的突跃范围比滴定同样浓度的强酸的突跃小得多，而且是弱碱性区域。从中可以看出，K_a 越小，滴定突跃范围也越小。另外，当 K_a 一定时，酸的浓度减小，突跃范围也变小。

因此，如果弱酸的解离常数很小或酸的浓度很低，达到一定限度时，就不能进行准确滴定了。如用指示剂来确定终点，即使指示剂的变色点与化学计量点一致，也要考虑到人眼判断终点时仍有±0.3pH 的不确定性。若以 $\Delta pH = \pm 0.3$ 作为借助指示剂判别终点的极限，为了使滴定终点误差在±0.2%以内，突跃范围应大于 0.6 pH，即 $cK_a \geqslant 10^{-8}$。

2. 强酸滴定弱碱

强酸滴定弱碱的情况与强碱滴定弱酸相似。以浓度为 0.1000 mol · L^{-1} 的 HCl 滴定 20.00 mL 0.1000 mol · L^{-1} 的 $NH_3 \cdot H_2O$ 为例，说明滴定过程中溶液 pH 的变化即指示剂的选择。此滴定反应及其 K_t 分别为

$$NH_3 + H^+ \rightleftharpoons NH_4^+$$

$$K_t = \frac{[NH_4^+]}{[H^+][NH_3]} = \frac{1}{K_a} = 10^{9.25}$$

从滴定常数 K_t 可以预计滴定反应进行较完全，各滴定点 pH 的计算方法与强碱滴定弱酸类似，各点的 pH 列于表 3-6，对应滴定曲线如图 3-8 所示。

表 3-6　用 0.1000 mol · L^{-1} HCl 滴定 20 mL 0.1000 mol · L^{-1} $NH_3 \cdot H_2O$ 时溶液 pH 随 α 的变化

加入 HCl 体积/mL	滴定分数 α	计算式	pH
0.00	0.00	$[OH^-]=\sqrt{K_b c}$	11.12
10.00	0.500	$[OH^-]=K_b \dfrac{c(NH_3)}{c(NH_4^+)}$	9.25
18.00	0.900		8.30
19.80	0.990		7.25
19.98	0.999		6.25*
20.00	1.000	$[H^+]=\sqrt{K_a c}$	5.28**
20.02	1.001	$[H^+]=c_{HCl}$	4.30*
20.20	1.011		3.30
22.00	1.100		2.32

*突跃范围；**计量点。

从表 3-6 和图 3-8 可以看出，强酸滴定弱碱，化学计量点时溶液呈弱酸性，滴定突跃发生在酸性范围。对于 0.1000 mol · L^{-1} $NH_3 \cdot H_2O$ 溶液的滴定，化学计量点为 5.28，突跃范围为 6.25～4.30。因此，必须选择在酸性范围内变色的指示剂，如甲基红或溴甲酚绿。若用甲基橙作指示剂，会导致终点出现略迟，滴定到橙色时（pH = 4.0），误差为 + 0.2%。此外，与弱酸的滴定一样，弱碱的强度 K_b 和浓度 c 都会影响反应的完全度和滴定突跃的大小。在浓度不太小的情况下，当 $cK_b \geqslant 10^{-8}$ 时方能准确滴定。

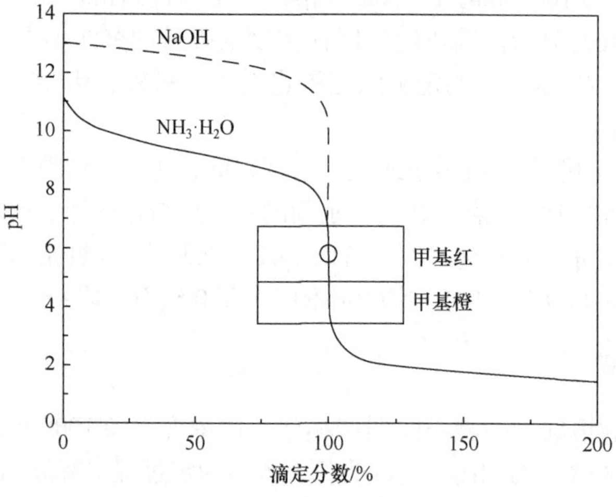

图 3-8　用 0.1000 mol · L^{-1} HCl 溶液滴定 0.1000 mol · L^{-1} $NH_3 \cdot H_2O$ 的滴定曲线

3. 滴定一元弱酸（弱碱）及其与强酸（强碱）混合物的总结

对于 HA-A$^-$共轭酸碱体系，用强碱滴定 HA 的逆过程即是用强酸滴定 A$^-$。图 3-9 表示三种不同强度的 0.1000 mol · L^{-1} HA 和 A$^-$的滴定曲线。图中的 Q、R、S、T 分别对应于溶液组成为 H^+ + HA、HA、A$^-$、A$^-$ + OH^-，此图是下面几类酸碱滴定的很好总结。

$$\underset{(Q)}{H^+ + HA} \underset{H^+}{\overset{OH^-}{\rightleftharpoons}} \underset{(R)}{HA} \underset{H^+}{\overset{OH^-}{\rightleftharpoons}} \underset{(S)}{A^-} \underset{H^+}{\overset{OH^-}{\rightleftharpoons}} \underset{(T)}{A^- + OH^-}$$

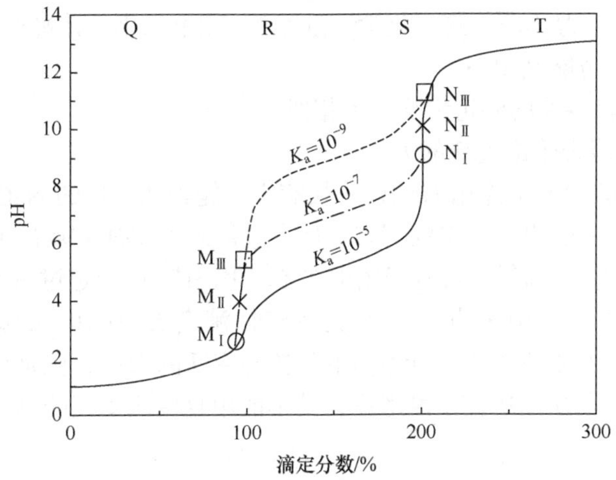

图 3-9　一元弱酸或弱碱及其与强酸或强碱混合物的滴定曲线

1）滴定弱酸（HA）或弱碱（A^-）可行性的判断

（1）用 NaOH 滴定 0.1000 mol · L^{-1} HA，对应于从图 3-9 中 R 点 HA 至 S 点 A^-。由图 3-9 可见，滴定 K_a 为 10^{-5} 的酸，化学计量点 $N_Ⅰ$附近突跃最大；滴定 K_a 为 10^{-9} 的酸，化学计量点 $N_Ⅲ$附近突跃最小。对于 0.1000 mol · L^{-1} 的酸 HA，$K_a \geqslant 10^{-7}$ 是准确滴定的必要条件。

（2）HCl 滴定 0.1000 mol · L^{-1} A^-，对应于从图中 S 点 A^-到 R 点 HA，由图可见，滴定 $K_b = 10^{-5}$ 的碱，化学计量点 $M_Ⅲ$附近突跃最大；滴定 $K_b=10^{-9}$ 的碱，化学计量点 $M_Ⅰ$附近突跃最小。0.10 mol · L^{-1} 的碱 A^-被准确滴定的必要条件是 $K_b \geqslant 10^{-7}$。

（3）HA-A^-共轭。K_a 为 10^{-5} 的 HA 的化学计量点 $N_Ⅰ$附近突跃大，用 NaOH 准确地滴定；而其共轭碱 A^-的 K_b 为 10^{-9}，化学计量点 $M_Ⅰ$附近突跃小，不能用 HCl 滴定，反之亦然。而 $K_a = K_b = 10^{-7}$ 的 HA 和 A^-则是能够准确滴定的界限；再弱，就难以准确地目测滴定终点了。

上述情况可表示为（实线表示能准确滴定，虚线表示不能准确滴定）

$$\mathrm{HA} \underset{K_b=10^{-9}}{\overset{K_a=10^{-5}}{\rightleftharpoons}} \mathrm{A}$$

$$\mathrm{HA} \underset{K_b=10^{-7}}{\overset{K_a=10^{-7}}{\rightleftharpoons}} \mathrm{A}$$

$$\mathrm{HA} \underset{K_b=10^{-5}}{\overset{K_a=10^{-9}}{\rightleftharpoons}} \mathrm{A}$$

2）强酸-弱酸（HCl + HA）混合溶液的滴定

HCl + HA 相应于图 3-9 中 Q 点；用 NaOH 滴定 HCl 对应于从 Q 点到 R 点，其化学计量点位置和滴定突跃的大小相当于用 HCl 滴定 A^-的情况；继续滴定到 S 点，所测定的是 HA，图 3-9 清楚地表明了什么情况下可以滴定 HCl 分量，什么情况下只能滴定混合酸总量。当 HCl 的浓度为 0.1000 mol · L^{-1}、HA 的浓度为 0.2000 mol · L^{-1}时：

（1）若 HA 的 K_a 为 10^{-5}，滴定 HCl 的化学计量点（$M_Ⅰ$）附近突跃小，不能准确滴定 HCl 分量，第二化学计量点 $N_Ⅰ$附近突跃大，能准确滴定混合酸的总量。

（2）若 HA 的 K_a 为 10^{-9}，第一化学计量点 $M_Ⅲ$附近突跃比第二化学计量点 $N_Ⅲ$突跃大，这时能准确滴定 HCl 分量，不能准确滴定混合酸总量。

（3）若 HA 的 K_a 为 10^{-7}，第一化学计量点 M_{II} 和第二化学计量点 N_{II} 附近突跃大小相同，既能滴定 HCl，也能滴定 HA。

对强碱-弱碱混合溶液的滴定情况与上相似。

3）用返滴定法能否改进突跃的大小

K_a 为 10^{-9} 的弱酸 HA 不能用 NaOH 直接滴定，能否加过量的 NaOH 然后用 HCl 返滴定进行测定呢？图 3-9 做出了否定的回答。加入过量的 NaOH 到弱酸 HA 溶液中，溶液的组成为 $A^- + OH^-$（$K_b = 10^{-5}$），对应于图中 T 点。用 HCl 返滴定过量的 NaOH，化学计量点时溶液的组成是 A^-（图中 S 点）。这就是 NaOH 滴定 K_a 为 10^{-9} 的弱酸 HA 的化学计量点。可见，返滴定法并不改变化学计量点的位置与突跃的大小，仅是从相反方向到达化学计量点。也就是说，若从反应完全度考虑，凡不能用直接法滴定的物质，也不能用返滴定法滴定。

3.6.3 多元酸和多元碱的滴定

1. 多元酸的滴定

常见的多元酸多数是弱酸，它们在水溶液中分步解离。在多元酸滴定中要解决的问题是能否分步滴定，以及选什么指示剂。

1）二元弱酸 H_2A

若用 NaOH 滴定二元弱酸 H_2A，它首先被滴定成 HA^-。

（1）如果 K_{a1} 与 K_{a2} 相差不大，则 H_2A 尚未定量变成 HA^-，就有相当部分的 HA^- 被滴定成 A^{2-} 了。这样在第一化学计量点附近就没有明显的突跃，无法确定终点，也就不能滴定到这一步。

（2）若 K_{a1} 与 K_{a2} 相差较大，则可以定量滴定到 HA^-，此时未滴定的 H_2A 和进一步滴定成的 A^{2-} 均较少，可以忽略。

若分步滴定允许误差是±0.5%，选择指示剂的 pT 正好是化学计量点，就要求化学计量点前后 0.5%有 0.3pH 的变化，这时必须 $K_{a1}/K_{a2} \geqslant 10^5$ 才行。当然还必须满足 $cK_{a1} \geqslant 10^{-8}$ 的要求。至于能否全部被滴定，即定量滴定到 A^{2-} 一步，实际上可看成是一元弱酸的滴定，要视 cK_{a2} 是否大于 10^{-8} 而定。一般若能分步滴定，K_{a1}/K_{a2} 必大，而 cK_{a2} 较小，大多数不能滴定到第二步。

2）有机多元弱酸

对于多数有机多元弱酸，各级相邻解离常数（表 3-7）之差较小，难以分步滴定。

表 3-7 一些有机多元弱酸的解离常数

酸	pK_{a1}	pK_{a2}	pK_{a3}
酒石酸	3.04	4.37	
草酸	1.22	4.19	
柠檬酸	3.13	4.23	6.40

但它们的最后一级常数都大于 10^{-7}，都能用 NaOH 一步滴定全部可反应的质子。例如，草酸就常作为标定 NaOH 的基准物质，滴定到 $C_2O_4^{2-}$。

3）H_3PO_4

H_3PO_4是三元弱酸（$pK_{a1} = 2.16$、$pK_{a2} = 7.21$、$pK_{a3} = 12.32$），各相邻常数比值都近于 10^5，可以分步滴定。

例如，用 0.1000 mol · L^{-1} NaOH 滴定 0.1000 mol · L^{-1} H_3PO_4溶液，H_3PO_4各级解离平衡为

$$H_3PO_4 \rightleftharpoons H^+ + H_2PO_4^- \qquad K_{a1} = 7.6 \times 10^{-3}$$

$$H_2PO_4^- \rightleftharpoons H^+ + HPO_4^{2-} \qquad K_{a2} = 6.3 \times 10^{-8}$$

$$HPO_4^{2-} \rightleftharpoons H^+ + PO_4^{3-} \qquad K_{a3} = 4.4 \times 10^{-13}$$

首先 H_3PO_4反应，生成 $H_2PO_4^-$，出现第一个化学计量点；然后 $H_2PO_4^-$继续反应，生成 HPO_4^{2-}，出现第二个化学计量点；HPO_4^{2-}的 K_{a3} 太小，$cK_{a3} \leqslant 10^{-8}$，不能直接准确滴定。NaOH 滴定 H_3PO_4的滴定曲线见图 3-10。

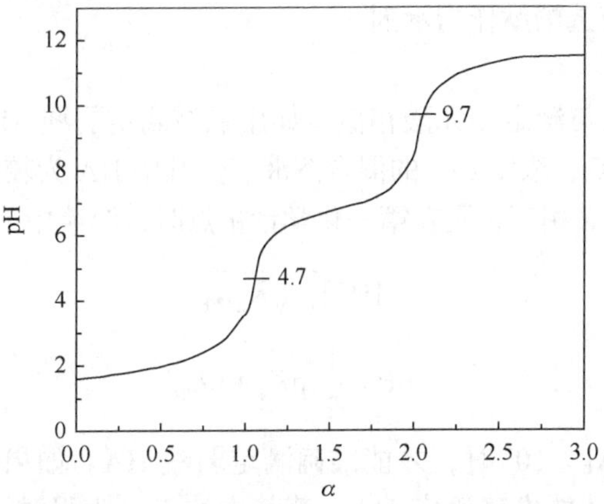

图 3-10　0.1000 mol · L^{-1} NaOH 滴定 0.1000 mol · L^{-1} H_3PO_4的滴定曲线

（1）第一化学计量点。

用 NaOH 滴定 H_3PO_4至第一化学计量点的产物是 $H_2PO_4^-$，浓度为 0.05000 mol · L^{-1}，它是两性物质。由于 $cK_{a2} \geqslant 20K_w$，溶液 pH 按近似式计算，得

$$[H^+] = \sqrt{\frac{K_{a1}K_{a2}c}{K_{a1}+c}} = \sqrt{\frac{7.6\times10^{-3}\times6.3\times10^{-8}\times0.05000}{7.6\times10^{-3}+0.05000}} = 2.0\times10^{-5}\ (\text{mol}\cdot\text{L}^{-1})$$

$$pH = 4.70$$

若用甲基橙为指示剂，终点由红变黄，滴定结果的误差为 0.5%。

（2）第二化学计量点。

H_3PO_4 作为二元酸被滴定，产物是 HPO_4^{2-}。浓度为 0.03333 mol · L^{-1}，溶液 pH 按式（3-31）计算，得

$$[H^+]=\sqrt{\frac{K_{a2}(K_{a3}c+K_w)}{K_{a2}+c}}$$

$$=\sqrt{\frac{6.3\times10^{-8}(4.4\times10^{-13}\times0.03333+1.0\times10^{-14})}{0.03333}}$$

$$=2.2\times10^{-10}\ (\text{mol}\cdot\text{L}^{-1})$$

$$\text{pH}=9.66$$

若选酚酞作指示剂，则终点将出现过早；选用百里酚酞作指示剂（pH ≈ 10），终点由无色变为浅蓝色，分析结果的误差为 + 0.5%。

（3）第三化学计量点。

由于 H_3PO_4 的 K_{a3} 太小，说明 HPO_4^{2-}太弱，PO_4^{3-}是很强的碱，故 HPO_4^{2-}不能用 NaOH 直接滴定，但可通过适当的化学反应使其 H^+被释放出来，这样便可用 NaOH 滴定 HPO_4^{2-}。例如，加 $CaCl_2$ 于溶液中，会发生如下反应：

$$2HPO_4^{2-}+3Ca^{2+} = Ca_3(PO_4)_2\downarrow+2H^+$$

PO_4^{3-}被沉淀而从溶液中除去，即将弱酸变成强酸，就可以用 NaOH 滴定第三个 H^+。为使 PO_4^{3-}沉淀完全，应选酚酞作指示剂。

4）混合弱酸

滴定混合酸的情况与滴定多元酸相似，如用强碱滴定弱酸 HA（解离常数 K_a、浓度 c_1）和 HB（解离常数 K_b、浓度 c_2）的混合溶液。若其中 HA 为较强的弱酸，$c_1K_a \geqslant 10^{-8}$，且两种弱酸的浓度较大又相等，则在第一化学计量点时，溶液中 H^+浓度可按下式计算：

$$[H^+]=\sqrt{K_aK_b}$$

$$\text{pH}=\frac{1}{2}(\text{p}K_a+\text{p}K_b)$$

同样，只有当 $K_a/K_b > 10^5$ 时，才能准确滴定弱酸 HA。如果两者的浓度不相等，则要求 $c_1K_a/c_2K_b > 10^5$，才能准确滴定 HA。若其中的 HA 为强酸，HB 为弱酸，则当 HB 的解离常数足够小时（一般要求 $K_b < 10^{-4}$），两酸才可分步滴定，或在滴定 HA 时 HB 不影响。

2. 多元碱的滴定

Na_2CO_3 是二元碱，滴定 HCl 溶液的浓度常用它作基准物质，工业碱纯度的测定也是基于它与 HCl 的反应。用 HCl 滴定 Na_2CO_3，反应分两步进行：

$$CO_3^{2-}+H^+ \rightleftharpoons HCO_3^-$$

$$HCO_3^-+H^+ \rightleftharpoons H_2CO_3 \longrightarrow H_2O+CO_2$$

1）第一步

由于 $K_{b1}/K_{b2}=K_{a1}/K_{a2}=10^4 < 10^5$，滴定到 HCO_3^-这一步的准确度不高，化学计量点的

pH 为 8.35。可采用甲酚红和百里酚蓝混合指示剂指示终点，并用相同浓度的 $NaHCO_3$ 作参比，分析结果误差约为 0.5%。

2）第二步

此时的滴定产物是 H_2CO_3（$CO_2 + H_2O$），其饱和溶液浓度约为 0.04 mol · L^{-1}，溶液中

$$[H^+] = \sqrt{K_{a1}c} = \sqrt{4.2\times10^{-7}\times0.04} = 1.3\times10^{-4}\ (mol\cdot L^{-1})$$

$$pH = 3.9$$

滴定终点的确定可采取以下方法：

（1）采用甲基橙或甲基橙-靛蓝磺酸钠混合指示剂确定终点。在室温下滴定，但终点变化不敏锐。最好采用被 CO_2 饱和并含有相同浓度 NaCl 和指示剂的溶液为参比。

（2）用甲基红-溴甲酚绿混合指示剂。在此情况下需加热除去 CO_2。当滴定到溶液变红，暂时中断滴定。加热除去 CO_2，这时颜色又变回绿色，继续滴定到红色。溶液的 pH 变化如图 3-11 所示。重复此操作，直至加热后颜色不变为止，一般需要加热 2～3 次。此滴定终点敏锐，准确度高。

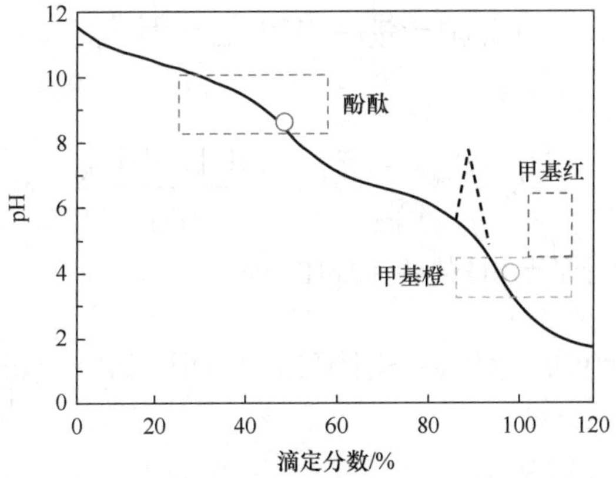

图 3-11 用 0.1000 mol · L^{-1} HCl 滴定 0.05000 mol · L^{-1} Na_2CO_3 的滴定曲线

（3）Kolthoff 等推荐用双指示剂法。在溶液中先后加入酚酞和溴甲酚绿。先由酚酞变色估计滴定剂大致用量；接近终点时加热除去 CO_2，冷却，继续滴定至溶液由紫色变为绿色。此法终点敏锐，准确度也高。

3.7 终点误差

在酸碱滴定中，通常利用指示剂来确定滴定终点。若滴定终点与化学计量点不一致，就会产生滴定误差，这种误差常称为终点误差（end point error，E_t），不包括滴定操作本身引起的误差，终点误差一般以百分数表示。从前面介绍的滴定曲线上，可以大致估计出这一误差的大小和正负。终点误差总是存在的，即使是指示剂的变色点与化学计量点完全一致，人眼观察这一点时仍有±0.3pH 的出入。下面为了讨论方便，将指示剂的 pT 作为滴定终点的 pH。但也会有例外，如用 NaOH 滴定 HCl，以甲基橙作指示剂，则将 pH = 4.4（黄）作为终点，计算终点误差。

3.7.1 代数法计算终点误差

1. 强酸（碱）的滴定

1）用 NaOH 滴定 HCl

假设用浓度为 c 的 NaOH 溶液滴定体积为 V_0、浓度为 c_0 的 HCl 溶液。滴定至终点时，消耗 NaOH 溶液的体积为 V，则过量（或不足）的 NaOH 的量为 $cV - c_0V_0$，滴定终点误差为

$$E_t = \frac{n_{NaOH} - n_{HCl}}{n_{HCl}} = \frac{cV - c_0V_0}{c_0V_0} = \frac{(c_{NaOH}^{ep} - c_{HCl}^{ep})V_{ep}}{c_{HCl}^{sp}V_{ep}} = \frac{c_{NaOH}^{ep} - c_{HCl}^{ep}}{c_{HCl}^{sp}}$$

式中，V_{ep} 为终点时的体积；c^{ep}（$mol \cdot L^{-1}$）为终点时的浓度。滴定终点时的溶液相当于 c_{NaOH}^{ep}（$mol \cdot L^{-1}$）NaOH 与 c_{HCl}^{ep}（$mol \cdot L^{-1}$）HCl 的混合溶液，其质子平衡方程为

$$[Na^+]_{ep} + [H^+]_{ep} = [OH^-]_{ep} + [Cl^-]_{ep}$$

即

$$c_{NaOH}^{ep} - c_{HCl}^{ep} = [OH^-]_{ep} - [H^+]_{ep}$$

所以

$$E_t = \frac{c_{NaOH}^{ep} - c_{HCl}^{ep}}{c_{HCl}^{sp}} = \frac{[OH^-]_{ep} - [H^+]_{ep}}{c_{HCl}^{sp}} \tag{3-40}$$

若滴定终点与化学计量点 pH 的差为ΔpH，即

$$\Delta pH = pH_{ep} - pH_{sp} = -\lg[H^+]_{ep} - (-\lg[H^+]_{sp}) = -\lg\frac{[H^+]_{ep}}{[H^+]_{sp}}$$

则

$$[H^+]_{ep} = [H^+]_{sp} \times 10^{-\Delta pH}$$

而

$$\Delta pOH = pOH_{ep} - pOH_{sp} = (pK_w - pH_{ep}) - (pK_w - pH_{sp}) = -\Delta pH$$

所以

$$\frac{[OH^-]_{ep}}{[OH^-]_{sp}} = 10^{\Delta pH},\quad [OH^-]_{ep} = [OH^-]_{sp} \times 10^{\Delta pH}$$

$$E_t = \frac{[OH^-]_{ep} - [H^+]_{ep}}{c_{HCl}^{sp}} = \frac{[OH^-]_{sp} \times 10^{\Delta pH} - [H^+]_{sp} \times 10^{-\Delta pH}}{c_{HCl}^{sp}}$$

$[OH^-]_{sp} = [H^+]_{sp} = \sqrt{K_w}$，故

$$E_t = = \frac{\sqrt{K_w}(10^{\Delta pH} - 10^{-\Delta pH})}{c_{HCl}^{sp}} \times 100\% = \frac{10^{\Delta pH} - 10^{-\Delta pH}}{\dfrac{c_{HCl}^{sp}}{\sqrt{K_w}}} \times 100\% \tag{3-41}$$

人们通常将这种误差计算公式称为林邦误差公式。显然，林邦误差公式的形式会因滴定体系不同而异。

2）用 HCl 滴定 NaOH

与用 NaOH 滴定 HCl 类似，其终点误差公式为

$$E_t = \frac{[H^+]_{ep} - [OH^-]_{ep}}{c_{NaOH}^{ep}} \tag{3-42}$$

【例 3-27】 计算 0.10 mol · L^{-1} NaOH 滴定 0.10 mol · L^{-1} HCl 至甲基橙变黄（pH = 4.4）和酚酞变红（pH = 9.0）的终点误差。

解　按式（3-40）计算：

（1）pH = 4.4

$$E_t = \frac{[OH^-]_{ep} - [H^+]_{ep}}{c_{HCl}^{ep}} = \frac{10^{-9.6} - 10^{-4.4}}{0.050} \times 100\% = -0.08\%$$

（2）pH = 9.0

$$E_t = \frac{10^{-5.0} - 10^{-9.0}}{0.05} \times 100\% = +0.02\%$$

2. 弱酸（碱）的滴定

设用浓度为 c 的 NaOH 滴定浓度为 c_0、体积为 V_0 的一元弱酸 HA，滴定至终点时消耗 NaOH 的体积为 V。那么，终点时的溶液相当于 c_{NaOH}^{ep}（mol · L^{-1}）NaOH 和 c_{HA}^{ep}（mol · L^{-1}）HA 混合溶液。

其质子平衡方程为

$$[H^+]_{ep} + c_{NaOH}^{ep} = [A^-]_{ep} + [OH^-]_{ep}$$

物料平衡方程为

$$c_{HA}^{ep} = [A^-]_{ep} + [HA]_{ep}$$

两式相减后整理得

$$c_{NaOH}^{ep} - c_{HA}^{ep} = [OH^-]_{ep} - [H^+]_{ep} - [HA]_{ep} \approx [OH^-]_{ep} - [HA]_{ep}$$

故

$$E_t = \frac{cV - c_0V_0}{c_0V_0} = \frac{c_{NaOH}^{ep} - c_{HA}^{ep}}{c_{HA}^{ep}} = \frac{[OH^-]_{ep} - [HA]_{ep}}{c_{HA}^{ep}}$$

若滴定终点与化学计量点 pH 的差为 ΔpH，则

$$[OH^-]_{ep} = [OH^-]_{sp} \times 10^{\Delta pH} \approx \sqrt{\frac{K_w}{K_a} c_{HA}^{sp}} \times 10^{\Delta pH}$$

而

$$K_a = \frac{[A^-][H^+]}{[HA]} = \frac{[A^-]_{sp}[H^+]_{sp}}{[HA]_{sp}} = \frac{[A^-]_{ep}[H^+]_{ep}}{[HA]_{ep}}$$

因滴定终点与化学计量点一般很接近，故

$$[A^-]_{sp} \approx [A^-]_{ep}, \quad \frac{[H^+]_{sp}}{[H^+]_{ep}} = \frac{[HA]_{sp}}{[HA]_{ep}}$$

所以

$$[HA]_{ep} = [HA]_{sp} \times 10^{-\Delta pH}$$

而在化学计量点时

$$[OH^-]_{sp} = [H^+]_{sp} + [HA]_{sp} \approx [HA]_{sp}$$

将上述两式代入误差计算公式得

$$E_t = \frac{[OH^-]_{ep} - [HA]_{ep}}{c_{HA}^{ep}} = \frac{[OH^-]_{sp} \times 10^{\Delta pH} - [OH^-]_{sp} \times 10^{-\Delta pH}}{c_{HA}^{ep}}$$

即

$$E_t = \frac{\sqrt{\dfrac{K_w}{K_a} c_{HA}^{sp}}\,(10^{\Delta pH} - 10^{-\Delta pH})}{c_{HA}^{ep}} \times 100\% = \frac{10^{\Delta pH} - 10^{-\Delta pH}}{\sqrt{\dfrac{K_a}{K_w} c_{HA}^{sp}}} \times 100\% \tag{3-43}$$

【例 3-28】 计算 0.10 mol · L^{-1} NaOH 滴定 0.10 mol · L^{-1} HAc 至 pH = 9.1 的终点误差。

解 已知 $pH_{ep} = 9.1$，$c_{HAC}^{ep} \approx c_{HAC}^{sp} = 0.050\ mol \cdot L^{-1}$，$K_a = 1.8 \times 10^{-5}$，则

$$[OH^-]_{sp} = \sqrt{\frac{K_w}{K_a} c_{HAc}^{sp}} = \sqrt{\frac{1.0 \times 10^{-14}}{1.8 \times 10^{-5}} \times 0.050} = 5.27 \times 10^{-6}\ (mol \cdot L^{-1})$$

$$pH_{sp} = 14 - pOH_{sp} = 14 - 5.28 = 8.72$$

$$\Delta pH = 9.1 - 8.72 = 0.38$$

$$E_t = \frac{10^{0.38} - 10^{-0.38}}{\sqrt{10^{9.26} \times 0.050}} \times 100\% = 0.02\%$$

3.7.2　滴定多元酸和混合酸的终点误差

设用 NaOH 滴定二元酸 H_2A，滴定至第一终点时，滴定产物为 NaHA。若此时溶液中过量（或不足）的 NaOH 的浓度为 b，则溶液的质子平衡方程为

$$b = ([OH^-] + [A^{2-}] - [H^+] - [H_2A])_{ep1}$$

在第一化学计量点附近$[OH^-]$和$[H^+]$均很小，可忽略，故

$$E_{t1} = \frac{b}{c_{H_2A}^{ep1}} = \frac{([A^{2-}] - [H_2A] + [OH^-] - [H^+])_{ep1}}{c_{H_2A}^{ep1}} \approx \frac{([A^{2-}] - [H_2A])_{ep1}}{c_{H_2A}^{ep1}}$$

若滴定终点与化学计量点 pH 的差为ΔpH，则

$$[H^+]_{ep1} = [H^+]_{sp1} \times 10^{-\Delta pH} = \sqrt{K_{a1} K_{a2}} \times 10^{-\Delta pH}$$

又

$$[A^{2-}]_{ep1}=\frac{K_{a2}[HA^-]_{ep1}}{[H^+]_{ep1}},\ [H_2A]_{ep1}=\frac{[H^+]_{ep1}\times[HA^-]_{ep1}}{K_{a1}},\ [HA^-]_{ep1}\approx c_{sp1}\approx c_{ep1}$$

将其代入上式后整理得

$$E_{t1}=\frac{10^{\Delta pH}-10^{-\Delta pH}}{\sqrt{\dfrac{K_{a1}}{K_{a2}}}}\times 100\% \qquad (3\text{-}44)$$

第二滴定终点时，产物为 Na_2A，设过量（或不足）的 NaOH 浓度为 b'，则终点时溶液的质子平衡方程为

$$b' = ([OH^-]-[H^+]-[HA^-]-2[H_2A])_{ep2}\approx([OH^-]-[HA^-])_{ep2}$$

所以

$$E_{t2}=\frac{V_{ep}b'}{2c_{H_2A}^{sp2}V_{ep}}\times 100\%=\frac{([OH^-]-[HA^-])_{ep2}}{2c_{H_2A}^{sp2}}\times 100\%$$

假设第二滴定终点与化学计量点的 pH 差为ΔpH，则

$$[HA^-]_{ep2}=[HA^-]_{sp2}\times 10^{-\Delta pH}$$

$$[OH^-]_{ep2}=[OH^-]_{sp2}\times 10^{\Delta pH}$$

根据第二计量点时溶液的质子平衡方程可知

$$[HA^-]_{sp2}+2[H_2A]_{sp2}+[H^+]_{sp2}=[OH^-]_{sp2}$$

$$[HA^-]_{sp2}\approx[OH^-]_{sp2}=\sqrt{\frac{K_w c_{H_2A}^{sp2}}{K_{a2}}}$$

所以

$$E_{t2}=\frac{[OH^-]_{sp2}\times 10^{\Delta pH}-[OH^-]_{sp2}\times 10^{-\Delta pH}}{2c_{H_2A}^{sp2}}\times 100\%=\frac{10^{\Delta pH}-10^{-\Delta pH}}{2\times\sqrt{\dfrac{K_{a2}}{K_w}c_{HA}^{sp2}}}\times 100\% \qquad (3\text{-}45)$$

若滴定 HA 和 HB 的混合溶液，设 $K_{HA}>K_{HB}$，同样可求得滴定至第一终点时的误差为

$$E_t=\frac{([OH^-]+[B^-]-[HA]-[H^+])_{ep}}{c_{HA}^{sp}}\approx\frac{([B^-]-[HA])_{ep}}{c_{HA}^{sp}}$$

若滴定终点与化学计量点的 pH 差为ΔpH，则

$$E_t=\frac{10^{\Delta pH}-10^{-\Delta pH}}{\sqrt{\dfrac{K_{HA}c_{HA}^{sp}}{K_{b2}c_{HB}^{sp}}}}\times 100\%$$

对于酸滴定碱的终点误差，也可按类似方法进行处理和计算。其林邦误差计算公式与碱滴定酸的相似，只需对碱滴定酸的林邦误差计算公式稍做变换即可得到。

【例 3-29】 用 $0.10\ \mathrm{mol\cdot L^{-1}}$ HCl 滴定 $0.10\ \mathrm{mol\cdot L^{-1}}$ 甲胺（$0.10\ \mathrm{mol\cdot L^{-1}}$ 吡啶混合溶液中的甲胺），已知滴定终点的 pH 比化学计量点的 pH 高 0.5 个单位，计算终点误差。

解 根据题意，$\Delta\mathrm{pH} = 0.5$，$c_{\mathrm{ep}} = 0.050\ \mathrm{mol\cdot L^{-1}}$，查附表 3 得甲胺与吡啶的解离常数分别为 4.2×10^{-4} 和 1.7×10^{-9}。

设 B_1 和 B_2 分别为较强和较弱的碱，K_{b1} 和 K_{b2} 为它们的解离常数。按上述方法可推得其终点误差计算公式为

$$E_{\mathrm{t}} = \frac{10^{-\Delta\mathrm{pH}} - 10^{\Delta\mathrm{pH}}}{\sqrt{\dfrac{K_{\mathrm{b1}}c_{\mathrm{B_1}}^{\mathrm{sp}}}{K_{\mathrm{b2}}c_{\mathrm{B_2}}^{\mathrm{sp}}}}}\times100\% = \frac{10^{-0.5} - 10^{0.5}}{\sqrt{\dfrac{4.2\times10^{-4}\times0.050}{1.7\times10^{-9}\times0.050}}}\times100\% = -0.57\%$$

3.8 酸碱滴定法的应用

酸碱滴定法在生产实际中被广泛应用，许多化工产品，如烧碱、纯碱、硫酸铵和碳酸氢铵等，可用酸碱滴定法测定其主成分的含量。还有一些金属原材料中碳、硫、磷、硅和氮等元素的测定也可采用酸碱滴定法。除此之外，酸碱滴定法还可用于有机合成工业、工农业和医药工业中的原料、中间产品及成品的分析等。

3.8.1 酸碱标准溶液的配制与标定

酸碱滴定法中最常用的标准滴定溶液是 HCl 与 NaOH 溶液，有时也用 H_2SO_4 和 HNO_3 溶液，常用浓度为 $0.10\ \mathrm{mol\cdot L^{-1}}$。若浓度太高，造成试剂浪费；若浓度太低，则滴定突跃小，影响滴定结果的准确性。

1. 酸标准溶液

HCl 标准溶液一般不是直接配制的，而是先配成大致所需浓度，然后用基准物质标定，最常用的基准物质是无水碳酸钠（Na_2CO_3）及硼砂（$Na_2B_4O_7\cdot10H_2O$）。

（1）无水碳酸钠。碳酸钠易得易纯化，价格便宜，滴定结果准确可靠。但其具有强烈的吸湿性，因此用前必须在 270～300℃加热约 1 h 干燥，然后置于干燥器中冷却备用。

也可用分析纯 $NaHCO_3$ 在 270～300℃加热焙烧 1 h，使之转化为 Na_2CO_3。为避免部分 Na_2CO_3 分解为 Na_2O，加热温度不应超过 300℃。标定时可选甲基橙或甲基红作指示剂。这时 Na_2CO_3 与 HCl 反应的物质的量之比为 1∶2。

（2）硼砂。硼砂水溶液实际上是同浓度的 H_3BO_3 和 $H_2BO_3^-$ 的混合液。

$$B_4O_7^{2-} + 5H_2O = 2H_3BO_3 + 2H_2BO_3^-$$

它与 HCl 反应的物质的量之比为 1∶2。其摩尔质量较大（$381.4\ \mathrm{g\cdot mol^{-1}}$），在直接称取单份基准物质进行标定时，称量误差小，标定结果也更为可靠。硼砂无吸湿性，也容易制纯，但在空气中易风化失去部分水，因此常保存在相对湿度为 60%的恒湿器中。用 $0.050\ \mathrm{mol\cdot L^{-1}}$ 硼砂标定 $0.10\ \mathrm{mol\cdot L^{-1}}$ HCl 的化学计量点相当于 $0.10\ \mathrm{mol\cdot L^{-1}}$ H_3BO_3 溶液，此时

$$[H^+]=\sqrt{K_a c}=\sqrt{10^{-9.24-1.00}}=10^{-5.12}(mol \cdot L^{-1})$$

因此，选甲基红为指示剂是合适的。

2. 碱标准溶液

NaOH 具有强碱性和很强的吸湿性，容易吸收空气中的 CO_2，因此不能用直接法配制标准溶液，而是先配制成接近浓度，然后进行标定。常用来标定 NaOH 溶液的基准物质有邻苯二甲酸氢钾、草酸等。

（1）邻苯二甲酸氢钾（$KHC_8H_4O_4$）。邻苯二甲酸氢钾是两性物质（pK_{a2} 为 5.4），与 NaOH 定量反应

$$HC_8H_4O_4^- + OH^- \rlap{=}{=}{=} C_8H_4O_4 + H_2O$$

滴定时选酚酞作指示剂。

邻苯二甲酸氢钾易制得很纯；在空气中不吸水，容易保存；与 NaOH 按物质的量比为 1∶1 反应；摩尔质量较大（204.2 $g \cdot mol^{-1}$），可以直接称取单份进行标定，是标定碱的较好的基准物质。

（2）草酸（$H_2C_2O_4 \cdot 2H_2O$）。草酸是二元弱酸（$pK_{a1}=1.22$，$pK_{a2}=4.19$），由于 $K_{a1}/K_{a2}<10^5$，只能作为二元酸一次滴定到 $C_2O_4^{2-}$，选酚酞作指示剂。

草酸稳定，也常作基准物质。它与 NaOH 按 1∶2（物质的量比）反应，其摩尔质量不太大（126.07 $g \cdot mol^{-1}$）。若 NaOH 浓度不大，为减小称量误差，应当多称一些草酸配在容量瓶中，然后移取部分溶液进行标定。

3. 酸碱滴定中 CO_2 的影响

CO_2 是酸碱滴定误差的重要来源。一般的 NaOH 试剂中常含有一些 Na_2CO_3，它的存在使滴定突跃变小，得不到准确的滴定结果。另外，在标定 NaOH 时，一般是以有机弱酸为基准物质，若选用酚酞作指示剂，此时 CO_3^{2-}反应到 HCO_3^-，滴定结果不准确。当以此 NaOH 溶液作滴定剂时，若滴定突跃处于酸性范围，应选甲基橙（或甲基红）作指示剂。此时 CO_3^{2-}反应到 H_2CO_3，会导致误差。因此，配制 NaOH 溶液时，必须除去 CO_3^{2-}。

即使是除去 CO_3^{2-}后已标定好浓度的 NaOH 溶液，若保存不当，还是会从空气中吸收 CO_2。用此 NaOH 溶液作滴定剂时，若是必须采用酚酞作指示剂，则所吸收的 CO_2 最终以 HCO_3^-形式存在，这样就导致误差。若采用甲基橙作指示剂，则所吸收的 CO_2 最终又以 CO_2 形式放出，对测定结果无影响。为避免空气中 CO_2 的干扰，应尽可能地选用酸性范围变色的指示剂。

此外，去离子水中还含有 CO_2，它在溶液中有如下平衡：

$$CO_2 + H_2O \rightleftharpoons H_2CO_3$$

$$K=\frac{[H_2CO_3]}{[CO_2]}=2.16\times10^{-3}$$

能与碱反应的是 H_2CO_3 形态（而不是 CO_2），它在水溶液中仅占 0.3%，同时它与碱的反应速率不太快。因此，当用酚酞作指示剂滴定至溶液呈粉红色时，放置几秒，溶液中的

CO_2会转变为H_2CO_3，致使粉红色褪去。只有溶液中的CO_2转化完毕，才能到达稳定的滴定终点。因此，若采用酚酞作指示剂，所用去离子水必须煮沸以除去CO_2。

配制不含CO_3^{2-}的 NaOH 溶液的常用方法有：

（1）先配成饱和的 NaOH 溶液（约 50%）。饱和的 NaOH 溶液中Na_2CO_3溶解度很小，因不溶会下沉到溶液底部。然后用煮沸除去CO_2的去离子水稀释上清液至所需浓度即可。

（2）在较浓的 NaOH 溶液中加入$BaCl_2$或$Ba(OH)_2$沉淀CO_3^{2-}，然后取上层清液用煮沸除去CO_2的去离子水稀释（在Ba^{2+}不干扰测定时才能采用）。

为防止吸收空气中的CO_2，配制的 NaOH 标准溶液应保存在装有虹吸管及碱石灰管的瓶中。如果溶液放置过久，NaOH 溶液的浓度会发生改变，应重新标定。

3.8.2 酸碱滴定法应用实例

1. 烧碱中 NaOH 和Na_2CO_3的测定（混合碱的分析）

1）双指示剂法

准确称取一定量试样，溶解，以酚酞作指示剂，用 HCl 标准溶液滴定至红色刚好消失时，所消耗 HCl 的体积为V_1（mL），这时 NaOH 全部发生反应，而Na_2CO_3反应到$NaHCO_3$。向溶液中加入甲基橙，继续用 HCl 滴定至橙红色，为了使终点变化更明显，在终点前可暂停滴定，加热除去CO_2，这一过程消耗 HCl 的体积为V_2（mL）。显然，V_2是滴定$NaHCO_3$所消耗 HCl 的体积。由化学计量关系可知，Na_2CO_3反应到$NaHCO_3$与$NaHCO_3$反应到H_2CO_3，所消耗 HCl 的体积是相等的，Na_2CO_3和 NaOH 的摩尔质量分别是 $106.0\ g\cdot mol^{-1}$和$40.0\ g\cdot mol^{-1}$，故

$$w_{Na_2CO_3}=\frac{c_{HCl}V_2\times106.0}{m_s\times1000}\times100\%$$

$$w_{NaOH}=\frac{c_{HCl}(V_1-V_2)\times40.00}{m_s\times1000}\times100\%$$

式中，m_s为试样质量。

2）氯化钡法

准确称取一定试样，溶解后稀释到一定体积，然后分取二等份试液分别测定：第一份溶液用甲基橙作指示剂，用 HCl 滴定总碱度，滴定至橙红色时，NaOH 和Na_2CO_3完全反应，所消耗 HCl 的体积为V_1（mL）。反应式如下：

$$NaOH+HCl=\!=\!=NaCl+H_2O$$

$$Na_2CO_3+2HCl=\!=\!=2NaCl+CO_2+H_2O$$

第二份溶液先加$BaCl_2$溶液，使Na_2CO_3生成$BaCO_3$沉淀。

$$Na_2CO_3+BaCl_2=\!=\!=BaCO_3\downarrow+2NaCl$$

然后在沉淀存在的情况下以酚酞为指示剂，用 HCl 滴定，所消耗 HCl 的体积为V_2（mL）。显然，V_2是反应 NaOH 所消耗的 HCl 体积，而Na_2CO_3所消耗的 HCl 体积是V_1-V_2，故

$$w_{NaOH}=\frac{c_{HCl}V_2\times40.00}{m_s\times1000}\times100\%$$

$$w_{Na_2CO_3} = \frac{c_{HCl}(V_1 - V_2) \times \frac{1}{2} \times 106.0}{m_s \times 1000} \times 100\%$$

2. 纯碱中 Na_2CO_3 和 $NaHCO_3$ 的测定（混合碱的分析）

分析方法与 NaOH 和 Na_2CO_3 混合物测定相似，也可采用上面的两种方法，但采用氯化钡法时略有不同。

采用氯化钡法测定时仍分取二等份试液做测定：第一份溶液仍以甲基橙为指示剂，用 HCl 滴定 Na_2CO_3 和 $NaHCO_3$ 的总量，消耗 HCl 体积 V_1（mL）；第二份溶液先准确加入过量的 NaOH 溶液，使 $NaHCO_3$ 转化为 Na_2CO_3，然后加入 $BaCl_2$ 将 CO_3^{2-} 沉淀为 $BaCO_3$，再以酚酞作指示剂，用 HCl 返滴定过量的 NaOH，消耗 HCl 体积为 V_2（mL）。显然，消耗于使 HCO_3^- 转变为 CO_3^{2-} 的 NaOH 的物质的量（mmol）即为准备要测的 $NaHCO_3$ 的物质的量（mmol），$NaHCO_3$ 的摩尔质量是 84.01 g · mol^{-1}，故

$$w_{NaHCO_3} = \frac{(c_{NaOH}V_{NaOH} - c_{HCl}V_2) \times 84.01}{m_s \times 1000} \times 100\%$$

$$w_{Na_2CO_3} = \frac{[c_{HCl}V_1 - (c_{NaOH}V_{NaOH} - c_{HCl}V_2)] \times 106.0}{2m_s \times 1000} \times 100\%$$

氯化钡法虽然比双指示剂法麻烦，但由于 CO_3^{2-} 被沉淀，最后的滴定实际上是强酸滴定强碱，避免了滴定 CO_3^{2-} 至 HCO_3^- 这一步，所以测定结果比双指示剂法准确。

3. 铵盐中氮的测定

氮肥是农业生产中主要的肥料品种，适宜的氮肥用量对改善作物的品质有重要的作用。所以在生产中需要氮含量测定，此外有机化合物也要求测定其中氮的含量，所以氮的测定在农业分析和有机分析中十分重要。

另外，食品中蛋白质的含量也可以由测得的氮含量乘以换算因数得到。氮含量的测定通常是先将样品经适当处理把氮转化为铵，然后再进行铵的测定，常用的方法有以下几种。

1）蒸馏法

将含有铵的溶液置于蒸馏瓶中，加浓碱（NaOH）使 NH_4^+ 转化为 NH_3，然后加热蒸馏，用过量的 HCl 标准溶液吸收 NH_3，再以 NaOH 标准溶液返滴定过量的 HCl，采用甲基橙或甲基红作指示剂。氮的摩尔质量为 14.01 g · mol^{-1}，故

$$w_N = \frac{(c_{HCl}V_{HCl} - c_{NaOH}V_{NaOH}) \times 14.01}{m_s \times 1000} \times 100\%$$

也可以用过量的 H_3BO_3 溶液吸收 NH_3，即

$$NH_3 + H_3BO_3 \rightleftharpoons NH_4^+ + H_2BO_3^-$$

再用 HCl 标准溶液滴定生成的 $H_2BO_3^-$，此终点产物是 NH_4^+ 和 H_3BO_3，pH≈5，采用甲基红作指示剂。此法的优点有：①只需 HCl 一种标准溶液；②H_3BO_3 作吸收剂，只要保证

过量，其浓度和体积并不需要准确知道；③不需特殊仪器，操作方便。

2）克氏定氮法

克氏（Kjeldahl）定氮法是测定有机化合物中氮含量的重要方法。该法是在有机试样中加入硫酸和硫酸钾溶液进行煮解，为提高煮解效率，还可以用硒（或铜）盐作催化剂。在煮解过程中，有机物中的氮定量转化为 NH_4HSO_4 或 $(NH_4)_2SO_4$。然后向以上煮解液中加入浓 NaOH 溶液至溶液为强碱性。析出的 NH_3 随水蒸气蒸馏出来，将其导入过量的 HCl 标准溶液中，最后以 NaOH 标准溶液返滴定多余的 HCl。根据消耗 HCl 的量，计算氮的质量分数。在上述操作中，也可用饱和 H_3BO_3 溶液吸收蒸馏出来的氨，然后用 HCl 标准溶液滴定。

克氏定氮法适用于蛋白质、胺类、酰胺类及尿素等有机化合物中氮含量的测定，对于含硝基、亚硝基或偶氮基等的有机化合物，在煮解前要经过还原剂处理，使氮定量转化为铵离子。常用的还原剂有亚铁盐、硫代硫酸盐和葡萄糖等。

不同蛋白质中氮的含量基本相同。因此，根据氮的含量可计算蛋白质的含量。将氮的质量换算成蛋白质的质量的换算因数约为 6.25（蛋白质中含 16%的氮），若蛋白质大部分为白蛋白，则质量换算因数为 6.27。

【例 3-30】 称取尿素试样 0.3000 g，采用克氏定氮法测定其含量。将蒸馏出的氨收集于饱和 H_3BO_3 溶液中，加入溴甲酚绿和甲基红混合指示剂，以 0.2000 mol · L^{-1} HCl 溶液滴定至终点，消耗 37.50 mL，计算试样中尿素的质量分数。

解 吸收反应
$$NH_3 + H_3BO_3 \rightleftharpoons NH_4^+ + H_2BO_3^-$$

滴定反应
$$H^+ + H_2BO_3^- \rightleftharpoons H_3BO_3$$

由于 1 mol 尿素[$CO(NH_2)_2$]相当于 2 mol NH_3，相当于 2 mol HCl，故

$$w_{尿素} = \frac{\frac{1}{2}cV_{HCl} \times M_{尿素}}{m_s} \times 100\% = \frac{\frac{1}{2} \times 0.2000 \times 37.50 \times 10^{-3} \times 60.06}{0.3000} \times 100\% = 75.08\%$$

3）甲醛法

甲醛与 NH_4^+ 作用定量置换出酸

$$4NH_4^+ + 6HCHO = (CH_2)_6N_4H^+ + 3H^+ + 6H_2O$$

然后用 NaOH 标准溶液滴定。由于 $(CH_2)_6N_4H^+$ 的酸性不太弱（pK_a 为 5.15），它也同时被 NaOH 滴定。此处 4 mol NH_4^+ 置换出 4 mol H^+，消耗 4 mol NaOH，即 1 mol NH_4^+ 与 1 mol NaOH 相当。终点产物是 $(CH_2)_6N_4$，应选酚酞作指示剂，甲醛中常含有甲酸，使用前应预先以甲基红为指示剂，用 NaOH 将其反应除去。此法可以测定某些氨基酸。

与蒸馏法相比，甲醛法较简便。但若试样中含有大量酸（有机物用浓 H_2SO_4 消化时就存在大量酸），在预先反应时会产生大量盐，将使指示剂变色不明显。在此情况下，宜采用蒸馏法测定。

4. 磷的测定

磷的测定可用酸碱滴定法。试样经处理后，将磷转化为 H_3PO_4；然后在 HNO_3 介质中

加入钼酸铵，使之生成黄色磷钼酸铵沉淀。其反应式为

$$H_3PO_4 + 12MoO_4^{2-} + 2NH_4^+ + 22H^+ = (NH_4)_2HPO_4 \cdot 12MoO_3 \cdot H_2O + 11H_2O$$

沉淀过滤后，用水洗涤至沉淀不显酸性为止，将沉淀溶于过量碱溶液中，然后以酚酞为指示剂，用 HNO_3 标准溶液返滴定至红色褪去。其溶解与滴定的总反应式为

$$(NH_4)_2HPO_4 \cdot 12MoO_3 \cdot H_2O + 24OH^- = 12MoO_4^{2-} + HPO_4^{2-} + 2NH_4^+ + 13H_2O$$

此处，1 mol P 消耗 24 mol 的 NaOH，因此适用于微量磷的测定。

5. 硅的测定

矿物、岩石等硅酸盐试样中 SiO_2 含量的测定通常都采用重量分析法，该方法虽然结果较准确，但费时太长。采用硅氟酸钾滴定法，快速简便，结果的准确度也能满足一般要求。

试样经碱（KOH）熔融分解后，转化为可溶性硅酸盐。硅酸盐在强酸介质中与 KF（或在强酸性溶液中加 KF）形成难溶的硅氟酸钾沉淀，注意 HF 有剧毒，该项操作必须在通风橱中进行，反应式如下：

$$K_2SiO_3 + 6HF = K_2SiF_6\downarrow + 3H_2O$$

由于沉淀溶解度较大，沉淀时需加入固体 KCl 降低其溶解度。沉淀经滤纸过滤、KCl-乙醇溶液洗涤后，转移回原烧杯中，加入 KCl-乙醇溶液，用 NaOH 溶液与沉淀吸附的游离酸反应至酚酞变红，再加入沸水使之水解而释放出 HF。反应式为

$$K_2SiF_6 + 3H_2O \stackrel{\triangle}{=} 2KF + H_2SiO_3 + 4HF$$

立即用 NaOH 标准溶液滴定生成的 HF，由消耗的 NaOH 体积计算试样中 SiO_2 的含量。此处 1 mol SiO_2 消耗 4 mol NaOH。

6. 一些不能直接滴定的弱酸（碱）的测定

对于一些极弱的酸或碱，有时可利用化学反应使其转变为较强的酸碱再进行滴定，一般称为强化法。例如，H_3BO_3 的酸性太弱（$pK_a = 9.24$），不能用碱直接滴定。若加入多元醇（如甘露醇或甘油），则变成配位酸

$$B(OH)_3 + 2H_2O \rightleftharpoons H_3O^+ + [B(OH)_4]^-$$

此配位酸的 pK_a 为 4.26，可以直接用碱滴定。

利用离子交换剂与溶液中离子的交换作用，一些极弱酸（如 NH_4Cl）、极弱碱（NaF）及中性盐（KNO_3）也可以用酸碱滴定法测定。例如，NH_4Cl 溶液流经强酸型阳离子交换柱，则置换出的 HCl 用标准碱滴定。

$$R—SO_3H + NH_4Cl = R—SO_3^-NH_4^+ + HCl$$

KNO_3 溶液流经季铵型阴离子交换柱，则置换出的碱用标准酸滴定。利用离子交换法还可以测定天然水中的总盐量。

$$R—NR'_3OH + KNO_3 = R—NR'_3NO_3 + KOH$$

3.9　非水溶液中的酸碱滴定

酸碱滴定通常在水溶液中进行，但是在水溶液中进行的酸碱滴定也会遇到一些困难：一是解离常数太小（如小于 10^{-7}）的弱酸或弱碱，无法进行准确滴定；二是许多有机化合物在水中的溶解度小，因此无法在水中进行滴定；三是一些酸（或碱）的混合溶液在水溶液中无法进行分别滴定。因此，在水溶液中进行酸碱滴定有一定的局限性。如果采用各种非水溶剂作为滴定介质，就可在较大程度上克服上述困难，从而扩大酸碱滴定法的应用范围。本节对非水滴定法做简要介绍。

3.9.1　非水滴定中的溶剂

1. 溶剂的种类

在非水溶液酸碱滴定中，常用的溶剂有甲醇、乙醇、二甲基甲酰胺、丙酮和苯等。根据溶剂性质，可定性地将它们分为两大类，即两性溶剂（amphiprotic solvent）和非质子性溶剂。两性溶剂既可作为酸，又可作为碱，当溶质是较强的酸时，这类溶剂显碱性；反之，则显酸性。根据两性溶剂给出和接受质子能力的不同，可进一步将它们分为以下三类：

（1）中性溶剂。这类溶剂的酸碱性与水相近，即给出和接受质子的能力相当。这类溶剂主要是醇类，如甲醇、乙醇、丙醇、乙二醇等。

（2）酸性溶剂。这类溶剂给出质子的能力比水强，接受质子的能力比水弱，它们的水溶液显酸性，如甲酸、乙酸、丙酸等。

（3）碱性溶剂。这类溶剂给出质子的能力较弱，接受质子的能力较强，它们的水溶液显碱性，如乙二胺、丁胺、乙醇胺等。

非质子性溶剂不能给出质子，溶剂分子之间没有质子自递反应。但是，这类溶剂可能具有接受质子的能力，因而溶液中可能有溶剂化质子的形成，但没有溶剂阴离子的形成。根据非质子性溶剂接受质子能力的不同，可进一步将它们分为：极性亲质子溶剂，如亲质子的二甲基甲酰胺、二甲亚砜等；极性疏质子溶剂，如丙酮、乙腈等；惰性溶剂，如苯、四氯化碳、三氯甲烷等。在惰性溶剂中，质子转移反应直接发生在被滴定物与滴定剂之间。

应当指出，溶剂的分类是一个比较复杂的问题，目前有多种不同的分类方法，但都各有其局限性。实际上，各类溶剂之间并无严格的界限。

2. 溶剂的性质

1）质子自递反应

两性溶剂中溶剂分子之间有质子的转移，即质子自递反应，并因此产生溶剂化质子和溶剂阴离子。若以 SH 代表两性溶剂，其质子自递反应可表示如下：

$$2SH \rightleftharpoons SH_2^+ + S^- \qquad K_s = \frac{a_{SH_2^+}a_{S^-}}{(a_{SH})^2}$$

其反应常数 K_s 称为溶剂的质子自递常数。该反应中溶剂作为酸碱的半反应分别为

$$SH \rightleftharpoons H^+ + S^- \qquad K_a^{SH} = \frac{a_{H^+}a_{S^-}}{a_{SH}}$$

$$SH + H^+ \rightleftharpoons SH_2^+ \qquad K_b^{SH} = \frac{a_{SH_2^+}}{a_{H^+}a_{SH}}$$

K_a^{SH} 和 K_b^{SH} 分别称为溶剂的固有酸度常数和固有碱度常数，它们反映溶剂给出和接受质子能力的强弱。式中，$a_{SH} \approx 1$，故

$$K_a^{SH}K_b^{SH} = \frac{a_{SH_2^+}a_{S^-}}{(a_{SH})^2} = a_{SH_2^+}a_{S^-} = K_s$$

即溶剂的酸碱性越弱，溶剂的质子自递常数越小。表示物质固有酸度和碱度的常数的绝对数值目前无法测得，但可利用固有酸度的概念，得出一些重要的结论。

根据溶剂的质子自递常数，可以知道该溶剂用于酸碱滴定 pH 范围。水的 $pK_s = 14.0$，在水溶液中，1 $mol \cdot L^{-1}$ 强酸溶液的 pH = 0.01 $mol \cdot L^{-1}$ 强碱溶液的 pH = 14.0，整个 pH 变化范围为 14 个单位。乙醇的 $pK_s = 19.1$，在乙醇溶液中，1 $mol \cdot L^{-1}$ 强酸的 $pC_2H_5OH_2$ = 0.01 $mol \cdot L^{-1}$ 强碱的 $pC_2H_5OH_2 = pK_s - pC_2H_5O = 19.1 - 0.0 = 19.1$，整个 $pC_2H_5OH_2$（相当于水溶液的 pH）的变化范围为 19.1 单位，比在水溶液中大得多。显然，溶剂的 K_s 越小，滴定时溶液 pH 的变化范围越大。在这种情况下，不同强度的酸或碱的混合物有可能被分别滴定。例如，在甲基异丁酮（pK_s＞30）介质中，以氢氧化四丁基铵作为滴定剂，可以分别滴定 $HClO_4$ 和 H_2SO_4（或 HNO_3）混合溶液中各组分的含量。同时，在这种介质中进行滴定，滴定突跃将增大，滴定的准确度因此也可以提高。几种常见溶剂的质子自递常数及相对介电常数列于表 3-8 中。

表 3-8　几种常见溶剂的 pK_s 及相对介电常数（25℃）

溶剂	pK_s	ε_r	溶剂	pK_s	ε_r
水	14.00	78.5	乙腈	28.5	36.6
甲醇	16.70	31.5	甲基异丁酮	＞30	13.1
乙醇	19.1	24.0	二甲基甲酰胺	18.8（20℃）	36.7
甲酸	6.22	58.5（16℃）	吡啶		12.3
乙酸	14.45	6.13	二氧六环		2.21
乙酸酐	14.5	20.5	苯		2.3
乙二胺	15.3	14.2	三氯甲烷		4.81

2）溶剂对溶质酸碱性的影响

根据酸碱质子理论，一种物质在某种溶剂中所表现出来的酸性或碱性的强弱，与其解离常数有关，而其解离常数是通过接受或给予溶剂质子实现的，因此溶剂的酸碱性对溶质酸碱性强弱有影响。

若用 SH 代表两性溶剂，溶质 HA（酸）或 B（碱）在其中的解离平衡可表示为

$$HA + SH \rightleftharpoons SH_2^+ + A^- \qquad K_{HA} = \frac{a_{SH_2^+} a_{A^-}}{(a_{HA})^2} \times \frac{a_{H^+}}{a_{H^+}} = K_a^{HA} K_b^{SH}$$

$$B + SH \rightleftharpoons HB^+ + S^- \qquad K_B = \frac{a_{HB^+} a_{S^-}}{a_B} = K_b^B K_a^{SH}$$

式中，SH_2^+ 为溶剂化质子；K_a^{HA} 和 K_b^B 分别为 HA 和 B 的固有酸度常数和固有碱度常数；K_{HA} 和 K_B 分别为它们在该溶剂中的解离常数。由上述两式可知，一种酸（或碱）在溶液中的强度，既与该酸的固有酸度（或碱的固有碱度）有关，也与溶剂的固有碱度（或酸度）有关。简言之，酸碱的强度与酸碱本身及溶剂的性质有关。例如，苯甲酸在水中表现为弱酸，而在乙二胺中显示较强的酸性。因为乙二胺的碱性比水强（K_b^{SH} 较大），所以苯甲酸在乙二胺中易失去质子，显示较强的酸性。因此，滴定弱碱时，应选择碱性弱或酸性强的溶剂；滴定弱酸时，宜选择酸性弱或碱性强的溶剂。

溶质的酸碱性不仅与溶剂的酸碱性有关，也与溶剂的相对介电常数有关。在溶剂中，离子间的静电引力遵循库仑定律：

$$F = \frac{q^+ q^-}{r^2 \varepsilon}$$

式中，F 为离子间的静电引力；q^-、q^+分别为阴、阳离子的电荷；r 为阴、阳离子电荷中心之间的距离；ε 为溶剂的相对介电常数，与溶剂的极性有关。由上式可知，溶剂中两个带相反电荷的离子之间的静电引力与溶剂的相对介电常数成反比。溶剂的相对介电常数越大，阴、阳离子之间的静电引力越弱，电解质的解离越容易发生；反之，形成离子缔合物（离子对）的倾向越大。

在相对介电常数不太大的两性溶剂中，对于不带电的酸 HA、碱 B 的解离，一般经历电离和解离两个步骤：

$$HA + SH \rightleftharpoons [SH_2^+ \cdot A^-] \rightleftharpoons SH_2^+ + A^-$$

$$B + SH \rightleftharpoons [BH^+ \cdot S^-] \rightleftharpoons BH^+ + S^-$$

电离　　　　离子对　　　　解离

显然，溶剂的相对介电常数增大，HA 或 B 的解离减弱，即酸（碱）的强度减弱。但是，对于带电荷的酸、碱，如 NH_4^+等的解离，这种影响较小，因解离过程中没有离子对的形成：

$$NH_4^+ + SH \rightleftharpoons [NH_3 \cdot SH_2^+] \rightleftharpoons SH_2^+ + NH_3$$

电离　　　　离子对　　　　解离

当两种溶剂的酸碱性相差不大时，在相对介电常数小的溶剂中带电荷的酸碱的强度变化很小，但不带电荷的酸碱的强度变化很大。例如，H_3BO_3 和 NH_4^+在水（$\varepsilon = 78.5$）溶液中，两者的酸碱强度相当，而且都很弱，不能准确滴定，H_3BO_3 在水中的解离度比在乙醇（$\varepsilon = 25$）中高约 10^6 倍，NH_4^+的解离度与在水溶液中差不多。由于乙醇的 pK_s 较大，NH_4^+ 与强碱在乙醇中的反应常数比在水中大，故能在 H_3BO_3 存在下准确滴定 NH_4^+。对于乙酸盐、苯甲酸盐等阴离子碱，情况也一样。

物质的酸碱强度，除了与溶剂的酸碱性及其相对介电常数有关外，还与溶质和溶剂之间以及溶质分子内是否形成氢键等有关。

3）溶剂的拉平效应与区分效应

在水溶液中，$HClO_4$、H_2SO_4、HCl 和 HNO_3 都是强酸，它们的强度相差不大。这是因为这些酸在水溶液中给出质子的能力都很强，只要这些酸的浓度不是太大，它们将定量地与水作用，全部转化为水合质子 H_3O^+（通常简写为 H^+），因此这些酸的强度全部被拉平到 H_3O^+ 的水平。这种将各种不同强度的酸拉平到溶剂化质子水平的效应称为拉平效应。具有拉平效应的溶剂称为拉平溶剂。在这里，水是 $HClO_4$、H_2SO_4、HCl 和 HNO_3 的拉平溶剂。很明显，通过水的拉平效应，任何一种比 H_3O^+ 的酸性更强的酸都被拉平到 H_3O^+ 的水平。也就是说，H_3O^+ 是水溶液中能够存在的最强的酸的形式。

如果是在乙酸介质中，由于乙酸的碱性比水弱，在这种情况下，这四种酸不能全部将其质子转移给 HAc，并且在程度上产生差别，如

$$HClO_4 + HAc \rightleftharpoons H_2Ac^+ + ClO_4^- \qquad pK_a = 5.8$$

$$H_2SO_4 + HAc \rightleftharpoons H_2Ac^+ + HSO_4^- \qquad pK_a = 8.2$$

$$HCl + HAc \rightleftharpoons H_2Ac^+ + Cl^- \qquad pK_a = 8.8$$

$$HNO_3 + HAc \rightleftharpoons H_2Ac^+ + NO_3^- \qquad pK_a = 9.4$$

这种能区分酸（或碱）的强弱的效应称为区分效应（又称分辨效应）。具有区分效应的溶剂称为区分溶剂。在这里，乙酸是 $HClO_4$、H_2SO_4、HCl 和 HNO_3 的区分溶剂。

溶剂的拉平效应和区分效应与溶质和溶剂的相对酸碱强度有关。例如，水虽然不是上述四种酸之间的区分溶剂，但却是这四种酸和乙酸的区分溶剂，原因是在水中，与其他四种酸相比，乙酸显示较弱的酸性。

同理，在水溶液中最强的碱是 OH^-，更强的碱（如 O_2^-、NH_2^-等）都被拉平到 OH^- 水平，只有比 OH^- 弱的碱（如 NH_3、$HCOO^-$等），其强弱才能区分出来。

惰性溶剂不参与质子转移反应，因此没有拉平效应，在惰性溶剂中各溶质的酸碱性差别不受影响，所以惰性溶剂是良好的区分溶剂。

在非水滴定中，利用溶剂的拉平效应可以滴定混合酸（或碱）的总量；利用区分效应可较方便地进行各组分含量的测定。

3.9.2　非水滴定条件的选择

1. 溶剂的选择

在非水滴定中，溶剂的选择至关重要。在选择溶剂时首先要考虑的是溶剂的酸碱性，因为它直接影响滴定反应的完全程度。例如，滴定弱酸 HA，通常用溶剂阴离子 S^-，其反应式如下：

$$HA + S^- \rightleftharpoons SH + A^-$$

$$K_t=\frac{a_{A^-}a_{SH}}{a_{HA}a_{S^-}}=\frac{K_a^{HA}}{K_a^{SH}}$$

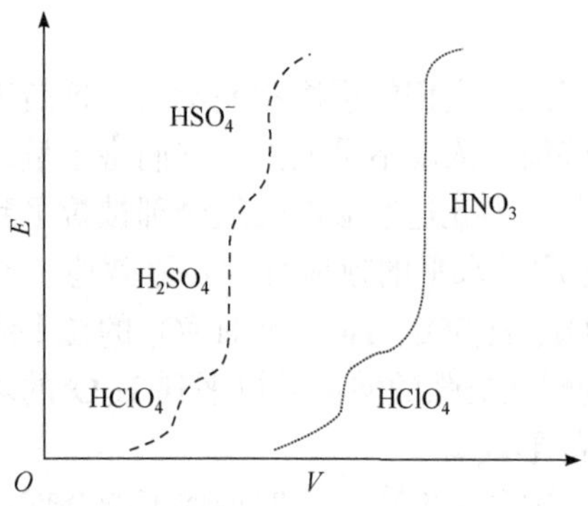

图 3-12　在甲基异丁酮中用氢氧化四丁基铵滴定 $HClO_4$-H_2SO_4 及 $HClO_4$-HNO_3 混合酸的电位滴定曲线

平衡常数 K_t 反映滴定反应的完全程度，K_t 越大，表示滴定反应越完全。而 K_t 随溶剂 SH 的固有酸度的降低而增大。因此，对于酸的滴定，溶剂的酸性越弱越好，采用碱性溶剂或非质子性溶剂可以达到此目的。与此类似，对于弱碱，通常用溶剂化质子（H_2S^+）进行滴定，所以选择碱性越弱的溶剂越好，采用酸性溶剂或惰性溶剂可达到此目的。

对于强酸或强碱的混合溶液，如 $HClO_4$ 和 H_2SO_4、$HClO_4$ 和 HNO_3 的混合溶液，在水溶液中只能滴定它们的总量，要分别滴定它们，应在适当的区分溶剂中进行。显然，这种溶剂的碱性要比水弱，可选择酸性溶剂，极性疏质子溶剂或惰性溶剂等。例如，在甲基异丁酮介质中，用氢氧化四丁基铵的异丙醇溶液作为滴定剂，可用电位滴定法分别滴定上述强酸混合溶液中各组分的含量，其电位滴定曲线如图 3-12 所示。

此外，选择溶剂时还应考虑下述两个方面：一是溶剂能溶解试样及滴定反应的产物，当用一种溶剂不能溶解时，可采用混合溶剂；二是溶剂有一定的纯度，黏度小，挥发性低，最好价廉、安全、易于回收。

2. 滴定剂的选择

1）酸性滴定剂

在非水介质中滴定碱时，常用的溶剂为乙酸，滴定剂则采用溶于乙酸的高氯酸（其中的少量水可通过加乙酸酐除去）。高氯酸的浓度用邻苯二甲酸氢钾基准物质标定，以甲基紫或结晶紫为指示剂。滴定反应为

$$KHC_8H_4O_4 + HClO_4 \rightleftharpoons KClO_4 + H_2C_8H_4O_4$$

2）碱性滴定剂

最常用的碱性滴定剂为醇钠和醇钾，如甲醇钠，它由金属钠和甲醇反应制得：

$$2CH_3OH + 2Na \longrightarrow 2CH_3ONa + H_2\uparrow$$

碱金属氢氧化物和季铵碱（如氢氧化四丁基铵）也可用作滴定剂。

3. 滴定终点的检测

检测终点的方法主要有电位法和指示剂法。电位法以玻璃电极或锑电极为指示电极，饱和甘汞电极为参比电极，通过绘制滴定曲线确定滴定终点。

用指示剂检测滴定终点，关键在于选用合适的指示剂。指示剂的选择一般是通过实验来确定的，如在电位滴定的同时观察指示剂颜色的变化，从而可以确定何种指示剂的颜色改变与电位滴定的终点相符合。常用的指示剂有：百里酚蓝、偶氮紫、邻硝基苯胺等。一

般来说，对于在水中的 $pK_a \leqslant 9$ 的弱酸的非水滴定，百里酚蓝的变色点与电位滴定终点基本一致。偶氮紫适用于 pK_a 为 9～10.5 的弱酸的滴定，邻硝基苯胺则适用于酸性更弱的物质的滴定。在乙酸中滴定碱的常用指示剂为甲基紫和结晶紫。

3.9.3　非水滴定的应用

1. 弱碱和混合碱的滴定

（1）滴定弱碱应选择碱性弱的溶剂。最常用的是乙酸，它的碱性很弱，K_s 比水稍小，介电常数很小（$\varepsilon = 6.13$），溶质都以离子对形式存在，但它仍然是一种好的溶剂，因为反应物和产物的解离度都降低了，可以相互抵消一部分。

（2）滴定弱碱应选择强酸为滴定剂。在乙酸中 $HClO_4$ 是强酸，常以 $HClO_4$ 为滴定剂。市售产品中纯 $HClO_4$ 的质量分数为 72%，配制 $HClO_4$ 的乙酸溶液应加适量的乙酸酐除去其中的水分，标定 $HClO_4$ 浓度时常用邻苯二甲酸氢钾为基准物质（在水溶液中它作为酸标定碱，而在 HAc 介质中它作为碱标定酸）。指示终点可采用电位法或指示剂法。此处常用结晶紫、甲基紫为指示剂。

在乙酸介质中可以滴定许多弱碱，如胺类、生物碱、氨基酸等。由于它的酸性太强，可以拉平许多强度不同的碱，故不适合进行混合碱的分别测定。

（3）为了分别测定强度不同的碱，必须用酸、碱性均弱的溶剂。即选用惰性溶剂或 pK_s 大的溶剂。例如，三丁胺和乙基苯胺混合物，在乙酸（$pK_s = 14.45$）中只能测定总量，而在乙腈（$pK_s = 28.5$）中则可以得到两个突跃，从而测定二者分量。但在惰性溶剂中试样溶解度小，且溶剂导电性差，难以用电化学法指示终点，一般常与其他两性溶剂混合使用。

2. 弱酸和混合酸的滴定

（1）滴定弱酸要用酸性弱的溶剂，如乙二胺、正丁胺、吡啶等。当酸度较大时，用苯-甲醇混合溶剂即可。常用的滴定剂是甲醇钾或甲醇钠以及氢氧化四丁胺的苯-甲醇溶液。标定碱的基准物质常用苯甲酸。指示剂多用百里酚蓝、偶氮紫等。常用于测定羧酸、磺酰胺、氨基酸（羧基）及酚类等弱酸。

（2）混合酸的分别滴定要选择酸、碱性均弱的溶剂，前述在甲基异丁酮介质中分别滴定 5 种酸即是一例。

必须指出，非水溶剂的体膨胀系数比水大，如乙酸的体膨胀系数（0.0011）是水的 5 倍。温度改变 1℃，体积就有 0.11%的变化。因此，标定与测定最好同时进行，否则应利用下式进行温度校正：

$$c_t = \frac{c_{t_0}}{1 + 0.0011(t - t_0)}$$

式中，t_0 为标定时的温度；c_{t_0} 为温度为 t_0 时标定的标准溶液浓度；t 为测定时的温度；c_t 为校正为温度 t 时标准溶液的浓度。

3. 非水滴定应用示例

1）钢中碳的非水滴定

试样在氧气中充分燃烧，将产生的 CO_2 导入含有百里香酚蓝和百里酚酞指示剂的丙酮-甲醇混合吸收液中，用甲醇钾标准溶液滴定至终点，根据消耗甲醇钾的量，即可计算试样中碳的质量分数。

2）α-氨基酸含量的测定

α-氨基酸为两性物质，在水中的解离很弱，无法用酸或碱准确滴定。但如果将试样溶于乙酸中，其碱性解离显著增强，可用溶于乙酸的高氯酸准确滴定。滴定时以结晶紫为指示剂，滴定终点时紫色变为蓝绿色。氨基酸也可在二甲基甲酰胺等碱性溶剂中用甲醇钾或季铵碱溶液滴定。

3）磺胺药的滴定

磺胺药（如磺胺吡啶等）中磺酰氨基的酸性很弱，在水溶液中难以滴定。但在丁胺溶剂中，它们的酸性变强，可以用偶氮紫作指示剂，用季铵碱进行滴定。

【知识链接】　自动滴定仪器

在酸碱滴定中，自动化滴定仪已经广泛应用于各种科研实验、检验检疫和企业生产中。根据滴定终点的检测原理，用于酸碱滴定的自动化滴定仪主要分为三种：电位滴定仪、光度滴定仪和温度滴定仪。电位滴定仪是利用指示电极将滴定溶液中氢离子浓度的变化转化为电极电位的变化，依据电极电位的突跃指示滴定终点；光度滴定仪是利用紫外-可见分光光度计记录滴定过程中滴定溶液吸光度的变化（遵循朗伯-比尔定律），依据吸光度突跃指示滴定终点；温度滴定仪是利用温度探头指示滴定溶液中因酸碱反应导致的温度变化，依据反应温度的变化率指示滴定终点。

思　考　题

1. 在硫酸溶液中，γ 的大小次序为：$\gamma_{H^+} > \gamma_{HSO_4^-} > \gamma_{SO_4^{2-}}$，试说明原因。

2. 下列情况下，溶液的 pH 应如何控制？

（1）用 NH_4F 掩蔽 Fe^{3+}、Al^{3+}；

（2）用 KCN 掩蔽 Cu^{2+}、Zn^{2+}。

3. 在下列各组酸碱物质中，哪些属于共轭酸碱对？

（1）H_3PO_4-Na_2HPO_4；

（2）H_2SO_4-SO_4^{2-}；

（3）H_2CO_3-HSO_3^-；

（4）$NH_3^+CH_2COOH$-NH_2CH_2COOH；

（5）H_2Ac^+-Ac^-；

（6）$(CH_2)_6N_4H^+$-$(CH_2)_6N_4H$。

4. 判断下列情况对测定结果的影响：

（1）标定 NaOH 溶液时，邻苯二甲酸氢钾中混有邻苯二甲酸；

（2）用吸收了 CO_2 的 NaOH 标准溶液滴定 H_3PO_4 至第一化学计量点和第二化学计

量点；

（3）已知某 NaOH 溶液吸收了 CO_2，其中约有 0.4%的 NaOH 转变成 Na_2CO_3，用此 NaOH 溶液滴定 HAc 的含量时，会对结果产生多大的影响？

5. 有人试图用酸碱滴定法测定 NaAc 的含量，先向溶液中加入一定量过量的 HCl 标准溶液，然后用 NaOH 标准溶液返滴定过量的 HCl。上述设计是否正确？为什么？

6. 用 HCl 中和 Na_2CO_3 溶液分别至 pH = 10.50 和 pH = 6.00 时，溶液中 CO_3^{2-}以哪些型体存在？其中主要型体是什么？当中和至 pH＜4.0 时，主要型体又是什么？

7. 增加电解质的浓度，会使酸碱指示剂 HIn^-（$HIn^- \rightleftharpoons H^+ + In^{2-}$）的理论变色点 pH 变大还是变小？

8. 与单一指示剂相比，混合指示剂有哪些优点？

9. 缓冲溶液的缓冲能力与哪些因素有关？

10. 下列物质能否用酸碱滴定法直接测定？若能，应使用哪种标准溶液和指示剂？若不能，可用哪种方式使其适合用酸碱滴定法进行测定？

（1）乙胺；（2）NH_4Cl；（3）HF；（4）NaAc；（5）H_3BO_3；（6）硼砂；（7）苯胺；（8）$NaHCO_3$。

11. 下列各溶液能否用酸碱滴定法测定？滴定剂、指示剂及滴定终点的产物是什么？

（1）柠檬酸；

（2）NaHS；

（3）氨基乙酸钠；

（4）顺丁烯二酸；

（5）NaOH + $(CH_2)_6N_4$（浓度均为 0.1 $mol \cdot L^{-1}$）；

（6）0.5 $mol \cdot L^{-1}$ 的氯乙酸和 0.01 $mol \cdot L^{-1}$ 的乙酸。

12. 设计测定下列混合物中各组分含量的酸碱滴定方法，并简述其理由。

（1）HCl + H_3BO_3；　（2）H_2SO_4 + H_3PO_4；

（3）HCl + NH_4Cl；　（4）Na_3PO_4 + Na_2HPO_4；

（5）NaOH + Na_3PO_4；　（6）$NaHSO_4$ + NaH_2PO_4。

13. 试拟定一个酸碱滴定方案，测定由 Na_3PO_4、Na_2CO_3 及其他非酸碱性物质组成的混合物中 Na_3PO_4 与 Na_2CO_3 的质量分数。

14. 用酸碱滴定法测定氨基乙酸，既可在碱性非水介质中进行，也可在酸性非水介质中进行，为什么？

习　题

3-1　计算下列各溶液的 pH：

（1）0.10 $mol \cdot L^{-1}$ H_3BO_3；　（2）0.10 $mol \cdot L^{-1}$ H_2SO_4；

（3）0.10 $mol \cdot L^{-1}$ 三乙醇胺；　（4）5.0×10^{-8} $mol \cdot L^{-1}$ HCl；

（5）0.20 $mol \cdot L^{-1}$ H_3PO_4。

3-2　计算下列各溶液的 pH：

（1）0.050 mol · L^{-1} NaAc；（2）0.050 mol · L^{-1} NH_4NO_3；

（3）0.10 mol · L^{-1} NH_4CN；（4）0.050 mol · L^{-1} K_2HPO_4；

（5）0.050 mol · L^{-1} 氨基乙酸；（6）0.10 mol · L^{-1} Na_2S；

（7）0.010 mol · L^{-1} H_2O_2；

（8）0.050 mol · L^{-1} $CH_3CH_2NH_3Cl$ 和 0.050 mol · L^{-1} NH_4Cl 的混合溶液；

（9）0.060 mol · L^{-1} HCl 和 0.050 mol · L^{-1} 氯乙酸钠（$ClCH_2COONa$）的混合溶液。

3-3 某混合溶液含 0.10 mol · L^{-1} HCl、2.0×10^{-4} mol · L^{-1} $NaHSO_4$ 和 2.0×10^{-6} mol · L^{-1} HAc，计算：

（1）此混合溶液的 pH；

（2）加入等体积 0.10 mol · L^{-1} NaOH 后溶液的 pH。

3-4 将 $H_2C_2O_4$ 加入 0.10 mol · L^{-1} Na_2CO_3 溶液中（忽略溶液体积变化），使其总浓度为 0.020 mol · L^{-1}，求该溶液的 pH。已知 $H_2C_2O_4$ 的 pK_{a1} = 1.20，pK_{a2} = 4.20；H_2CO_3 的 pK_{a1} = 6.40，pK_{a2} = 10.20。

3-5 欲使 100 mL 0.10 mol · L^{-1} HCl 溶液的 pH 从 1.00 增加至 4.44，需加入固体 NaAc 多少克（忽略溶液体积的变化）？

3-6 现用某弱酸 HB 及其盐配制缓冲溶液，其中 HB 的浓度为 0.25 mol · L^{-1}，于 100 mL 该缓冲溶液中加入 200 mg NaOH（忽略溶液体积的变化），所得溶液的 pH 为 5.60。原来配制的缓冲溶液的 pH 为多少？已知 HB 的 $K_a = 5.0\times10^{-6}$。

3-7 配制氨基乙酸总浓度为 0.10 mol · L^{-1} 的缓冲溶液（pH = 2.00）100 mL，需氨基乙酸多少克？还需加多少毫升 1 mol · L^{-1} 酸或碱？所得溶液的缓冲容量为多大？

3-8 称取 20 g 六次甲基四胺，加浓 HCl（按 12 mol · L^{-1} 计）4.0 mL，稀释至 100 mL，溶液的 pH 是多少？此溶液是否为缓冲溶液？

3-9 用 0. 2000 mol · L^{-1} $Ba(OH)_2$ 溶液滴定 0.1000 mol · L^{-1} HAc 至化学计量点时，溶液的 pH 是多少？

3-10 二元弱酸 H_2B，已知 pH = 1.92 时，$\delta_{H_2B} = \delta_{HB^-}$；pH = 6.22 时，$\delta_{HB^-} = \delta_{B^{2-}}$。

（1）计算 H_2B 的 K_{a1} 和 K_{a2}；

（2）若用 0.1000 mol · L^{-1} NaOH 溶液滴定 0.1000 mol · L^{-1} H_2B，滴定至第一和第二化学计量点时，溶液的 pH 各为多少？各应选用何种指示剂？

3-11 称取 Na_2CO_3 和 $NaHCO_3$ 的混合试样 0.6850 g，溶于适量水中。以甲基橙为指示剂，用 0.2000 mol · L^{-1} HCl 溶液滴定至终点时，消耗 50.00 mL，若改用酚酞为指示剂，用上述 HCl 溶液滴定至终点时，需消耗多少毫升？

3-12 用 0.1000 mol · L^{-1} NaOH 溶液滴定 0.1000 mol · L^{-1} HAc 至 pH = 8.00，计算终点误差。

3-13 用 0.1000 mol · L^{-1} NaOH 溶液滴定 0.1000 mol · L^{-1} H_3PO_4 溶液至第一化学计量点，若终点 pH 较化学计量点高 0.5 个单位，计算终点误差。

3-14 阿司匹林的有效成分是乙酰水杨酸，现称取阿司匹林试样 0.2500 g，加入 50.00 mL 0.1020 mol · L^{-1} NaOH 溶液，煮沸 10 min 冷却后，以酚酞作指示剂用 H_2SO_4 溶液滴定其中过量的碱，消耗 0.05050 mol · L^{-1} H_2SO_4 溶液 25.00 mL。计算试样中乙酰水杨酸的质量分

数。（$M_r = 180.2\ g \cdot mol^{-1}$）

3-15　用 0.1000 mol · L⁻¹ NaOH 溶液滴定 0.1000 mol · L⁻¹ 羟胺盐酸盐（$NH_3^+OH \cdot Cl$）和 0.1000 mol · L⁻¹ NH_4Cl 的混合溶液。

（1）化学计量点时溶液的 pH 为多少?

（2）在化学计量点有百分之多少的 NH_4Cl 参与了反应?

3-16　称取一元弱酸 HA 试样 1.000 g，溶于 60.0 mL 水中，用 0.2500 mol · L^{-1} NaOH 溶液进行滴定，已知中和 HA 至 50%时，溶液的 pH = 5.00；当滴定至化学计量点时，pH = 9.00。计算试样中 HA 的质量分数。假设 HA 的摩尔质量为 82.00 g · mol^{-1}。

3-17　称取钢样 1.000 g，溶解后将其中的磷沉淀为磷钼酸铵。用 20.00 mL 0.100 mol · L^{-1} NaOH 溶液溶解沉淀，过量的 NaOH 再用 HNO_3 返滴定至酚酞刚好褪色，消耗 0.2000 mol · L^{-1} HNO_3 溶液 7.50 mL。计算钢样中 P 的质量分数。

第 4 章　配位滴定法

【问题提出】　某工厂欲分析其排放废水中 Zn^{2+}的含量，应如何实现?

依据第 3 章所学习的酸碱滴定法，无法准确测定 Zn^{2+}的含量，主要是因为 Zn^{2+}既不是酸又不是碱，难以选择合适的酸碱指示剂进行滴定终点判断。因此，需要借助其他方法，如配位滴定法，测定 Zn^{2+}的含量。在存在金属离子指示剂的条件下，利用特定配位剂可以实现 Zn^{2+}含量的准确测定。

配位滴定法（complexometry）又称络合滴定法，是以配位反应为基础的滴定分析方法。配位反应也是路易斯酸碱反应（金属离子是路易斯酸，可接受路易斯碱提供的未成键电子对而形成化学键），所以配位滴定法与酸碱滴定法有许多相似之处，但情况更为复杂。配位反应广泛地应用于分析化学的各种分离与测定中，还常用于显色、萃取、沉淀及掩蔽等。因此，基于配位反应的广泛性和配位滴定选择性的有关理论和实践知识是分析化学的重要内容之一。

配位滴定反应所涉及的平衡关系比较复杂，为了定量处理各种因素对配位平衡的影响，引入了副反应系数、条件常数的概念，进而对平衡进行简化处理。这种方法也广泛地应用于涉及复杂平衡的其他体系。

4.1　配位剂概述

配位反应具有很大的普遍性，金属离子在溶液中大多是以不同形式的配离子存在的。

4.1.1　无机配位剂

简单配位化合物由中心离子和单齿配体构成，如$[AlF_6]^{3-}$、$[Cu(NH_3)_4]^{2+}$等。无机配位剂分子中仅含有一个可键合原子，与金属离子反应逐级形成 ML_i 型简单配位化合物，如同多元弱酸根一样，存在逐级质子化平衡，即分级配位现象。这类配合物的逐级稳定常数比较接近，配合物多数不够稳定。因此，无机配位剂通常用作掩蔽剂、辅助配位剂和显色剂等，仅 Ag^+与 CN^-、Hg^{2+}与 Cl^-等少数离子的反应可用于滴定分析。例如，用 $AgNO_3$ 滴定 CN^-的反应为

$$Ag^+ + 2CN^- \longrightarrow [Ag(CN)_2]^-$$

化学计量点后，过量的 Ag^+与$[Ag(CN)_2]^-$形成白色的 $Ag[Ag(CN)_2]$沉淀，指示终点到达。

Hg^{2+}与 Cl^-或 SCN^-可生成稳定的 1∶2 配合物 $HgCl_2$ 及 $Hg(SCN)_2$，通常以 $Hg(NO_3)_2$ 或 $Hg(ClO_4)_2$ 溶液作滴定剂，用二苯卡巴腙、二苯胺基脲等作指示剂，Hg^{2+}形成有色配合物指示终点。滴定反应如下：

$$Hg^{2+} + 2Cl^- \rightleftharpoons HgCl_2$$

$$Hg^{2+} + 2SCN^- \rightleftharpoons Hg(SCN)_2$$

生成的 $HgCl_2$ 或 $Hg(SCN)_2$ 是解离度很小的配位化合物，称为拟盐或假盐，过量的汞盐与指示剂形成蓝紫色的螯合物以指示终点的到达。若用 KSCN 标准溶液滴定 Hg^{2+}，可用 Fe^{3+}作指示剂，过量的 SCN^-与 Fe^{3+}生成橙红色的$[FeSCN]^{2+}$为终点。

4.1.2　有机配位剂

有机配位剂分子中常含有两个以上可键合原子，与金属离子配位时形成低配位比的具有环状结构的配合物（络环，也称为螯环）。它比同种配合物原子所形成的简单配位化合物稳定得多。比较 Cu^{2+}与氨、乙二胺和三乙撑四胺所形成的配合物（见下表）可发现，形成的络环数越多，配合物越稳定。此外，形成的络环数越多，会减少甚至消除分级配位现象，使这类配合物反应更有利于滴定。

配合物结构	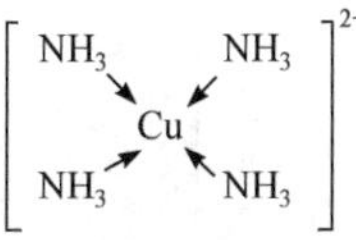	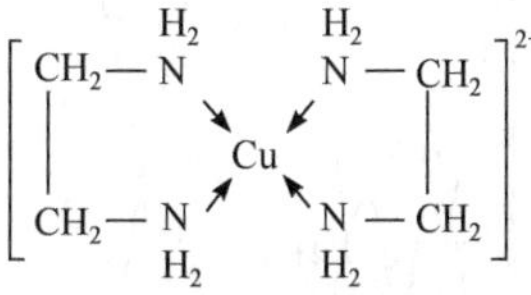	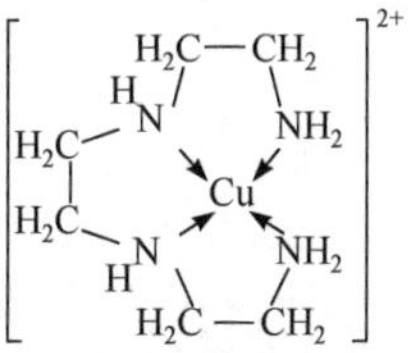
形成常数	$\lg K_1 = 4.1$ $\lg K_2 = 3.5$ $\lg K_3 = 2.9$ $\lg K_4 = 2.1$ $\lg \beta_4 = 12.6$	$\lg K_1 = 10.6$ $\lg K_2 = 9.0$ $\lg \beta_2 = 19.6$	$\lg K = 20.6$
络环数	0	2	3

广泛用作配位滴定剂的是含有—$N(CH_2COOH)_2$基团的有机化合物，称为氨羧配位剂，其分子中含有氨氮和羧氧配位原子。

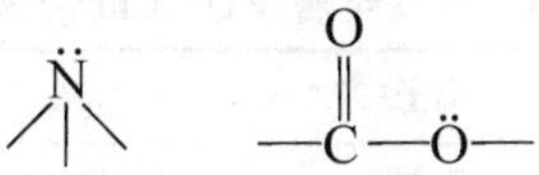

氨氮　　　羧氧

前者易与 Ag、Cd、Co、Ni、Zn、Cu 等金属离子配位，后者则几乎能与所有高价金属离子配位。因此，氨羧配位剂兼有两者的配位能力，几乎能与所有金属离子配位。目前常用已知的氨羧配位剂有十几种，其中应用最广的是乙二胺四乙酸，简称 EDTA，其结构式为

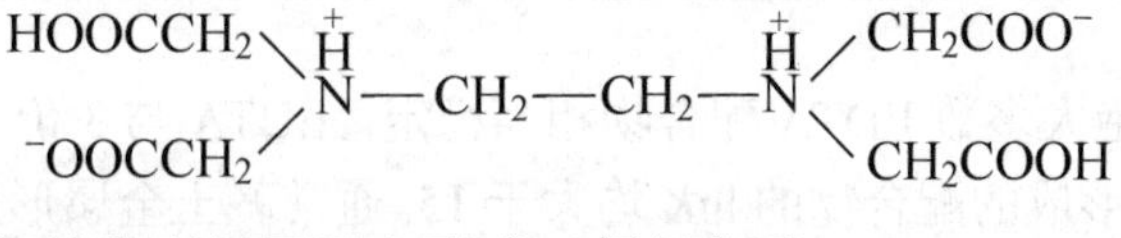

分子中两个羧酸上的氢转移到氮原子上形成双偶极离子。

EDTA 常用 H_4Y 表示。它在水中的溶解度较小（22℃时，在 100 mL 水中溶解 0.02 g），难溶于酸和有机溶剂，易溶于 NaOH 或 $NH_3 \cdot H_2O$ 溶液，形成相应的盐。通常使用的是其二钠盐（22℃时，在 100 mL 水中可溶解 11.1 g，约为 0.3 $mol \cdot L^{-1}$），也简称 EDTA，溶液

的 pH 约为 4.5。

H_4Y 的两个羧酸根可再接受 H^+，形成相当于一个六元酸的 H_6Y^{2+}，具有六级解离常数，即

K_{a1}	K_{a2}	K_{a3}	K_{a4}	K_{a5}	K_{a6}
$10^{-0.9}$	$10^{-1.6}$	$10^{-2.07}$	$10^{-2.75}$	$10^{-6.24}$	$10^{-10.34}$

在水溶液中，EDTA 总是以 H_6Y^{2+}、H_5Y^+、H_4Y、H_3Y^-、H_2Y^{2-}、HY^{3-}、Y^{4-}这 7 种形式存在，各种形态的摩尔分数（x）与 pH 的关系如图 4-1 所示。在 pH＜1 的强酸溶液中，EDTA 主要以 H_6Y^{2+}的形态存在；在 pH 为 2.75～6.24 时，主要以 H_2Y^{2-}形态存在；仅在 pH＞10.34 时，才主要以 Y^{4-}形态存在。

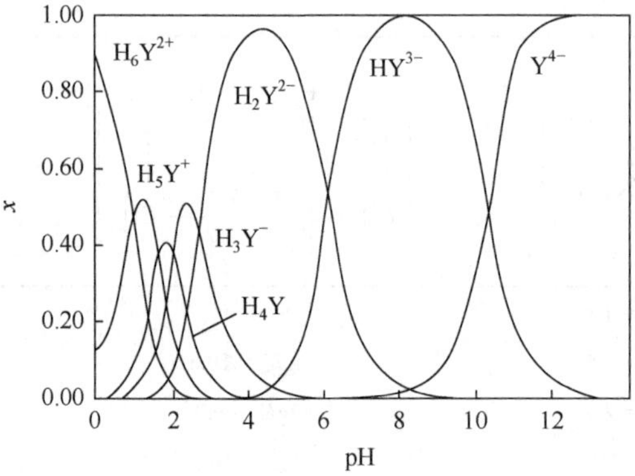

图 4-1　EDTA 各种形态的分布

EDTA 配合物具有如下特点：

（1）EDTA 具有广泛的配位性能，几乎能与所有金属离子形成配合物。表 4-1 列出一些金属-EDTA 配合物的稳定常数。

表 4-1　一些金属-EDTA 配合物的 lg*K*

离子	lg$K$	离子	lg$K$	离子	lg$K$
Na^+	1.7	Zn^{2+}	16.5	Hg^{2+}	21.8
Mg^{2+}	8.7	Cd^{2+}	16.5	Th^{4+}	23.2
Ca^{2+}	10.7	Pb^{2+}	18.0	Fe^{3+}	25.1
La^{3+}	15.4	Ni^{2+}	18.6	Bi^{3+}	27.9
Al^{3+}	16.1	Cu^{2+}	18.8	ZrO^{2+}	29.9

由表 4-1 可见，绝大多数 EDTA 配合物相当稳定。EDTA 与 3 价、4 价金属离子及绝大多数 2 价金属离子所形成的配合物的 lg$K$ 均大于 15。通常碱土金属形成配合物的倾向较小，但它们与 EDTA 配合物的 lg$K$ 为 8～11，也可以用 EDTA 滴定。EDTA 广泛配位的性能给配位滴定的广泛应用提供了可能，但同时导致实际滴定中组分之间相互干扰。配位作用的普遍性与实际测定中要求的选择性成为配位滴定中的主要矛盾。因此，设法提高选择性成

为配位滴定中一个很重要的问题。

（2）EDTA 分子中有 6 个可配位原子，与大多数金属离子形成 1∶1 配合物。例如

$$Zn^{2+} + H_2Y^{2-} = ZnY^{2-} + 2H^+$$

$$Al^{3+} + H_2Y^{2-} = AlY^- + 2H^+$$

$$Sn^{4+} + H_2Y^{2-} = SnY + 2H^+$$

个别离子，如 Mo(Ⅴ)，与 EDTA 形成 2∶1 配合物。配合物大多带电荷，水溶性好，配位反应速率大多较快，这些都为配位滴定提供了有利条件。由于 EDTA 与金属离子配位时形成多个五元环，螯合物稳定性高。

图 4-2 为 CaY^{2-}螯合物的立体构型。

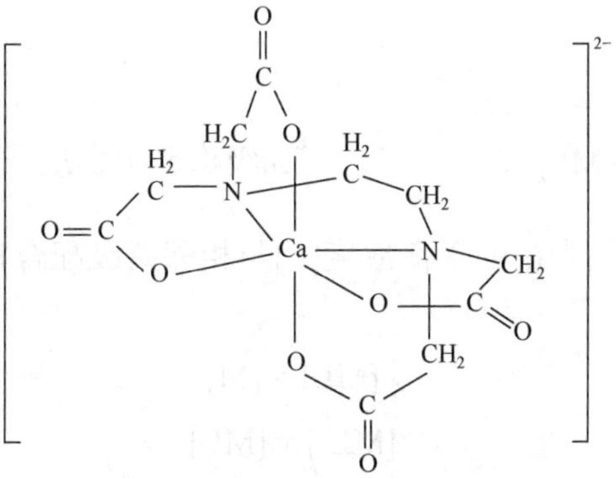

图 4-2　CaY^{2-}螯合物的立体构型

（3）大多数金属-EDTA 配合物无色，这有利于用指示剂确定终点。但有色的金属离子所形成的 EDTA 配合物的颜色更深。例如

CuY^{2-}	NiY^{2-}	CoY^{2-}	MnY^{2-}	CrY^-	FeY^-
深蓝	蓝	紫红	紫红	深紫	黄

因此，滴定这些离子时要控制其浓度切勿过大，否则使用指示剂确定终点时较为困难。

4.2　配 位 平 衡

4.2.1　配合物的稳定常数和各级配合物的分布

1. 配合物的稳定常数

金属离子与 EDTA 反应大多形成 1∶1 配合物（为简化计，省去电荷）：

$$M + Y = MY$$

反应的平衡常数表达式为

$$K_{MY}=\frac{[MY]}{[M][Y]} \tag{4-1}$$

K_{MY} 为金属-EDTA 配合物的稳定常数（或称形成常数）。此值越大，配合物越稳定。其倒数即为配合物的不稳定常数（或称解离常数）。在配位滴定中溶液的离子强度较高，故采用浓度常数。本章涉及酸碱平衡时则采用 $I=0.1$ 时的混合常数。

金属离子还能与其他配位剂 L 形成 ML_n 型配合物，ML_n 型配合物是逐级形成的，其逐级形成反应与相应的逐级稳定常数为

$$M+L=\!=\!=ML \qquad 第一级稳定常数\ K_1=\frac{[ML]}{[M][L]}$$

$$ML+L=\!=\!=ML_2 \qquad 第二级稳定常数\ K_2=\frac{[ML_2]}{[ML][L]}$$

$$\vdots \qquad\qquad \vdots$$

$$ML_{n-1}+L=\!=\!=ML_n \qquad 第n级稳定常数\ K_n=\frac{[ML_n]}{[ML_{n-1}][L]} \tag{4-2}$$

逐级稳定常数将配位剂 L 的平衡浓度[L]与相邻两级配合物的平衡浓度比值联系起来，即

$pL=\lg K_1$ 时　　$[ML]=[M]$

$pL=\lg K_2$ 时　　$[ML_2]=[ML]$

$pL=\lg K_i$ 时　　$[ML_i]=[ML_{i-1}]$

ML_n 配合物的逐级解离反应与相应的逐级不稳定常数则为

$$ML_n=\!=\!=ML_{n-1}+L \qquad 第一级不稳定常数(K_{不稳})_1=\frac{[ML_{n-1}][L]}{[ML_n]}$$

$$ML_{n-1}=\!=\!=ML_{n-2}+L \qquad 第二级不稳定常数(K_{不稳})_2=\frac{[ML_{n-2}][L]}{[ML_{n-1}]}$$

$$\vdots \qquad\qquad \vdots$$

$$ML=\!=\!=M+L \qquad 第n级不稳定常数(K_{不稳})_n=\frac{[M][L]}{[ML]} \tag{4-3}$$

逐级稳定常数与不稳定常数的关系为

$$K_1=\frac{1}{(K_{不稳})_n},\quad K_2=\frac{1}{(K_{不稳})_{n-1}},\quad \cdots,\quad K_n=\frac{1}{(K_{不稳})_1}$$

即第一级稳定常数是第 n 级不稳定常数的倒数；第 n 级稳定常数是第一级不稳定常数的倒数。

以铜氨配合物为例，已知其逐级稳定常数 K_1～K_4 分别为 $10^{4.1}$、$10^{3.5}$、$10^{2.9}$、$10^{2.1}$，则 $[Cu(NH_3)_4]^{2+}$的逐级解离常数$(K_{不稳})_1$～$(K_{不稳})_4$分别为 $10^{-2.1}$、$10^{-2.9}$、$10^{-3.5}$、$10^{-4.1}$。通常配合物多用稳定常数表示，而酸碱多用解离常数表示。如果把酸（H_nL）看作质子配合物，就可以把酸碱平衡处理与配位平衡处理统一起来。以 NH_4^+为例，可将 NH_4^+看作 NH_3 与 H^+形成的配合物：

$$NH_3 + H^+ \rightleftharpoons NH_4^+ \qquad K_{NH_4^+}^{H} = \frac{1}{K_a} = \frac{K_b}{K_w} = \frac{10^{-4.63}}{10^{-14.00}} = 10^{9.37}$$

此处用 $K_{NH_4^+}^{H}$ 表示 NH_3 与 H^+反应形成 NH_4^+的形成常数，也称质子化常数。对于多元酸，如 H_3PO_4，则有

$$PO_4^{3-} + H^+ \rightleftharpoons HPO_4^{2-} \qquad K_{HPO_4^{2-}}^{H} = \frac{1}{K_{a3}} = K_1$$

$$HPO_4^{2-} + H^+ \rightleftharpoons H_2PO_4^- \qquad K_{H_2PO_4^-}^{H} = \frac{1}{K_{a2}} = K_2$$

$$H_2PO_4^- + H^+ \rightleftharpoons H_3PO_4 \qquad K_{H_3PO_4}^{H} = \frac{1}{K_{a1}} = K_3$$

若将逐级稳定常数渐次相乘，就得到各级累积稳定常数（β_i）：

$$\begin{aligned} \beta_1 &= K_1 = \frac{[ML]}{[M][L]} \\ \beta_2 &= K_1K_2 = \frac{[ML_2]}{[M][L]^2} \\ &\vdots \\ \beta_n &= K_1K_2\cdots K_n = \frac{[ML_n]}{[M][L]^n} \end{aligned} \tag{4-4}$$

β_n 即为各级配合物的总稳定常数。例如，铜氨配合物的各级累积稳定常数 $\lg\beta_1$～$\lg\beta_4$ 分别为 4.1、7.6、10.5、12.6。

根据配合物的各级累积稳定常数，可以计算各级配合物的浓度，即

$$\begin{aligned} [ML] &= \beta_1[M][L] \\ [ML_2] &= \beta_2[M][L]^2 \\ &\vdots \\ [ML_n] &= \beta_n[M][L]^n \end{aligned} \tag{4-5}$$

各级累积稳定常数将各级配合物的浓度（[ML]，$[ML_2]$，…，$[ML_n]$）直接与游离金属、游离配位剂的浓度（[M]、[L]）联系起来。在配位平衡处理中，常涉及各级配合物的浓度，以上关系式很重要。常见金属配合物的稳定常数见附录 6 和附录 7。

2. 各级配合物的分布

溶液中各级配合物浓度所占的分数用摩尔分数 x 表示。若金属离子的分数浓度为 c_M，按金属离子的物料平衡关系

$$c_M = [M] + [ML] + [ML_2] + \cdots + [ML_n]$$

各级配合物的浓度用式（4-5）表示。各级配合物的摩尔分数分别为

$$
\begin{aligned}
x_0 &= \frac{[\mathrm{M}]}{c_\mathrm{M}} = \frac{[\mathrm{M}]}{[\mathrm{M}]+[\mathrm{ML}]+[\mathrm{ML}_2]+\cdots+[\mathrm{ML}_n]} \\
&= \frac{[\mathrm{M}]}{[\mathrm{M}]+[\mathrm{M}][\mathrm{L}]\beta_1+[\mathrm{M}][\mathrm{L}]^2\beta_2+\cdots+[\mathrm{M}][\mathrm{L}]^n\beta_n} \\
&= \frac{1}{1+[\mathrm{L}]\beta_1+[\mathrm{L}]^2\beta_2+\cdots+[\mathrm{L}]^n\beta_n} \\
x_1 &= \frac{[\mathrm{ML}]}{c_\mathrm{M}} = \frac{[\mathrm{L}]\beta_1}{1+[\mathrm{L}]\beta_1+[\mathrm{L}]^2\beta_2+\cdots+[\mathrm{L}]^n\beta_n} \\
&\vdots \\
x_n &= \frac{[\mathrm{ML}_n]}{c_\mathrm{M}} = \frac{[\mathrm{L}]^n\beta_1}{1+[\mathrm{L}]\beta_1+[\mathrm{L}]^2\beta_2+\cdots+[\mathrm{L}]^n\beta_n}
\end{aligned}
\tag{4-6}
$$

可见，各级配合物的摩尔分数 x_0～x_n 仅是游离配位剂浓度[L]的函数。根据铜氨配合物的各级累积稳定常数，按上式计算出 pL 为 0～6 时各级配合物的摩尔分数，绘出铜氨配合物的各种形态分布分数曲线如图 4-3 所示。

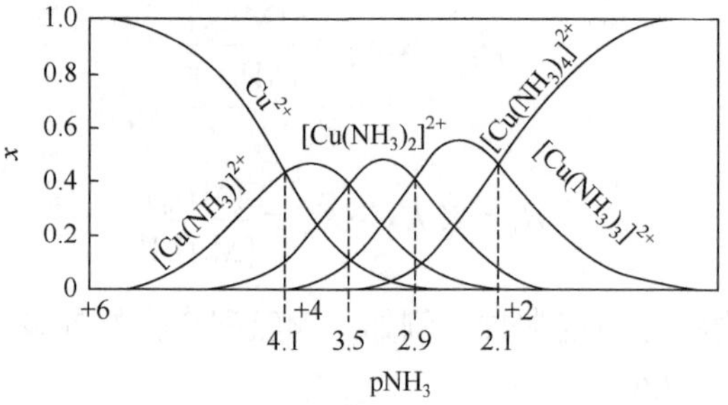

图 4-3　铜氨配合物各种形态的分布

各级铜氨配合物的分布与多元弱酸各种形态的分布趋势非常相似。随着 pNH_3 减小，即[NH_3]增大，形成配位数更高的配合物。相邻两级配合物分布分数曲线的交点所对应的 pL 即为此两级配合物相关的 $\lg K$。由于铜氨配合物各相邻的逐级稳定常数相近，即使当[NH_3]在较大的范围变化时，几种配合物都是同时存在。因此，不能以 NH_3 为滴定剂滴定 Cu^{2+}，无机配合物中大多如此。Hg(Ⅱ)的氯配合物是个例外，其 $\lg K_1$～$\lg K_4$ 分别是 6.7、6.5、0.9、1.0。由于 $\lg K_2$ 与 $\lg K_3$ 相差较大，可以定量滴定到 $HgCl_2$。Hg(Ⅱ)的氯配合物的各种形态分布分数曲线如图 4-4 所示。

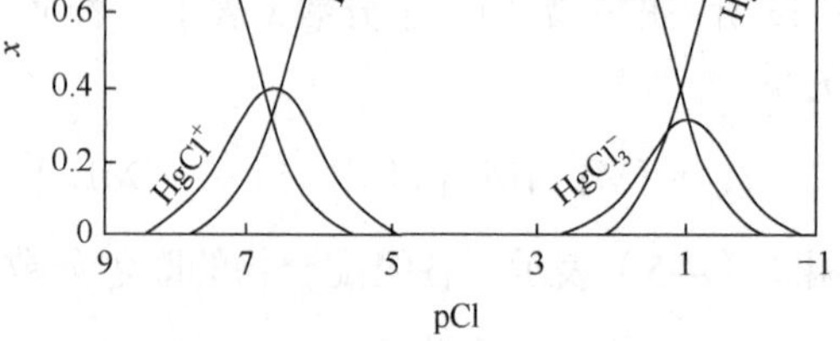

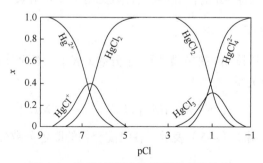

图 4-4　汞(Ⅱ)氯配合物各种形态的分布

各级配合物的浓度可由各摩尔分数求得

$$[ML_i] = c_M x_i$$

式中，x_i 为游离配位剂平衡浓度[L]的函数，实际知道的是 c_L，即配位剂的总浓度。若 $c_L \gg c_M$，则可忽略与金属离子配位所消耗的配位剂，使计算简化。

正如在多元酸 H_nA 的各种形态分布中，以酸的逐级解离常数 K_{ai}（$i = 1, \cdots, n$）为界，分为各种形态占优势的区域，由溶液的 pH 即可知哪种形态占优势。在配位过程中，则是以配合物 ML_n 的逐级稳定常数 K_i（$i = 1, \cdots, n$）为界，分为各种形态占优势的区域，由溶液的 pL 可知哪种形态占优势。例如，铜氨配合物的 $lgK_1 \sim lgK_4$ 分别为 4.1、3.5、2.9、2.1，其优势区域图如图 4-5 所示。

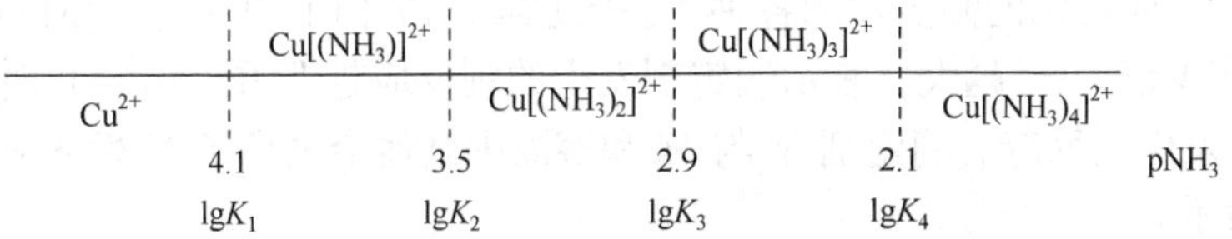

图 4-5 铜氨配合物分布优势区域图

由图可见，当 pNH₃<2.1（lgK_4）时，$[Cu(NH_3)_4]^{2+}$ 为主要形态；当 pNH₃>4.1（lgK_1）时，游离 Cu^{2+} 为主要存在形态。比较 H_3PO_4 在水溶液中的优势区域图，用逐级形成常数（质子化常数）代替逐级解离常数，如图 4-6 所示，即可将 ML_n 型配合物与 H_nA 型多元酸的分布统一起来，这种优势区域图对于判断配合物在水溶液中的主要存在形态十分便利。

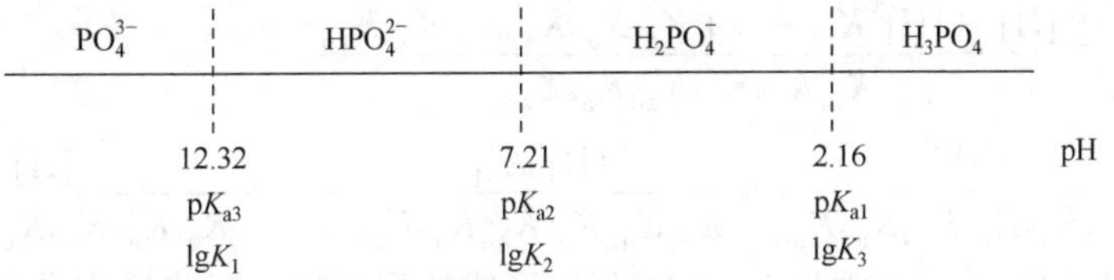

图 4-6 磷酸形态分布优势区域图

4.2.2 配位反应的副反应系数

在配位滴定体系中，除被测金属离子 M 与滴定剂 Y 之间的主反应外，还存在不少副反应。平衡关系表示如下：

$$
\begin{array}{ccccc}
M & + & Y & \Longrightarrow & MY & \text{主反应} \\
A \diagup \diagdown OH & & H \diagup \diagdown N & & H \diagup \diagdown OH & \\
MA \quad M(OH) & & HY \quad NY & & MHY \quad M(OH)Y & \text{副反应} \\
\vdots \qquad \vdots & & \vdots & & & \\
MA_n \quad M(OH)_n & & H_6Y & & & \\
M' & & Y' & & (MY)' &
\end{array}
$$

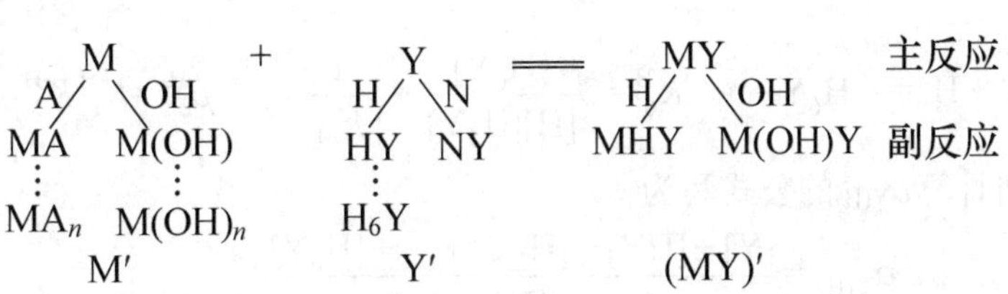

这些副反应的发生都将影响主反应进行的程度。反应物（M、Y）发生副反应不利于主反应的进行，而反应产物（MY）发生副反应则有利于主反应。当存在副反应时，K_{MY} 的大小不能反映主反应进行的程度，因为这时未参与主反应的金属离子不仅有 M，还有 MA、MA_2、$\cdots$、M(OH)、$M(OH)_2$、$\cdots$，应当用这些形态的浓度总和 c_M 表示，同时未参与主反应的滴定剂也应当用 c_Y 表示，而所形成的配合物应当用总浓度 c_{MY} 表示。因此，应当用

$$K'_{MY}=\frac{[(MY)']}{[M'][Y']} \tag{4-7}$$

表示有副反应发生时主反应进行的程度。为了定量表示副反应进行的程度，引入副反应系数（α）。下面分别讨论 M、Y 和 MY 的副反应系数。

1. 滴定剂的副反应系数α_Y

滴定剂的副反应系数α_Y为

$$\alpha_Y=\frac{[Y']}{[Y]}=\frac{[Y]+[HY]+[H_2Y]+\cdots+[H_6Y]+[NY]}{[Y]}$$

它表示未与 M 配位的滴定剂的各种形态的总浓度[Y']（$[Y']=c_Y-[MY]$）是游离滴定剂浓度[Y]的多少倍。α_Y 越大，表示滴定剂发生的副反应越严重。$\alpha_Y=1$ 时，$[Y']=[Y]$，表示滴定剂未发生副反应。滴定剂 Y 与 H^+和溶液中其他金属离子 N 发生副反应，分别用$\alpha_{Y(H)}$和$\alpha_{Y(N)}$表示。

滴定剂是碱，易于接受质子形成其共轭酸，因而酸度通常严重影响滴定剂的副反应。当溶液中不存在与 Y 配位的其他金属离子时，Y 仅与 H^+发生副反应，此时

$$\alpha_Y=\alpha_{Y(H)}=\frac{[Y']}{[Y]}=\frac{[Y]+[HY]+\cdots+[H_6Y]}{[Y]}$$

$\alpha_{Y(H)}$表示溶液中游离的 Y 和各级质子化形态的总浓度 c_Y 是游离 Y 浓度[Y]的多少倍。显然，此即多元酸 H_6Y 中 Y 的摩尔分数 x_0 的倒数

$$\alpha_{Y(H)}=\frac{1}{x_0}=\frac{[H]^6+[H]^5K_{a1}+\cdots+K_{a1}K_{a2}K_{a3}K_{a4}K_{a5}K_{a6}}{K_{a1}K_{a2}K_{a3}K_{a4}K_{a5}K_{a6}}$$

$$=\frac{[H]^6}{K_{a1}K_{a2}K_{a3}K_{a4}K_{a5}K_{a6}}+\frac{[H]^5K_{a1}}{K_{a1}K_{a2}K_{a3}K_{a4}K_{a5}K_{a6}}+\cdots+\frac{[H]}{K_{a1}K_{a2}K_{a3}K_{a4}K_{a5}K_{a6}}+1$$

若将 EDTA 的各种形态看作 Y 与 H^+逐级形成的配合物，各步反应及相应的常数为

$$Y+H\!=\!=\!HY \qquad K_1^H=\frac{[HY]}{[H][Y]}=\frac{1}{K_{a6}} \qquad \beta_1^H=K_1^H=\frac{[HY]}{[H][Y]}$$

$$HY+H\!=\!=\!H_2Y \qquad K_2^H=\frac{[H_2Y]}{[H][HY]}=\frac{1}{K_{a5}} \qquad \beta_2^H=K_1^HK_2^H=\frac{[H_2Y]}{[H]^2[Y]}$$

$$\vdots$$

$$H_5Y+H\!=\!=\!H_6Y \qquad K_6^H=\frac{[H_6Y]}{[H][H_5Y]}=\frac{1}{K_{a1}} \qquad \beta_6^H=K_1^HK_2^H\cdots K_6^H=\frac{[H_6Y]}{[H]^6[Y]}$$

由此，可将计算$\alpha_{Y(H)}$的公式写为

$$\begin{aligned}\alpha_{Y(H)}&=\frac{[Y]+[HY]+[H_2Y]+\cdots+[H_6Y]}{[Y]}\\&=\frac{[Y]+[H][Y]\beta_1^H+[H]^2[Y]\beta_2^H+\cdots+[H]^6[Y]\beta_6^H}{[Y]}\\&=1+[H]\beta_1^H+[H]^2\beta_2^H+\cdots+[H]^6\beta_6^H\end{aligned} \tag{4-8}$$

$\alpha_{Y(H)}$仅是[H^+]的函数。酸度越高，$\alpha_{Y(H)}$越大，故又称为酸效应系数，式中各项分别与

Y、HY、H_2Y、…、H_6Y 相对应，由各项数值大小可知哪种形态为主。

【例 4-1】　计算 pH = 5.00 时 EDTA 的酸效应系数 $\alpha_{Y(H)}$。

解　查得 EDTA 的各级酸解离常数 K_{a1}～K_{a6} 分别为 $10^{-0.9}$、$10^{-1.6}$、$10^{-2.07}$、$10^{-2.75}$、$10^{-6.24}$、$10^{-10.34}$，各级稳定常数 K_1^H～K_6^H 分别为 $10^{10.34}$、$10^{6.24}$、$10^{2.75}$、$10^{2.07}$、$10^{1.6}$、$10^{0.9}$，故各级累积稳定常数 β_1^H～β_6^H 分别为 $10^{10.34}$、$10^{16.58}$、$10^{19.33}$、$10^{21.40}$、$10^{23.00}$、$10^{23.90}$。

按照式（4-8），有

$$\begin{aligned}\alpha_{Y(H)} &= 1+[H]\beta_1^H+[H]^2\beta_2^H+\cdots+[H]^6\beta_6^H \\ &= 1+10^{-5.00+10.34}+10^{-10.00+16.58}+10^{-15.00+19.33}+10^{-20.00+21.40}+10^{-25.00+23.00}+10^{-30.00+23.90} \\ &= 1+10^{5.34}+10^{6.58}+10^{4.33}+10^{1.40}+10^{-2.00}+10^{-6.10} \\ &= 10^{6.60}\end{aligned}$$

副反应系数式中虽然包含许多项，但在一定条件下只有少数几项（一般是 2～3 项）是主要的，其他项均可略去。由上可见，pH = 5.00 时，未与 M 配位的 EDTA 主要以 H_2Y（式中第三项）形态存在，其次是 HY（式中第二项）。

配位滴定中 $\alpha_{Y(H)}$ 是常用的重要数值。为应用方便，常将不同 pH 时的 $\lg\alpha_{Y(H)}$ 计算出来列成表或绘成 $\lg\alpha_{Y(H)}$-pH 图备用。附录 8 中列有不同 pH 时 EDTA 和其他配位剂的 $\lg\alpha_{L(H)}$。图 4-7 为 EDTA 的 $\lg\alpha_{Y(H)}$-pH 曲线。图 4-7 表明，酸度对 $\alpha_{Y(H)}$ 影响极大。pH = 1 时，$\alpha_{Y(H)} = 10^{18.3}$，此时 EDTA 与 H^+ 的副反应很严重，溶液中游离的 EDTA（[Y]）仅为未与 M 配位的 EDTA 总浓度（[Y′]）的 $10^{-18.3}$。$\alpha_{Y(H)}$ 随酸度降低而减小。仅当 pH≥12 时，$\alpha_{Y(H)}$ 才等于 1，即此时 Y 才不与 H^+ 发生副反应。

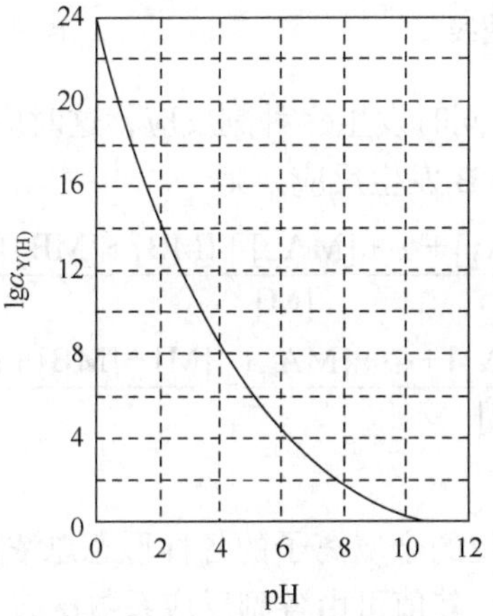

图 4-7　EDTA 的 $\lg\alpha_{Y(H)}$-pH 曲线

关于 Y 与溶液中存在的其他金属离子 N 的副反应系数 $\alpha_{Y(N)}$ 将在 4.4 节“混合离子的选择性滴定”中讨论。

2. 金属离子的副反应系数 α_M

若金属离子 M 与其他配位剂 A 发生副反应，副反应系数为

$$\alpha_{M(A)}=\frac{[M]+[MA]+[MA_2]+\cdots+[MA_n]}{[M]}=1+[A]\beta_1+[A]^2\beta_2+\cdots+[A]^n\beta_n \quad (4\text{-}9)$$

它仅是[A]的函数。

A 可能是滴定所需缓冲剂或为防止金属离子水解所加的辅助配位剂。A 也可能是为消除干扰而加的掩蔽剂。在高 pH 下滴定金属离子时，OH^-与 M 形成金属羟基配合物，A 就代表 OH^-。一些金属离子在不同 pH 下的 $\lg\alpha_{M(OH)}$列于附录 9 中。一些金属离子的 $\lg\alpha_{M(OH)}$-pH 曲线和 $\lg\alpha_{M(NH_3)}$ -lg[NH_3]曲线见图 4-8 和图 4-9。

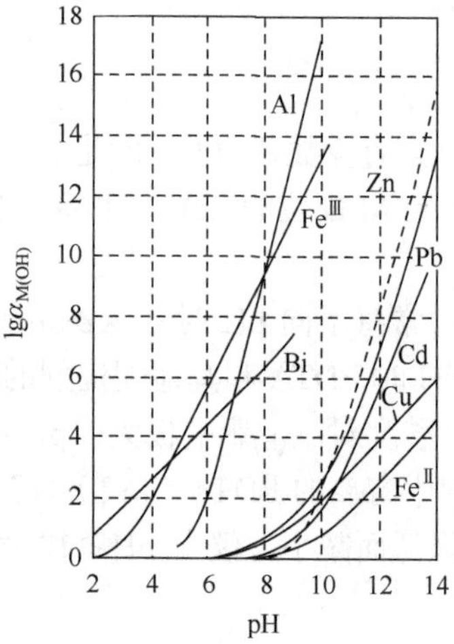

图 4-8　$\lg\alpha_{M(OH)}$-pH 曲线

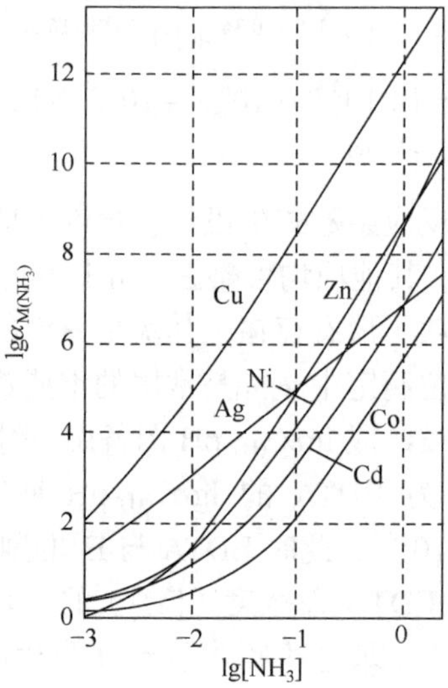

图 4-9　$\lg\alpha_{M(NH_3)}$-lg[NH_3]曲线

实际情况往往是金属离子同时发生多种副反应，这时应当用金属离子的总的副反应系数α_M表示。若 M 既与 A 又与 B 发生反应，则

$$\begin{aligned}\alpha_M &=\frac{[M]+[MA]+[MA_2]+\cdots+[MA_n]+[MB]+[MB_2]+\cdots+[MB_n]}{[M]}\\ &=\frac{[M]+[MA]+[MA_2]+\cdots+[MA_n]}{[M]}+\frac{[M]+[MB]+[MB_2]+\cdots+[MB_n]}{[M]}-\frac{[M]}{[M]}\\ &=\alpha_{M(A)}+\alpha_{M(B)}-1\end{aligned}$$

α_M表示未与滴定剂 Y 配位的金属离子的各种形态总浓度[M′]（$[M']=c_M-[MY]$）是游离金属离子浓度[M]的多少倍，其值可由各副反应系数$\alpha_{M(A)}$、$\alpha_{M(B)}$等求得。若有 P 个配位剂与金属离子发生副反应，则

$$\alpha_M=\alpha_{M(A)}+\alpha_{M(B)}+\cdots+(1-p) \quad (4\text{-}10)$$

【例 4-2】　计算 pH = 11.00，[NH_3] = 0.10 mol · L^{-1} 时的 $\lg\alpha_{Zn}$。

解　NH_3 的 $\lg\beta_1$～$\lg\beta_4$ 分别为 2.27、4.61、7.01、9.06。按式（4-9），有

$$\begin{aligned}\alpha_{Zn(NH_3)} &= 1+[NH_3]\beta_1+[NH_3]^2\beta_2+[NH_3]^3\beta_3+[NH_3]^4\beta_4 \\ &= 1+10^{-1.00+2.27}+10^{-2.00+4.61}+10^{-3.00+7.01}+10^{-4.00+9.06} \\ &= 1+10^{1.27}+10^{2.61}+10^{4.01}+10^{5.06} \\ &= 10^{5.10}\end{aligned}$$

由附录 9 查得，pH = 11 时，$\lg\alpha_{Zn(OH)} = 5.4$，故

$$\alpha_{Zn} = \alpha_{Zn(NH_3)} + \alpha_{Zn(OH)} - 1 = 10^{5.10} + 10^{5.4} - 1 = 10^{5.60}$$

$$\lg\alpha_{Zn} = 5.60$$

必须注意，式（4-9）中[A]是指配位剂 A 的平衡浓度，即游离的 A 的浓度。配位剂 A 大多是碱，易与 H^+结合，[A]将随 pH 而变。若将 A 与 H^+的反应看作副反应，则

$$\begin{aligned}\alpha_{A(H)} &= \frac{[A']}{[A]} = \frac{[A]+[HA]+\cdots+[H_nA]}{[A]} \\ &= 1+[H]\beta_1+[H]^2\beta_2+\cdots+[H]^n\beta_n\end{aligned} \tag{4-11}$$

当主反应进行得较完全时，未与 EDTA 配位的金属离子很少。与金属离子配位所消耗的 A 可忽略，[A']即配位剂的总浓度（或称分析浓度）c_A。基于式（4-11）即可求出[A]，即

$$[A] = \frac{[A']}{\alpha_{A(H)}} \approx \frac{c_A}{\alpha_{A(H)}}$$

【例 4-3】 计算 pH = 9.0，$c_{NH_3} = 0.1\ \text{mol}\cdot\text{L}^{-1}$ 时的 $\lg\alpha_{Zn(NH_3)}$（忽略与 Zn 配位消耗的 NH_3）。

解 NH_4^+的 $\lg K^H_{NH_4^+} = 9.4$，按式（4-11），有

$$\alpha_{NH_3(H)} = 1+[H]K^H_{NH_4^+} = 1+10^{-9.0+9.4} = 10^{0.5}$$

所以

$$[NH_3] = \frac{[NH_3']}{\alpha_{NH_3(H)}} \approx \frac{c_{NH_3}}{\alpha_{NH_3(H)}} = \frac{10^{-1.0}}{10^{0.5}} = 10^{-1.5}(\text{mol}\cdot\text{L}^{-1})$$

由式（4-9）可计算出

$$\alpha_{Zn(NH_3)} = 10^{3.2}$$

$$\lg\alpha_{Zn(NH_3)} = 3.2$$

附录 8 中列出一些配位剂的 $\lg\alpha_{A(H)}$。

3. 配合物的副反应系数 α_{MY}

在酸度较高的情况下，MY 会与 H^+发生副反应，形成酸式配合物 MHY，即

$$MY + H \Longleftrightarrow MHY \qquad K^H_{MHY} = \frac{[MHY]}{[MY][H]_1}$$

副反应系数为

$$\alpha_{MY(H)} = \frac{[MY]+[MHY]}{[MY]} = 1+[H]K_{MHY}^{H} \qquad (4\text{-}12a)$$

K_{MHY}^{H} 表示 MY 与 H^+ 反应形成 MHY 配合物的稳定常数。

碱度较高时，会有碱式配合物生成，副反应系数 $\alpha_{MY(OH)}$ 则为

$$\alpha_{MY(OH)} = 1+[OH]K_{MOHY}^{OH} \qquad (4\text{-}12b)$$

酸式配合物与碱式配合物大多不太稳定，一般计算中可忽略不计。

4.2.3 配合物的条件（稳定）常数

由副反应系数定义知

$$[M'] = \alpha_M[M],\ [Y'] = \alpha_Y[Y],\ [(MY)'] = \alpha_{MY}[MY]$$

将其代入式（4-7），得

$$K'_{MY} = \frac{\alpha_{MY}[MY]}{\alpha_M[M]\alpha_Y[Y]} = \frac{\alpha_{MY}}{\alpha_M\alpha_Y}K_{MY} \qquad (4\text{-}13a)$$

在一定条件下（如溶液 pH 和试剂浓度一定时），α_M、α_Y 和 α_{MY} 均为定值，因此 K'_{MY} 在一定条件下是一个常数。为强调它是随条件而变化的，称为条件稳定常数（简称条件常数），也称为表观稳定常数或有效稳定常数。

条件常数 K'_{MY} 是用副反应系数校正后的实际稳定常数，即由于金属离子发生了副反应，未参与主反应的金属离子的总浓度 $c_{M'}$ 为游离金属离子浓度[M]的 α_M 倍，这就相当于主反应常数 K_{MY} 降至原来的 $\frac{1}{\alpha_M}$。同样，滴定剂发生副反应使主反应常数又降至原来的 $\frac{1}{\alpha_Y}$，而配合物发生副反应则使主反应常数增加 α_{MY} 倍。只有当反应物和生成物均不发生副反应时，K'_{MY} 才等于 K_{MY}。此时，K_{MY} 才反映 M 与 Y 反应的实际情况。

K'_{MY} 是条件常数的笼统表示。有时为明确表示哪些组分发生了副反应，可将“′”写在发生副反应组分的右上方。例如，仅是滴定剂发生副反应，写作 $K_{MY'}$，而若金属离子与滴定剂均发生副反应，则写作 $K_{M'Y'}$ 等。

式（4-13a）用对数形式表示为

$$\lg K'_{MY} = \lg K_{MY} - \lg\alpha_M - \lg\alpha_Y + \lg\alpha_{MY} \qquad (4\text{-}13b)$$

多数情况下（溶液酸、碱性不太强时），不形成酸式、碱式配合物，简化成如下形式：

$$\lg K'_{MY} = \lg K_{MY} - \lg\alpha_M - \lg\alpha_Y \qquad (4\text{-}14)$$

这是常用的计算配合物条件常数的重要公式。

【例 4-4】 计算 pH 为 2.0 和 5.0 时的 $\lg K'_{ZnY}$。

解 已知 $\lg K_{ZnY} = 16.5$，$\lg K_{ZnHY}^{H} = 3.0$，pH = 2.0 时

$$\lg\alpha_{Y(H)} = 13.8\ （附录 8）$$

$$\lg\alpha_{Zn(OH)} = 0\ （附录 9）$$

按式（4-12a）计算：

$$\alpha_{ZnY(H)} = 1 + [H]K_{ZnHY}^{H} = 1 + 10^{-2.0+3.0} = 10^{1.0}$$

所以

$$\begin{aligned}\lg K'_{ZnY} &= \lg K_{ZnY} - \lg\alpha_{Zn(OH)} - \lg\alpha_{Y(H)} + \lg\alpha_{ZnY(H)}\\ &= 16.5 - 0 - 13.8 + 1.0\\ &= 3.7\end{aligned}$$

$pH = 5.0$ 时，$\lg\alpha_{Y(H)} = 6.6$，$\lg\alpha_{Zn(OH)} = 0$，$\lg\alpha_{ZnY(H)}$ 因酸度较低忽略不计，所以

$$\lg K'_{ZnY} = \lg K_{ZnY} - \lg\alpha_{Y(H)} = 16.5 - 6.6 = 9.9$$

由上可见，尽管 $\lg K'_{ZnY}$ 高达 16.5，但若在 pH = 2.0 时滴定，由于 Y 与 H^+ 的副反应严重，$\lg\alpha_{Y(H)}$ 为 13.8，$\lg K'_{ZnY}$ 仅为 3.7，此时 ZnY 配合物极不稳定；而在 pH = 5.0 时，$\lg\alpha_{Y(H)}$ 为 6.6，此时 $\lg K'_{ZnY}$ 达 9.9，配位反应进行得很完全。由此可见，在配位滴定中控制酸度非常重要。

酸度降低使 $\lg\alpha_{Y(H)}$ 减小，有利于配合物形成。但酸度过低将使 $\lg\alpha_{M(OH)}$ 增大，不利于主反应。图 4-10 为一些金属-EDTA 配合物的 $\lg K'_{MY}$-pH 曲线，它清楚地表明了酸度对 $\lg K'_{MY}$ 的影响。即使溶液中无其他配位剂存在，配合物的条件常数也远小于相应的理论稳定常数。例如，$K'_{HgY} = 10^{21.8}$，实际 K'_{HgY} 不超过 $10^{12.0}$；$K_{Fe^{III}Y} \gg K_{CuY}$，但由于 Fe(Ⅲ)与 OH^- 的副反应严重，pH = 8.0 以上 $K'_{Fe^{III}Y}$ 值远小于 K'_{CuY}。

【例 4-5】 计算 pH 9.0，$c_{NH_3} = 0.1\ mol \cdot L^{-1}$ 时的 $\lg K'_{ZnY}$。

解 此时溶液中的平衡关系为

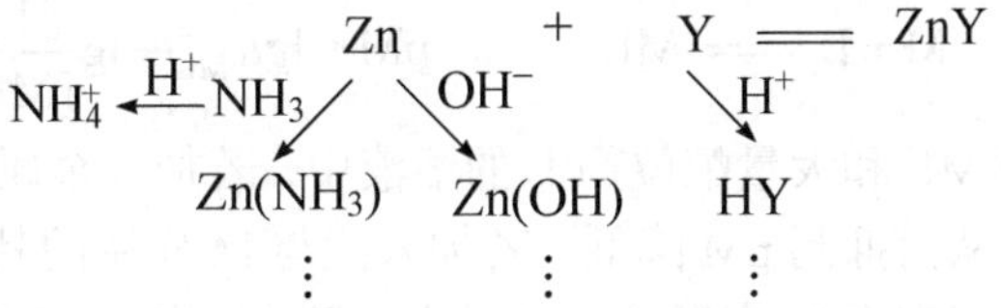

此条件下 $\alpha_{Zn(NH_3)} = 10^{3.2}$（【例 4-3】），$\alpha_{Zn(OH)} = 10^{0.2}$ （附录 9）。所以

$$\alpha_{Zn} = 10^{3.2} + 10^{0.2} - 1 = 10^{3.2}$$

又

$$\lg\alpha_{Y(H)} = 1.4 \text{（附录 8）}$$

故

$$\lg K'_{ZnY} = \lg K_{ZnY} - \lg\alpha_{Zn} - \lg\alpha_{Y(H)} = 16.5 - 3.2 - 1.4 = 11.9$$

图 4-11 为不同氨浓度时的 $\lg K'_{ZnY}$-pH 曲线。由图可见，当酸度较高时，氨主要以 NH_4^+ 形式存在，OH^- 浓度也小，副反应仅来自 H^+ 对 Y 的影响，$\lg K'_{ZnY}$ 随 pH 升高而升高，此时不同浓度氨的曲线合而为一。当 pH 继续升高时，由于 NH_3 和 OH^- 与 Zn^{2+} 的副反应，导致 $\lg K'_{ZnY}$ 减小。因此，$\lg K'_{ZnY}$ 随 pH 变化会出现最大值。显然，c_{NH_3} 越大，达最大值的 pH 越低，并且在同一 pH 下的 $\lg K'_{ZnY}$ 越小。而当 pH＞12 时，副反应主要来自 OH^- 对 Zn^{2+} 的影响，三条曲线又合为一条，$\lg K'_{ZnY}$ 随 pH 升高而降低。在弱碱性溶液中用 Zn^{2+} 标定 EDTA 时，常加入氨性缓冲溶液控制溶液 pH，此时氨为 Zn^{2+} 的辅助配位剂。由图可见，氨的浓度不能过大，否则 $\lg K'_{ZnY}$ 太小，反应进行不完全。

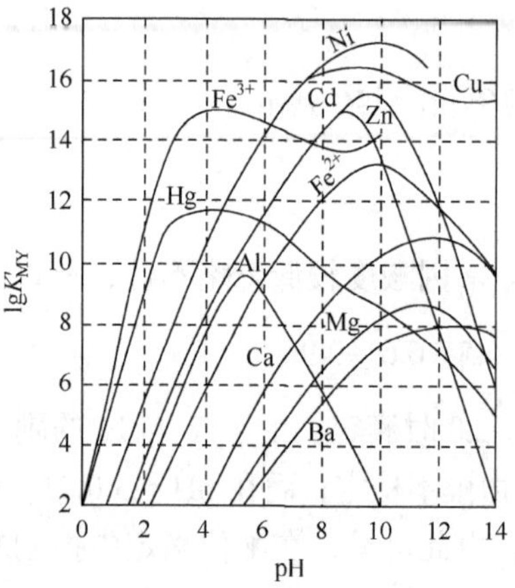

图 4-10　一些金属-EDTA 配合物的 $\lg K'_{MY}$-pH 曲线

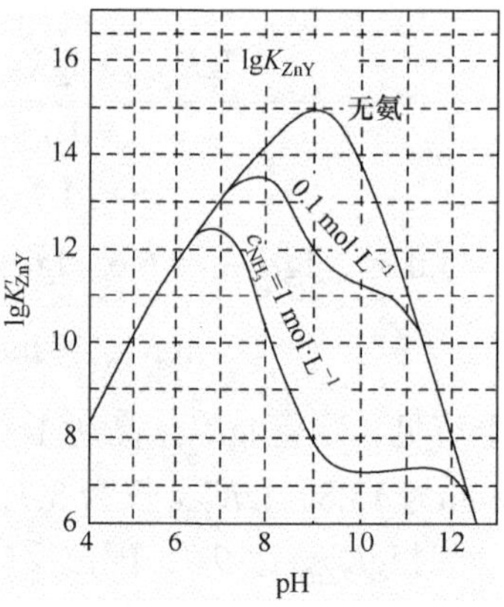

图 4-11　不同氨浓度时的 $\lg K'_{ZnY}$-pH 曲线

4.2.4　金属离子缓冲溶液

金属离子缓冲溶液是由金属配合物（ML）和过量的配位剂（L）组成的，具有控制金属离子浓度的作用，它与弱酸（HA）及其共轭碱（A）组成的控制溶液 pH 的酸碱缓冲溶液的原理相似。

$$\mathrm{H}+\mathrm{A} \longrightarrow \mathrm{HA} \qquad \mathrm{pH}=\mathrm{p}K_{\mathrm{a}}+\lg\frac{[\mathrm{A}]}{[\mathrm{HA}]}$$

$$\mathrm{M}+\mathrm{L} \longrightarrow \mathrm{ML} \qquad \mathrm{pM}=\lg K_{\mathrm{ML}}+\lg\frac{[\mathrm{L}]}{[\mathrm{ML}]}$$

在含有大量配合物 ML 和大量配位剂 L 的溶液中，若加入金属离子 M，则大量存在的配位剂 L 将与之配位，从而抑制 pM 降低。若加入能与 M 作用的其他配位剂时，溶液中大量存在的配合物 ML 将解离出 M 以阻止 pM 增大。显然，当过量配位剂与配合物浓度相等时，缓冲能力最大。实际上 L 往往发生副反应，此时

$$K'_{\mathrm{ML}}=\frac{[\mathrm{ML}']}{[\mathrm{M}][\mathrm{L}']}=\frac{K_{\mathrm{ML}}}{\alpha_{\mathrm{L(H)}}}$$

取对数形式，得

$$\mathrm{pM}=\lg K'_{\mathrm{ML}}+\lg\frac{[\mathrm{L}']}{[\mathrm{ML}]}=\lg K_{\mathrm{ML}}-\lg\alpha_{\mathrm{L(H)}}+\lg\frac{[\mathrm{L}']}{[\mathrm{ML}]} \tag{4-15}$$

因此，选用不同的配位剂，控制合适的 pH，调节[Y′]/[ML]，就可配制不同 pM 的金属离子缓冲溶液。

【例 4-6】　欲配制 pCa 为 6.0 的钙离子缓冲溶液：

（1）若选用 EDTA 为配位剂，应如何配制，pH 多大合适？

（2）如需控制溶液 pH 为 7.5，应如何配制？

解　（1）$\lg K_{\mathrm{CaY}}=10.7$。为使缓冲容量最大，需使$[\mathrm{CaY}]=c_{\mathrm{Y}'}$，即溶液中 $c_{\mathrm{Y}}=2c_{\mathrm{Ca}}$。按式（4-15），有

$$\mathrm{pCa}=\lg K'_{\mathrm{CaY}}=\lg K_{\mathrm{CaY}}-\lg\alpha_{\mathrm{L(H)}}$$

故

$$\lg\alpha_{\mathrm{Y(H)}}=\lg K_{\mathrm{CaY}}-\mathrm{pCa}=10.7-6.0=4.7$$

查 $\lg\alpha_{Y(H)}$-pH 曲线（图 4-7），此时 pH = 6.0。因此，按 EDTA 与 Ca^{2+}的物质的量之比为 2∶1 混合，并调节溶液 pH = 6.0，即得 pCa 为 6.0 的钙离子缓冲溶液。

（2）为保证 pH = 7.5、pCa = 6.0，需要调节[CaY]与[Y′]的比值。按式（4-15）

$$\lg\frac{[Y']}{[CaY]} = 6.0 - 10.7 + 2.8 = -1.9$$

$$\frac{[X']}{[CaX]} = 1 : 80$$

若按此比例配制缓冲溶液，其缓冲容量太小，没有应用价值，因此只能考虑改换配位剂。若选 HEDTA 为配位剂，$\lg K_{CaX} = 8.0$，pH = 7.5 时 $\lg\alpha_{X(H)} = 2.3$，则有

$$\lg\frac{[X']}{[CaX]} = 6.0 - 8.0 + 2.3 = 0.3$$

$$\frac{[X']}{[CaX]} = 2 : 1$$

配制溶液时按 HEDTA 与 Ca^{2+}的物质的量之比为 3∶1，并调节 pH 为 7.5 即可。

在一些化学反应中，常需要控制某金属离子的浓度很低。由于在稀溶液中，金属离子的配位、水解反应以及容器的吸附和该离子的外来引入等均影响极大，不能用直接稀释的方法配制出所需的浓度。上述金属离子缓冲溶液既能维持该金属离子浓度在指定 pM 范围，又有很大的“储备”浓度，在实际应用中非常重要。

4.3　配位滴定基本原理

4.3.1　滴定曲线

在配位滴定中，随着滴定剂的加入，金属离子浓度逐渐减小，在化学计量点附近，pM 发生急剧变化。有了条件常数，不难作出滴定曲线。用配位剂 Y 滴定金属离子 M 的过程与用弱碱 A 滴定强酸 H^+相似。

表 4-2 将两类滴定进行比较：若将酸 HA 作为配合物处理，用形成常数 K_{HA}^{H}（$1/K_a$）表示，则两类滴定的计算式完全一致；若反应进行不完全，在计算化学计量点前后 pM′ 时不能忽略配位物的解离。

表 4-2　酸碱滴定曲线和配位滴定曲线的计算公式的对比

滴定反应	H + A ══ HA		M + Y ══ MY	
	溶液组成	[H]的计算	溶液组成	[M]的计算
开始	H	c_H	M′	c_M
化学计量点前	H + HA	按剩余 H 计	M′ + MY	按剩余 M′ 计
化学计量点	HA	$\sqrt{K_a c}$	MY	$\sqrt{\frac{c}{K'_{MY}}}$
化学计量点后	HA + A	$\frac{[HA]}{[A]}K_a$	MY + Y′	$\frac{[MY]}{[Y']}\frac{1}{K'_{MY}}$

注：表中离子均略去电荷。

需要特别强调的是化学计量点 pM′ 的计算，它是选择指示剂的依据。按条件常数定义式

$$K'_{MY}=\frac{[MY]}{[M'][Y']}$$

化学计量点时，[M′]=[Y′]（注意，不是[M]=[Y]）。若配合物比较稳定，[MY]= $c_M-[M']\approx c_M$。将其代入上式，整理得

$$[M']_{sp}=\sqrt{\frac{c_{sp_M}}{K'_{MY}}}$$

取对数形式，即

$$(pM')_{sp}=\frac{1}{2}(\lg K'_{MY}+pc_{sp_M})\qquad(4\text{-}16)$$

这就是化学计量点时 pM′的计算公式。式中，c_{sp_M} 为化学计量点时金属离子的分析浓度。若滴定剂与被滴浓度相等，c_{sp_M} 即为金属离子原始浓度的一半。

【例 4-7】 用 2×10^{-2} mol · L^{-1} EDTA 滴定同浓度的 Zn^{2+}。若溶液 pH 为 9.0，c_{NH_3} 为 0.2 mol · L^{-1}，计算化学计量点的 pZn′、pZn、pY′、pY 以及化学计量点前后 0.1%时的 pZn′ 和 pY′。

解 化学计量点时，pH = 9.0，$c_{NH_3}=\frac{0.2}{2}=0.1(\text{mol}\cdot\text{L}^{-1})$，【例 4-5】已计算得

$$\lg\alpha_{Zn}=\lg\alpha_{Zn(NH_3)}=3.2, \lg\alpha_{Y(H)}=1.4, \lg K'_{ZnY}=11.9$$

$$c_{sp_{Zn}}=10^{-2.0}\,\text{mol}\cdot\text{L}^{-1}$$

按式（4-16），则

$$(pZn')_{sp}=\frac{1}{2}(\lg K'_{ZnY}+pc_{sp_{Zn}})=\frac{1}{2}\times(11.9+2.0)=7.0$$

因

$$[Zn]=\frac{[Zn']}{\alpha_{Zn}}$$

$$pZn=pZn'+\lg\alpha_{Zn}=7.0+3.2=10.2$$

又

$$(pY')_{sp}=(pZn')=7.0$$

$$(pY)_{sp}=(pY')_{sp}+\lg\alpha_{Y(H)}=7.0+1.4=8.4$$

化学计量点前 0.1%时，有

$$[Zn']=\frac{2\times10^{-2}}{2}\times0.1\%=1\times10^{-5}(\text{mol}\cdot\text{L}^{-1})$$

$$pZn'=5.0$$

$$[Y']=\frac{[ZnY]}{[Zn']K'_{ZnY}}=\frac{1\times10^{-2}}{1\times10^{-5}\times10^{11.9}}=10^{-8.9}(\text{mol}\cdot\text{L}^{-1})$$

$$pY'=8.9$$

化学计量点后 0.1%时，有

$$[Y']=\frac{2\times10^{-2}}{2}\times0.1\%=1\times10^{-5}(\text{mol}\cdot\text{L}^{-1})$$

$$pY'=5.0$$

$$[Zn']=\frac{[ZnY]}{[Y']K'_{ZnY}}=\frac{1\times10^{-2}}{1\times10^{-5}\times10^{11.9}}=10^{-8.9}(\text{mol}\cdot\text{L}^{-1})$$

$$pZn'=8.9$$

化学计量点附近体积变化很小，K' 可以认为不变。化学计量点时未与 EDTA 配位的锌的总浓度（[Zn']）仅 $10^{-7.0}$ mol · L^{-1}，故与锌配位所消耗的氨可忽略，一般若能准确滴定，这种忽略均是合理的。

滴定突跃的大小是决定配位滴定准确度的重要依据。影响滴定突跃的因素有：

（1）配合物的条件稳定常数 K'_{MY}。在浓度一定的条件下，K'_{MY} 越大，突跃也越大（图 4-12）。

这是由于化学计量点前后

$$pM'=\lg K'_{MY}-\lg\frac{[MY]}{[Y']}$$

当滴定剂过量 0.1%时

$$pM'=\lg K'_{MY}-3$$

可见 pM′仅取决于 $\lg K'_{MY}$，将随 $\lg K'_{MY}$ 增大而增大，K'_{MY} 增大 10 倍，pM′则增大 1 个单位。化学计量点前按反应剩余的[M′]计算 pM′，与 K'_{MY} 无关，因此 K'_{MY} 不同的滴定曲线合为一条。调节溶液酸度，控制其他配位剂的浓度，可使 $\lg K'_{MY}$ 增大，从而使滴定突跃增大。

（2）金属离子浓度 c_M。在 K'_{MY} 一定的条件下，浓度越大，突跃也越大（图 4-13）。化学计量点前 pM′ 随 c_M 增大而减小，若浓度增大 10 倍，则 pM′ 减小 1 个单位；化学计量点后，浓度不同的滴定曲线合为一条，表明 pM′ 与浓度无关。此处浓度改变仅影响滴定曲线的一侧，这与酸碱滴定中的一元弱酸（碱）情况相似。

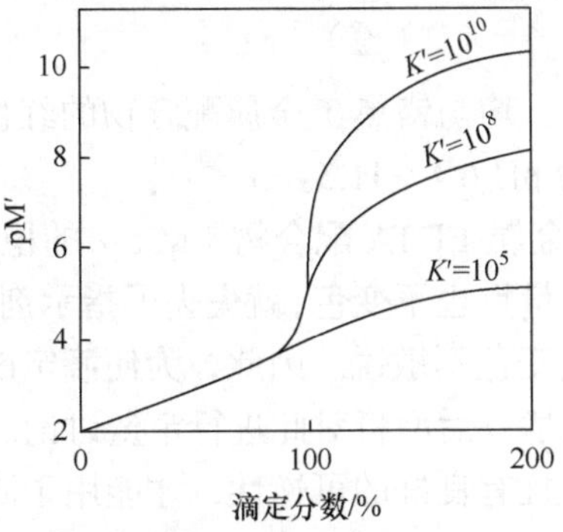

图 4-12　不同条件常数的滴定曲线（$c=10^{-2}$ mol · L^{-1}）

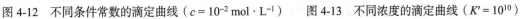

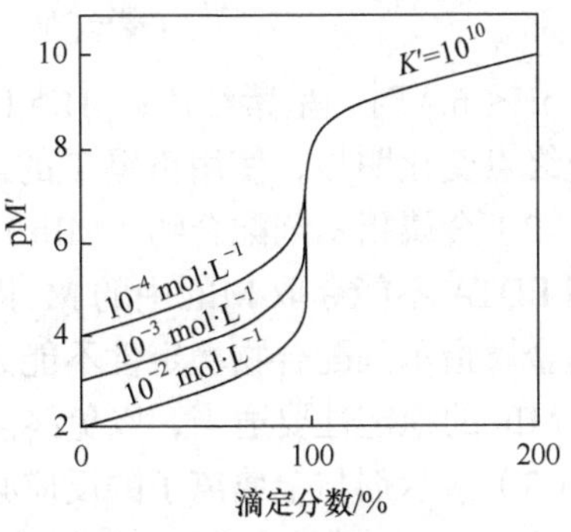

图 4-13　不同浓度的滴定曲线（$K'=10^{10}$）

4.3.2 金属指示剂

配位滴定指示终点的方法有很多，其中最重要的是使用金属指示剂指示终点。酸碱指示剂是以指示溶液中 H^+浓度的变化确定终点，金属指示剂则是以指示溶液中金属离子浓度的变化确定终点。

1. 金属指示剂作用原理

金属指示剂大多数为有机染料，能与某些金属离子形成与染料本身颜色不同的有色配合物。例如，铬黑 T（EBT）和镁与铬黑 T 的配合物的结构式如下：

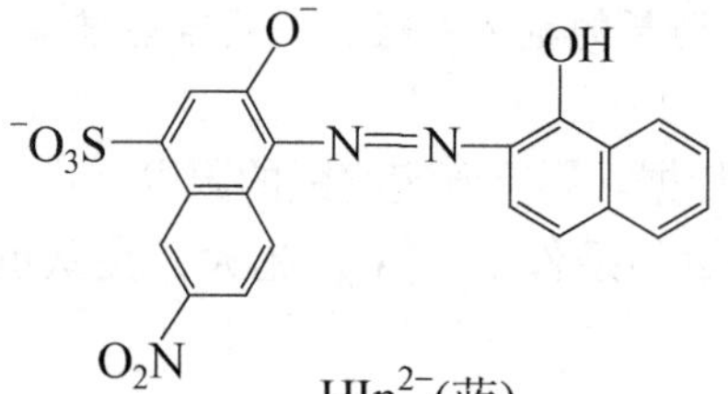

HIn^{2-}(蓝)

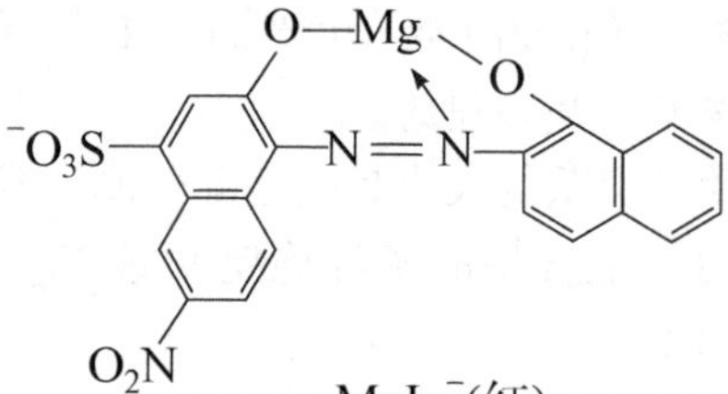

$MgIn^-$(红)

若以 EDTA 滴定 Mg^{2+}，滴定开始时溶液中有大量的 Mg^{2+}，部分 Mg^{2+}与指示剂配位，呈现 $MgIn^-$的红色。随着 EDTA 的加入，它逐渐与 Mg^{2+}配位。在化学计量点附近，Mg^{2+}的浓度降至很低，加入的 EDTA 进而夺取 $MgIn^-$配合物中的 Mg^{2+}，使指示剂游离出来，即

$$\underset{（红）}{MgIn^-} + HY^{3-} \longrightarrow MgY^{2-} + \underset{（蓝）}{HIn^{2-}}$$

此时溶液呈现蓝色，表示到达滴定终点。

金属指示剂必须具备以下条件：

（1）金属指示剂配合物与指示剂的颜色应有明显区别，终点颜色变化才明显。金属指示剂多是有机弱酸，颜色随 pH 而变化，因此必须控制合适的 pH 范围。仍以铬黑 T 为例，它在溶液中有如下平衡：

$$\underset{（紫红）}{H_2In^-} \xrightleftharpoons{pK_{a2}=6.4} \underset{（蓝）}{HIn^{2-}} \xrightleftharpoons{pK_{a3}=11.5} \underset{（橙）}{In^{3-}}$$

pH＜6.4 时，呈紫红色；pH＞11.5 时，呈橙色，均与铬黑 T 金属配合物的红色相近。为使终点变化明显，使用铬黑 T 的最适宜酸度应为 pH 6.4～11.5。

（2）金属指示剂配合物（MIn）的稳定性应比金属-EDTA 配合物（MY）的稳定性低，否则 EDTA 不能夺取 MIn 中的 M，即使过了化学计量点也不变色，就失去了指示剂的作用。但是金属指示剂配合物稳定性不能太低，否则终点变色不敏锐。因此，为使滴定的准确度高，MIn 的稳定性要适当，以免终点过早或过迟到达。后面将对此进行定量讨论。

（3）指示剂与金属离子的反应必须进行迅速，且有良好的可逆性，才能用于滴定。

2. 金属指示剂颜色转变点的 $pM[(pM)_t]$的计算

金属-指示剂配合物在溶液中有如下平衡关系（在忽略金属离子副反应的情况下）：

$$\begin{array}{c} M + In \xlongequal{} MIn \\ \downarrow \\ HIn \\ \downarrow \\ H_2In \\ \vdots \end{array}$$

其条件常数式为

$$K'_{MIn} = \frac{[MIn]}{[M][In']} = \frac{K_{MIn}}{\alpha_{In(H)}}$$

采用对数形式

$$pM + \lg\frac{[MIn]}{[In']} = \lg K_{MIn} - \lg\alpha_{In(H)}$$

当[MIn] = [In′]（[In′]指未与 M 配位的形态总和）时，溶液呈现混合色，即可得出指示剂颜色转变点的 pM，以$(pM)_t$表示，其值为

$$(pM)_t = \lg K'_{MIn} = \lg K_{MIn} - \lg\alpha_{In(H)}$$

因此，只要知道金属-指示剂配合物的稳定常数 K_{MIn}，并算出一定 pH 时指示剂的酸效应系数$\alpha_{In(H)}$，就可求出$(pM)_t$。值得注意的是，当 M 有副反应时，$(pM)'_t$的计算还应减去 $\lg\alpha_M$。

【例 4-8】 铬黑 T 与 Mg^{2+}的配合物的 $\lg K_{MgIn}$为 7.0，铬黑 T 的质子化累积常数的对数值为 $\lg\beta_1 = 11.5$，$\lg\beta_2 = 17.9$。试计算 pH 10.0 时铬黑 T 的$(pMg)_t$。

解　$$\alpha_{In(H)} = 1 + [H]\beta_1 + [H]^2\beta_2 = 1 + 10^{-10.0+11.5} + 10^{-20.0+17.9} = 10^{1.5}$$

故　$$(pMg)_t = \lg K'_{MgIn} = \lg K_{MgIn} - \lg\alpha_{In(H)} = 7.0 - 1.5 = 5.5$$

以上是指 M 与 In 的物质的量之比 1∶1 的情况。实际上有时还会形成 1∶2 或 1∶3 以及酸式配合物，则$(pM)_t$的计算就很复杂。并且在实际应用时，通常控制溶液显 In 色（用 EDTA 滴定 M 时）或 MIn 色（用 M 滴定 EDTA 时）为终点，与计算的$(pM)_t$略有出入。因此，不少指示剂变色点的$(pM)_t$是由实验所测。

附录 10 中列出一些指示剂在不同 pH 下的$\lg\alpha_{In(H)}$与$(pM)_t$。图 4-14 为铬黑 T 的$(pM)_t$-pH 曲线和二甲酚橙的$(pZn)_t$-pH 曲线。由图可见，指示剂变色点的$(pM)_t$随酸度而变，酸度越低（pH 越高），指示剂的灵敏度越高[$(pM)_t$越大]。由图可查出不同 pH 时的$(pM)_t$。

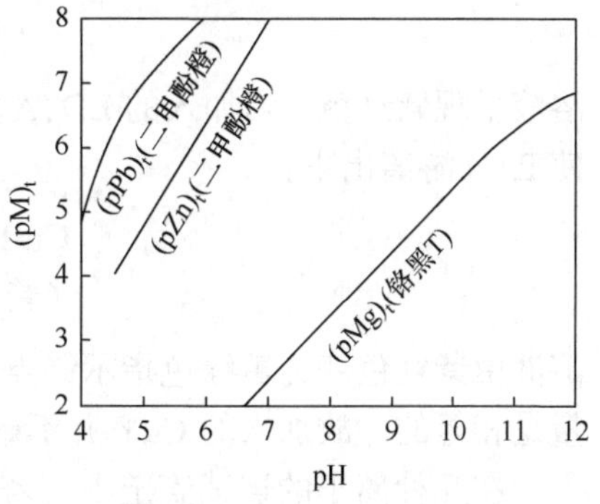

图 4-14　指示剂的$(pM)_t$-pH 曲线

在金属离子未发生副反应时，$(pM)_{ep}$即$(pM)_t$。若 M 发生副反应，终点时未与 EDTA 配位的金属离子总浓度为[M′]，它是游离金属离子浓度的α_M倍，此时

$$(pM')_{ep} = (pM)_t - \lg\alpha_M$$

3. 常用金属指示剂

1）铬黑 T

如前所述，铬黑 T 是在弱碱性溶液中滴定 Mg^{2+}、Zn^{2+}、Pb^{2+}等离子的常用指示剂。

2）二甲酚橙（XO）

二甲酚橙是在酸性溶液（pH＜6.0）中许多金属离子配位滴定所使用的指示剂。常用于锆、铪、钍、钪、铟、稀土、钇、铋、锌、镉、汞的直接滴定法中。会封闭 XO 的离子，如铝、镍、钴、铜、镓等，可采用返滴定法，即加入过量 EDTA 后，调节 pH = 5.0～5.5（六次甲基四胺缓冲溶液），再用锌或铅返滴定。3 价铁离子可在 pH = 2～3 时，用硝酸铋返滴定法测定。

二甲酚橙为多元酸（六级解离常数），pH = 0～6.0，二甲酚橙为黄色，它与金属离子形成的配合物为红色。二甲酚橙与各种金属离子形成配合物的稳定性不同，产生明显颜色变化的最高酸度也不同（表 4-3）。

表 4-3　二甲酚橙与金属离子显色的最高酸度

金属离子	酸度 c_{HNO_3}/(mol·L^{-1})	金属离子	pH
Zr^{4+}，Hf^{4+}	1.0	Pb^{2+}，Al^{3+}，In^{3+}，Ga^{3+}	3.0
Bi^{3+}	0.5	镧系元素，Y^{3+}	3.0～4.0
Fe^{3+}	0.2	Zn^{2+}，Co^{2+}，Tl^{3+}	4.0
Th^{4+}	0.1	Cu^{2+}	5.0
Sc^{3+}	0.05	Mn^{2+}，Ni^{2+}，Cd^{2+}，Hg^{2+}	5.0～5.5

3）1-（2-吡啶偶氮）-2-萘酚（PAN）

PAN 与 Cu^{2+}的显色反应非常灵敏，但很多其他金属离子如 Ni^{2+}、Co^{2+}、Zn^{2+}、Pb^{2+}、Bi^{3+}、Ca^{2+}与 PAN 反应慢或灵敏度低。若以 Cu-PAN 为间接金属指示剂，则可测定多种金属离子。Cu-PAN 指示剂是 CuY 和 PAN 的混合液。将此液加到含有被测金属离子 M 的试液中，发生如下置换反应：

$$\underset{\text{（黄绿）}}{CuY + PAN} + M = MY + \underset{\text{（紫红）}}{Cu\text{-}PAN}$$

溶液呈现紫红色。当加入的 EDTA 定量配位 M 后，EDTA 将夺取 Cu-PAN 中的 Cu^{2+}，从而使 PAN 游离出来：

$$\underset{\text{（紫红）}}{Cu\text{-}PAN} + Y = CuY + \underset{\text{（黄绿）}}{PAN}$$

溶液由紫红色变为黄绿色指示终点到达。因滴定前加入的 CuY 的量与最后生成的 CuY 的量是相等的，故加入的 CuY 并不影响测定结果。

在几种离子的连续滴定中，若分别使用几种指示剂，往往发生颜色干扰。而 Cu-PAN 可以在很宽的 pH 范围（pH = 1.9～12.2）内使用，就可以在同一溶液中连续指示终点。

4）其他指示剂

（1）Mg-EBT 类似于 Cu-PAN，为间接指示剂。

（2）在 pH = 2，磺基水杨酸（无色）与 Fe^{3+}形成紫红色配合物，可用作滴定 Fe^{3+}的指示剂。

（3）在 pH = 12.5，钙指示剂（蓝色）与 Ca^{2+}形成紫红色配合物，可用作滴定钙的指示剂。

4. 使用金属指示剂存在的问题

（1）指示剂的封闭现象。某些金属-指示剂配合物（MIn）比相应的金属-EDTA 配合物（MY）稳定，显然此指示剂不能作为滴定该金属的指示剂。在滴定其他金属离子时，若溶液中存在这些金属离子，则溶液一直呈现 MIn 的颜色，即使到了化学计量点也不变色，这种现象称为指示剂的封闭。例如，在 pH = 10 时以铬黑 T 为指示剂滴定 Ca^{2+}、Mg^{2+}的总量，Al^{3+}、Fe^{3+}、Cu^{2+}、Ni^{2+}等会封闭铬黑 T，致使终点无法确定。试剂或去离子水往往由于含有微量的上述离子，也使得指示剂失效。解决的办法是加入掩蔽剂，使干扰离子生成更稳定的配合物，从而不再与指示剂作用。Al^{3+}、Fe^{3+}对铬黑 T 的封闭可加三乙醇胺予以消除；Cu^{2+}、Co^{2+}、Ni^{2+}可用 KCN 掩蔽；Fe^{3+}也可用抗坏血酸还原为 Fe^{2+}，再加 KCN 以$[Fe(CN)_4]^{2-}$的形式掩蔽。若干扰离子的量太大，则需预先分离除去。

（2）指示剂的僵化现象。有些指示剂或金属-指示剂配合物在水中的溶解度太小，使得滴定剂与金属-指示剂配合物交换缓慢，终点拖长，这种现象称为指示剂僵化。解决的办法是加入有机溶剂或加热，以增大其溶解度。例如，用 PAN 作指示剂时，经常加入乙醇或在加热下滴定。

（3）指示剂的氧化变质现象。金属指示剂大多为含双键的有色化合物，易被日光、氧化剂如空气等分解，在水溶液中多不稳定，久置会变质。若配成固体混合物则较稳定，保存时间较长。例如，铬黑 T 和钙指示剂常用 NaCl 或 KCl 作稀释剂配制。

4.3.3　终点误差

参照酸碱滴定终点误差公式[式（3-45）]，不难得到配位滴定的误差公式。EDTA（Y）滴定金属（M）的终点误差表达式为

$$E_t = \frac{[Y']_{ep} - [M']_{ep}}{c_{sp_M}}$$

由

$$\Delta pM' = (pM')_{ep} - (pM')_{sp}$$

$$\Delta pY' = (pY')_{ep} - (pY')_{sp}$$

得

$$[M']_{ep} = [M']_{sp}10^{-\Delta pM'}$$

$$[Y']_{ep} = [Y']_{sp}10^{-\Delta pY'} = [Y']_{sp}10^{\Delta pM'}$$

代入上式，得

$$E_t = \frac{[M']_{sp}(10^{\Delta pM'} - 10^{-\Delta pM'})}{c_{sp_M}}$$

根据式（4-16），有

$$[M']_{sp} = (c_{sp_M} / K'_{MY})^{1/2}$$

又因

$$\Delta pM' = \Delta pM$$

故

$$E_t = \frac{10^{\Delta pM} - 10^{-\Delta pM}}{(K'_{MY} c_{sp_M})^{1/2}} \tag{4-17}$$

这就是配位滴定终点误差公式，其形式与酸碱滴定终点误差公式相似。K'_{MY} 对应于酸碱滴定反应常数 K_t，c_{sp_M} 对应于 c_{sp}，ΔpM 则对应于 ΔpH。因此，酸碱终点误差图对配位滴定同样适用。

用配位滴定法测定时所需的条件也取决于允许的误差和检测终点的精准度。一般配位滴定目测终点有 $\pm(0.2\sim0.5)\Delta pM$ 的出入，即 ΔpM 至少为 ±0.2。若允许 E_t 为 $\pm0.1\%$，则 $\lg(c_{sp_M} K'_{MY}) \geqslant 6$。因此，通常将 $\lg cK' \geqslant 6$ 作为判断能否用配位滴定法测定的条件，用终点误差图也可求配位滴定的突跃范围与终点误差。

【例 4-9】 在 pH 5.0 的六次甲基四胺缓冲溶液中以 2×10^{-2} mol · L^{-1} EDTA 滴定同浓度的 Pb^{2+}。计算滴定突跃，并选择合适的指示剂。

解 六次甲基四胺不与 Pb^{2+}配位，在 pH = 5.0 时，有

$$\lg\alpha_{Pb(OH)} = 0,\ \lg\alpha_{Y(H)} = 6.6$$

故

$$\lg K'_{PbY} = 18.0 - 6.6 = 11.4$$

查误差图，$\lg cK' = 11.4 - 2.0 = 9.4$，$E_t = \pm 0.1\%$时，有

$$\Delta pM = \pm 1.7$$

$$(pPb)_{sp} = \frac{1}{2}(\lg K'_{PbY} + pc_{sp_{Pb}}) = \frac{1}{2}\times(11.4 + 2.0) = 6.7$$

滴定突跃即化学计量点前后 0.1%的 pPb，相应的 pPb 为 6.7±1.7，即滴定突跃为 pPb = 5.0～8.4。

查附录 10，二甲酚橙在 pH 5.0 时的$(pPb)_t = 7.0$，正处于突跃范围，所以它是合适的指示剂。

【例 4-10】 在 pH = 10.0 的氨性缓冲溶液中，用 2×10^{-2} mol · L^{-1} EDTA 滴定同浓度的 Mg^{2+}。若以铬黑 T 为指示剂滴定到变色点$(pMg)_t$，计算 E_t。

解 pH = 10.0 时，$(pMg)_{ep} = (pMg)_t = 5.4$（见【例 4-8】计算，或查附录 10）

$$\lg K'_{MgY} = \lg K_{MgY} - \lg\alpha_{Y(H)} = 8.7 - 0.5 = 8.2$$

$$(pMg)_{sp} = \frac{1}{2}(\lg K'_{MgY} + pc_{sp_{Mg}}) = \frac{1}{2}\times(8.2 + 2) = 5.1$$

$$\Delta pM = (pMg)_{ep} - (pMg)_{sp} = 5.4 - 5.1 = +0.3$$

查误差图，$\lg cK' = 8.2 - 2.0 = 6.2$，$\Delta pM = +0.3$ 时，$E_t = \pm0.1\%$。

配位滴定终点误差计算也可直接由误差的定义和条件常数式求得，按误差定义

$$E_t = \frac{[Y']_{ep} - [M']_{ep}}{c_{sp_M}}$$

由条件常数式

$$[Y']_{ep} = \frac{[MY]_{ep}}{[M']_{ep}K'_{MY}} \approx \frac{c_{sp_M}}{[M']_{ep}K'_{MY}}$$

两者结合即得

$$E_t = \frac{1}{[M']_{ep}K'_{MY}} - \frac{[M']_{ep}}{c_{sp_M}}$$

式中，$[M']_{ep}$ 为指示剂变色点的$[M']$。

利用此式计算【例 4-10】的终点误差，有

$$E_t = \left(\frac{1}{10^{-5.4} \times 10^{8.2}} - \frac{10^{-5.4}}{10^{-2}}\right) \times 100\% = (0.16 - 0.04)\% \approx +0.1\%$$

结果与误差图求得的一致。

4.3.4　配位滴定中酸度的控制

EDTA 几乎能与所有金属离子形成配合物，这既提供了广泛测定金属离子的可能性，也给实际测定造成一定困难。因为待测溶液中往往含有不止一种金属离子，再加上能与金属离子和 EDTA 产生副反应的 H^+、OH^-其他配位剂（缓冲液、掩蔽剂）等组分，故选择一定的滴定条件以测定某种特定金属离子已成为配位滴定最重要的课题。

选择滴定条件就是考察在此条件下配合物的条件稳定常数 K'_{MY} 是否在 10^8 数量级。

在配位滴定中，由于酸度对金属离子、EDTA 和指示剂都可能产生影响，所以酸度的选择和控制尤为重要。

1. 单一离子滴定的最高酸度与最低酸度

最高酸度的控制是为了保证达到准确滴定的 K'_{MY}。由误差公式[式(4-17)]可见，在 c_{sp_M} 与ΔpM 一定的条件下，终点误差 E_t 仅取决于 K'_{MY}。若金属离子没有发生副反应，K'_{MY} 仅取决于$\alpha_{Y(H)}$，即仅由酸度决定。这样就可以求得滴定的最高酸度（最低 pH）。

【例 4-11】　用 2×10^{-2} mol · L^{-1} EDTA 滴定同浓度的 Zn^{2+}。若ΔpM 为±0.2，要求终点误差在±0.1%以内，pH 最低应是多少？

解　由误差图知，$\Delta pM = \pm0.2$，$E_t = \pm0.1\%$时，$\lg cK' = 6.0$，令 $c_{sp_{Zn}} = 10^{-2}\,mol \cdot L^{-1}$，故

$$\lg K'_{ZnY} = 8.0$$

当 Zn^{2+} 没有发生副反应时，有

$$\lg K'_{ZnY} = \lg K_{ZnY} - \lg \alpha_{Y(H)}$$

故

$$\lg \alpha_{Y(H)} = \lg K_{ZnY} - \lg K'_{ZnY} = 16.2 - 8.0 = 8.2$$

从 $\lg \alpha_{Y(H)}$-pH 曲线(图 4-7)查得此时 pH 约为 4.0，此即最低 pH。若 pH 低于 4.0，此时 $\lg K'_{ZnY}$ 小于 8.0，达不到准确滴定的要求。

不同金属-EDTA 配合物的 $\lg K'_{MY}$ 不同，为使 $\lg K'_{MY}$ 达到 8.0 的最低 pH 也不同。若以不同的 $\lg K'_{MY}$ 对相应的最低 pH 作图，就得到酸效应曲线（图 4-15）。由图可查得滴定各种金属离子的最低 pH。必须注意，此最低 pH 对应于如下条件：$\Delta pM = \pm 0.2$，$c_{sp_M} = 10^{-2}\ mol \cdot L^{-1}$，$E_t = \pm 0.1\%$，金属离子未发生副反应。

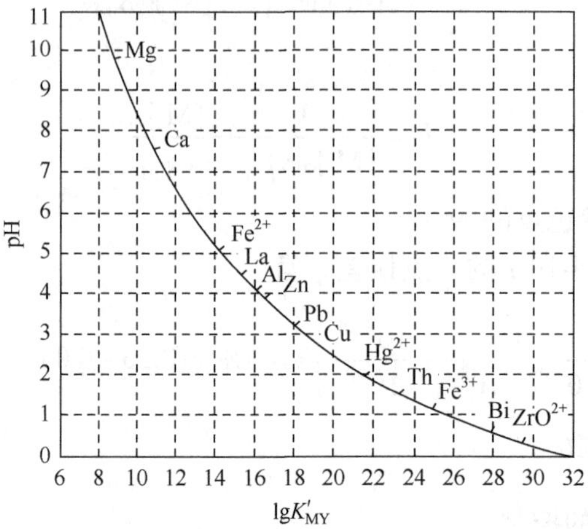

图 4-15　酸效应曲线

酸效应曲线表明了 pH 对配合物形成的影响。对很稳定的配合物 BiY^-（$\lg K_{MY} = 27.9$），可以在高酸度（pH≈1）下滴定。而对不稳定的配合物 MgY^{2-}（$\lg K_{MY} = 8.7$），则必须在弱碱性（pH≈10）溶液中滴定。

但若酸度过低，金属离子将发生水解甚至形成 $M(OH)_n$ 沉淀。这不仅影响配位反应的速率使终点难以确定，而且影响配位反应的计量关系。此“最低酸度”可由 $M(OH)_n$ 的溶度积求得。如【例 4-11】中滴定 Zn^{2+}时，为防止滴定开始时形成 $Zn(OH)_2$ 沉淀，必须使

$$[OH^-] \leqslant \sqrt{\frac{K_{sp_{Zn(OH)_2}}}{[Zn^{2+}]}} = \sqrt{\frac{10^{-15.3}}{2\times 10^{-2}}} = 10^{-6.8}(mol \cdot L^{-1})$$

即最高 pH 为 7.2，故配位滴定 Zn^{2+}的 pH 范围为 4.0～7.2。

若加入适当的辅助配位剂（如酒石酸或氨水）防止金属离子水解沉淀，就可以在更低酸度下滴定。但辅助配位剂与金属的副反应导致 K'_{MY} 降低，必须控制其用量，否则 K'_{MY} 太小，将无法准确滴定。

2. 用指示剂确定终点时滴定的最佳酸度

上述酸度范围是从滴定反应考虑的，既达到准确滴定的 K'_{MY} 又不致生成沉淀所需。如前所述，滴定的终点误差不仅取决于 $\lg cK'$，还与 ΔpM 有关。酸度会影响指示剂的 $(pM)_t$，从而影响 ΔpM。因此，采用指示剂确定终点，在上述最高与最低酸度范围内还有最佳酸度。为使滴定准确度高，选择最佳酸度应使 $(pM)_t$ 与 $(pM)_{sp}$ 尽可能一致。现仍以上述 EDTA 滴定 Zn^{2+} 为例，若选二甲酚橙为指示剂，最佳酸度是多少？

在上述酸度范围内（pH 为 4.0～7.2），取几个不同的 pH，分别查出相应的 $\lg \alpha_{Y(H)}$（附

录 8)，并计算各 $\lg K'_{ZnY}$ 和 $(pZn)_{sp}$。再由附录 10 查出在这些 pH 下二甲酚橙的 $(pZn)_t$[此即 $(pZn)_{ep}$]，最后由 $\lg cK'$ 和 ΔpM 从误差图上查出不同 pH 时的 E_t。表 4-4 列出这些数据。

表 4-4　不同 pH 下用 EDTA 滴定 Zn^{2+} 的误差

pH	4.0	5.0	6.0	7.0
$\lg\alpha_{Y(H)}$	8.6	6.6	4.8	3.4
$\lg K'_{ZnY}$	8.0	9.9	11.7	13.1
$(pZn)_{sp}$	5.0	6.0	6.9	7.6
$(pZn)_{ep}$ 即 $(pZn)_t$	≈3.3	4.8	6.5	7.6
ΔpM	−1.7	−1.2	−0.4	+0.4
E_t	≈−0.5 %	−0.2%	<−0.01%	<+0.01%

为清楚地表明对各项数值的影响并找出最佳酸度，将这些数据对 pH 作图（图 4-16）。图 4-16（a）表示 $\lg K'_{ZnY}$、$(pZn)_{sp}$ 和 $(pZn)_{ep}$ 随 pH 的变化情况；图 4-16（b）表示 E_t 随 pH 的变化情况。为便于作图，纵坐标 E_t 以对数形式表示。

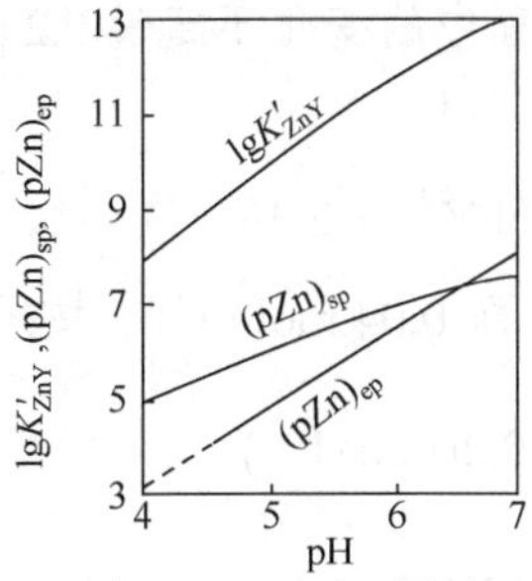

(a) $\lg K'_{ZnY}$、$(pZn)_{sp}$、$(pZn)_{ep}$ 与pH的关系

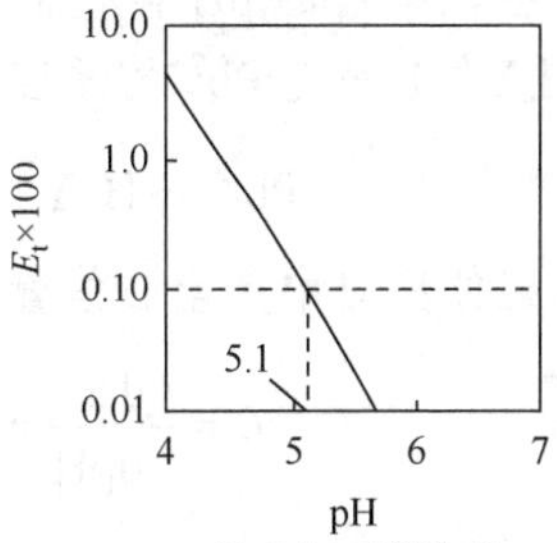

(b) E_t 与pH的关系

图 4-16　pH 对 E_t 的影响

由图 4-16 可见，$\lg K'_{ZnY}$ 和 $(pZn)_{sp}$ 随 pH 增大而增大，表明酸度降低，配位反应越趋完全；$(pZn)_{ep}$ 随 pH 增大而增大，表明酸度越低，指示剂的灵敏度越高。$(pZn)_{sp}$ 和 $(pZn)_{ep}$ 两条线交于 pH = 6.5。pH<6.5 时，$(pZn)_{ep}<(pZn)_{sp}$，终点在化学计量点前，终点误差为负值；pH>6.5 时，$(pZn)_{ep}>(pZn)_{sp}$，终点在化学计量点后，终点误差为正值。

从理论上考虑，6.5 为最佳 pH。此时 $(pZn)_{ep} = (pZn)_{sp}$，终点误差最小。但实际上，二甲酚橙指示剂在 pH>6 时呈紫红色，与锌-二甲酚橙配合物的颜色相近，因此它仅能在 pH<6 时使用。由 E_t-pH 曲线可见，为使终点误差<0.1%，pH 应大于 5.1。因此，采用二甲酚橙的酸度范围是 pH 5.1～6.0。pH 近于 6 时，$\lg K'_{ZnY}$ 大，滴定突跃也大，终点变化最明显。实际滴定多在 pH 2.5～5.8，理论处理与实际情况是一致的。若选择 pH = 4.0 滴定，尽管 $\lg K'_{ZnY}$ 达到 8，但此酸度下二甲酚橙指示剂对锌很不灵敏（pZn≈3.3），ΔpM 太大（为 1.7 单位），结果误差高达 5%。这清楚地表明用指示剂确定终点时，pH 的选择不仅要考虑 K'_{ML}，还要顾及指示剂的变色点。

必须指出，由于配合物形成常数，特别是与金属指示剂有关的平衡常数目前还不齐全，有的可靠性仍较差，理论处理结果必须由实验来检验。

3. 配位滴定中缓冲剂的作用

配位滴定过程中会不断释放出 H^+，即

$$M^{n+} + H_2Y^{2-} \longrightarrow MY^{n-4} + 2H^+$$

溶液酸度增高会降低 K'_{MY}，影响反应的完全程度，同时还使 K'_{MIn} 指示剂灵敏度降低。因此，配位滴定中常加入缓冲剂控制溶液的酸度。

在弱酸性（pH = 5～6）溶液中滴定，常使用乙酸缓冲溶液或六次甲基四胺溶液；在弱碱性（pH = 8～10）溶液中滴定，常采用氨性缓冲溶液。在强酸中滴定（如 pH = 1 时滴定 Bi^{3+}）或强碱中滴定（如 pH = 13 时滴定 Ca^{2+}），强酸或强碱本身就是缓冲溶液。缓冲剂的选择不仅要考虑缓冲剂所能缓冲的 pH 范围，还要考虑缓冲剂是否引起金属离子的副反应而影响反应的完全度。例如，在 pH = 5 时 EDTA 滴定 Pb^{2+}，通常不用乙酸缓冲溶液，因为 Ac^-会与 Pb^{2+}配位，降低 PbY 的条件形成常数。此外，缓冲溶液还必须有足够的缓冲容量，才能控制溶液 pH 基本不变。

【例 4-12】 用 0.02 $mol \cdot L^{-1}$ EDTA 溶液滴定 25 mL 0.02 $mol \cdot L^{-1}$ Pb^{2+}溶液，假设溶液的 pH 为 5.0。如何控制溶液的 pH 在整个滴定过程中的变化不超过 0.2 pH 单位？

解 EDTA（H_2Y^{2-}）滴定 Pb^{2+}的反应为

$$Pb^{2+} + H_2Y^{2-} \longrightarrow PbY^{2-} + 2H^+$$

在 Pb^{2+}与 EDTA 的配位反应中产生 2 倍量的 H^+，即 0.04 $mol \cdot L^{-1}$，按缓冲容量的定义，有

$$\beta = \frac{d\alpha}{-dpH} = \frac{0.04}{0.2} = 0.2(mol \cdot L^{-1})$$

又

$$\beta = 2.3c\frac{K_a[H^+]}{(K_a + [H^+])^2}$$

将$[H^+] = 10^{-5.0}$ 以及 $K_a[(CH_2)_6N_4H^+] = 10^{-5.3}$ 代入上式，解得

$$c_{(CH_2)_6N_4} = 0.39\ mol \cdot L^{-1}$$

$$m_{(CH_2)_6N_4} = 0.39 \times 0.025 \times 140 = 1.4(g)$$

$$n_{HNO_3} = 0.39 \times \frac{[H^+]}{[H^+] + K_a} \times 0.025 = 6.5(mmol)$$

取 25 mL Pb^{2+}溶液，加入 1.4 g 六次甲基四胺及 6.5 mmol HNO_3 即可。

4.4 混合离子的选择性滴定

以上讨论的是单一离子的滴定。由于 EDTA 等氨羧配位剂具有广泛的配位作用，而实际的分析对象比较复杂，含有多种元素，它们在滴定时往往相互干扰，因此在混合离子中进行选择性滴定就成为配位滴定中需要解决的重要问题。

4.4.1　控制酸度进行分步滴定

若溶液中含有金属离子 M 和 N，它们均与 EDTA 形成配合物，且 $K_{MY}>K_{NY}$。当用 EDTA 滴定时，首先被滴定的是 M。若 K_{MY} 与 K_{NY} 相差足够大，则 M 被定量滴定后才滴定 N，也就是说能在 N 存在下准确滴定 M，这就是分步滴定的问题。至于 N 能否继续滴定，这是单一离子滴定，前面已经解决。这里需要讨论的是，K_{MY} 与 K_{NY} 相差多大才能分步滴定，应当在什么酸度下滴定。

若将离子 N 的影响与 H^+ 同样都作为滴定剂 Y 的副反应来处理，求得在干扰离子存在下的条件常数 K'_{MY}，则能否准确滴定 M 的问题也清晰明了了。

1. 条件常数 K'_{MY} 与酸度的关系

若 M 未发生副反应，溶液中的平衡关系为

$$\begin{array}{ccccc} M & + & Y & = & MY \\ & H\swarrow & & \searrow N & \\ & HY & & NY & \\ & \vdots & & & \end{array}$$

$\alpha_{Y(H)}$随酸度降低而减小。$\alpha_{Y(N)}$为

$$\alpha_{Y(N)}=\frac{[Y]+[NY]}{[Y]}=1+[N]K_{NY}$$

为了能准确地分步滴定 M，化学计量点时[NY]应当很小。若没有其他配位剂与 N 反应，则

$$[N]=c_N-[NY]\approx c_N$$

故

$$\alpha_{Y(N)}=1+[N]K_{NY}\approx c_N K_{NY} \tag{4-18}$$

可见，$\alpha_{Y(N)}$仅取决于 c_N 与 K_{NY}，只要酸度不太低，N 不水解，$\alpha_{Y(N)}$为定值。Y 的总副反应系数为

$$\alpha_Y=\alpha_{Y(H)}+\alpha_{Y(N)}-1$$

（1）若在较高的酸度下滴定：$\alpha_{Y(H)}>\alpha_{Y(N)}$，此时$\alpha_Y\approx\alpha_{Y(H)}$，则有

$$K'_{MY}=K_{MY}/\alpha_{Y(H)}$$

此时 N 的影响可以忽略。与单独滴定 M 的情况相同，K'_{MY} 随酸度减小而增大。

（2）若在较低的酸度下滴定：$\alpha_{Y(N)}>\alpha_{Y(H)}$，此时$\alpha_Y\approx\alpha_{Y(N)}$，则有

$$K'_{MY}=\frac{K_{MY}}{\alpha_{Y(N)}}=\frac{K_{MY}}{c_N K_{NY}} \tag{4-19a}$$

或写作

$$\lg K'_{MY}=\lg K_{MY}-\lg K_{NY}+\mathrm{p}c_N=\Delta\lg K+\mathrm{p}c_N \tag{4-19b}$$

此时忽略的是 Y 与 H^+ 的副反应。只要 M、N 不水解也不发生其他反应，K'_{MY} 就不随酸度变化，并保持最大值。

为了说明分子滴定中酸度对条件常数 K'_{MY} 的影响，特作出 $\lg\alpha_{Y(H)}$、$\lg\alpha_{Y(N)}$和 $\lg\alpha_Y$ 与 pH

的关系示意图[图 4-17（a）]以及 $\lg K'_{MY}$ 与 pH 关系的示意图[图 4-17（b）]。由图可见，在有干扰离子 N 存在时，$\lg\alpha_Y$ 是先随 pH 增加而减小，然后恒定不变；$\lg K'_{MY}$ 则是先随 pH 增加而增大，然后达恒定的最大值。显然，在 $\lg K'_{MY}$ 达到最大区域进行分步滴定是有利的。

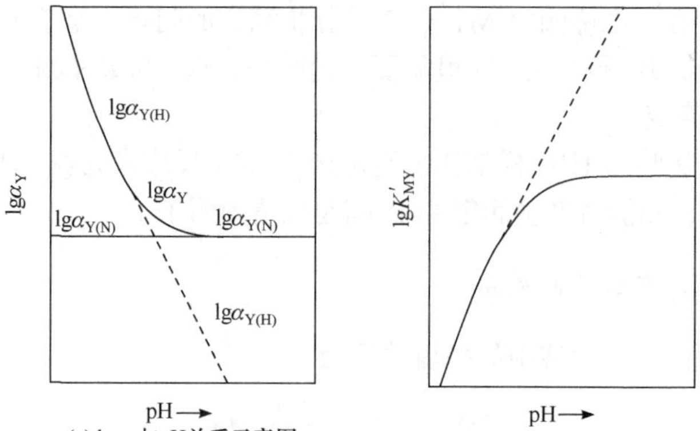

(a) $\lg\alpha_Y$ 与pH关系示意图　　(b) $\lg K'_{MY}$ 与pH关系示意图

图 4-17　酸度对条件常数的影响

2. 分步滴定可能性的判断

分步滴定中 K'_{MY} 能达到的最大值，由式（4-19a）

$$K'_{MY} = \frac{K_{MY}}{\alpha_{Y(N)}} = \frac{K_{MY}}{c_N K_{NY}}$$

两边同乘以 c_M，并取对数，得

$$\lg(c_M K'_{MY}) = \lg K_{MY} - \lg K_{NY} + \lg(c_M / c_N) = \Delta\lg K + \lg(c_M / c_N) \qquad (4\text{-}20)$$

即两种金属配合物的稳定常数相差越大（$\Delta\lg K$ 大），被测金属离子浓度 c_M 越大，共存离子浓度 c_N 越小，则 $\lg(c_M K'_{MY})$ 越大，滴定 M 的反应的完全度就高。

$\Delta\lg K$ 要相差多大才能分步滴定？这取决于所要求的准确度（允许的 E_t）和条件（ΔpM 和 c_M/c_N）。若$\Delta pM = \pm0.2$，$E_t = \pm0.1\%$，由误差图查得 $\lg cK' = 6$。又若 $c_M = c_N$，则

$$\Delta\lg K = \lg(c_M K'_{MY}) - \lg(c_M / c_N) = 6$$

故一般常以$\Delta\lg K \geqslant 6$ 作为判断能否准确分步滴定的条件。若 $c_M = 10c_N$，则

$$\Delta\lg K = 6 - 1 = 5$$

若要求准确度低一些，则$\Delta\lg K$ 还可以小一些。

3. 分步滴定酸度的控制

在大多数情况下，分步滴定在 $\lg K'_{MY}$ 达到最大时进行是有利的，此最低 pH 可认为是在$\alpha_{Y(H)} = \alpha_{Y(N)}$时的 pH[此时，$\alpha_Y = 2\alpha_{Y(N)}$，$\lg K'_{MY}$ 比最大值小 0.3 单位，可作为近似值使用]。由 c_N 和 K_{NY} 求出$\alpha_{Y(N)}$，查$\alpha_{Y(H)}$此值相应的 pH 即为最低 pH。而最高 pH 则与单独滴定 M 时相同，即 $M(OH)_n$ 开始沉淀的 pH。

为使终点误差小，$(pM)_{ep}$ 应当与$(pM)_{sp}$ 尽可能一致。在上述酸度范围，$\lg K'_{MY}$ 恒定，

故$(pM)_{sp}$也为定值，仅指示剂变色点$(pM)_t$随酸度变化。因此，直接查指示剂的$(pM)_t$-pH 曲线，找出$(pM)_t = (pM)_{sp}$时相应的 pH，即得最佳 pH。

【例 4-13】 某溶液含Pb^{2+}、Ca^{2+}，浓度均为 $2\times10^{-2}\ mol\cdot L^{-1}$，现欲以同浓度的 EDTA 分步滴定$Pb^{2+}$：

（1）有无可能分步滴定？

（2）求滴定的酸度范围。

（3）求二甲酚橙为指示剂的最佳 pH。若在此 pH 滴定，由于确定终点有±0.2 单位的出入，造成的终点误差是多少？若在 pH 5 滴定，终点误差又是多少？

解　（1）$\Delta \lg K = 18.0 - 10.7 = 7.3$，有可能在$Ca^{2+}$存在下分步滴定$Pb^{2+}$。

（2）可能滴定的酸度范围：

最低 pH

$$\alpha_{Y(H)} = \alpha_{Y(Ca)} \approx c_{Ca}K_{CaY} = 10^{-2.0+10.7} = 10^{8.7}$$

实际此时$\alpha_Y = 2\alpha_{Y(N)}$，$\lg K'_{MY}$比最大值还小 0.3 单位，但作为近似值是可以的。

查$\lg\alpha_{Y(H)}$-pH 曲线，$\lg\alpha_{Y(H)} = 8.7$时所对应的 pH 为 4.0，此即最低 pH。

最高 pH　　$$[OH^-] = 10^{-15.7}/(2\times10^{-2}) = 10^{-7.0}(mol\cdot L^{-1})$$

即　　$$pH = 7.0$$

故可能滴定的 pH 的范围是 4.0～7.0。在此酸度范围内，$\lg K'_{PbY}$、$(pPb)_{sp}$为定值。

$$\lg K'_{PbY} = \lg K_{PbY} - \lg\alpha_{Y(Ca)} = 18.0 - 8.7 = 9.3$$

$$(pPb)_{sp} = \frac{1}{2}(\lg K'_{PbY} + pc_{sp_{Pb}}) = \frac{1}{2}\times(9.3 + 2.0) = 5.7$$

（3）采用二甲酚橙为指示剂的最佳 pH 应当在$(pPb)_{ep} = (pPb)_{sp}$处。查二甲酚橙的$(pPb)_t$-pH 曲线（图 4-14），当$(pPb)_t = 5.7$时，pH = 4.3。

在 pH 4.3 滴定，若检测终点有 0.2ΔpM 的出入，查误差图，$\lg cK' = 7.3$、$\Delta pM = \pm0.2$时，$E_t \approx \pm0.02\%$；若选在 pH 5 滴定，$(pPb)_t = 7.0$，$\Delta pM = 7.0 - 5.7 = +1.3$，查误差图，$\lg cK' = 7.3$，$\Delta pM = +1.3$时，$E_t = +0.4\%$。

思考：在相同条件下（酸度、浓度、指示剂相同）滴定纯Pb^{2+}（【例 4.9】），为什么准确度比较高（$E_t = \pm0.1\%$）？

少数高价离子极易水解，然而其配合物相当稳定，往往选在酸度稍高的情况下滴定。Bi^{3+}、Pb^{2+}混合液中Bi^{3+}的滴定即是一例。若化学计量点时$c_{sp_{Pb}} = 10^{-2}\ mol\cdot L^{-1}$，则

$$\alpha_{Y(H)} = \alpha_{Y(Pb)} = 10^{-2+18} = 10^{16}$$

相应的 pH 是 1.4。

若从条件常数考虑 pH＞1.4 滴定，但 pH = 1.4 时，Bi^{3+}已生成沉淀，会影响终点的确定。一般选择在 pH = 1 时滴定，尽管此时$\lg K'_{BiY} = 9.6$，虽未到最大值，但已经可以准确滴定了。Pb^{2+}可以在 pH 4～6 滴定。二甲酚橙既能和Bi^{3+}又能和Pb^{2+}生成红色配合物，前者更为稳定，可在 pH = 1 指示Bi^{3+}的终点，在 pH 5～6 时指示Pb^{2+}的终点。为此，在 pH 1 滴定Bi^{3+}后，加入六次甲基四胺提高 pH 至 5～6，继续滴定Pb^{2+}。这样，就在同一溶液中连续滴定了Bi^{3+}和Pb^{2+}。

4.4.2　使用掩蔽剂的选择滴定

若被测金属的配合物与干扰离子的配合物的稳定性相差不够大，甚至 $\lg K_{MY}$ 比 $\lg K_{NY}$ 还小，就不能用控制酸度的方法分步滴定 M。若加入一种试剂与干扰离子 N 发生反应，则溶液中的[N]降低，N 对 M 的干扰作用也就减小直至清除。这种方法称为掩蔽法。按所用反应类型的不同，可分为配位掩蔽法、沉淀掩蔽法和氧化还原掩蔽法，其中以配位掩蔽法用得最多。

1. 配位掩蔽法

使用配位掩蔽剂（A）时，溶液中的平衡关系为

$$
\begin{array}{ccc}
\text{M} & + & \text{Y} & & \xrightarrow{\ \text{A}\ } & \text{MY} \\
 & \text{H} \diagup \ \ \diagdown \text{N} & & & & \text{NA} \cdots \\
 & \text{HY} & & \text{NY} & & \\
 & & \vdots & &
\end{array}
$$

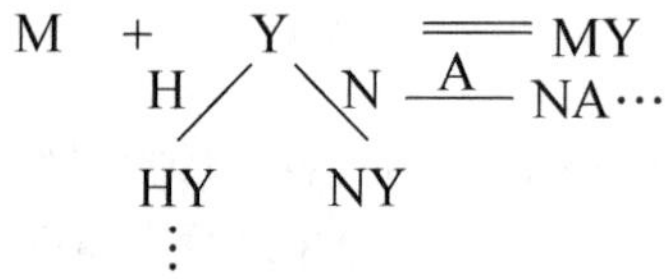

A 与 N 的反应实际上是 N 与 Y 反应的副反应。

若掩蔽效果很好，[N]已经降得很低，以致 $\alpha_{Y(N)} \ll \alpha_{Y(H)}$，此时 $\alpha_Y \approx \alpha_{Y(H)}$，则有

$$\lg K'_{MY} = \lg K_{MY} - \lg \alpha_{Y(H)}$$

这时 N 已不构成干扰。$\lg K'_{MY}$ 仅与酸度有关，与滴定纯 M 时相同。

若加入掩蔽剂后，$\alpha_{Y(N)} > \alpha_{Y(H)}$，这时 $\alpha_Y \approx \alpha_{Y(N)}$，而

$$\alpha_{Y(N)} = 1 + [N] K_{NY} \approx \frac{c_N}{\alpha_{N(A)}} K_{NY}$$

故

$$\lg K'_{MY} = \lg K_{MY} - \lg \alpha_{Y(N)} = \Delta \lg K + \lg \alpha_{N(A)} \tag{4-21}$$

将式（4-21）与式（4-19b）相比较，可见当 $\alpha_{Y(N)} > \alpha_{Y(H)}$ 时，掩蔽剂的作用是使得 $\lg K'_{MY}$ 增大了 $\lg \alpha_{N(A)}$ 单位。$\lg \alpha_{N(A)}$ 越大，掩蔽效率越高，故又称为掩蔽指数。有了 $\lg K'_{MY}$，就可以计算终点误差，判断能否准确滴定。

【例 4-14】　用 2×10^{-2} mol·L^{-1} EDTA 滴定同浓度的 Zn^{2+}、Al^{3+} 混合液中的 Zn^{2+}，若以 KF 掩蔽 Al^{3+}，终点时未与 Al^{3+} 配位的 F 总浓度 c_F 为 1×10^{-2} mol·L^{-1}，pH = 5.5，采用二甲酚橙作指示剂，计算终点误差。

解　AlF_6^{3-} 的 $\lg \beta_1 \sim \lg \beta_6$ 分别是：6.1，11.2，15.0，17.7，19.4，19.7。

$$pK_{aHF} = 3.1$$

pH = 5.5 时，$[F^-] = c_F = 1 \times 10^{-2}$ mol·L^{-1}，则

$$
\begin{aligned}
\alpha_{Al(F)} &= 1 + [F^-]\beta_1 + [F^-]^2 \beta_2 + \cdots + [F^-]^6 \beta_6 \\
&= 1 + 10^{-2.0+6.1} + 10^{-4.0+11.2} + 10^{-6.0+15.0} + 10^{-8.0+17.7} + 10^{-10.0+19.4} + 10^{-12.0+19.7} \\
&= 10^{10.0}
\end{aligned}
$$

$$[Al]=\frac{[Al']}{\alpha_{Al(F)}}=\frac{c_{Al}}{\alpha_{Al(F)}}=\frac{10^{-2.0}}{10^{10.0}}=10^{-12.0}(mol\cdot L^{-1})$$

$$\alpha_{Y(Al)}=1+[Al]K_{AlY}=1+10^{-12.0+16.1}=10^{4.1}$$

pH = 5.5 时，$\alpha_{Y(H)}=10^{5.7}$，此时$\alpha_Y\approx\alpha_{Y(H)}$，则

$$\lg K'_{ZnY}=\lg K_{ZnY}-\lg\alpha_{Y(H)}=16.5-5.7=10.8$$

pH = 5.5 时，$(pZn)_{ep}=5.7$（二甲酚橙），故

$$E_t=\frac{1}{[Zn]_{ep}K'_{ZnY}}-\frac{[Zn]_{ep}}{c_{spZn}}=\left(\frac{1}{10^{-5.7+10.8}}-\frac{10^{-5.7}}{10^{-2.0}}\right)\times100\%=-0.02\%$$

由此例可见，F^-对 Al^{3+}的掩蔽效果很好。[Al^{3+}]已降至 $10^{-12.0}$，它的影响可完全忽略，如同滴定纯 Zn^{2+}一样。

【例 4-15】 某溶液含有 Zn^{2+}、Cd^{2+}，浓度均为 2×10^{-2} mol · L^{-1}。现以 KI 掩蔽 Cd^{2+}，终点时$[I^-]=0.5$ mol · L^{-1}，pH = 5.5，采用二甲酚橙作指示剂：

（1）若以同浓度的 EDTA 滴定 Zn^{2+}，终点误差是多少？

（2）若换用同浓度的 HEDTA（X）为滴定剂，情况又如何？

解　CdI_4^{2-} 的 $\lg\beta_1\sim\lg\beta_4$ 分别是 2.4、3.4、5.0、6.2；$[I^-]=0.5$ mol · L^{-1} = $10^{-0.3}$ mol · L^{-1}

$$\alpha_{Cd(I)}=1+10^{-0.3+2.4}+10^{-0.6+3.4}+10^{-0.9+5.0}+10^{-1.2+6.2}=10^{5.1}$$

游离 Cd^{2+}的浓度为

$$[Cd]=\frac{[Cd']}{\alpha_{Cd(I)}}=\frac{c_{Cd}}{\alpha_{Cd(I)}}=\frac{10^{-2.0}}{10^{5.1}}=10^{-7.1}(mol\cdot L^{-1})$$

（1）以 EDTA 为滴定剂，$\lg K_{ZnY}=\lg K_{CdY}=16.5$，pH = 5.5 时，$\alpha_{Y(H)}=10^{5.5}$

$$\alpha_{Y(Cd)}=1+[Cd]K_{CdY}=1+10^{-7.1+16.5}=10^{9.4}\gg\alpha_{Y(H)}$$

$$\lg K'_{ZnY}=\lg K_{ZnY}-\lg\alpha_{Y(Cd)}=16.5-9.4=7.1$$

pH = 5.5 时，$(pZn)_{ep}=5.7$，故

$$E_t=\left(\frac{1}{10^{-5.7+7.1}}-\frac{10^{-5.7}}{10^{-2.0}}\right)\times100\%=+4\%$$

（2）若以 HEDTA（X）为滴定剂，$\lg K_{ZnX}=14.5$，$\lg K_{CdX}=13.0$，pH = 5.5 时，$\alpha_{X(H)}=10^{4.6}$

$$\alpha_{X(Cd)}=1+[Cd]K_{CdX}=1+10^{-7.1+13.0}=10^{5.9}\gg\alpha_{X(H)}$$

$$\lg K'_{ZnX}=\lg K_{ZnX}-\lg\alpha_{X(Cd)}=14.5-5.9=8.6$$

$$E_t=\left(\frac{1}{10^{-5.7+8.6}}-\frac{10^{-5.7}}{10^{-2.0}}\right)\times100\%=(0.13-0.02)\times100\%\approx0.1\%$$

可见，采用 HEDTA 滴定的准确度高。此例也是使用掩蔽剂与选择滴定剂相结合进行选择性滴定的例子。

为提高掩蔽效率，必须有较大的 $\lg\alpha_{N(A)}$。选择能与干扰离子 N 生成稳定配合物的试剂为掩蔽剂，并注意控制溶液的 pH，可以得到好的效果。所加掩蔽剂的量要适当，既要充分掩蔽干扰离子 N，使 $\alpha_{Y(N)}$小到满足 K'_{MY} 的需要，又不会因浓度过大引起其他副反应或造成浪费。表 4-5 列出了一些常用的掩蔽剂。

表 4-5　一些常用的掩蔽剂

掩蔽剂	被掩蔽的金属离子	pH
三乙醇胺[a]	Al^{3+}，Fe^{3+}，Sn^{4+}，TiO^{2+}	10
氟化物	Al^{3+}，Sn^{4+}，TiO^{2+}，Zr^{4+}	>4
乙酰丙酮	Al^{3+}，Fe^{3+}	5～6
邻二氮菲	Zn^{2+}，Cu^{2+}，Co^{2+}，Ni^{2+}，Cd^{2+}，Hg^{2+}	5～6
氰化物[b]	Zn^{2+}，Cu^{2+}，Co^{2+}，Ni^{2+}，Cd^{2+}，Hg^{2+}，Fe^{2+}	10
2,3-二巯基丙醇	Zn^{2+}，Pb^{2+}，Bi^{3+}，Sb^{3+}，Sn^{4+}，Cd^{2+}，Cu^{2+}	10
硫脲	Hg^{2+}，Cu^{2+}	弱酸
碘化物	Hg^{2+}	

a. 三乙醇胺作掩蔽剂时，应当在酸性溶液中加入，然后调节 pH 至 10。否则，金属离子易水解，掩蔽效果不好。

b. KCN 必须在碱性溶液中使用，否则生成剧毒的 HCN 气体。滴定后的溶液应加入过量 $FeSO_4$，使其生成稳定的$[Fe(CN)_6]^{4-}$，以防止污染环境。

以上是将干扰离子 N 掩蔽起来滴定 M 离子。若同时还需要测定 N，可以在滴定 M 以后，加入一种试剂破坏 N 与掩蔽剂的配合物，使 N 释放出来，继续滴定 N，这种方法称为解蔽法。

例如，欲测定溶液中 Pb^{2+}、Zn^{2+}的含量。这两种离子的 EDTA 配合物稳定常数相近，无法控制酸度分步滴定。可先在氨性酒石酸溶液中用 KCN 掩蔽 Zn^{2+}，以铬黑 T 为指示剂，用 EDTA 滴定 Pb^{2+}；然后加入甲醛，$[Zn(CN)_4]^{2-}$被破坏，释放出 Zn^{2+}，即

$$4HCHO + [Zn(CN)_4]^{2-} + 4H_2O \xlongequal{\quad} Zn^{2+} + 4H_2C\begin{matrix}\diagup CN \\ \diagdown OH\end{matrix} + 4OH^-$$

乙醇腈

继续用 EDTA 滴定 Zn^{2+}。这里利用两种试剂——掩蔽剂与解蔽剂进行连续滴定。能被甲醛解蔽的还有$[Cd(CN)_4]^{2-}$。Cu^{2+}、Co^{2+}、Ni^{2+}、Hg^{2+}与 CN^-生成更稳定的配合物，不易被甲醛解蔽，但甲醛浓度较大时会发生部分解蔽。

2. 氧化还原掩蔽法

加入一种氧化还原剂，使其与干扰离子发生氧化还原反应以消除干扰，这样的方法就是氧化还原掩蔽法。例如，锆铁中锆的测定，由于锆和铁(Ⅲ)的 EDTA 配合物的$\Delta\lg K$ 不够大（$\lg K_{ZrOY^{2-}} = 29.9$，$\lg K_{FeY^-} = 25.1$），Fe^{3+}会干扰锆的测定。若加入抗坏血酸或盐酸羟胺

将 Fe^{3+}还原为 Fe^{2+}，由于 FeY^{2-}的稳定性较 FeY^{-}差（$\lg K_{FeY^{2-}}=14.3$），Fe^{2+}不干扰锆的测定。其他情况，如滴定 Th^{4+}、Bi^{3+}、In^{3+}、Hg^{2+}时，也可用同样的方法消除 Fe^{3+}的干扰。

3. 沉淀掩蔽法

加入能与干扰离子生成沉淀的沉淀剂，并在沉淀存在下直接进行配位滴定，这种消除干扰的方法就是沉淀掩蔽法。例如，钙、镁的 EDTA 配合物稳定常数相近（$\lg K_{CaY}=10.7$，$\lg K_{MgY}=8.7$），不能用控制酸度的方法分步滴定。Ca^{2+}、Mg^{2+}的其他性质也相似，找不到合适的配位掩蔽剂，在溶液中也无价态变化。但它们的氢氧化物的溶解度相差较大（镁、钙的氢氧化物的溶度积分别是 $10^{-10.4}$、$10^{-4.9}$），若在 pH＞12 滴定 Ca^{2+}，镁形成 $Mg(OH)_2$，沉淀不干扰 Ca^{2+}的测定。表 4-6 列出了一些常用的沉淀掩蔽剂。

表 4-6　一些常用的沉淀掩蔽剂

掩蔽剂	被掩蔽离子	被滴定离子	pH	指示剂
氢氧化物	Mg^{2+}	Ca^{2+}	12	钙指示剂
KI	Cu^{2+}	Zn^{2+}	5～6	PAN
铬黑 T 氟化物	Ba^{2+}，Sr^{2+}，Ca^{2+}，Mg^{2+}	Zn^{2+}，Cd^{2+}，Mn^{2+}	10	铬黑 T
硫酸盐	Ba^{2+}，Sr^{2+}	Ca^{2+}，Mg^{2+}	10	铬黑 T
硫化钠或铜试剂	Hg^{2+}，Pb^{2+}，Bi^{3+}，Cu^{2+}，Cd^{2+}	Ca^{2+}，Mg^{2+}	10	铬黑 T

由于一些沉淀反应不够完全，特别是过饱和现象使沉淀效率不高；沉淀会吸附被测离子而影响测定的准确度；一些沉淀颜色深、体积庞大妨碍终点观察，因此在实际工作中沉淀掩蔽法应用不多。

4.4.3　其他滴定剂的应用

除 EDTA 外，还有不少氨羧配位剂。它们与金属形成配合物的稳定性有差别。选用不同的氨羧配位剂作为滴定剂，可以选择性地滴定某些离子。

（1）EGTA（乙二醇二乙醚二胺四乙酸）结构式如下：

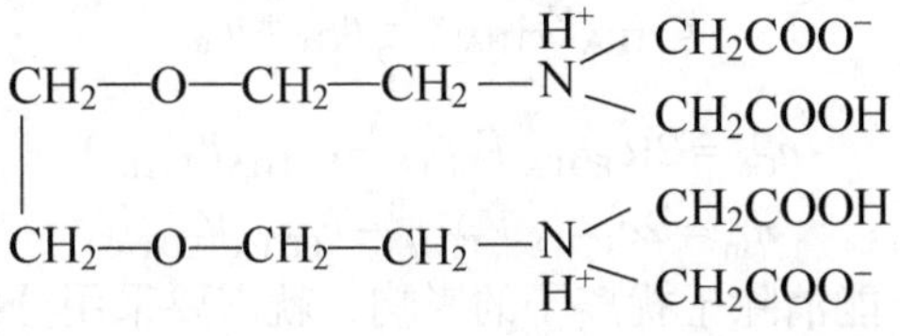

EGTA 与 EDTA 和 Mg^{2+}、Ca^{2+}、Sr^{2+}、Ba^{2+}配合物的 $\lg K$ 比较如下：

	Mg^{2+}	Ca^{2+}	Sr^{2+}	Ba^{2+}
$\lg K_{M\text{-}EGTA}$	5.2	11.1	8.5	8.4
$\lg K_{M\text{-}EDTA}$	8.7	10.7	8.6	7.8

可见，EGTA 镁配合物很不稳定，而 EGTA 钙配合物仍很稳定。因此，若在 Mg^{2+}存在下滴定 Ca^{2+}，选用 EGTA 作滴定剂有利于提高选择性。

（2）EDTP（乙二胺四丙酸）结构式如下：

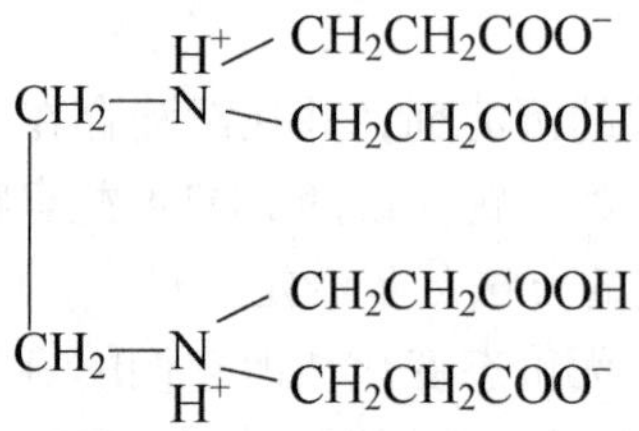

它与金属离子形成的配合物的稳定性普遍比相应的 EDTA 配合物差，但 Cu-EDTP 例外，其稳定性较高（见下表）。

	Cu^{2+}	Zn^{2+}	Cd^{2+}	Mn^{2+}	Mg^{2+}
$\lg K_{M\text{-}EDTP}$	15.4	7.8	6.0	4.7	1.8
$\lg K_{M\text{-}EDTA}$	18.8	16.5	16.5	14.0	8.7

因此，在一定 pH 下用 EDTP 滴定 Cu^{2+}，Zn^{2+}、Cd^{2+}、Mn^{2+}、Mg^{2+}均不干扰。

（3）TTHA（三乙四胺六乙酸）的结构式如下：

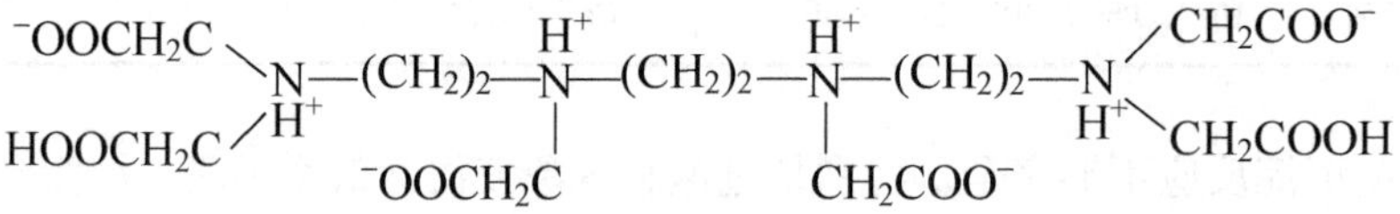

它含有 4 个氨氮和 6 个羧氧，共有 10 个配位原子。它与一些金属形成 1 : 1（ML）型配合物，与另一些金属形成 2 : 1（M_2L）型配合物。例如，镓和铟分别与 TTHA 形成 2 : 1（Ga_2L）和 1 : 1（InL）配合物，而它们与 EDTA 的配合物均为 1 : 1 型。基于此，可用 TTHA 和 EDTA 两种滴定剂联合测定镓和铟。取等量试液两份，分别用 TTHA 和 EDTA 滴定，因为

$$c_{EDTA}V_{EDTA} = n_{Ga} + n_{In}$$

$$c_{TTHA}V_{TTHA} = \frac{1}{2}n_{Ga} + n_{In}$$

故

$$n_{Ga} = 2(c_{EDTA}V_{EDTA} - c_{TTHA}V_{TTHA})$$

$$n_{In} = 2c_{TTHA}V_{TTHA} - c_{EDTA}V_{EDTA}$$

若采用以上方法均不能消除干扰离子的影响，就需要采用分离方法除去干扰离子。尽管分离方法比掩蔽法烦琐，但在某些情况下还是不可避免需要采用的。

4.5　配位滴定的方式和应用

配位滴定采用直接滴定、返滴定、析出法、置换滴定和间接滴定等方式进行。实际上

周期表中大多数元素都能用配位滴定法滴定。改变滴定方式，在一些情况下还能提高配位滴定的选择性。

4.5.1　滴定方式

1. 直接滴定法

若金属与 EDTA 的反应满足滴定的要求，就可以直接进行滴定。直接滴定法具有方便、快速的优点，可能引入的误差也较少。因此，只要条件允许，应尽可能采用直接滴定法。

实际上大多数金属离子都可以采用 EDTA 直接滴定。表 4-7 列出一些元素常用的 EDTA 直接滴定法示例。

表 4-7　直接滴定法示例

金属离子	pH	指示剂	其他主要条件
Bi^{3+}	1	二甲酚橙	HNO_3 介质
Fe^{3+}	2	磺基水杨酸	加热至 50～60℃
Th^{4+}	2.5～3.5	二甲酚橙	
Cu^{2+}	2.5～10 8	PAN 紫脲酸铵	加乙醇或加热
Zn^{2+}，Cd^{2+}，Pb^{2+}，稀土	≈5.5 9～10	二甲酚橙 铬黑 T	氨性缓冲溶液，滴定 Pb^{2+}时还需加酒石酸为辅助配位剂
Ni^{2+}	9～10	紫脲酸铵	氨性缓冲溶液，加热至 50～60℃
Mg^{2+}	10	铬黑 T	
Ca^{2+}	12～13	钙试剂或紫脲酸铵	

下面就钙镁联合测定举例讲解。钙与镁经常共存，常需要测定两者的含量。钙、镁的各种测定方法中以配位滴定最为简便。测定方法是：先在 pH 10 的氨性溶液中，以铬黑 T 为指示剂，用 EDTA 滴定。由于 CaY 比 MgY 稳定，故先滴定的是 Ca^{2+}。但它们与铬黑 T 配合物的稳定性相反（$\lg K_{CaIn} = 5.4$，$\lg K_{MgIn} = 7.0$），因此溶液由紫红色变为蓝色，表示 Mg^{2+} 已定量滴定，而此时 Ca^{2+}早已定量反应，故由此测得的是 Ca^{2+}、Mg^{2+}的总量。另取等量试液，加入 NaOH 至 pH＞12，此时 Mg 以 $Mg(OH)_2$ 沉淀的形式掩蔽，选用钙指示剂作指示剂，用 EDTA 滴定 Ca^{2+}。由前后两次测定之差，即得到 Mg 含量。

2. 返滴定法

某些情况下无法采用直接滴定法，如：①被测离子与 EDTA 反应缓慢；②被测离子在滴定的 pH 下会发生水解，又找不到合适的辅助配位剂；③被测离子对指示剂有封闭作用，又找不到合适的指示剂。此时，可以采用返滴定法进行滴定，如用 EDTA 滴定 Al^{3+}。由于 Al^{3+}与 EDTA 配位缓慢，特别是酸性不高时，Al^{3+}水解成多核羟基配合物，与 EDTA 配位更慢。Al^{3+}又封闭二甲酚橙等指示剂，因此不能用直接法滴定。

采用返滴定法并控制溶液的 pH，即可解决上述问题。先加入过量的 EDTA 标准溶液于酸性溶液中，调 pH≈3.5，煮沸溶液。此时，溶液的酸度较高，又有过量的 EDTA 存在，Al^{3+}不会形成多核羟基配合物，煮沸又加速了 Al^{3+}与 EDTA 的配位反应。然后将溶液冷却，并调 pH 为 5～6，以保证 Al^{3+}与 EDTA 配位反应定量进行。最后加入二甲酚橙指示剂，此时 Al^{3+}已形成 AlY 配合物，就不封闭指示剂了。过量的 EDTA 用 Zn^{2+}标准溶液进行返滴定。这样测定的准确度较高。

作为返滴定的金属离子（N），它与 EDTA 形成的配合物 NY 必须有足够的稳定性，以保证测定的准确度。但若 NY 比 MY 更稳定，则会发生以下置换反应：

$$N + MY \longrightarrow NY + M$$

对测定结果的影响有三种可能：①若 M、N 都与指示剂反应，溶液的颜色在终点突变；②M 不与指示剂反应，且置换反应进行快，测定 M 的结果将偏低；③M 封闭指示剂，且置换反应进行快，终点将难以判断，若置换反应进行慢，则不影响结果。例如，ZnY 比 AlY 稳定（$\lg K_{ZnY} = 16.5$，$\lg K_{AlY} = 16.1$），但 Zn^{2+}可作返滴定剂测定 Al^{3+}，这是反应速率在起作用。Al^{3+}不仅与 EDTA 配位缓慢，一旦形成 AlY 配合物后解离也慢。尽管 ZnY 比 AlY 稳定，在滴定条件下，Zn^{2+}并不能将 AlY 中的 Al^{3+}置换出来，但是如果返滴定时温度较高，AlY 活性增大，就有可能发生置换反应，使终点难以确定。表 4-8 列出一些常用作返滴定剂的金属离子。

表 4-8 常用作返滴定剂的金属离子

pH	返滴定剂	指示剂	测定金属离子
1～2	Bi^{3+}	二甲酚橙	ZrO^{2+}，Sn^{4+}
5～6	Zn^{2+}，Pb^{2+}	二甲酚橙	Al^{3+}，Cu^{2+}，Co^{2+}，Ni^{2+}
5～6	Cu^{2+}	PAN	Al^{3+}
10	Mg^{2+}，Zn^{2+}	铬黑 T	Ni^{2+}，稀土
12～13	Ca^{2+}	钙指示剂	Co^{2+}，Ni^{2+}

3. 析出法

在有多种组分存在的试液中欲测定其中一种组分，采用析出法不仅选择性高而且简便。以复杂铝试样中测定 Al^{3+}为例。若其中存在 Pb^{2+}、Zn^{2+}、Cd^{2+}等金属离子，采用返滴定法测定的是 Al^{3+}与这些离子的总量。若要掩蔽此干扰离子，必须首先弄清含有哪些组分，并加入多种掩蔽剂，这不仅麻烦，且有时难以办到。若在返滴定至终点后，再加入能与 Al^{3+}形成更稳定配合物的选择性试剂 NaF，在加热情况下发生如下析出反应：

$$AlY^- + 6F^- + 2H^+ \longrightarrow AlF_6^{3-} + H_2Y^{2-}$$

析出与铝等物质的量的 EDTA。溶液冷却后再以 Zn^{2+}标准溶液滴定析出的 EDTA，即得 Al^{3+}的含量。此法测 Al^{3+}的选择性较高，仅 Zr^{4+}、Ti^{4+}、Sn^{4+}干扰测定。实际上，也可用此法测定锡青铜（含 Sn^{4+}、Cu^{2+}、Pb^{2+}、Zn^{2+}）中的锡。其他还有 KI 析出法测 Hg^{2+}，硫脲析出法

测 Cu^{2+}，KCN 析出法（或邻二氮菲析出法）测定 Zn^{2+}、Cd^{2+}、Cu^{2+}、Co^{2+}、Ni^{2+}、Hg^{2+}等。

析出法实质上是利用掩蔽剂，不过它所掩蔽的不是干扰离子而是被测离子，而且是在被测离子与干扰离子均定量地与 EDTA 配位后再加入，其结果是析出与被测组分等物质的量的 EDTA。

4. 置换滴定法

Ag^+与 EDTA 的配合物不稳定（$\lg K_{AgY} = 7.8$），不能用 EDTA 直接滴定 Ag^+。若加过量的$[Ni(CN)_4]^{2-}$于含 Ag^+试液中，则发生如下置换反应：

$$2Ag^+ + [Ni(CN)_4]^{2-} = 2[Ag(CN)_2]^- + Ni^{2+}$$

此反应的平衡常数较大

$$K = \frac{K^2_{[Ag(CN)_2]^-}}{K_{[Ni(CN)_4]^{2-}}} = \frac{(10^{21.1})^2}{10^{31.3}} = 10^{10.9}$$

反应进行较完全。置换出的 Ni^{2+}可用 EDTA 滴定。例如，银币中 Ag 与 Cu 的测定。试样溶于硝酸后，加氨调 pH≈8，先以紫脲酸铵为指示剂，用 EDTA 滴定 Cu^{2+}，然后调 pH≈10，加入过量$[Ni(CN)_4]^{2-}$，再以 EDTA 滴定置换出的 Ni^{2+}，即得 Ag 的含量。紫脲酸铵是配位滴定 Ca^{2+}、Ni^{2+}、Co^{2+}和 Cu^{2+}的一种经典指示剂。强氨性溶液滴定 Ni^{2+}时，溶液由配合物的紫色变为指示剂的黄色，变色敏锐。由于 Cu^{2+}与指示剂的稳定性差，只能在弱氨性溶液中滴定。

有时还将间接金属指示剂用于置换滴定。例如，铬黑 T 与 Ca^{2+}显色不灵敏，但对 Mg^{2+}较灵敏。在 pH 10 滴定 Ca^{2+}时加入少量 MgY，则发生如下置换反应：

$$Ca^{2+} + MgY = CaY + Mg^{2+}$$

置换出的 Mg^{2+}与铬黑 T 呈深红色。EDTA 滴定溶液中的 Ca^{2+}后，再夺取 Mg-铬黑 T 配合物中的 Mg^{2+}，溶液变蓝即为终点。因此，加入的 MgY 与生成的 MgY 的量相等。铬黑 T 通过 Mg^{2+}指示终点，前述 Cu-PAN 间接指示剂也是同样的原理。

5. 间接滴定法

有些金属离子与 EDTA 配合物不稳定，而非金属离子不与 EDTA 形成配合物，利用间接滴定法可以测定它们。若被测离子能定量地沉淀为有固定组成的沉淀，而沉淀中另一种离子能用 EDTA 滴定，就可以通过滴定后者间接求出被测离子的含量。

例如，将 $K_2NaCo(NO_2)_6 \cdot 6H_2O$ 沉淀过滤溶解后，用 EDTA 滴定其中的 Co^{2+}，可以间接测定 K^+的含量。此法可用于测定血清、红细胞和尿中的 K^+。又如，PO_4^{3-}可沉淀为 $MgNH_4PO_4 \cdot 6H_2O$，将沉淀过滤溶解于 HCl，加入过量的 EDTA 标准溶液，并调至碱性，用 Mg^{2+}标准溶液返滴定过量的 EDTA，通过测定 Mg^{2+}即间接求得磷的含量。SO_4^{2-}的测定则可定量地加入过量的 Ba^{2+}标准溶液，将其沉淀为 $BaSO_4$，然后以 MgY 和铬黑 T 为指示剂，用 EDTA 滴定过量的 Ba^{2+}，从而计算出 SO_4^{2-}的含量。

4.5.2 EDTA 标准溶液的配制和标定

常用 EDTA 标准溶液的浓度为 0.01～0.05 $mol \cdot L^{-1}$。一般采用 EDTA 二钠盐（$Na_2H_2Y \cdot 2H_2O$）配制。试剂中常含有 0.3%的吸附水，若要直接配制标准溶液，必须将试剂在 80℃干燥过夜，或在 120℃下烘至恒量。由于水与其他试剂中常含有金属离子，EDTA 标准溶液常采用间接法配制（需标定）。

去离子水的质量是否符合要求是配位滴定应用中十分重要的问题：①若配制溶液的水中含有 Al^{3+}、Cu^{2+}等，会使指示剂产生封闭现象，致使终点难以判断；②若水中含有 Ca^{2+}、Mg^{2+}、Pb^{2+}、Sn^{2+}等，则会消耗 EDTA，在不同的情况下对结果产生不同的影响。因此，在配位滴定中，为保证质量，必须对所用去离子水的质量进行检查。EDTA 溶液应储存在聚乙烯塑料瓶或硬质玻璃瓶中。若储存于软质玻璃瓶中，会不断溶解玻璃中的 Ca^{2+}形成 CaY^{2-}，使 EDTA 的浓度不断降低。

可用于标定 EDTA 溶液的基准物质很多，如金属锌、铜、铋以及 ZnO、$CaCO_3$、$MgSO_4 \cdot 7H_2O$ 等。金属锌的纯度高（纯度可达 99.99%），在空气中又稳定，Zn^{2+}与 ZnY^{2-}均无色，既能在 pH 为 5～6 以二甲酚橙作指示剂标定，又可在 pH 为 9～10 的氨性溶液中以铬黑 T 作指示剂标定，终点均很敏锐，因此一般多采用金属锌作基准物质。

为使测定的准确度高，标定的条件应与测定条件尽可能接近。例如，由试剂或水中引入的杂质（假定为 Ca^{2+}、Pb^{2+}）在不同条件下有不同的影响：①在碱性溶液中滴定，两者均与 EDTA 配位；②在弱酸溶液中滴定，只有 Pb^{2+}与 EDTA 配位；③在强酸性溶液中滴定，则两者均不与 EDTA 配位。因此，若在相同酸度下标定和测定，这种影响就可以抵消。在可能的情况下，最好选用被测元素的纯金属或化合物为基准物质。

思 考 题

1. 为什么在处理酸碱滴定体系中的平衡关系时，采用活度常数做近似计算；而在配位滴定体系中，配位平衡常数和酸碱平衡常数却采用浓度常数或混合常数？

2. 已知配合物 ML_n 的各级累积稳定常数和游离配位体的平衡浓度[L]，是否可不经计算即知哪些形态为主要存在形态？

3. 为什么用 EDTA 滴定 M 至化学计量点时，未与 M 配位的辅助配位剂的浓度 $c_{A'}$ 约等于其分析浓度 c_A？

4. 使配合物稳定性降低的因素有哪些？

5. 用 EDTA 滴定同浓度的 M，若 K'_{MY} 增大 10 倍，滴定突跃范围改变多少？若 K'_{MY} 一定，浓度增加 10 倍，滴定突跃增大多少？

6. 配位滴定至何点时，$c_M = c_Y$？什么情况下，$[M]_{sp} = [Y]_{sp}$？

7. 以同浓度的 EDTA 溶液滴定某金属离子，若保持其他条件不变，仅将 EDTA 和金属离子浓度增大 10 倍，则两种滴定中哪一段滴定曲线会重合？

8. 在 pH 10 左右，$\lg K'_{ZnY} \approx 13.5$。能否用硼砂缓冲溶液控制 pH 进行滴定？

9. 已知 $K_{ZnY} \gg K_{MgY}$，为什么在 pH = 10 的氨性缓冲溶液中用 EDTA 滴定 Mg^{2+}时可以用 Zn^{2+}标准溶液标定 EDTA？

10. 在使用掩蔽剂（B）进行选择性滴定时，若溶液存在下列平衡：

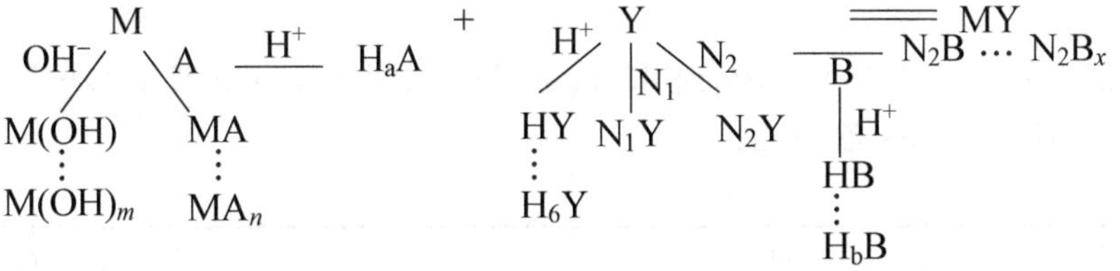

试写出 $\lg K'_{MY}$ 的计算式。在该溶液中，c_M、c_{N_1}、c_{N_2}、c_Y、c_A、c_B 及 $c_{M'}$、$c_{Y'}$、$c_{A'}$、$c_{B'}$、$c_{N_1'}$、$c_{N_2'}$ 各是什么含义？

11. 已知乙酰丙酮（L）与 Al^{3+} 配合物的 $\lg\beta_1 \sim \lg\beta_3$ 分别为 8.6、15.5、21.3，则 AlL_3 为主要形式时的 pL 范围是什么？[AlL]与[AlL_2]相等时的 pL 为多少？pL 为 10.0 时铝的主要形式是什么？

12. 用 EDTA 滴定 Ca^{2+}、Mg^{2+}，采用 EBT 作指示剂。此时，存在少量的 Fe^{3+} 和 Al^{3+} 对体系有什么影响？如何消除它们的影响？

13. 如何检验水中是否有少量金属离子？如何确定它们是 Ca^{2+}、Mg^{2+}，还是 Al^{3+}、Fe^{3+}、Cu^{2+}？

14. 用 NaOH 标准溶液滴定 HCl 时，若溶液中存在 Al^{3+}、Fe^{3+} 等易水解的高价金属离子，如何消除干扰？

15. 若配制 EDTA 溶液的水中含有 Ca^{2+}，判断下列情况对测定结果的影响：

（1）以 $CaCO_3$ 作基准物质标定 EDTA，滴定试液中的 Zn^{2+}，二甲酚橙作指示剂；

（2）以金属锌作基准物质，二甲酚橙作指示剂标定 EDTA，测定试液中 Ca^{2+} 的含量；

（3）以金属锌作基准物质，铬黑 T 作指示剂标定 EDTA，测定试液中 Ca^{2+} 的含量。

16. 拟定分析方案，指出滴定剂、酸度、指示剂及所需其他试剂，并说明滴定方式：

（1）含有 Fe^{3+} 的试液中测定 Bi^{3+}；

（2）Zn^{2+}、Mg^{2+} 混合溶液中二者的测定（列举出三种方案）；

（3）铜合金中 Pb^{2+}、Zn^{2+} 的测定；

（4）Ca^{2+} 与 EDTA 混合溶液中二者的测定；

（5）水泥中 Fe^{3+}、Al^{3+}、Ca^{2+}、Mg^{2+} 的测定；

（6）Al^{3+}、Zn^{2+}、Mg^{2+} 混合溶液中 Zn^{2+} 的测定；

（7）Bi^{3+}、Al^{3+}、Pb^{2+} 混合溶液中三组分的测定。

习　题

4-1 已知铜氨配合物各级不稳定常数为：

$K_{不稳1} = 7.8 \times 10^{-3}$，$K_{不稳2} = 1.4 \times 10^{-3}$，$K_{不稳3} = 3.3 \times 10^{-4}$，$K_{不稳4} = 7.4 \times 10^{-5}$

（1）计算各级稳定常数 $K_1 \sim K_4$ 和各累积稳定常数 $\beta_1 \sim \beta_4$；

（2）若铜氨配合物溶液中$[Cu(NH_3)_4]^{2+}$的浓度为$[Cu(NH_3)_3]^{2+}$的 10 倍，则溶液中$[NH_3]$是多少？

（3）若铜氨配合物溶液中 $c_{NH_3} = 1.0\times10^{-2}\ mol\cdot L^{-1}$，$c_{Cu} = 1.0 \times 10^{-4}\ mol \cdot L^{-1}$（忽略 Cu^{2+}、

NH_3 的副反应)，计算 Cu^{2+}与各级铜氨配合物的浓度。此时，溶液中 Cu(Ⅱ)的主要存在形式是什么？

4-2　乙酰丙酮（L）与 Fe^{3+}配合物的 $\lg\beta_1$～$\lg\beta_3$ 分别为 11.4、22.1、26.7。试指出以下不同 pL 时 Fe(Ⅲ)的主要存在形态。

pL = 22.1	pL = 11.4	pL = 7.7	pL = 3.0

4-3　已知 NH_3 的 $K_b = 10^{-4.63}$，计算 $K_{a\,NH_4^+}$、$K_{NH_4^+}^{H}$、$K_{NH_4OH}^{OH}$ 及 pH = 9.0 时的 $\alpha_{NH_3(H)}$。

4-4　（1）计算 pH 5.5 时 EDTA 溶液的 $\lg\alpha_{Y(H)}$；

（2）查出 pH 1、2、…、10 时的 $\lg\alpha_{Y(H)}$，并在坐标纸上作出 $\lg\alpha_{Y(H)}$-pH 曲线。由图查出 pH 5.5 时的 $\lg\alpha_{Y(H)}$，与计算值相比较。

4-5　计算 $\lg\alpha_{Cd(NH_3)}$、$\lg\alpha_{Cd(OH)}$和 $\lg\alpha_{Cd}$（Cd^{2+}-OH^-配合物的 $\lg\beta_1$～$\lg\beta_4$ 分别为 4.3、7.7、10.3、12.0）。

（1）含镉溶液中$[NH_3] = [NH_4^+] = 0.1$；

（2）加入少量 NaOH 于（1）溶液中至 pH 为 10.0。

4-6　计算下列两种情况的 $\lg K'_{NiY}$。

（1）pH = 9.0，$c_{NH_3} = 0.2\ mol \cdot L^{-1}$；

（2）pH = 9.0，$c_{NH_3} = 0.2\ mol \cdot L^{-1}$，$[CN^-] = 0.01\ mol \cdot L^{-1}$。

4-7　现欲配制 pH = 5.0、pCa = 3.8 的溶液，所需 EDTA 与 Ca^{2+}物质的量之比，即 n_{EDTA} : n_{Ca} 为多少？

4-8　在 pH 为 10.0 的氨性缓冲溶液中，以 $2 \times 10^{-2}\ mol \cdot L^{-1}$ EDTA 滴定同浓度的 Pb^{2+}溶液。若滴定开始时酒石酸的分析浓度为 $0.2\ mol \cdot L^{-1}$，计算化学计量点时的 $\lg K'_{PbY}$、[Pb′]和酒石酸铅配合物的浓度。（酒石酸铅配合物的 lgK 为 3.8）

4-9　15 mL $0.020\ mol \cdot L^{-1}$ EDTA 与 10 mL $0.020\ mol \cdot L^{-1}$ Zn^{2+}溶液相混合，若 pH 为 4.0，计算$[Zn^{2+}]$；若欲控制$[Zn^{2+}]$为 $10^{-7.0}\ mol \cdot L^{-1}$，溶液 pH 应控制在多少？

4-10　以 $2 \times 10^{-2}\ mol \cdot L^{-1}$ EDTA 滴定同浓度的 Cd^{2+}溶液，若 pH 为 5.5，计算化学计量点及前后 0.1%的 pCd。选二甲酚橙作指示剂是否合适？

4-11　在一定条件下，用 $0.010\ mol \cdot L^{-1}$ EDTA 滴定 20.00 mL 同浓度金属离子 M。已知该条件下反应是完全的，在加入 19.98～20.02 mL EDTA 时 pM 改变 1 单位，计算 K'_{MY}。

4-12　铬蓝黑 R 的酸解离常数 $K_{a1} = 10^{-7.3}$，$K_{a2} = 10^{-13.5}$，它与镁的配合物稳定常数 $K_{MgIn} = 10^{7.6}$。计算 pH 10.0 时的 pMg。若以它为指示剂，在 pH 10.0 时以 $2 \times 10^{-2}\ mol \cdot L^{-1}$ EDTA 滴定同浓度的 Mg^{2+}，终点误差为多少？

4-13　以 $2 \times 10^{-2}\ mol \cdot L^{-1}$ EDTA 滴定浓度均为 $2 \times 10^{-2}\ mol \cdot L^{-1}$ 的 Cu^{2+}、Ca^{2+}混合液中的 Cu^{2+}。若溶液 pH 为 5.0，以 PAN 为指示剂，计算终点误差，并计算化学计量点和终点时 CaY 的平衡浓度。

4-14　用控制酸度的方法分步滴定浓度均为 $2 \times 10^{-2}\ mol \cdot L^{-1}$ 的 Th^{4+}和 La^{3+}。若 EDTA 浓度也为 $2 \times 10^{-2}\ mol \cdot L^{-1}$：

（1）计算滴定 Th^{4+}的合适酸度范围[$\lg K'_{ThY}$ 最大，$Th(OH)_4$ 不沉淀]；

（2）计算以二甲酚橙作指示剂滴定 Th^{4+}的最佳 pH；

（3）以二甲酚橙作指示剂在 pH = 5.5 继续滴定 La^{3+}，终点误差为多少？

4-15　用 2×10^{-2} mol · L^{-1} 的 EDTA 滴定浓度均为 2×10^{-2} mol · L^{-1} 的 Pb^{2+}、Al^{3+}混合溶液中的 Pb^{2+}。以乙酰丙酮掩蔽 Al^{3+}，终点时未与铝配位的乙酰丙酮总浓度为 0.1 mol · L^{-1}，pH 为 5.0，以二甲酚橙作指示剂，计算终点误差（乙酰丙酮的 $pK_a = 8.8$，忽略乙酰丙酮与 Pb^{2+}配位）。

4-16　称取含 Fe_2O_3 和 Al_2O_3 的试样 0.2015 g。试样溶解后，在 pH = 2.0 以磺基水杨酸作指示剂，加热至 50℃左右，以 0.2008 mol · L^{-1} 的 EDTA 滴定至红色消失，消耗 15.20 mL，然后加入上述 EDTA 标准溶液 25.00 mL，加热煮沸，调 pH = 4.5，以 PAN 作指示剂，趁热用 0.02112 mol · L^{-1} Cu^{2+}标准溶液返滴，消耗 8.16 mL。分别计算试样中 Fe_2O_3 与 Al_2O_3 的质量分数（以%表示）。

第 5 章　氧化还原滴定法

【问题提出】　铜矿、铜盐中的铜含量是其质量控制中的重要指标。国家标准（GB/T 14353.1—2010）规定氧化还原滴定法为常量铜含量的标准测定方法。其基本分析过程如下：①准确称取一定量样品，加入 3～5 mL 浓硝酸进行消解并定容；②加入 NH_4HF_2 缓冲溶液控制 pH 为 3～4；③加入过量 KI 溶液使 Cu^{2+} 还原为 CuI；④用 $Na_2S_2O_3$ 标准溶液滴定生成的 I_2；⑤在接近滴定终点时加入 KSCN 或 NH_4SCN，使滴定更加完全。

上述分析过程涉及以下几个问题：

（1）Cu^{2+} 氧化 I^- 的反应。由于两电对的标准电极电位分别为 $\varphi^{\ominus}(Cu^{2+}/Cu^{+}) = 0.17\ V$，$\varphi^{\ominus}(I_2/I^-) = 0.535\ V$，若从电极电位判断，$Cu^{2+}$ 无法氧化 I^-，但实际上该反应却进行得很完全，为什么？

（2）$Na_2S_2O_3$ 溶液不太稳定，该溶液浓度的准确标定、溶液的存放以及保质是这类滴定要考虑的另一重要问题。

（3）溶液 pH 控制在 3～4 的依据是什么？

（4）为什么要用 NH_4HF_2 缓冲溶液调节溶液的 pH？可以用其他缓冲体系替代吗？

（5）用 $Na_2S_2O_3$ 标准溶液滴定 I_2 的实验条件是什么？如何确定滴定终点？

（6）为什么要加入 SCN^-？何时加入？

要回答上述问题，需要对氧化还原滴定的原理、滴定的实施、滴定误差估计和氧化还原滴定计算等进行系统的讨论。

氧化还原滴定法是以氧化还原反应为基础的滴定分析方法，在滴定过程中始终伴随电子的得失。氧化还原滴定法的应用十分广泛，采用直接或间接滴定法可测定多种无机物和有机物，并通过这些物质浓度的变化反映其内在性质的变化，如各种矿物（如铜、铁、锰、锡矿等）的金属含量、水污染程度（化学需氧量 COD 测定）、工业及食用油脂的不饱和度、有机物中微量水含量等。不过与酸碱滴定、配位滴定不同，氧化还原反应的机理较为复杂。有些反应会伴有副反应而导致没有确定的化学计量关系；有些反应易受实验条件（如酸度、温度等）影响，导致其氧化还原产物不同；还有些反应虽然完全程度很高，但反应速率很慢（如铁的生锈）等。因此，采用氧化还原滴定法时，要综合考虑氧化还原反应程度、反应机理、反应速率、反应条件（酸度、温度等）以及滴定条件等因素。

氧化还原滴定中可选择的滴定剂有很多种，包括氧化剂和还原剂。由于还原剂在滴定过程中易与空气中的氧发生反应，给滴定过程带来误差，因此大多数氧化还原滴定都采用氧化剂作滴定剂，并根据氧化剂的名称命名氧化还原滴定，如高锰酸钾法、重铬酸钾法、碘量法、铈量法、高碘酸钾法、溴酸钾法等，每种方法都有其特点和适用范围。

5.1　氧化还原平衡

氧化还原反应的实质是在氧化剂和还原剂之间有电子得失或转移，对某些反应这个过程可以一步进行，但大多数反应可能需要多步完成。当反应条件不同时，电子得失或转移的数目可能不同，从而得到的氧化还原产物也不同。电子在反应物之间转移的难易取决于反应条件，以及氧化还原电对的电极电位。

氧化还原电对分为可逆电对和不可逆电对两大类。可逆电对是指在氧化还原反应的任一时刻，氧化态和还原态之间都能迅速建立起氧化还原的平衡关系。任一时刻氧化还原电对的电位都能通过能斯特（Nernst）方程进行计算。不可逆电对则不能在任一时刻快速建立起符合能斯特方程的氧化还原平衡，其任一时刻的实际电位与理论计算电位有较大差别。

氧化剂和还原剂的强弱可以用相关电对的电极电位衡量。电对电位越高，其氧化态的氧化能力越强；电对电位越低，其还原态的还原能力越强。因此，高电位电对的氧化态可作为氧化剂氧化另一种低电位电对的还原态；反之，低电位电对的还原态可作为还原剂还原电位比它高的电对的氧化态。因此，根据相关电对的电位可以判断氧化还原反应进行的方向。

对可逆的氧化还原电对，其半反应表达式为

$$\mathrm{Ox} + ne^- \rightleftharpoons \mathrm{Red}$$

根据能斯特方程有

$$\varphi = \varphi^\ominus + \frac{2.303RT}{nF}\lg\frac{a_{\mathrm{Ox}}}{a_{\mathrm{Red}}} = \varphi^\ominus + \frac{0.059}{n}\lg\frac{a_{\mathrm{Ox}}}{a_{\mathrm{Red}}}(25℃) \tag{5-1}$$

式中，n 为半反应的电子转移数目；a_{Ox} 和 a_{Red} 分别为氧化态和还原态的活度；$\varphi^\ominus$ 为电对的标准电极电位，指在 298.15 K（25℃）时，用活度均为 1 mol · L^{-1} 的氧化态和还原态构成的电池的电位值，它是在非常严格的实验条件下通过实验测得的数值。附录 11 列出常见电对的标准电极电位。

5.1.1　条件电位

绝大多数情况下已知的是氧化态和还原态的分析浓度，而非活度。但当溶液的离子强度较大时，直接用浓度代替活度会引入较大误差。而且在不同的实验条件下，氧化态和还原态还可能发生各种副反应，如酸效应、生成沉淀或配合物等，这些副反应导致氧化态和还原态的平衡浓度有较大变化。因此，用浓度代替活度时，必须引入活度系数和副反应系数。

对可逆的氧化还原电对，其电对电位值通过能斯特方程计算：

$$\varphi = \varphi^\ominus + \frac{0.059}{n}\lg\frac{a_{\mathrm{Ox}}}{a_{\mathrm{Red}}}$$

由于 a_{Ox} 和 a_{Red} 未知，可通过活度系数γ将其转变为平衡浓度关系式：

$$\varphi = \varphi^{\ominus} + \frac{0.059}{n}\lg\frac{\gamma_{Ox}[Ox]}{\gamma_{Red}[Red]}$$

在副反应存在时，Ox 和 Red 的平衡浓度需通过各自的副反应系数与分析浓度关联：

$$[Ox]=\frac{c_{Ox}}{\alpha_{Ox}},\ [Red]=\frac{c_{Red}}{\alpha_{Red}}$$

因此，Ox-Red 的电对电位可表示为

$$\varphi = \varphi^{\ominus} + \frac{0.059}{n}\lg\frac{\gamma_{Ox}\alpha_{Red}}{\gamma_{Red}\alpha_{Ox}} + \frac{0.059}{n}\lg\frac{c_{Ox}}{c_{Red}}$$

c_{Ox} 和 c_{Red} 分别代表氧化态和还原态的分析浓度。当 $c_{Ox} = c_{Red} = 1\ mol \cdot L^{-1}$ 时，有

$$\varphi^{\ominus'} = \varphi^{\ominus} + \frac{0.059}{n}\lg\frac{\gamma_{Ox}\alpha_{Red}}{\gamma_{Red}\alpha_{Ox}} \tag{5-2}$$

$\varphi^{\ominus'}$ 称为条件电位（conditional potential），指在一定条件下，氧化态和还原态的分析浓度均为 1 mol · L^{-1} 时的实际电位，在特定条件下该值是常数。$\varphi^{\ominus'}$ 和 $\varphi^{\ominus}$ 的关系与配位滴定中条件稳定常数 K' 和稳定常数 K 之间的关系类似。条件电位反映了离子强度和各种副反应影响的总结果，用它处理问题既简便又符合实际情况。

引入条件电位后，能斯特方程可表示为

$$\varphi = \varphi^{\ominus'} + \frac{0.059}{n}\lg\frac{c_{Ox}}{c_{Red}} \tag{5-3}$$

不过由于一个氧化还原体系中可能同时存在几个副反应，相关常数很难齐全，且离子强度变化时的活度系数也不易求得，用式（5-2）很难计算出所有电对的 $\varphi^{\ominus'}$ 。实际上只有部分电对的条件电位可通过实验测得，见附录 12。当缺乏相同条件下的条件电位时，可采用相近条件下的条件电位值。例如，未查到 1.5 mol · L^{-1} H_2SO_4 溶液中 Fe^{3+}/Fe^{2+} 电对的条件电位，则可用 1.0 mol · L^{-1} H_2SO_4 溶液中 Fe^{3+}/Fe^{2+} 电对的条件电位（0.68 V）。若选用该电对的标准电极电位（0.77 V）进行计算，引入的误差更大，甚至会得出错误的结论。

5.1.2　影响条件电位的因素

式（5-2）表明，条件电位 $\varphi^{\ominus'}$ 的大小除受电对自身影响外，还受实验条件的影响。

1. 盐效应

氧化还原反应中，溶液中电解质的浓度一般较大，相应地溶液离子强度也较大，而氧化态和还原态的价态都较高，因此其活度系数 γ 较小，导致条件电位和标准电极电位差异较大。如果不进行活度校正，直接用浓度通过能斯特方程计算电位，结果必然与实际情况有较大差异。表 5-1 给出 $[Fe(CN)_6]^{3-}$ / $[Fe(CN)_6]^{4-}$ 电对（ $\varphi^{\ominus} = 0.355$ V ）在不同离子强度下的条件电位。

表 5-1　$[Fe(CN)_6]^{3-}$ / $[Fe(CN)_6]^{4-}$ 电对在不同离子强度下的条件电位

离子强度/($mol \cdot kg^{-1}$)	0.00064	0.0128	0.112	1.6
$\varphi^{\ominus\prime}$ / V	0.3619	0.3814	0.4094	0.4584

实际上只有在极稀溶液中时，才有 $\varphi^{\ominus\prime} \approx \varphi^{\ominus}$ 。不过，由于各种副反应对电位的影响远大于离子强度的影响，因此下面讨论副反应的影响时都忽略了溶液离子强度的影响。

2. 配位效应

溶液中存在各种阴离子时，它们可能会与金属离子氧化态和还原态发生配位反应，形成各种稳定性不同的配合物，从而改变电对的条件电位。当氧化态配合物的稳定性大于还原态配合物时，条件电位降低；反之，条件电位升高。表 5-2 给出 Fe^{3+}/Fe^{2+}电对在不同酸性介质中的条件电位，可以看出，PO_4^{3-} 或 F^- 与 Fe^{3+} 的配位最稳定，ClO_4^- 几乎没有配位能力。

表 5-2　Fe^{3+} / Fe^{2+} 电对在不同酸性介质中的条件电位

介质/ (1.0 $mol \cdot L^{-1}$)	$HClO_4$	HCl	H_2SO_4	H_3PO_4	HF
$\varphi^{\ominus\prime}(Fe^{3+}/Fe^{2+})$ / V	0.75	0.70	0.68	0.44	0.32

定量分析中，可通过配位效应消除一些离子的干扰。例如，碘量法测定 Cu^{2+}时，Fe^{3+}的存在也会氧化 I^- ，因而干扰 Cu^{2+}的测定。如果加入 NaF，则 F^- 与 Fe^{3+}形成稳定的配合物，导致游离 Fe^{3+}浓度大大降低，从而降低了 Fe^{3+} / Fe^{2+} 电对的电位，使 Fe^{3+}不再氧化 I^- 。

【例 5-1】　计算 25℃时，pH = 3.0，$[F'] = 0.1\,mol \cdot L^{-1}$，$Fe^{3+}/Fe^{2+}$电对的条件电位。(忽略离子强度的影响)

解　查附录 6 知 Fe^{3+}与 F^- 形成配合物的 $\lg\beta_1 \sim \lg\beta_3$ 分别是 5.2、9.2 和 11.9，$\lg K_{HF}^{H} = 3.1$。根据式（5-2）有

$$\varphi^{\ominus\prime} = \varphi^{\ominus} + \frac{0.059}{n}\lg\frac{\gamma_{Ox}\alpha_{Red}}{\gamma_{Red}\alpha_{Ox}} = 0.77 + 0.059\lg\frac{\alpha_{Red}}{\alpha_{Ox}}$$

pH = 3.0 时，$\alpha_{F(H)} = 1 + [H^+]K_{HF}^{H} = 1 + 10^{-3.0+3.1} = 10^{0.4}$，则有

$$[F^-] = \frac{[F']}{\alpha_{F(H)}} = 10^{-1.4}\,mol \cdot L^{-1}$$

故

$$\alpha_{Fe^{3+}(F)} = 1 + [F^-]\beta_1 + [F^-]^2\beta_2 + [F^-]^3\beta_3$$

$$= 1 + 10^{-1.4+5.2} + 10^{-2.8+9.2} + 10^{-4.2+11.9} = 10^{7.7}$$

而 $\alpha_{Fe^{2+}(F)} = 1$，因此 $\varphi^{\ominus\prime} = 0.77 + 0.059\lg\frac{\alpha_{Red}}{\alpha_{Ox}} = 0.77 + 0.059\lg\frac{1}{10^{7.7}} = 0.32(V)$

3. 酸效应

当氧化还原反应中有 H^+ 或 OH^- 参与时，能斯特方程中将包括[H^+]或[OH^-]，因此酸度变化直接影响条件电位值。另外，一些氧化还原电对的氧化态或还原态自身就是弱酸或弱碱，酸度变化也会直接影响其存在型体的分布情况，从而影响条件电位。以 As(Ⅴ)/As(Ⅲ)电对为例，上述两方面的影响同时存在。在砷酸氧化 I^- 的反应中：

$$H_3AsO_4 + 2H^+ + 3I^- \xlongequal{\quad} HAsO_2 + I_3^- + 2H_2O$$

两电对的电极电位分别为 $\varphi^{\ominus}(H_3AsO_4 / HAsO_2) = 0.56\ V$，$\varphi^{\ominus}(I_3^- / I^-) = 0.54\ V$，两者非常接近，但是 I_3^-/I^- 电对的电位在 pH<8 时几乎不受酸度影响，而 $H_3AsO_4/HAsO_2$ 电对的电位随酸度有较大变化。酸度高时该电对的条件电位大于 I_3^-/I^- 电对的电位，上述反应向右进行；而酸度低时 $H_3AsO_4/HAsO_2$ 条件电位小于 I_3^-/I^- 电对的电位，反应向左进行。

【例 5-2】 计算 25℃下 pH = 8.0 时，As(Ⅴ)/As(Ⅲ)电对的条件电位。(忽略离子强度影响)

解　查表知 H_3AsO_4 的 pK_{a1}～pK_{a3} 分别是 2.2、7.0 和 11.5；$HAsO_2$ 的 $pK_a = 9.2$。$H_3AsO_4/HAsO_2$ 的半反应为

$$H_3AsO_4 + 2H^+ + 2e^- \xlongequal{\quad} HAsO_2 + 2H_2O$$

能斯特方程为

$$\varphi = \varphi^{\ominus}(H_3AsO_4/HAsO_2) + \frac{0.059}{2}\lg\frac{[H_3AsO_4][H^+]^2}{[HAsO_2]}$$

而 $[H_3AsO_4] = c_{H_3AsO_4}x_{H_3AsO_4}$，$[HAsO_2] = c_{HAsO_2}x_{HAsO_2}$，求条件电位时，$c_{H_3AsO_4} = c_{HAsO_2} = 1\ mol \cdot L^{-1}$，故有

$$\varphi^{\ominus\prime} = 0.56 + \frac{0.059}{2}\lg\frac{x_{H_3AsO_4}[H^+]^2}{x_{HAsO_2}}$$

当 pH = 8.0 时

$$x_{H_3AsO_4} = \frac{[H^+]^3}{[H^+]^3 + [H^+]^2K_{a1} + [H^+]K_{a1}K_{a2} + K_{a1}K_{a2}K_{a3}} = 10^{-6.8}$$

$$x_{HAsO_2} = \frac{[H^+]}{[H^+] + K_a} \approx 1$$

所以

$$\varphi^{\ominus\prime} = 0.56 + \frac{0.059}{2}\lg(10^{-6.8-16.0}) = -0.11(V)$$

根据 H_3AsO_4 和 $HAsO_2$ 的酸度常数式，可以推导出不同 pH 范围内 As(Ⅴ)/As(Ⅲ)电对的条件电位与 pH 的关系。例如，在 7.0<pH<9.2 范围内，As(Ⅴ)主要以 $H_2AsO_4^-$ 型体存在，因此有

$$[H_3AsO_4] = \frac{[H^+]^2[H_2AsO_4^-]}{K_{a1}K_{a2}} \approx \frac{[H^+]^2}{K_{a1}K_{a2}}c_{H_3AsO_4}$$

而$[HAsO_2] \approx c_{HAsO_2}$，因此有

$$\varphi^{\ominus\prime} = 0.56 + \frac{0.059}{2}\lg\frac{[H^+]^4}{K_{a1}K_{a2}} = 0.84 - 0.12pH$$

同样可得到其他 pH 范围内 As(Ⅴ)/As(Ⅲ)电对的条件电位与酸度的关系：

pH＜2.2 时　$\varphi^{\ominus\prime} = 0.56 - 0.06pH$

2.2＜pH＜7.0 时　$\varphi^{\ominus\prime} = 0.63 - 0.09pH$

7.0＜pH＜9.2 时　$\varphi^{\ominus\prime} = 0.84 - 0.12pH$

9.2＜pH＜11.5 时　$\varphi^{\ominus\prime} = 0.56 - 0.09pH$

11.5＜pH 时　$\varphi^{\ominus\prime} = 0.91 - 0.12pH$

由于I_3^- / I^-电对的电位在 pH＜8 时基本不变，因此可以求出，在高酸度时，$\varphi^{\ominus\prime}(H_3AsO_4/HAsO_2) > \varphi^{\ominus\prime}(I_3^- / I^-)$，As(Ⅴ)可以氧化$I^-$。例如，在 4 $mol \cdot L^{-1}$ 的 HCl 中，用 As(Ⅴ)可以定量氧化I^-，再用$Na_2S_2O_3$滴定析出的I_3^-即可测定 As(Ⅴ)（间接碘量法）。而当酸度减小时，$\varphi^{\ominus\prime}(H_3AsO_4/HAsO_2) < \varphi^{\ominus\prime}(I_3^- / I^-)$，在 pH≈8 时，两电对的条件电位差很大，可以用I_3^-直接滴定 As(Ⅲ)（直接碘量法）。可见，酸度不仅影响反应进行的程度，甚至还会影响反应进行的方向。

4. 沉淀效应

在氧化还原反应中，当存在可与氧化态或还原态生成沉淀的试剂时，会改变电对的条件电位。氧化态生成沉淀导致条件电位降低，而还原态生成沉淀会使条件电位升高。碘量法测定铜含量的实验能充分说明这个效应。该实验基于下面的反应：

$$2Cu^{2+} + 4I^- \Longrightarrow 2CuI\downarrow + I_2$$

两电对的电极电位分别为$\varphi^{\ominus}(Cu^{2+}/Cu^+) = 0.17\ V$，$\varphi^{\ominus}(I_2/I^-) = 0.535\ V$。若从标准电极电位判断，应该是$I_2$氧化$Cu^+$，但事实上$Cu^{2+}$氧化$I^-$的反应进行得很完全，这是由于生成了溶解度非常小的 CuI 沉淀。沉淀效应导致溶液中$[Cu^+]$极小，使条件电位显著升高，因而Cu^{2+}成为较强的氧化剂。

【例 5-3】 计算 25℃时 KI 浓度为 1 $mol \cdot L^{-1}$ 时的$\varphi^{\ominus\prime}(Cu^{2+} / Cu^+)$。（忽略离子强度影响）

解　已知$K_{sp}(CuI) = 2\times10^{-12}$，根据电极电位计算式，有

$$\varphi = \varphi^{\ominus}(Cu^{2+} / Cu^+) + 0.059\lg\frac{[Cu^{2+}]}{[Cu^+]}$$

$$= \varphi^{\ominus}(Cu^{2+} / Cu^+) + 0.059\lg\frac{[Cu^{2+}]}{K_{sp}/[I^-]}$$

当$[I^-] = 1\ mol \cdot L^{-1}$时计算条件电位，若$Cu^{2+}$无副反应，则$[Cu^{2+}] = c_{Cu^{2+}} = 1\ mol \cdot L^{-1}$，故有

$$\varphi^{\ominus\prime}(Cu^{2+}/Cu^{+})=\varphi^{\ominus}(Cu^{2+}/Cu^{+})+0.059\lg\frac{1}{K_{sp}}=0.17+0.059\lg(0.5\times10^{12})$$

$$=0.86(V)$$

5.1.3 氧化还原反应进行程度

氧化还原反应进行的程度通常用反应平衡常数 K 衡量。平衡常数 K 可从相关电对的标准电极电位或条件电位求得，通过条件电位求得的是条件平衡常数 K'，它更能体现氧化还原反应实际进行的程度。

一个完整的氧化还原反应为

$$n_2Ox_1+n_1Red_2 \longrightarrow n_2Red_1+n_1Ox_2$$

当反应达平衡时，其条件平衡常数 K' 为

$$K'=\left(\frac{c_{Red_1}}{c_{Ox_1}}\right)^{n_2}\left(\frac{c_{Ox_2}}{c_{Red_2}}\right)^{n_1} \quad (5\text{-}4)$$

25℃下两个半反应及其能斯特方程分别为

$$Ox_1+n_1e^- \longrightarrow Red_1 \qquad \varphi_1=\varphi_1^{\ominus\prime}+\frac{0.059}{n_1}\lg\frac{c_{Ox_1}}{c_{Red_1}}$$

$$Ox_2+n_2e^- \longrightarrow Red_2 \qquad \varphi_2=\varphi_2^{\ominus\prime}+\frac{0.059}{n_2}\lg\frac{c_{Ox_2}}{c_{Red_2}}$$

当反应达平衡时，有 $\varphi_1=\varphi_2$，即

$$\varphi_1^{\ominus\prime}+\frac{0.059}{n_1}\lg\frac{c_{Ox_1}}{c_{Red_1}}=\varphi_2^{\ominus\prime}+\frac{0.059}{n_2}\lg\frac{c_{Ox_2}}{c_{Red_2}} \quad (5\text{-}5)$$

整理式（5-4）和式（5-5）可得

$$\lg K'=\lg\left[\left(\frac{c_{Red_1}}{c_{Ox_1}}\right)^{n_2}\left(\frac{c_{Ox_2}}{c_{Red_2}}\right)^{n_1}\right]=\frac{n(\varphi_1^{\ominus\prime}-\varphi_2^{\ominus\prime})}{0.059}=\frac{n\Delta\varphi^{\ominus\prime}}{0.059} \quad (5\text{-}6)$$

式中，n 为两个半反应中转移的电子数 n_1和n_2 的最小公倍数；$\Delta\varphi^{\ominus\prime}$ 为两个电对的条件电位差。

式（5-6）表明，氧化还原反应的平衡常数 K' 与两电对的条件电位差 $\Delta\varphi^{\ominus\prime}$ 以及电子转移数 n 有关。电位差越大，平衡常数越大，反应进行得越完全。对氧化还原滴定，要求反应完全程度在 99.9%以上，因此从式（5-6）可得到氧化还原滴定定量进行的条件：

当 $n_1=n_2=1$时，化学计量点有 $\frac{c_{Red_1}}{c_{Ox_1}}\geqslant10^3$，$\frac{c_{Ox_2}}{c_{Red_2}}\geqslant10^3$，则

$$K'=\frac{c_{Red_1}c_{Ox_2}}{c_{Ox_1}c_{Red_2}}\geqslant10^6$$

故　　　　　　　　　$$\Delta\varphi^{\ominus'}=\varphi_1^{\ominus'}-\varphi_2^{\ominus'}=\frac{0.059}{n}\lg K'\geqslant 0.36\ \mathrm{V}$$

同样，当 $n_1=n_2=2$ 时，求得 $\Delta\varphi^{\ominus'}=\varphi_1^{\ominus'}-\varphi_2^{\ominus'}\geqslant 0.18\ \mathrm{V}$。

因此，一般认为两电对条件电位差 $\Delta\varphi^{\ominus'}$ 大于 0.4 V 时，反应就能定量进行。在氧化还原滴定中，有多种强氧化剂可作滴定剂，且可通过控制相关的实验条件（如 pH、加入沉淀剂、配位剂等）改变电对的电位，因此上述要求较易达到。这表明在氧化还原反应中，反应进行的完全程度问题不像酸碱反应中那么突出。

【例 5-4】 计算下列氧化还原反应的平衡常数。

$$2MnO_4^- + 3Mn^{2+} + 2H_2O \xlongequal{\quad} 5MnO_2 + 4H^+$$

解　两个半反应分别为

$$MnO_4^- + 4H^+ + 3e^- \xlongequal{\quad} MnO_2 + 2H_2O \qquad \varphi^{\ominus}=1.695\ \mathrm{V}$$

$$MnO_2 + 4H^+ + 2e^- \xlongequal{\quad} Mn^{2+} + 2H_2O \qquad \varphi^{\ominus}=1.23\ \mathrm{V}$$

达平衡时根据式（5-6）有

$$\lg K'=\frac{n\Delta\varphi^{\ominus'}}{0.059}=\frac{2\times3\times(1.695-1.23)}{0.059}=47.1$$

故平衡常数 $K'=1\times10^{47}$。

【例 5-5】 计算在 1 mol · L^{-1} HCl 溶液中下列反应的平衡常数以及化学计量点时反应进行的程度。

$$2Fe^{3+} + Sn^{2+} \xlongequal{\quad} 2Fe^{2+} + Sn^{4+}$$

解　查附录 12 知，在 1 mol · L^{-1} HCl 溶液中 $\varphi^{\ominus'}(Fe^{3+}/Fe^{2+})=0.70\ \mathrm{V}$，$\varphi^{\ominus'}(Sn^{4+}/Sn^{2+})=0.14\ \mathrm{V}$，根据式（5-6）有

$$\lg K'=\frac{n\Delta\varphi^{\ominus'}}{0.059}=\frac{2\times1\times(0.70-0.14)}{0.059}=19.0$$

所以，平衡常数 $K'=1\times10^{19}$。

达化学计量点时，有

$$\frac{c_{Fe^{2+}}}{c_{Fe^{3+}}}=\frac{c_{Sn^{4+}}}{c_{Sn^{2+}}}$$

$$K'=\frac{c_{Fe^{2+}}^2 c_{Sn^{4+}}}{c_{Fe^{3+}}^2 c_{Sn^{2+}}}=\frac{c_{Fe^{2+}}^3}{c_{Fe^{3+}}^3}=1\times10^{19}$$

因此

$$\frac{c_{Fe^{2+}}}{c_{Fe^{3+}}}=\frac{c_{Sn^{4+}}}{c_{Sn^{2+}}}=1\times10^{6.3}$$

未反应的 Fe^{3+}（或 Sn^{2+}）占比为 $\frac{c_{Fe^{3+}}}{c_{Fe^{3+}}+c_{Fe^{2+}}}=10^{-6.3}=10^{-4.3}\%$，说明该反应进行得十分完全。

5.2　氧化还原反应的速率

根据条件电位差可以判断氧化还原反应进行的方向和完全程度，但这只表明反应发生的可能性，并不能反映氧化还原反应的速率，用于滴定分析的氧化还原反应必须具有很快的速率。例如，水溶液中溶解氧的半反应具有较大的电极电位：

$$O_2+4H^++4e^- \longrightarrow 2H_2O \qquad \varphi^{\ominus}=1.229\ V$$

仅考虑反应平衡时，溶解氧应该很容易氧化一些强还原剂[如 Sn^{2+}，$\varphi^{\ominus}(Sn^{4+}/Sn^{2+})=0.15\ V$]，或者拥有更高电极电位的更强氧化剂[如 Ce^{4+}，$\varphi^{\ominus}(Ce^{4+}/Ce^{3+})=1.61\ V$]应该会氧化 H_2O 使之产生 O_2。但实际上 Sn^{2+} 和 Ce^{4+} 在水溶液中均能稳定存在，这就是反应速率在其中发挥了重要作用，说明它们与 O_2 和 H_2O 的反应速率很慢。

氧化还原反应本质是电子在氧化剂和还原剂之间发生转移，转移的速率受溶剂分子、静电排斥力、配体、电子层结构、化学键或化学组成的变化等各种因素影响。一般来说，仅涉及电子转移的氧化还原反应速率都很快。例如

$$Fe^{3+}+e^- \longrightarrow Fe^{2+}$$

$$Ce^{4+}+e^- \longrightarrow Ce^{3+}$$

需要打开共价键的反应，速率通常都较慢。例如

$$NO_3^-+2H^++2e^- \longrightarrow NO_2^-+H_2O$$

$$SO_4^{2-}+2H^++2e^- \longrightarrow SO_3^{2-}+H_2O$$

结构发生很大的变化，如从带负电的含氧酸根转变为带正电的离子时，反应速率一般也较慢。例如

$$Cr_2O_7^{2-}+14H^++6e^- \longrightarrow 2Cr^{3+}+7H_2O$$

$$MnO_4^-+8H^++5e^- \longrightarrow Mn^{2+}+4H_2O$$

对某一元素来说，氧化数越大，反应越慢。例如，含氯酸作为氧化剂时的反应速率依次为：$HClO_4<HClO_3<HClO$，$HClO_4$ 需在高酸度和加热时才具有氧化性，$HClO_3$ 在高酸度下有氧化性，而 HClO 在酸性、碱性溶液中均有较快的反应速率。

除氧化还原电对自身的性质外，影响氧化还原反应速率的因素还包括其他一些外部条件，如反应物浓度、温度、催化剂、诱导反应等。

5.2.1　反应物浓度对速率的影响

氧化还原反应的机理较为复杂，很多情况下包括多个步骤，整个反应的速率是由最慢的一步决定的，因此无法从总的反应方程式判断反应物浓度对反应速率的影响程度。但一

般来说，增加反应物浓度能加快反应速率。如果有 H^+ 参与反应，可通过提高溶液酸度来加速反应。例如，酸性溶液中 $K_2Cr_2O_7$ 氧化 KI 的反应：

$$Cr_2O_7^{2-} + 6I^- + 14H^+ \longrightarrow 2Cr^{3+} + 3I_2 + 7H_2O$$

该反应速率较慢，通过增大 I^- 或 H^+ 的浓度，可加快反应速率。实验证明，在 H^+ 浓度为 0.4 mol · L^{-1} 时，KI 浓度过量 5 倍，静置 5 min 反应即进行完全。

5.2.2　反应温度对速率的影响

对大多数反应来说，升高温度可以提高反应速率。这是因为升高温度不仅增加了反应物之间的碰撞概率，还增加了活化分子或离子的数目。通常温度每升高 10℃，反应速率提高 2～3 倍。例如，酸性条件下 MnO_4^- 与 $C_2O_4^{2-}$ 的反应：

$$2MnO_4^- + 5C_2O_4^{2-} + 16H^+ \longrightarrow 2Mn^{2+} + 10CO_2 + 8H_2O$$

室温下该反应速率很慢，但如果将溶液加热到 70～80℃，反应速率显著提高。因此，用 $KMnO_4$ 滴定 $H_2C_2O_4$ 时，通常温度都要控制在上述温度范围。

但是，不是所有情况下都允许用升高温度法提高反应速率。当某些物质（如 I_2）有挥发性时，加热会造成挥发损失。有些还原剂（如 Sn^{2+}、Fe^{2+}）较易被空气中的 O_2 氧化，加热会促进这种氧化的进行。这些情况下需要采用其他方法提高反应速率。

5.2.3　催化剂对速率的影响

引入催化剂是加速反应的有效方法。催化剂通常会改变反应机理，或者降低原来反应的活化能，从而使反应速率发生变化。例如，前面提到的 $KMnO_4$ 滴定 $H_2C_2O_4$ 的反应，即使在强酸溶液中加热到 80℃，滴定初期的反应速率仍然很慢。但若加入 Mn^{2+}，反应速率明显加快。如果不加入 Mn^{2+}，反应初始阶段速率很慢。随着反应的进行，不断有 Mn^{2+} 产生，反应将越来越快。这种生成物本身就起催化作用的反应称为自动催化反应。

5.2.4　诱导反应对速率的影响

有些氧化还原反应在通常情况下不发生或者进行得非常慢，但在另一个反应进行时会促进这个反应的发生。这种由于一个氧化还原反应的发生促进了另一个氧化还原反应进行的现象称为诱导反应。例如，$KMnO_4$ 氧化 Cl^- 的反应速率很慢，但当溶液中同时存在 Fe^{2+} 时，$KMnO_4$ 氧化 Fe^{2+} 的反应可以加速 $KMnO_4$ 氧化 Cl^- 的反应。这里，Fe^{2+} 称为诱导体，MnO_4^- 称为作用体，Cl^- 称为受诱体。

$$MnO_4^- + 5Fe^{2+} + 8H^+ \longrightarrow Mn^{2+} + 5Fe^{3+} + 4H_2O \text{（诱导反应）}$$

$$2MnO_4^- + 10Cl^- + 16H^+ \longrightarrow 2Mn^{2+} + 5Cl_2 + 8H_2O \text{（受诱反应）}$$

诱导反应不同于催化反应。催化反应中，催化剂参与反应后又恢复到初始状态，是可逆变化；而在诱导反应中，诱导体参与反应后生成了其他物质，是不可逆变化。诱导反应会导致多消耗一部分作用体，使测量结果产生误差，因此在氧化还原滴定中要防止诱导反应的发生。例如，$K_2Cr_2O_7$ 氧化 Sn^{2+} 时会发生严重的诱导空气氧化 Sn^{2+} 的反应，导致 90% 以上的 Sn^{2+} 被空气氧化。因此，要得到准确的结果，滴定反应需在惰性气体中进行，或者加入过量的 Fe^{3+} 使与 Sn^{2+} 定量发生置换反应，然后用 $K_2Cr_2O_7$ 滴定置换出的 Fe^{2+}。

诱导反应与氧化还原反应的中间步骤产生的不稳定中间产物有关，这些中间产物可能具有更强的氧化能力。例如，Fe^{2+} 诱导 $KMnO_4$ 氧化 Cl^- 的过程中，MnO_4^- 被 Fe^{2+} 还原时逐步获得一个电子，产生一系列 Mn 的中间产物——Mn(Ⅵ)、Mn(Ⅴ)、Mn(Ⅳ)、Mn(Ⅲ)，这些中间态均能氧化 Cl^-，引起诱导反应。若向溶液中加入大量 Mn^{2+}，则可以使 Mn(Ⅶ)及这些中间体迅速转变为 Mn(Ⅲ)。大量 Mn^{2+}存在导致 Mn(Ⅲ)/Mn(Ⅱ)电对的电位降低，使 Mn(Ⅲ)基本上只与 Fe^{2+} 反应，而不能氧化 Cl^-，从而减弱了 Cl^- 对 $KMnO_4$ 的还原作用。这也是在 HCl 介质中采用 $KMnO_4$ 测定 Fe^{2+} 时常加入 $MnSO_4$ 的原因。

5.3　氧化还原滴定

5.3.1　氧化还原滴定曲线

在氧化还原滴定中，随着滴定剂的加入，被滴定物质的氧化态和还原态浓度逐渐改变，电对的电位也在相应不断变化，与酸碱滴定、配位滴定类似，这种变化也可用滴定曲线描述。若滴定反应中两电对的反应都是可逆进行的，就可以根据能斯特方程，由两电对的条件电位值计算出滴定曲线。

以 25℃下在 1 mol · L^{-1} H_2SO_4 介质中用 0.1000 mol · L^{-1} $Ce(SO_4)_2$ 溶液滴定 0.1000 mol · L^{-1} $FeSO_4$ 溶液为例：

$$Ce^{4+} + Fe^{2+} \rightleftharpoons Ce^{3+} + Fe^{3+}$$

在 1 mol · L^{-1} H_2SO_4 介质中，$\varphi^{\ominus\prime}(Ce^{4+}/Ce^{3+}) = 1.44\ V$，$\varphi^{\ominus\prime}(Fe^{3+}/Fe^{2+}) = 0.68\ V$。

滴定开始前，没有电子的转移，因而没有氧化还原反应发生。

滴定一旦开始，体系中就同时存在两个电对，在滴定过程中的任一点，达到平衡时两电对的电位一定相等，即

$$\varphi = \varphi^{\ominus\prime}(Ce^{4+}/Ce^{3+}) + 0.059\lg\frac{c_{Ce^{4+}}}{c_{Ce^{3+}}} = \varphi^{\ominus\prime}(Fe^{3+}/Fe^{2+}) + 0.059\lg\frac{c_{Fe^{3+}}}{c_{Fe^{2+}}}$$

在滴定不同阶段，选用各离子平衡浓度便于计算的电对，再按照上面能斯特方程计算每个过程中体系的电位值。

1. 滴定开始到化学计量点前

在化学计量点前，随着滴定剂 Ce^{4+} 的不断加入，溶液中的 Fe^{2+} 逐渐氧化为 Fe^{3+}，同时 Ce^{4+} 几乎完全被还原为 Ce^{3+}。此时，溶液中含有 Fe^{2+} 和 Fe^{3+}，以及生成的 Ce^{3+}。由于 Ce^{4+} 的浓度极小，很难直接求得。但是根据不同的滴定分数可以求得 $\frac{c_{Fe^{3+}}}{c_{Fe^{2+}}}$，因此化学计量点前的电极电位采用 Fe^{3+}/Fe^{2+} 电对计算：

$$\varphi=\varphi(Fe^{3+}/Fe^{2+})=\varphi^{\ominus'}(Fe^{3+}/Fe^{2+})+0.059\lg\frac{c_{Fe^{3+}}}{c_{Fe^{2+}}}=0.68+0.059\lg\frac{c_{Fe^{3+}}}{c_{Fe^{2+}}}$$

当滴定分数为 50%时，$\frac{c_{Fe^{3+}}}{c_{Fe^{2+}}}=1$，此时

$$\varphi=0.68\ V$$

而当滴定分数为 99.9%时，$\frac{c_{Fe^{3+}}}{c_{Fe^{2+}}}=999\approx10^3$，此时

$$\varphi=0.68+3\times0.059=0.86(V)$$

不同滴定分数时的电位计算值见表 5-3。

表 5-3　0.1000 mol · L^{-1} Ce(SO$_4$)$_2$ 滴定 0.1000 mol · L^{-1} FeSO$_4$（1 mol · L^{-1} H$_2$SO$_4$ 介质）

滴定分数/%	氧化剂浓度/还原剂浓度	溶液电位 φ /V	
	$c_{Fe^{3+}}/c_{Fe^{2+}}$		
9	10^{-1}	0.62	
20	$10^{-0.602}$	0.64	
40	$10^{-0.174}$	0.67	
50	10^{0}	0.68	
91	10^{1}	0.74	
99	10^{2}	0.80	
99.9	$\approx10^{3}$	0.86	突跃范围
100		1.06	突跃范围
	$c_{Ce^{4+}}/c_{Ce^{3+}}$		
100.1	10^{-3}	1.26	突跃范围
101	10^{-2}	1.32	
110	10^{-1}	1.38	
150	$10^{-0.3}$	1.42	
200	10^{0}	1.44	

2. 化学计量点

化学计量点时，溶液中几乎所有 Ce^{4+} 和 Fe^{2+} 都定量转变为 Ce^{3+} 和 Fe^{3+}，即 $c_{Ce^{3+}}$ 和 $c_{Fe^{3+}}$ 是已知的，但尚未反应的微量 $c_{Ce^{4+}}$ 和 $c_{Fe^{2+}}$ 未知，因此无法单独按照某一个电对计算化学计量点的电位 φ_{sp}，但可以用两电对的能斯特方程联立求得。

化学计量点时的电位 φ_{sp} 用两电对分别表示为

$$\varphi_{sp}=0.68+0.059\lg\frac{c_{Fe^{3+}}}{c_{Fe^{2+}}}$$

$$\varphi_{sp} = 1.44 + 0.059\lg\frac{c_{Ce^{4+}}}{c_{Ce^{3+}}}$$

将两式相加得

$$2\varphi_{sp} = 0.68 + 1.44 + 0.059\lg\frac{c_{Ce^{4+}}c_{Fe^{3+}}}{c_{Ce^{3+}}c_{Fe^{2+}}}$$

由于是 1∶1 反应，且 Ce^{4+} 和 Fe^{2+} 的初始浓度均为 $0.1000\ mol \cdot L^{-1}$，因此在化学计量点时有

$$c_{Ce^{4+}} = c_{Fe^{2+}},\quad c_{Fe^{3+}} = c_{Ce^{3+}}$$

故有

$$\lg\frac{c_{Ce^{4+}}c_{Fe^{3+}}}{c_{Ce^{3+}}c_{Fe^{2+}}} = 0$$

所以

$$\varphi_{sp} = \frac{0.68 + 1.44}{2} = 1.06(V)$$

3. 化学计量点后

化学计量点后，Fe^{2+} 几乎全部氧化为 Fe^{3+}，此时 $c_{Fe^{2+}}$ 很难直接获得。但此时氧化还原反应已经完成，溶液中生成的 Ce^{3+} 量将不再增加，因此根据加入过量的 Ce^{4+} 的百分数可求得相应的浓度比 $\frac{c_{Ce^{4+}}}{c_{Ce^{3+}}}$，故此时用 Ce^{4+}/Ce^{3+} 电对计算化学计量点后的电位更方便。

$$\varphi = \varphi(Ce^{4+}/Ce^{3+}) = \varphi^{\ominus\prime}(Ce^{4+}/Ce^{3+}) + 0.059\lg\frac{c_{Ce^{4+}}}{c_{Ce^{3+}}} = 1.44 + 0.059\lg\frac{c_{Ce^{4+}}}{c_{Ce^{3+}}}$$

当 Ce^{4+} 过量 0.1%时，$\frac{c_{Ce^{4+}}}{c_{Ce^{3+}}} = \frac{1}{1000} = 10^{-3}$，故

$$\varphi = 1.44 - 3 \times 0.059 = 1.26(V)$$

根据滴定剂过量的百分数，可计算溶液中不同滴定点时的电位值，见表 5-3。根据表 5-3 的计算结果，可以绘制出氧化还原滴定曲线，如图 5-1 所示。

从表 5-3 看出，用氧化剂滴定还原剂时，滴定分数为 50%时的溶液电位为还原剂的条件电位[本例中为 $\varphi^{\ominus\prime}(Fe^{3+}/Fe^{2+}) = 0.68\ V$]，而当滴定分数为 200%时，溶液电位为氧化剂的条件电位[本例中为 $\varphi^{\ominus\prime}(Ce^{4+}/Ce^{3+}) = 1.44\ V$]。待测物和滴定剂的条件电位差越大，化学计量点附近电位突跃越大，反应越完全，越容易准确滴定。

该例中两电对的电子转移数均为 1，化学计量点电位（1.06 V）位于滴定突跃（0.86～1.26 V）中间，化学计量点前后的滴定曲线基本对称。若两电对电子转移数不等，则化学计量点电位 φ_{sp} 不在突跃范围的中点，而是偏向电子转移数大的电对一方。

对任一氧化还原反应：

$$n_2\mathrm{Ox}_1 + n_1\mathrm{Red}_2 \longlongequal n_2\mathrm{Red}_1 + n_1\mathrm{Ox}_2$$

两个半反应在化学计量点时的电位为

$$\mathrm{Ox}_1 + n_1\mathrm{e}^- \longlongequal \mathrm{Red}_1$$

$$\varphi_{\mathrm{sp}} = \varphi_1^{\ominus\prime} + \frac{0.059}{n_1}\lg\frac{c_{\mathrm{Ox}_1}}{c_{\mathrm{Red}_1}}$$

$$\mathrm{Ox}_2 + n_2\mathrm{e}^- \longlongequal \mathrm{Red}_2$$

$$\varphi_{\mathrm{sp}} = \varphi_2^{\ominus\prime} + \frac{0.059}{n_2}\lg\frac{c_{\mathrm{Ox}_2}}{c_{\mathrm{Red}_2}}$$

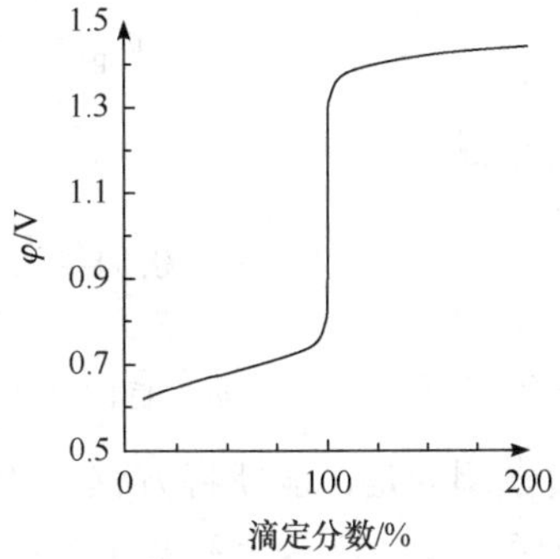

图 5-1　0.1000 mol · L^{-1} Ce^{4+} 滴定 0.1000 mol · L^{-1} Fe^{2+} 的滴定曲线（1 mol · L^{-1} H_2SO_4 介质）

将两式相加并整理，可得

$$(n_1+n_2)\varphi_{\mathrm{sp}} = n_1\varphi_1^{\ominus\prime} + n_2\varphi_2^{\ominus\prime} + 0.059\lg\left(\frac{c_{\mathrm{Ox}_1}}{c_{\mathrm{Red}_1}}\times\frac{c_{\mathrm{Ox}_2}}{c_{\mathrm{Red}_2}}\right)$$

当反应定量进行时，在化学计量点时有如下关系：

$$\frac{c_{\mathrm{Ox}_1}}{c_{\mathrm{Red}_2}} = \frac{c_{\mathrm{Red}_1}}{c_{\mathrm{Ox}_2}} = \frac{n_2}{n_1}$$

因此有

$$\lg\left(\frac{c_{\mathrm{Ox}_1}}{c_{\mathrm{Red}_1}}\times\frac{c_{\mathrm{Ox}_2}}{c_{\mathrm{Red}_2}}\right) = 0$$

故可求得任一氧化还原反应的化学计量点电位（φ_{sp}）的计算通式为

$$\varphi_{\mathrm{sp}} = \frac{n_1\varphi_1^{\ominus\prime} + n_2\varphi_2^{\ominus\prime}}{n_1+n_2} \qquad (5\text{-}7)$$

滴定突跃范围定义为滴定分析误差在±0.1%以内时溶液电位的变化范围，即滴定分数为 99.9%～100.1%的溶液电位变化区间。容易计算出任一氧化还原滴定的突跃范围为

$$\left(\varphi_2^{\ominus\prime} + \frac{3\times0.059}{n_2}\right)\sim\left(\varphi_1^{\ominus\prime} - \frac{3\times0.059}{n_1}\right) \qquad (5\text{-}8)$$

可见，滴定突跃范围取决于两电对的电子转移数和电位差，与浓度无关。

【例 5-6】 求在 1 mol · L^{-1} 的 HCl 中，Fe^{3+} 滴定 Sn^{2+} 反应的化学计量点电位和滴定突跃范围。

解　Fe^{3+} 滴定 Sn^{2+} 的反应方程式为

$$2\mathrm{Fe}^{3+} + \mathrm{Sn}^{2+} \longlongequal 2\mathrm{Fe}^{2+} + \mathrm{Sn}^{4+}$$

在 1 mol · L^{-1} 的 HCl 介质中，$\varphi^{\ominus\prime}(\mathrm{Fe}^{3+}/\mathrm{Fe}^{2+}) = 0.70\ \mathrm{V}$，$\varphi^{\ominus\prime}(\mathrm{Sn}^{4+}/\mathrm{Sn}^{2+}) = 0.14\ \mathrm{V}$。故化学计量点电位为

$$\varphi_{sp}=\frac{1\times 0.70+2\times 0.14}{1+2}=0.33\,(V)$$

突跃范围为

$$\left(0.14+\frac{3\times 0.059}{2}\right)\sim\left(0.70-\frac{3\times 0.059}{1}\right)$$

即 0.23～0.52 V。可见，φ_{sp} 偏向于转移两个电子的 Sn^{4+}/Sn^{2+} 电对一方。

需要强调的是，能斯特方程只适用于可逆反应，对于不可逆电对，如 MnO_4^-/Mn^{2+}、$Cr_2O_7^{2-}/Cr^{3+}$、$S_4O_6^{2-}/S_2O_3^{2-}$ 等，其电位计算不服从能斯特方程，因此化学计量点电位和滴定突跃范围不能按式（5-7）和式（5-8）计算，只能通过实验测定。

5.3.2　氧化还原滴定指示剂

氧化还原滴定的终点可通过指示剂法和电位法确定。当两电对的条件电位差 $\Delta\varphi^{\ominus\prime}$ 满足完全滴定所需的条件时（如大于或等于 0.4 V），一般优先选择指示剂法，因为这种方法灵敏、直观，易于判断终点。氧化还原滴定指示剂按作用原理不同，可分为自身指示剂、特殊指示剂和氧化还原指示剂三类。

1. 自身指示剂

有些氧化还原滴定剂或被滴定物质自身有颜色，而滴定产物无色或颜色很浅，滴定时无需另加指示剂，只通过溶液本身的颜色变化即可指示终点，这种物质称为自身指示剂。例如，MnO_4^- 显紫红色，在酸性条件下被还原为无色的 Mn^{2+}，因此用 $KMnO_4$ 滴定无色或浅色的还原剂时，到达化学计量点后，只需 MnO_4^- 稍微过量即可使溶液呈现粉红色，从而指示滴定终点。实验表明，$KMnO_4$ 浓度为 2×10^{-6} mol · L^{-1} 时，溶液即显粉红色。

2. 特殊指示剂

有些物质自身并没有氧化还原性，但可与氧化剂或还原剂作用产生特殊的颜色，颜色的出现或消失可以指示终点，因此称为特殊指示剂。最典型的特殊指示剂是碘量法中的淀粉指示剂，其原理是可溶性淀粉与 I_3^-（I_2 与 I^- 的配合物）溶液作用生成深蓝色的吸附化合物。当 I_2 被还原为 I^- 时，蓝色消失（直接碘量法）；或者当 I^- 被氧化为 I_2 时，溶液出现蓝色（间接碘量法）。碘与淀粉的反应灵敏、高效，室温下用淀粉可检出约 10^{-5} mol · L^{-1} 的碘溶液。需要注意的是，酸度过高时淀粉会发生水解，遇 I_3^- 显红色，与 $S_2O_3^{2-}$ 作用不易褪色。滴定碘法（间接碘量法）常在较高酸度下进行，因此应在临近终点时加入淀粉溶液。另一种典型的特殊指示剂是 KSCN，它与 Fe^{3+} 配位呈红色。当用于 Fe^{3+} 氧化 Sn^{2+} 的反应时，溶液中红色的出现指示终点。

3. 氧化还原指示剂

这类指示剂本身就是弱的氧化剂或还原剂，其氧化态和还原态具有不同的颜色。滴定过程中指示剂的氧化态或还原态发生转变，导致颜色的变化，从而指示终点。

若以 In(Ox)和 In(Red)表示指示剂的氧化态和还原态，则其氧化还原半反应及相应的能斯特方程为

$$\mathrm{In(Ox)} + ne^- \rightleftharpoons \mathrm{In(Red)}$$

$$\varphi = \varphi_{\mathrm{In}}^{\ominus\prime} + \frac{0.059}{n}\lg\frac{c_{\mathrm{In(Ox)}}}{c_{\mathrm{In(Red)}}}$$

$\varphi_{\mathrm{In}}^{\ominus\prime}$ 为指示剂的条件电位。随着滴定体系电位的改变，指示剂的 $c_{\mathrm{In(Ox)}}/c_{\mathrm{In(Red)}}$ 发生变化，因此溶液颜色也在变化。当 $c_{\mathrm{In(Ox)}}/c_{\mathrm{In(Red)}}$ 从 10/1 变到 1/10 时，指示剂从氧化态颜色变为还原态颜色，相应指示剂变色的电位范围为

$$\varphi_{\mathrm{In}}^{\ominus\prime} \pm \frac{0.059}{n}$$

可见，指示剂的变色范围既与指示剂的条件电位有关，也与指示剂变色过程中的电子转移数 n 有关，n 越大，变色范围越小。一些常用的氧化还原指示剂列于附录 13 中。这类指示剂不只对某种离子特效，而是对所有氧化还原反应普遍适用，是一类通用指示剂，应用更广泛。

下面重点介绍常用的二苯胺磺酸钠和邻二氮菲亚铁氧化还原指示剂。

1）二苯胺磺酸钠

二苯胺磺酸钠指示剂的反应机理较为复杂。通常它以无色的还原态存在，当与氧化剂作用时，首先不可逆地被氧化为无色的二苯联苯胺磺酸盐，然后进一步被可逆地氧化为紫色的二苯联苯胺磺酸紫，其反应过程如下：

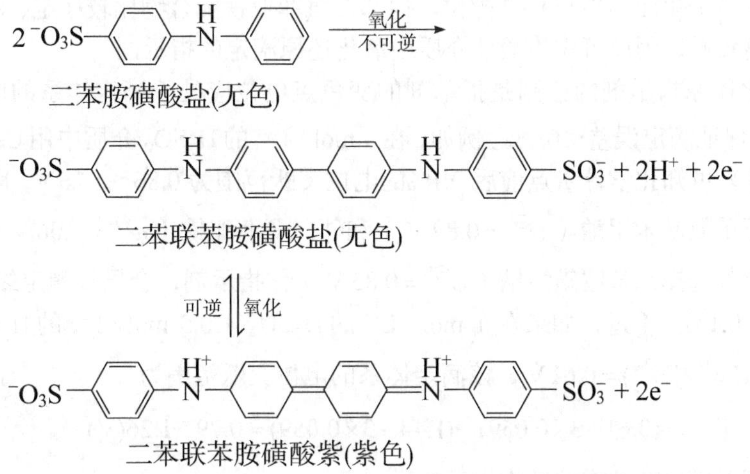

二苯胺磺酸钠是 $K_2Cr_2O_7$ 滴定 Fe^{2+} 的常用指示剂。滴定过程中指示剂会消耗少量的滴定剂，因此对溶液浓度较低、准确度要求较高的实验，必须做指示剂校正。在 $K_2Cr_2O_7$ 滴定 Fe^{2+} 的实验中，$K_2Cr_2O_7$ 氧化指示剂的速率很慢，但受到其氧化 Fe^{2+} 反应的诱导而加快。

此外，由于二苯胺磺酸钠的反应机理较为复杂，指示剂的空白值受多种因素影响，如指示剂用量、滴定剂加入速度、被滴定物浓度及滴定时间等，因此指示剂空白值的校正必须在 Fe^{2+} 存在下进行。最好的方式是采用含量与分析试样相近的标准试样或标准溶液在同样条件下标定 $K_2Cr_2O_7$，以消除指示剂空白值的影响。或者将其与电位滴定相比较，测得指示剂消耗的量后再予以扣除。还有一种简便易行的办法是：先取一定体积的 Fe^{2+} 溶液，按测定样品的相同条件（pH、指示剂加入量等）进行滴定至溶液呈稳定的紫红色，再立即迅速加入相同体积的该 Fe^{2+} 溶液，此时溶液又变为无色，然后继续用 $K_2Cr_2O_7$ 滴定至紫红色。两次滴定消耗的 $K_2Cr_2O_7$ 量之差即为指示剂空白值。

需要注意的是，当 $K_2Cr_2O_7$ 过量存在时，二苯联苯胺磺酸紫可进一步被不可逆地氧化为无色或浅色，因此反过来用 Fe^{2+} 滴定 $K_2Cr_2O_7$ 时不宜采用二苯胺磺酸钠指示剂。

2）邻二氮菲亚铁

邻二氮菲亚铁也是常用的氧化还原指示剂之一。邻二氮菲能与 Fe^{2+} 生成深红色的配离子，而与 Fe^{3+} 生成的配离子呈淡蓝色，且在稀溶液中几乎无色。这两种配离子之间的氧化还原半反应和条件电位为

$$[Fe(C_{12}H_8N_2)_3]^{3+} + e^- \rightleftharpoons [Fe(C_{12}H_8N_2)_3]^{2+} \quad \varphi^{\ominus\prime} = 1.06\ V\ （在\ 1\ mol \cdot L^{-1}\ \ H^+\ 中）$$

该反应可逆性好，终点变色敏锐。由于其变色点电位高，该指示剂特别适用于强氧化剂（如 Ce^{4+}）作滴定剂时的情况。不过，在强酸中或者有能与邻二氮菲形成稳定配合物的金属离子（如 Cu^{2+}、Co^{2+}、Ni^{2+}、Cd^{2+}、Zn^{2+} 等），会破坏邻二氮菲亚铁配合物，使其慢慢分解。

需要注意的是，滴定 Fe^{2+} 时不能用邻二氮菲指示终点。因为邻二氮菲是有机碱，在酸性介质中发生质子化而不易与 Fe^{2+} 配位。但邻二氮菲亚铁配合物比较稳定，有惰性，在酸性介质中解离较慢，因此可作为酸性介质中氧化还原滴定的指示剂。

选择氧化还原指示剂的原则是指示剂的变色点电位应处于滴定体系的电位突跃范围内，这样可以保证滴定误差≤0.1%。例如，在 1 mol · L^{-1} 的 H_2SO_4 介质中用 Ce^{4+} 滴定 Fe^{2+}，根据前面的计算可知化学计量点前后 0.1%的电位突跃范围为 0.86～1.26 V，因此查附录 13 可知，选择邻苯氨基苯甲酸（$\varphi^{\ominus\prime} = 0.89\ V$）和邻二氮菲亚铁（$\varphi^{\ominus\prime} = 1.06\ V$）作指示剂都是合适的。但若选择二苯胺磺酸钠（$\varphi^{\ominus\prime} = 0.85\ V$）作指示剂，会导致滴定终点提前到达，使终点误差＞0.1%。不过，如果在 1 mol · L^{-1} 的 H_2SO_4 + 0.5 mol · L^{-1} 的 H_3PO_4 介质中滴定，此时 $\varphi^{\ominus\prime}(Fe^{3+}/Fe^{2+}) = 0.61\ V$，该滴定体系的电位突跃范围为

$$(0.61 + 3 \times 0.059) \sim (1.44 - 3 \times 0.059) = 0.79 \sim 1.26(V)$$

这种情况下可以用二苯胺磺酸钠作指示剂。

一般情况下，氧化还原滴定反应的完全程度都比较高，因而化学计量点附近的电位突跃范围都比较大，而且可供选择的氧化还原指示剂种类也较多，因此氧化还原滴定的终点误差都比较小，故在本章中不做专门讨论。

5.3.3　氧化还原滴定前的预处理

1. 进行预氧化或预还原处理的必要性

氧化还原滴定中，为了对待测组分进行定量测定，需使其处于统一的价态，因此需进行预氧化或预还原处理，以下举例说明。

（1）测定试样中 Mn^{2+} 、Cr^{3+} 含量。由于 $\varphi^{\ominus}(MnO_4^-/Mn^{2+})$（1.51 V）和 $\varphi^{\ominus}(Cr_2O_7^{2-}/Cr^{3+})$（1.33 V）都很高，因此直接滴定 Mn^{2+} 和 Cr^{3+} 需要寻找电极电位比它们更高的强氧化剂[如 $(NH_4)_2S_2O_8$]。$(NH_4)_2S_2O_8$ 稳定性差，反应速率慢，不能用作滴定剂，但它可作为预氧化剂将 Mn^{2+} 和 Cr^{3+} 分别氧化到其最高价态 MnO_4^- 和 $Cr_2O_7^{2-}$，这样就可以用还原剂（如 Fe^{2+} ）标准溶液对其进行滴定。

（2）Sn^{4+} 的测定。由于 $\varphi^{\ominus}(Sn^{4+}/Sn^{2+})$ 值很低（0.15 V），直接滴定 Sn^{4+} 也需要一个强还原剂，这在实际操作中很难实现。将 Sn^{4+} 预还原为 Sn^{2+}，就可选用合适的氧化剂进行滴定了。

（3）铁矿石中总铁量的测定。铁矿石中的铁包含 Fe(Ⅲ)和 Fe(Ⅱ)两种价态，如果分别测定则需要两种标准溶液，而且测定步骤比较烦琐。通常将 Fe^{3+} 预还原为 Fe^{2+}，再用 $K_2Cr_2O_7$ 滴定，即可一次求得总铁量。这也是铁矿石中总铁量测定的国家标准方法。

由于还原滴定剂不稳定，易被空气氧化，因此氧化还原滴定法中，滴定剂大多是氧化剂，所以需对被测组分进行预还原处理。

2. 预氧化剂或预还原剂的条件

选择预氧化剂或预还原剂时需满足以下条件：

（1）必须将待测组分定量地氧化或还原。

（2）预氧化或预还原反应有一定的选择性。例如，测定钛铁矿中的铁时，如果选择金属锌作为预还原剂[$\varphi^{\ominus}(Zn^{2+}/Zn) = -0.76$ V]，则 Fe^{3+} 和 Ti^{4+} 都会被还原[$\varphi^{\ominus}(Ti^{4+}/Ti^{3+}) = +0.10$ V]，这样用 $K_2Cr_2O_7$ 滴定得到的就是两者的总量。而如果选 $SnCl_2$ 作预还原剂[$\varphi^{\ominus'}(Sn^{4+}/Sn^{2+}) = +0.14$ V]，则仅还原 Fe^{3+}，从而提高了滴定的选择性。

（3）过量的预氧化剂或预还原剂易于除去，以免对滴定产生干扰。除去的方法一般有：①加热分解，如 $(NH_4)_2S_2O_8$ 、H_2O_2 可通过加热煮沸分解除去；②过滤，如 $NaBiO_3$ 不溶于水，可通过过滤除去；③利用化学反应，如可用 $HgCl_2$ 除去过量的 $SnCl_2$，反应式如下：

$$SnCl_2 + 2HgCl_2 \longequal SnCl_4 + Hg_2Cl_2$$

Hg_2Cl_2 沉淀不被一般的滴定剂氧化，因此不必过滤除去。

常用的预氧化剂和预还原剂见附录 14。

5.4　常用氧化还原滴定法

氧化还原滴定中氧化滴定剂远比还原滴定剂的应用更广泛，氧化还原滴定法也是用不同氧化剂名称命名的，如高锰酸钾法、重铬酸钾法、碘量法、溴酸钾法、铈量法、高碘酸盐法等。每种方法都有其特点和适用范围，应根据实际情况选用。

5.4.1　高锰酸钾法

1. 简述

高锰酸钾（$KMnO_4$）是一种强氧化剂，可直接、间接地测定多种无机物和有机物，但其氧化能力和还原产物与溶液酸度有很大关系。$KMnO_4$ 溶液呈紫红色，滴定无色或浅色溶液时，无需额外加指示剂。这种方法的缺点是试剂中常含有少量杂质，使标准溶液不太稳定。不同条件下的反应机理可能不一样，易发生副反应。另外，$KMnO_4$ 氧化性强，可与很多还原性物质发生反应，导致滴定选择性差。尽管如此，如果标准溶液配制、保存得当，滴定时严格控制条件，这些缺点大多数可以克服。

$KMnO_4$ 在强碱性溶液（NaOH 浓度大于 $2.0\ mol \cdot L^{-1}$）中可被大多数有机物还原为 MnO_4^{2-}：

$$MnO_4^- + e^- \ \textbf{=\!=\!=}\ MnO_4^{2-} \qquad \varphi^{\ominus}(MnO_4^-/MnO_4^{2-}) = 0.56\ V$$

MnO_4^{2-} 不稳定，只能存在于强碱溶液中，当酸度减弱时会歧化为 MnO_4^- 和 MnO_2。

在中性和弱碱性溶液中，MnO_4^- 被还原为 MnO_2：

$$MnO_4^- + 2H_2O + 3e^- \ \textbf{=\!=\!=}\ MnO_2 + 4OH^- \qquad \varphi^{\ominus}(MnO_4^-/MnO_2) = 0.59\ V$$

利用该反应可测定 S^{2-}、SO_3^{2-}、$S_2O_3^{2-}$ 等离子，也可测定甲醇、甲酸、甲醛、苯酚等有机物，不过该反应的缺点是棕色的 MnO_2 絮状沉淀会干扰滴定终点的观察。

在强酸性介质中，MnO_4^- 与还原剂反应生成 Mn^{2+}：

$$MnO_4^- + 8H^+ + 5e^- \ \textbf{=\!=\!=}\ Mn^{2+} + 4H_2O \qquad \varphi^{\ominus}(MnO_4^-/Mn^{2+}) = 1.51\ V$$

酸性条件下 $KMnO_4$ 与大多数还原剂反应较快，而且其氧化能力很强，因此这也是高锰酸钾法中应用最广泛的一类反应。需要注意的是，理论上 MnO_4^- 和 Mn^{2+} 在溶液中不能共存，因为二者会反应生成 MnO_2 沉淀。但是用 $KMnO_4$ 作滴定剂时，一是二者在酸性条件下反应速率慢，二是滴定终点前溶液中的 MnO_4^- 几乎完全被还原，导致其浓度极低，因此该滴定能够定量地进行。但反过来若以其他还原剂（如 Fe^{2+}）作滴定剂测定 MnO_4^-，滴定开始后，溶液中的 MnO_4^-（剩余）和 Mn^{2+}（生成）都是大量的，会产生 MnO_2 干扰测定，因此不能用还原剂滴定 MnO_4^-。实际测定 MnO_4^- 采用的是返滴定法，即先加入过量还原剂将 MnO_4^- 还原为 Mn^{2+}，再用 $KMnO_4$ 标准溶液滴定过量的还原剂。

2. $KMnO_4$ 溶液的配制和标定

市售 $KMnO_4$ 试剂中常含有少量的 MnO_2 和其他杂质，去离子水中也会含有微量的还原性物质（如一些有机物），$KMnO_4$ 会与还原性物质缓慢反应生成 $MnO(OH)_2$ 沉淀。这些生成物以及热、光、酸、碱等外部条件都会促进 $KMnO_4$ 进一步分解，因此 $KMnO_4$ 标准溶液不能直接配制。为配制稳定的 $KMnO_4$ 溶液，需采取以下措施：

（1）称取稍多于计算量的 $KMnO_4$，溶解于一定体积的去离子水中。

（2）将上述溶液加热至沸，并保持微沸 1 h，使溶液中的还原性物质完全氧化。

（3）用微孔玻璃漏斗过滤除去析出的 $MnO(OH)_2$ 沉淀（这里不能用滤纸过滤，因为滤纸有还原性）。

（4）将过滤后的溶液储存于棕色瓶中，存放于暗处以避免光对 $KMnO_4$ 的催化分解。

浓度较低的 $KMnO_4$ 溶液通常用去离子水临时稀释配制好的 $KMnO_4$ 溶液，并立即标定使用，不宜长期储存。

可标定 $KMnO_4$ 溶液的基准物质很多，如 $(NH_4)_2Fe(SO_4)_2\cdot 6H_2O$、$H_2C_2O_4\cdot 2H_2O$、$Na_2C_2O_4$、$As_2O_3$ 以及纯铁丝等。其中最常用的是 $Na_2C_2O_4$，因为它容易提纯，性质稳定，且不含结晶水，在 105～110℃下烘干 2 h 即可使用。

在 H_2SO_4 溶液中 MnO_4^- 与 $C_2O_4^{2-}$ 的反应如下：

$$2MnO_4^- + 5C_2O_4^{2-} + 16H^+ \xlongequal{} 2Mn^{2+} + 10CO_2 + 8H_2O$$

为使反应定量、快速地进行，应注意以下实验条件。

1）温度

室温下上述反应进行得很慢，一般需加热到 70～80℃再滴定。温度也不宜过高，因为 $H_2C_2O_4$ 在高于 90℃时会部分分解：

$$H_2C_2O_4 \xlongequal{} CO_2\uparrow + CO\uparrow + H_2O$$

从而导致标定结果偏高。

2）酸度

酸度过低，$KMnO_4$ 会部分被还原为 MnO_2；酸度过高，又会促进 $H_2C_2O_4$ 分解。一般滴定开始时的最适宜酸度为 $1\ mol\cdot L^{-1}$。由于 Cl^- 具有还原性，高锰酸钾法滴定要避免在 HCl 介质中进行。此外，由于 HNO_3 具有较强的氧化性，一般氧化还原滴定中也不使用 HNO_3 调节酸度。通常高锰酸钾法都是在 H_2SO_4 溶液中进行。

3）滴定速度

开始滴定时速度不宜太快，因为 MnO_4^- 与 $C_2O_4^{2-}$ 的反应速率很慢。如果滴定速度过快，滴入的 $KMnO_4$ 溶液尚未来得及与 $C_2O_4^{2-}$ 反应，就在热的酸性溶液中发生分解：

$$4MnO_4^- + 12H^+ \xlongequal{} 4Mn^{2+} + 5O_2 + 6H_2O$$

导致标定结果偏低。

4）催化剂

为加快反应速率，可在开始滴定前加入几滴 $MnSO_4$ 溶液作催化剂。或者在滴定之初先逐滴慢速加入 $KMnO_4$，随着反应的进行会产生 Mn^{2+}，从而使反应速率加快。

5）滴定终点

高锰酸钾法滴定时，当出现粉红色且维持 0.5～1 min 不褪色，即表明到达滴定终点。时间太久粉红色又会褪去，这是由于空气中的还原性气体和粉尘都能使 MnO_4^- 还原，导致粉红色逐渐褪去。

标定好的 $KMnO_4$ 溶液在放置一段时间后如果发现有 $MnO(OH)_2$ 沉淀析出，应重新过滤标定。

3. 高锰酸钾法应用实例

根据待测物性质的不同，高锰酸钾法可采用不同的滴定方式。

1）直接滴定法——测定 H_2O_2

As(Ⅲ)、Sb(Ⅲ)、Fe^{2+}、H_2O_2、NO_2^-、$C_2O_4^{2-}$ 等还原性物质均可用 $KMnO_4$ 标准溶液在酸性条件下直接滴定。例如，测定 H_2O_2 的定量反应式如下：

$$2MnO_4^- + 5H_2O_2 + 6H^+ = 2Mn^{2+} + 5O_2 + 8H_2O$$

此反应在室温下即可顺利进行。滴定开始时反应较慢，随着 Mn^{2+} 逐渐生成，速度逐渐加快。碱金属和碱土金属的过氧化物也可采用同样的方法进行测定。

2）间接滴定法——测定 Ca^{2+}

一些物质不具有氧化还原特性，但可与一些有氧化还原性的物质定量反应，因而可通过间接滴定法进行测定。采用这种方法可测定 Ca^{2+}、Ba^{2+}、Mg^{2+}、Zn^{2+}、Pb^{2+}、Th^{4+}、Ag^+ 等，因为这些离子均可与草酸盐定量反应生成沉淀。例如，测定 Ca^{2+} 时，先用 $C_2O_4^{2-}$ 将其定量沉淀为 CaC_2O_4，再用稀 H_2SO_4 溶解，然后用 $KMnO_4$ 滴定释放的 $C_2O_4^{2-}$，根据消耗的 $KMnO_4$ 量间接求得 Ca^{2+} 含量。

为了保证 Ca^{2+} 和 $C_2O_4^{2-}$ 以 1∶1 的计量关系反应，并且获得颗粒较大的晶形 CaC_2O_4 沉淀以便于过滤洗涤，沉淀反应需采取一定措施（见第 6 章）：如酸性条件下先加入过量的 $(NH_4)_2C_2O_4$，再用稀氨水慢慢中和试液至甲基橙显黄色（pH = 4～5），使沉淀缓慢生成，放置陈化一段时间后过滤，并用去离子水洗涤沉淀，以除去表面吸附的 $C_2O_4^{2-}$。该沉淀反应不能在中性或弱碱性溶液中进行，因为会生成 $Ca(OH)_2$ 或碱式碳酸钙沉淀而使测定结果偏低。另外，为减少沉淀溶解损失，应当用冷水洗涤沉淀。

3）返滴定法——测定 MnO_2 和有机物

有些物质，如 MnO_2、PbO_2 以及一些有机物，不能用 $KMnO_4$ 直接滴定，但可用返滴定法。例如，测定软锰矿中的 MnO_2 含量时，可加入一定量过量的 $Na_2C_2O_4$ 标准溶液于磨细的矿样中，加入 H_2SO_4 溶液并加热，当溶液中无棕黑色颗粒存在时，表示试样分解完全，再用 $KMnO_4$ 趁热返滴定剩余的 $C_2O_4^{2-}$。由 $Na_2C_2O_4$ 加入量和 $KMnO_4$ 溶液消耗量之差，求出 MnO_2 的含量。$C_2O_4^{2-}$ 还原 MnO_2 的反应式为

$$MnO_2 + C_2O_4^{2-} + 4H^+ = Mn^{2+} + 2CO_2 + 2H_2O$$

$KMnO_4$ 氧化有机物的反应通常在强碱性溶液中比在酸性溶液中快。一般先加入过量 $KMnO_4$ 并加热以加速氧化反应，碱性条件下 MnO_4^- 的还原产物为 MnO_4^{2-}。例如，测定甘油、甲酸、甲醇等含量时，先加入过量 $KMnO_4$ 到含有 2 mol · L^{-1} NaOH 的试样溶液中：

$$C_3H_8O_3 + 14MnO_4^- + 20OH^- = 3CO_3^{2-} + 14MnO_4^{2-} + 14H_2O$$

$$HCOO^- + 2MnO_4^- + 3OH^- = CO_3^{2-} + 2MnO_4^{2-} + 2H_2O$$

$$CH_3OH + 6MnO_4^- + 8OH^- \longrightarrow CO_3^{2-} + 6MnO_4^{2-} + 6H_2O$$

待反应完成后，酸化溶液，MnO_4^{2-}即发生歧化反应生成MnO_4^-和MnO_2：

$$3MnO_4^{2-} + 4H^+ \longrightarrow 2MnO_4^- + MnO_2 + 2H_2O$$

然后定量加入过量$FeSO_4$将歧化后的产物MnO_4^-和MnO_2还原为Mn^{2+}，再用$KMnO_4$标准溶液滴定剩余的Fe^{2+}。由两次加入的$KMnO_4$量以及$FeSO_4$量即可计算有机物含量。

其他一些有机物，如酒石酸、柠檬酸、苯酚、葡萄糖等都可以用该法测定。

4）化学需氧量的测定

化学需氧量（chemical oxygen demand，COD）是表征水体被微量有机物和无机还原性物质污染的常用指标（一般主要指有机物污染）。COD 是指在规定条件下，用强氧化剂（最常用的是$KMnO_4$和$K_2Cr_2O_7$）氧化 1 L 水样中的有机物和无机还原性物质时所消耗的氧化剂量换算为O_2的质量浓度（以O_2计，$mg \cdot L^{-1}$）。由于采用不同氧化剂时得到的 COD 数值不同，因此需注明检测方法。采用高锰酸钾法的过程和前述有机物浓度分析相同，也采用返滴定法测定，测定结果以COD_{Mn}表示。高锰酸钾法适用于地表水、生活饮用水和生活污水的测定。

5.4.2 重铬酸钾法

1. 简述

重铬酸钾（$K_2Cr_2O_7$）是常用的氧化剂之一，在酸性溶液中被还原为Cr^{3+}：

$$Cr_2O_7^{2-} + 14H^+ + 6e^- \longrightarrow 2Cr^{3+} + 7H_2O \qquad \varphi^{\ominus}(Cr_2O_7^{2-}/Cr^{3+}) = 1.33\ V$$

实际上在酸性溶液中，$Cr_2O_7^{2-}/Cr^{3+}$电对的条件电位比标准电极电位小很多。例如，在 $1\ mol \cdot L^{-1}$ 的$HClO_4$中，$\varphi^{\ominus\prime} = 1.03\ V$；在 $0.5\ mol \cdot L^{-1}$ 的H_2SO_4中，$\varphi^{\ominus\prime} = 1.08\ V$；在 $1\ mol \cdot L^{-1}$ 的 HCl 中，$\varphi^{\ominus\prime} = 1.00\ V$。

重铬酸钾法具有以下优点：

（1）$K_2Cr_2O_7$是基准物质，可以制得很纯，在 150～180℃下干燥 2 h 就可以直接配制标准溶液，无需标定。

（2）$K_2Cr_2O_7$标准溶液非常稳定，可以长期保存（有文献记载，一瓶 $0.017\ mol \cdot L^{-1}$ 的$K_2Cr_2O_7$溶液放置 24 年后，其浓度几乎未发生变化）。

（3）$K_2Cr_2O_7$氧化性比$KMnO_4$弱，选择性较高。当 HCl 浓度小于 $3\ mol \cdot L^{-1}$ 时$Cr_2O_7^{2-}$不氧化Cl^-，因此用$K_2Cr_2O_7$测定Fe^{2+}时可以在 HCl 介质中进行。

$Cr_2O_7^{2-}$的还原产物Cr^{3+}呈绿色，终点时无法辨认过量$K_2Cr_2O_7$的黄色，因此滴定中需要用指示剂指示终点，常用指示剂是二苯胺磺酸钠。

2. 重铬酸钾法应用实例

1）铁矿石中含铁量的测定

重铬酸钾法是测定铁矿石中含铁量的标准方法。其方法是：试样先用热的浓 HCl 溶解，再加$SnCl_2$趁热将Fe^{3+}还原为Fe^{2+}。冷却后，过量的$SnCl_2$用$HgCl_2$氧化，此时会产生丝状Hg_2Cl_2白色沉淀。样品用水稀释后加入1～2 mol · L^{-1}的H_2SO_4-H_3PO_4混合酸，并加入二苯胺磺酸钠指示剂，立即用$K_2Cr_2O_7$标准溶液滴定至溶液由绿色变为紫红色。

加入H_3PO_4的目的有两个：①降低Fe^{3+}/Fe^{2+}电对的条件电位，使二苯胺磺酸钠的变色点电位落在滴定突跃范围内，减小终点误差；②Fe^{3+}与H_3PO_4生成无色的$[Fe(HPO_4)_2]^-$配离子，消除了Fe^{3+}的黄色，有利于终点观察。

$Cr_2O_7^{2-}$和Fe^{2+}的反应可逆性强，反应速率快，计量关系好，无副反应发生，指示剂变色也很明显。因此，利用$Cr_2O_7^{2-}$-Fe^{2+}的反应还可以间接测定很多其他物质。例如，NO_3^-或ClO_3^-与还原剂反应速率通常很慢，可先加入过量Fe^{2+}标准溶液使其充分反应，然后用$Cr_2O_7^{2-}$返滴定剩余的Fe^{2+}，即可求得NO_3^-或ClO_3^-的量。又如，铬钢中铬的测定，先用氧化剂将其氧化为$Cr_2O_7^{2-}$，再用Fe^{2+}标准溶液滴定。

2）COD的测定

重铬酸钾法测定COD是目前应用最广泛的方法，也是国家标准方法，适用于工业污水和污染严重的环境水样的COD测定，测定的结果以COD_{Cr}表示。测定过程是：水样中先加入$HgSO_4$消除Cl^-干扰，然后加入过量的$K_2Cr_2O_7$标准溶液，以Ag_2SO_4作催化剂，在强酸介质中回流2 h，然后以邻二氮菲亚铁作指示剂，用Fe^{2+}标准溶液滴定剩余的$K_2Cr_2O_7$。

5.4.3　碘量法

1. 简述

碘量法是氧化还原滴定法中最重要的一种方法，是利用I_2的氧化性和I^-的还原性进行测定的一种方法。固体I_2在水中溶解度很小且易挥发，通常都是将I_2溶解于KI溶液中形成I_3^-配离子（方便起见，一般仍简写为I_2），I_3^-/I^-的半反应为

$$I_3^- + 2e^- \longrightarrow 3I^- \qquad \varphi^\ominus(I_3^-/I^-) = 0.54\ V$$

可见I_2是较弱的氧化剂，能与较强的还原剂作用。而I^-是中等强度还原剂，能与很多氧化剂反应。能用I_2直接滴定的强还原剂有$S_2O_3^{2-}$、As(Ⅲ)、SO_3^{2-}、Sn(Ⅱ)、维生素C等，这种方法称为直接碘量法（或碘滴定法）。另外，很多氧化性物质，如MnO_4^-、$Cr_2O_7^{2-}$、H_2O_2、Cu^{2+}、Fe^{3+}等，可与I^-定量反应析出I_2，然后用$Na_2S_2O_3$标准溶液滴定析出的I_2，从而间接测定氧化性物质。这种方法称为间接碘量法（又称滴定碘法），间接碘量法应用最广。碘量法采用淀粉作指示剂，灵敏度很高，I_2浓度为1×10^{-5} mol · L^{-1}时溶液即出现蓝色。在直接碘量法中蓝色出现，间接碘量法中蓝色消失为其滴定的终点。I_3^-/I^-电对可逆性好，副反应少，其电位在很大的pH范围内（pH＜9）不受酸度及其他配位剂的影响，所以选择测定条件时，只要考虑被测物的性质即可。

碘量法的误差主要来源于I_2的挥发和I^-被空气氧化。为了解决这个问题，可采取以

下措施：

（1）为了防止I_2的挥发，在溶液中加入过量 KI 使其与I_2形成I_3^-配离子；溶液温度不宜过高；析碘反应在碘量瓶中进行；反应后立即滴定，滴定时不要剧烈摇动。

（2）光及Cu^{2+}、NO_2^-等杂质催化空气氧化I^-，酸度越高，反应越快。因此，析碘反应应在暗处进行，并事先除去杂质。有些反应要在高酸度下进行，滴定前最好稀释溶液。

2. 碘与硫代硫酸钠的反应

I_2和$Na_2S_2O_3$的反应是碘量法中最重要的反应。其反应式为

$$I_2 + 2S_2O_3^{2-} = 2I^- + S_4O_6^{2-}$$

这里，I_2和$Na_2S_2O_3$反应的物质的量之比为 1∶2，该反应必须在中性或弱酸性溶液中进行。因为在碱性溶液中会发生反应：

$$4I_2 + S_2O_3^{2-} + 10OH^- = 8I^- + 2SO_4^{2-} + 5H_2O$$

而且碱性溶液中会发生I_2的歧化反应：

$$I_2 + 2OH^- = IO^- + I^- + H_2O$$

在强酸性溶液中$Na_2S_2O_3$会发生分解：

$$S_2O_3^{2-} + 2H^+ = H_2SO_3 + S\downarrow$$

生成的H_2SO_3与I_2发生反应：

$$I_2 + H_2SO_3 + H_2O = SO_4^{2-} + 4H^+ + 2I^-$$

这时I_2与$Na_2S_2O_3$反应的物质的量之比为 1∶1，因而给测定带来误差。不过，I_2与$Na_2S_2O_3$反应的速率很快，滴定中只要滴加$Na_2S_2O_3$的速度不要太快，并充分搅拌，则酸度达 3～4 $mol \cdot L^{-1}$ 时也能得到满意的结果。但是，反过来用I_2滴定$Na_2S_2O_3$则不能在酸性溶液中进行。

3. 标准溶液的配制和标定

碘量法中常用的标准溶液是硫代硫酸钠和碘溶液。

1）硫代硫酸钠标准溶液的配制和标定

硫代硫酸钠不是基准物质，不能直接配制标准溶液。而且$Na_2S_2O_3$溶液不稳定，容易分解。

（1）易被酸分解。即使水中溶解的CO_2也能导致其分解：

$$Na_2S_2O_3 + CO_2 + H_2O = NaHSO_3 + NaHCO_3 + S\downarrow$$

（2）被微生物分解。水中的微生物会消耗$Na_2S_2O_3$中的硫，使其转变为Na_2SO_3。微生物分解是$Na_2S_2O_3$溶液浓度改变的主要原因。

$$Na_2S_2O_3 \xrightarrow{\text{微生物}} Na_2SO_3 + S\downarrow$$

（3）空气氧化分解。空气中的氧气可使其被氧化为Na_2SO_4：

$$2Na_2S_2O_3 + O_2 \longrightarrow 2Na_2SO_4 + 2S\downarrow$$

此外，水中有微量Cu^{2+}、Fe^{3+}时，也会促进$Na_2S_2O_3$的分解。

因此，配制$Na_2S_2O_3$溶液时，需要用新煮沸（除去水中的CO_2、O_2并杀死微生物）并冷却的去离子水。配制时加入少量Na_2CO_3使溶液呈弱碱性以抑制细菌生长。溶液储存于棕色瓶中并置于暗处以避免光照分解。这样配制的溶液也不宜长期保存，使用一段时间后应重新标定。如果发现溶液变浑浊或有沉淀生成，表明有硫析出，应弃去该溶液重新配制。

$Na_2S_2O_3$溶液的浓度可用$K_2Cr_2O_7$、KIO_3等基准物质标定，标定方法为间接法（为什么？）。标定过程为：准确称取一定量的基准物质，在酸性溶液中使其与一定量过量的 KI 反应析出I_2，再以淀粉作指示剂，用$Na_2S_2O_3$溶液滴定。基准物质与 KI 的反应如下：

$$Cr_2O_7^{2-} + 6I^- + 14H^+ \longrightarrow 2Cr^{3+} + 3I_2 + 7H_2O$$

$$IO_3^- + 5I^- + 6H^+ \longrightarrow 3I_2 + 3H_2O$$

$K_2Cr_2O_7$（KIO_3）与 KI 反应时应注意以下几点：

（1）$Cr_2O_7^{2-}$与I^-的反应较慢，增加溶液酸度可加快反应速率。但酸度过高又会导致I^-易被空气中的O_2氧化。因此，酸度一般控制在 0.4 mol · L^{-1}左右，并将其在暗处放置 5 min。KIO_3与I^-的反应快，无需放置。反应完成后用$Na_2S_2O_3$溶液滴定前，最好用去离子水稀释以降低酸度。稀释也可使Cr^{3+}浓度降低，绿色变浅，有利于终点观察。

（2）淀粉溶液应在接近终点时加入，过早加入会导致淀粉吸附部分I_2，使终点提前且变色不明显。当溶液呈稻草黄[I_3^-（黄色）+ Cr^{3+}（绿色）]时，预示溶液中的I_2已不多，滴定接近终点。

（3）若滴定至终点后溶液又迅速变蓝，表明 KI 与$K_2Cr_2O_7$（KIO_3）基准物质的反应未进行完全，这种情况下需另取溶液重新进行标定。

2）碘溶液的配制和标定

碘单质可升华，挥发性强，因此很难准确称量。一般是配制成大致浓度后再进行标定。配制过程为：先在托盘天平上快速称取一定量I_2置于研钵中，加入过量 KI，再加入少量去离子水研磨，使I_2完全溶解，然后转移至一定体积的棕色瓶中置于暗处保存。需防止溶液遇热以及与橡胶等有机物接触，否则溶液浓度会发生变化。

碘溶液可用已标定好的$Na_2S_2O_3$溶液标定，也可用As_2O_3基准物质标定。As_2O_3难溶于水，但可用 NaOH 溶液溶解：

$$As_2O_3 + 6OH^- \longrightarrow 2AsO_3^{3-} + 3H_2O$$

在 pH 8～9 时，I_2能快速氧化AsO_3^{3-}或$HAsO_2$（AsO_3^{3-}的酸式体）：

$$AsO_3^{3-} + I_2 + H_2O \longrightarrow AsO_4^{3-} + 2I^- + 2H^+$$

$$HAsO_2 + I_2 + 2H_2O \longrightarrow HAsO_4^{2-} + 2I^- + 4H^+$$

标定前先酸化溶液，再用$NaHCO_3$调节 pH ≈8。

4. 碘量法应用实例

1）钢铁中硫的测定——直接碘量法

将钢样和金属锡（作助熔剂）置于瓷舟中，放入 1300℃的管式炉中并通空气，硫氧化为 SO_2，用水吸收，以淀粉作指示剂，用稀碘标准溶液滴定。相关反应式如下：

$$S + O_2 \xrightarrow{\approx 1300℃} SO_2$$

$$SO_2 + H_2O = H_2SO_3$$

$$H_2SO_3 + I_2 + H_2O = SO_4^{2-} + 2I^- + 4H^+$$

2）S^{2-} 或 H_2S 的测定——直接碘量法

在酸性溶液中，I_2 能将 S^{2-} 定量氧化为 S，因此用淀粉作指示剂，用 I_2 标准溶液可滴定 H_2S：

$$H_2S + I_2 = 2I^- + S\downarrow + 2H^+$$

该滴定反应不能在碱性溶液中进行，否则部分 S^{2-} 被氧化为 SO_4^{2-}，且 I_2 发生歧化反应：

$$S^{2-} + 4I_2 + 8OH^- = SO_4^{2-} + 8I^- + 4H_2O$$

$$I_2 + 2OH^- = IO^- + I^- + H_2O$$

3）铜的测定——间接碘量法

碘量法测定铜是基于 Cu^{2+} 与过量 KI 反应定量析出 I_2，再用 $Na_2S_2O_3$ 标准溶液滴定：

$$2Cu^{2+} + 4I^- = 2CuI\downarrow + I_2$$

$$I_2 + 2S_2O_3^{2-} = 2I^- + S_4O_6^{2-}$$

CuI 沉淀表面会吸附一些 I_2 使结果偏低。因此，在大部分 I_2 被 $Na_2S_2O_3$ 滴定后，进一步向溶液中加入 KSCN 或 NH_4SCN，使 CuI 沉淀转化为溶解度更小的 CuSCN：

$$CuI + SCN^- = CuSCN\downarrow + I^-$$

CuSCN 沉淀吸附 I_2 的倾向较小，因此可以减小测定误差。SCN^- 要在接近终点时加入，否则它也会还原 I_2 使结果偏低。

如果测定铜矿中的铜含量，试样经 HNO_3 消解后，其中所含的一些杂质元素铁、砷、锑等以高价态进入溶液，Fe(Ⅲ)、As(Ⅴ)、Sb(Ⅴ)以及过量的 HNO_3 或消解过程产生的氮氧化物均能氧化 I^-，从而干扰 Cu^{2+} 的测定。因此，铜矿试样消解后需做以下处理：加入浓 H_2SO_4 并加热至冒白烟，驱尽 HNO_3 和氮氧化物，中和过量 H_2SO_4 后，加入 NH_4HF_2 缓冲溶液控制 pH 为 3～4，使 Fe^{3+} 配位，同时在该 pH 下 As(Ⅴ)和 Sb(Ⅴ)不再氧化 I^-，从而消除干扰。当 pH＜4 时，Cu^{2+} 不会发生水解，因此滴定反应可定量进行。

很多具有氧化性的物质都可用间接碘量法测定，如含氧酸盐（MnO_4^-、ClO^-、IO_4^- 等）、过氧化物、O_3、PbO_2、Cl_2、Br_2、Ce^{4+} 等。

4）漂白粉中有效氯的测定

漂白粉的主要成分为 CaCl(OCl)，可能还含有 $CaCl_2$、$Ca(ClO_3)_2$ 和 CaO 等。漂白粉的质量以能释放出来的氯量来衡量，称为有效氯，以含 Cl 的质量分数表示。测定有效氯时，将试样溶于稀 H_2SO_4 介质中，加入过量 KI 反应，生成的 I_2 用 $Na_2S_2O_3$ 标准溶液滴定。

$$ClO^- + 2I^- + 2H^+ = I_2 + Cl^- + H_2O$$

$$ClO_2^- + 4I^- + 4H^+ = 2I_2 + Cl^- + 2H_2O$$

$$ClO_3^- + 6I^- + 6H^+ = 3I_2 + Cl^- + 3H_2O$$

5）某些有机物的测定——返滴定法

某些有机物如葡萄糖、甲醛、丙酮、硫脲等在碱性条件下可被一定量过量的 I_2 氧化。如葡萄糖分子含有醛基，在碱性溶液中与 I_2 反应产生羧基，反应过程为

$$I_2 + 2OH^- = IO^- + I^- + H_2O \quad （I_2 \text{的歧化反应}）$$

$$CH_2OH(CHOH)_4CHO + IO^- + OH^- = CH_2OH(CHOH)_4COO^- + I^- + H_2O$$

溶液中剩余的 IO^- 在碱性溶液中歧化为 IO_3^- 和 I^-：

$$3IO^- = IO_3^- + 2I^-$$

溶液经酸化后又析出 I_2：

$$IO_3^- + 5I^- + 6H^+ = 3I_2 + 3H_2O$$

最后用 $Na_2S_2O_3$ 标准溶液返滴定析出的 I_2。在这一系列反应中 1 mol I_2 产生 1 mol NaIO，而 1 mol 葡萄糖与 1 mol NaIO 作用，因此 1 mol 葡萄糖与 1 mol I_2 相当。

又如，咖啡因（$C_8H_{10}N_4O_2$）可与过量的 I_2 在酸性溶液中生成沉淀，剩余的 I_2 再用 $Na_2S_2O_3$ 标准溶液返滴定：

$$C_8H_{10}N_4O_2 + 2I_2 + I^- + H^+ = C_8H_{10}N_4O_2 \cdot HI \cdot I_4 \downarrow$$

根据生成沉淀用去的 I_2 量，可计算出咖啡因的含量。

6）卡尔·费歇尔滴定法测定水含量

卡尔·费歇尔（Karl Fisher）滴定法诞生于 100 多年前，但仍是当前测定有机物中水分，尤其是微量水分含量的主要方法。其原理是 I_2 在氧化 SO_2 时需要定量的 H_2O 参与：

$$I_2 + SO_2 + 2H_2O = H_2SO_4 + 2HI$$

利用此反应可以测定很多有机物或无机物中的水含量。不过该反应是可逆的，要使反应向右进行，需加入碱性物质中和生成的酸。加入吡啶（C_5H_5N）能满足该要求，总反应为

$$C_5H_5N \cdot I_2 + C_5H_5N \cdot SO_2 + C_5H_5N + H_2O = 2C_5H_5N \cdot HI + C_5H_5N \cdot SO_3$$

生成的 $C_5H_5N \cdot SO_3$ 也能与水反应干扰测定，加入甲醇能防止这种副反应的发生：

$$C_5H_5N \cdot SO_3 + CH_3OH = C_5H_5NHOSO_3CH_3$$

实际测定时，将试样溶液（或悬浮液）加入甲醇中，采用含有过量 SO_2 和吡啶、碘的

甲醇溶液进行滴定。水的浓度通常表示为与 1 mL 滴定剂反应的水的质量（T，单位 $mg \cdot mL^{-1}$），即滴定度。实验中 T 可通过滴定一个已知水含量的试样测得，如可以选水合物或水的甲醇标准溶液（此时需考虑甲醇本身所含有的一定量的水）。

卡尔 · 费歇尔滴定法测定水的标准溶液是含有 I_2、SO_2、C_5H_5N 及 CH_3OH 的混合溶液，称为卡尔 · 费歇尔试剂。该试剂呈 I_2 的红棕色，与水反应后变成浅黄色，当溶液由浅黄色变为红棕色时即为滴定终点。测定所用的所有器皿都需干燥，防止带来误差。1 L 卡尔 · 费歇尔试剂在配制和保存过程中混入 6 g 水，试剂即失效。

该法不仅可以测定水含量，而且根据有关反应中生成水或消耗水的量，可以间接测定多种有机物含量，如醇、酸酐、羧酸、腈类、羰基化合物、伯胺、仲胺及过氧化物等。

5.4.4　其他氧化还原滴定法

1. *溴酸钾法*

溴酸钾是一种强氧化剂，在酸性溶液中的半反应为

$$BrO_3^- + 6H^+ + 6e^- \rightleftharpoons Br^- + 3H_2O \qquad \varphi^\ominus(BrO_3^-/Br^-) = 1.44\ V$$

$KBrO_3$ 容易提纯，在 180℃烘干后可直接称量配制标准溶液。在酸性溶液中可直接滴定一些还原性物质，如 As(Ⅲ)、Sb(Ⅲ)、Sn(Ⅱ)等。

溴酸钾法主要用于测定有机物。在称量一定量的 $KBrO_3$ 配制标准溶液时，加入过量 KBr 于其中。测定时将该标准溶液加入酸性试液中，发生下列反应：

$$BrO_3^- + 5Br^- + 6H^+ \rightleftharpoons 3Br_2 + 3H_2O$$

实际上相当于溴溶液 $[\varphi^\ominus(Br_2/Br^-) = 1.08\ V]$。溴水不稳定，不适合配成标准溶液用于滴定，而 $KBrO_3$-KBr 标准溶液很稳定，只有在酸化时才会发生上述反应，就像即时配制溴标准溶液一样。通过溴的取代反应可以测定酚类及芳香胺有机化合物。通过溴的加成反应可以测定有机物的不饱和度。溴与有机物反应的速率较慢，必须加入过量试剂，反应完成后过量的 Br_2 用碘量法测定，即

$$Br_2 + 2I^- \rightleftharpoons I_2 + 2Br^-$$

因此，溴酸钾法一般与碘量法联合使用。溴酸钾法的应用实例如下。

1）取代反应测定苯酚含量

在苯酚酸性溶液中加入一定量过量的 $KBrO_3$-KBr 标准溶液，反应式如下：

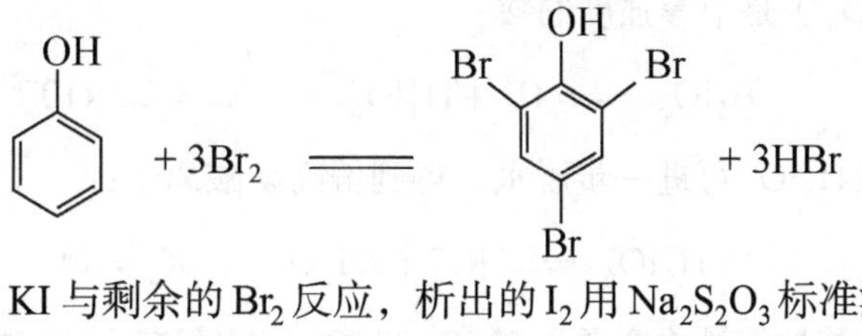

反应完成后加入过量的 KI 与剩余的 Br_2 反应，析出的 I_2 用 $Na_2S_2O_3$ 标准溶液滴定。

根据化学反应选取有关物质的基本单元为 $\frac{1}{6}KBrO_3$、$\frac{1}{6}C_6H_5OH$、$S_2O_3^{2-}$，有

$$n_{\frac{1}{6}C_6H_5OH} = c_{\frac{1}{6}KBrO_3} V_{KBrO_3} - c_{S_2O_3^{2-}} V_{S_2O_3^{2-}}$$

利用取代反应可以测定苯酚、苯胺及其衍生物，也可以测定羟基喹啉。

2）加成反应测定丙烯磺酸钠含量

加入一定量过量的 $KBrO_3$-KBr 标准溶液于酸性试液中，在 $HgSO_4$ 催化下，发生加成反应：

$$CH_3CH{=}CHSO_3Na + Br_2 =\!= CH_3-\underset{Br}{\overset{H}{C}}-\underset{Br}{\overset{H}{C}}-SO_3Na$$

反应完成后先加入 NaCl 与 Hg^{2+} 配位，再加入 KI 与过量 Br_2 反应，最后用 $Na_2S_2O_3$ 标准溶液滴定析出的 I_2。

2. 铈量法

$Ce(SO_4)_2$ 是强氧化剂（在 1 $mol \cdot L^{-1}$ 的 H_2SO_4 中 $\varphi^{\ominus'} = 1.44$ V），其氧化性与 $KMnO_4$ 类似，因此凡是 $KMnO_4$ 能测定的物质几乎都可以用铈量法测定。但铈盐价格高，应用不多。且 Ce^{4+} 与一些还原剂反应速率较慢，如与 $C_2O_4^{2-}$ 反应需要加热，与 As(Ⅲ)反应需加催化剂。铈量法具有以下优点：

（1）$Ce(SO_4)_2$ 稳定，放置较长时间或加热煮沸也不易分解。

（2）铈标准溶液可由易提纯的硫酸铈铵 $[Ce(SO_4)_2 \cdot (NH_4)_2SO_4 \cdot 2H_2O]$ 直接配制，不必进行标定。

（3）Ce^{4+} 标准溶液比 $KMnO_4$ 稳定，能在较浓的 HCl 中滴定。

（4）Ce^{4+} 被还原为 Ce^{3+} 时，只有一个电子的转移，不会生成中间价态产物，因此反应简单、副反应少。

铈量法滴定时可采用邻二氮菲亚铁作指示剂。Ce^{4+} 易水解生成碱式盐沉淀，配制 Ce^{4+} 标准溶液必须加酸，因此铈量法不适合在碱性或中性溶液中滴定。

3. 高碘酸盐法

高碘酸盐法是以高碘酸盐（KIO_4、$NaIO_4$）为氧化剂测定一些还原性物质的滴定方法。高碘酸盐在酸性介质中与某些有机官能团发生选择性很高的反应，因此该法常用于有机物的测定。

高碘酸（H_5IO_6）是中等强度的酸：

$$H_5IO_6 =\!= H^+ + H_4IO_6^- \qquad K_a = 2.3 \times 10^{-2}$$

第一步的电离产物 $H_4IO_6^-$ 可进一步脱水，得到偏高碘酸离子：

$$H_4IO_6^- =\!= IO_4^- + 2H_2O \qquad K_a = 40$$

可见，高碘酸盐在酸性溶液中主要以 H_5IO_6 和 IO_4^- 形式存在，pH 越低，前者的分数越大。

酸性溶液中高碘酸钾是一种很强的氧化剂：

$$H_5IO_6 + H^+ + 2e^- =\!= IO_3^- + 3H_2O \qquad \varphi^{\ominus}(H_5IO_6/IO_3^-) = 1.60\ V$$

高碘酸盐在测定α-二醇类及α-羰基醇类化合物的含量方面有独特的应用。若化合物相邻两个碳原子上都有羟基（α-二醇类），高碘酸盐使 C—C 键断开，氧化生成两个醛：

$$RCHOHCHOHR' \xrightarrow{KIO_4} RCHO + R'CHO + 2H^+$$

若醇分子中有一个α-羰基，C—C 键也被断开，并氧化生成一个羧酸和一个醛：

$$RCOCHOHR' \xrightarrow{KIO_4} RCOOH + R'CHO$$

多羟基化合物遇到高碘酸盐则分步氧化，首先生成α-羰基羟基化合物，继而氧化为羧酸和醛。若化合物每个碳上都有羟基，则最后的氧化产物为甲醛和甲酸：

$$CH_2OH(CHOH)_nCH_2OH + nH_2O \xrightarrow{KIO_4} 2HCHO + nHCOOH + (2n+1)H^+$$

高碘酸盐还可与带有伯胺基的α-氨基醇反应，氧化产物为醛和铵离子或伯胺：

$$RCHOHCHNH_2R' + H_2O \xrightarrow{KIO_4} RCHO + R'CHO + NH_4^+ + H^+$$

$$RCHOHCR'NH_2R'' + H_2O \xrightarrow{KIO_4} RCHO + R'CHO + R''NH_2 + 2H^+$$

其他如α-二胺、α-氨基酸及乙酰化α-氨基醇等与高碘酸盐反应很慢；羟基酸如乙醇酸及乳酸等不被氧化。

由于高碘酸盐与有机物反应较慢，通常是在酸性溶液中及室温下加入过量氧化剂，待反应完全后再加入过量 KI，最后用 $Na_2S_2O_3$ 标准溶液滴定析出的 I_2（思考：这是哪种滴定方式？）：

$$IO_4^- + 7I^- + 8H^+ == 4I_2 + 4H_2O$$

$$IO_3^- + 5I^- + 6H^+ == 3I_2 + 3H_2O$$

高碘酸盐标准溶液可选用 H_5IO_6、KIO_4 或 $NaIO_4$ 配制。其中 $NaIO_4$ 溶解度大，易于纯化，最为常用。测定时高碘酸盐标准溶液无需进一步标定，只要在测定试样时做一空白溶液滴定，通过试样滴定和空白滴定消耗的 $Na_2S_2O_3$ 标准溶液体积差即可求出试样消耗的高碘酸盐的量，进而计算出测定结果。如上所述，采用高碘酸盐法可在酸性溶液中测定α-羟基醇、α-羰基醇、α-氨基醇和多羟基醇（如甘油、甘露醇、二羟丙茶碱等）。

5.5 氧化还原滴定计算

氧化还原滴定涉及的化学反应比较复杂，同一物质在不同条件下会得到不同的产物。因此，进行氧化还原滴定计算时，首先必须弄清楚滴定剂和待测物之间的化学计量关系。通常根据反应前后某物质得失电子数确定基本单元，按等物质的量规则进行计算较为方便。

如果待测组分 X 经历了一系列反应后得到 Z，再用滴定剂 T 滴定，则首先由各步反应的计量关系依次得出相应的计量传递关系：

$$aX \sim bY \sim \cdots \sim cZ \sim dT$$

进而得到组分 X 和滴定剂 T 之间的关系：

$$aX \sim dT$$

X 组分的质量分数即可用下式计算：

$$w_X = \frac{\frac{a}{d}c_T V_T M_X}{m_s} \times 100\%$$

式中，c_T 和 V_T 分别为滴定剂标准溶液的浓度和体积；M_X 为组分 X 的摩尔质量；m_s 为试样的质量。

【例 5-7】 称取含甲酸（HCOOH）的试样 0.2040 g，溶解于碱性溶液中后加入 0.02010 mol · L^{-1} $KMnO_4$ 溶液 25.00 mL，待反应完成后，酸化，加入过量的 KI 还原剩余的 MnO_4^- 以及 MnO_4^{2-} 歧化生成的 MnO_4^- 和 MnO_2，最后用 0.1002 mol · L^{-1} 的 $Na_2S_2O_3$ 标准溶液滴定析出的 I_2，共消耗 $Na_2S_2O_3$ 标准溶液 21.02 mL。计算试样中甲酸的含量。

解 该测定涉及一系列反应：

MnO_4^- 在碱性条件下氧化 HCOOH，即

$$HCOOH + 2MnO_4^- + 4OH^- = CO_3^{2-} + 2MnO_4^{2-} + 3H_2O$$

酸化后 MnO_4^{2-} 发生歧化反应：

$$3MnO_4^{2-} + 4H^+ = 2MnO_4^- + MnO_2 + 2H_2O$$

然后 I^- 将 MnO_4^- 和 MnO_2 全部还原为 Mn^{2+}，其自身被氧化为 I_2。生成的 I_2 又被 $Na_2S_2O_3$ 定量还原为 I^-。

分析整个测定过程可知，氧化剂只有 $KMnO_4$，经过多步不同组分的还原反应，最终被全部还原为 Mn^{2+}，其电子转移数为 5，因此基本单元为 $\frac{1}{5}KMnO_4$。另外，测定过程中有两个还原剂（HCOOH 和 $Na_2S_2O_3$）的最终状态发生了改变，分别变为 CO_3^{2-} 和 $S_4O_6^{2-}$，根据电子转移数（分别为 2 和 2）可知其基本单元为 $\frac{1}{2}HCOOH$ 和 $Na_2S_2O_3$（2 个 $S_2O_3^{2-}$ 各转移一个电子到 $S_4O_6^{2-}$）。需要注意的是，I^- 先被氧化为 I_2，然后被 $S_2O_3^{2-}$ 定量还原为 I^-，因此在整个过程中未发生变化。

按等物质的量规则，有

$$n_{\frac{1}{5}KMnO_4} = n_{\frac{1}{2}HCOOH} + n_{Na_2S_2O_3}$$

甲酸含量为

$$\begin{aligned} w_{HCOOH} &= \frac{n_{\frac{1}{2}HCOOH} M_{\frac{1}{2}HCOOH}}{m_s} \\ &= \frac{(5c_{KMnO_4}V_{KMnO_4} - c_{Na_2S_2O_3}V_{Na_2S_2O_3})M_{\frac{1}{2}HCOOH}}{m_s} \\ &= \frac{(5 \times 0.02010 \times 25.00 - 0.1002 \times 21.02) \times 23.02}{0.2040 \times 1000} \times 100\% \\ &= 4.58\% \end{aligned}$$

有些测定过程中，同一物质在不同条件下反应产物不同，按照得失电子数确定基本单元比较困难，这时按照物质的量之比的关系就比较清楚。

【例 5-8】 称取含 KI 的试样 1.000 g 溶于水，加入 10.00 mL 0.05000 mol · L^{-1} KIO_3，反应后煮沸驱尽生成的 I_2。冷却，加过量的 KI 与剩余的 KIO_3 反应，析出 I_2，用 0.1008 mol · L^{-1} $Na_2S_2O_3$ 滴定，消耗 21.14 mL，求试样中 KI 的含量。

解 该测定过程中 KIO_3 是氧化剂，加入过量后使试样中的 KI 反应完全，并将产生的 I_2 加热驱尽。反应式为

$$IO_3^- + 5I^- + 6H^+ \xlongequal{} 3I_2 + 3H_2O$$

故

$$n_{KIO_3} = \frac{1}{5} n_{KI}$$

剩余 KIO_3 再用过量的 KI 溶液反应，定量析出的 I_2 又用 $Na_2S_2O_3$ 滴定，此时 I_2 被还原为 I^-，而加入的 KI 在该过程中没有变化，$Na_2S_2O_3$ 是该过程的还原剂，反应式为

$$IO_3^- + 5I^- + 6H^+ \xlongequal{} 3I_2 + 3H_2O$$

$$I_2 + 2S_2O_3^{2-} \xlongequal{} 2I^- + S_4O_6^{2-}$$

因此有关系

$$1KIO_3 \sim 3I_2 \sim 6Na_2S_2O_3$$

即

$$n_{KIO_3} = \frac{1}{6} n_{Na_2S_2O_3}$$

故

$$w_{KI} = \frac{\left(c_{KIO_3}V_{KIO_3} - \frac{1}{6}c_{Na_2S_2O_3}V_{Na_2S_2O_3}\right)5M_{KI}}{m_s}$$

$$= \frac{\left(0.05000 \times 10.00 - \frac{1}{6} \times 0.1008 \times 21.14\right) \times 5 \times 166.0}{1.000 \times 1000} \times 100\%$$

$$= 12.02\%$$

【例 5-9】 钇钡铜氧是一种新型节能高温超导体。对该材料分析表明，其组成为 $(Y^{3+})(Ba^{2+})_2(Cu^{2+})_2(Cu^{3+})(O^{2-})_7$。2/3 的铜以 Cu^{2+} 形式存在，1/3 以罕见的 Cu^{3+} 形式存在，将 $YBa_2Cu_3O_7$ 试样溶于稀酸，Cu^{3+} 全部被还原为 Cu^{2+}。试给出用间接碘量法测定 Cu^{2+} 和 Cu^{3+} 的简要设计方案，包括主要步骤、标准溶液（滴定剂）、指示剂，以及质量分数的计算公式[式中的溶液浓度、溶液体积（mL）、物质的摩尔质量、试样质量（g）和质量分数分别用符号 c、V、M、m_s 和 w 表示]。

解 步骤 A：称取试样 m_s 溶于稀酸，将全部 Cu^{3+} 还原为 Cu^{2+}，加入过量 KI 还原 Cu^{2+} 为 CuI，再用 $Na_2S_2O_3$ 标准溶液滴定生成的 I_2（以淀粉作指示剂，在接近终点时加入）。

步骤 B：仍称取试样 m_s 溶于含有过量 KI 的适当溶剂中，此时 Cu^{3+} 和 Cu^{2+} 均被还原为 CuI：

$$2Cu^{2+} + 4I^- \xlongequal{\quad} 2CuI\downarrow + I_2$$

$$Cu^{3+} + 3I^- \xlongequal{\quad} CuI\downarrow + I_2$$

再用$Na_2S_2O_3$标准溶液滴定生成的I_2（以淀粉作指示剂，在接近终点时加入）。

可以看出，同样质量m_s的试样，步骤B消耗的$Na_2S_2O_3$标准溶液体积大于步骤A的，表明在钇钡铜氧高温超导体中确实存在一部分Cu^{3+}。步骤A得到的是总铜的含量，而计算步骤A和步骤B消耗的$Na_2S_2O_3$标准溶液体积差即可知道Cu^{3+}的质量分数。

设取试样m_1和m_2分别按步骤A和步骤B进行测定，试样中Cu^{3+}和Cu^{2+}的质量分数分别为w_1和w_2。

步骤A中，Cu^{3+}先被还原为Cu^{2+}，再用间接碘量法滴定，消耗$S_2O_3^{2-}$的量为c_1V_1，计量关系式传递为

$$2Cu^{2+} \sim I_2 \sim 2S_2O_3^{2-}$$

所以有

$$\frac{w_1m_1 + w_2m_2}{M_{Cu}} = c_1V_1 \times 10^{-3}$$

步骤B中m_2 (g)试样用间接碘量法测定，消耗$S_2O_3^{2-}$的量为c_1V_2，有关系式

$$Cu^{2+} \sim S_2O_3^{2-}$$

$$Cu^{3+} \sim I_2 \sim 2S_2O_3^{2-}$$

所以有

$$\frac{2w_1m_2}{M_{Cu}} + \frac{w_2m_2}{M_{Cu}} = c_1V_2 \times 10^{-3}$$

联立方程可求出

$$w_1 = \frac{c_1(m_1V_2 - m_2V_1)M_{Cu} \times 10^{-3}}{m_1m_2}$$

$$w_2 = \frac{c_1(2m_2V_1 - m_1V_2)M_{Cu} \times 10^{-3}}{m_1m_2}$$

【例 5-10】　采用重铬酸钾法测定工业废水中的COD。取水样100.0 mL，用H_2SO_4酸化后加入25.00 mL 0.01667 mol · L^{-1} $K_2Cr_2O_7$标准溶液，以Ag_2SO_4作催化剂，煮沸一定时间，待水样中还原性物质较完全氧化后，以邻二氮菲亚铁为指示剂，用0.1000 mol·L^{-1} Fe^{2+}标准溶液滴定剩余的$K_2Cr_2O_7$，消耗15.65 mL。计算该水样的COD，以O_2（mg · L^{-1}）表示。

解　COD测定中相关的反应式为（式中C代表还原性物质）

$$2Cr_2O_7^{2-} + 3C + 16H^+ \xlongequal{\quad} 4Cr^{3+} + 3CO_2 + 8H_2O$$

$$Cr_2O_7^{2-} + 6Fe^{2+} + 14H^+ \xlongequal{\quad} 2Cr^{3+} + 6Fe^{3+} + 7H_2O$$

故由反应式可知：

$$COD_{O_2}=\frac{\frac{3}{2}\times\left(c_{Cr_2O_7^{2-}}V_{Cr_2O_7^{2-}}-\frac{1}{6}c_{Fe^{2+}}V_{Fe^{2+}}\right)\times M_{O_2}\times 1000}{100.0}$$

$$=\frac{\frac{3}{2}\times\left(0.01667\times 25.00-\frac{1}{6}\times 0.1000\times 15.65\right)\times 32.00\times 1000}{100.0}$$

$$=74.88\ (mg\cdot L^{-1})$$

【知识链接】

氧化还原滴定法涉及元素价态的变化，一般包括三类：多价态金属阳离子、无机及有机阴离子、中性有机物。对于多价态金属阳离子，除氧化还原滴定外，配位滴定法（第 4 章）、重量分析法和沉淀滴定法（第 6 章）也是分析无机阳离子的经典方法。另外，还可采用仪器分析方法，如电感耦合等离子体-原子发射光谱（ICP-AES）、电感耦合等离子体-质谱（ICP-MS）、原子吸收光谱（AAS）、X 射线荧光光谱（XRF）等技术进行测定，不过这几种技术测定的是各元素的总量，无法区分其价态。与不同有机显色剂衍生化，使其产生灵敏的颜色变化，从而采用光度分析法对不同价态元素进行定量测定也是常用的仪器分析方法。对无机及有机阴离子，除氧化还原滴定外，重量分析法（第 6 章）同样是经典的分析方法。此外，对低浓度阴离子的分析，离子色谱（IC）简便、快速，也是常用的分析方法。对中性有机物，除氧化还原滴定法外，最常用的方法是气相色谱法（GC）或高效液相色谱法（HPLC），前者针对沸点较低的有机物样品，后者针对沸点较高的样品。几种仪器分析方法的共同特点主要是针对低含量组分进行分析，当浓度大时一般需先稀释再测定，这往往会给测定结果引入额外的误差。

思 考 题

1. 现象解释：

（1）将氯水缓慢加入含有 KBr 和 KI 的酸性溶液中，再用 CCl_4 萃取，CCl_4 层呈紫色。

（2）已知 $\varphi^{\ominus}(I_2/I^-)=0.535\ V$，$\varphi^{\ominus}(Cu^{2+}/Cu^+)=0.17\ V$，为什么 Cu^{2+} 能将 I^- 氧化为 I_2？

（3）采用间接碘量法测定铜时，Fe^{3+} 和 AsO_4^{3-} 都能将 I^- 氧化为 I_2，干扰铜的测定。加入 NH_4HF_2 后两者的干扰均可消除，为什么？

（4）Fe^{2+} 的存在加速 $KMnO_4$ 氧化 Cl^- 的反应。

（5）$KMnO_4$ 滴定 $C_2O_4^{2-}$ 时，加入滴定剂后溶液紫红色褪去速度先慢后快。

（6）于 $K_2Cr_2O_7$ 标准溶液中加入过量 KI，淀粉作指示剂，用 $Na_2S_2O_3$ 溶液滴定至终点时，溶液由蓝色变为绿色。

（7）以纯铜标定 $Na_2S_2O_3$ 溶液时，滴定到终点（蓝色消失）后溶液颜色又变回蓝色。

2. 某 HCl 溶液中 $c_{Fe^{3+}}=c_{Fe^{2+}}=1\ mol\cdot L^{-1}$，在此情况下 $\varphi^{\ominus\prime}(Fe^{3+}/Fe^{2+})$ 与 $\varphi^{\ominus}(Fe^{3+}/Fe^{2+})$ 是否相等？写出 $\varphi^{\ominus\prime}(Fe^{3+}/Fe^{2+})$ 的表达式。

3. $\varphi^{\ominus'}([Fe(CN)_6]^{3-}/[Fe(CN)_6]^{4-})$为什么随离子强度增加而升高？$\varphi^{\ominus'}(Fe^{3+}/Fe^{2+})$与离子强度有什么关系？分别加入$PO_4^{3-}$、$F^-$或邻二氮菲后，$\varphi^{\ominus'}(Fe^{3+}/Fe^{2+})$如何变化？

4. 已知邻二氮菲与Fe^{3+}和Fe^{2+}均能形成配合物，$\varphi^{\ominus'}(Fe^{3+}/Fe^{2+})$在1 $mol \cdot L^{-1}$ H_2SO_4介质中为0.68 V，加入邻二氮菲后条件电位变为1.06 V。邻二氮菲与Fe^{3+}和Fe^{2+}形成的配合物哪一种更稳定？

5. 若两电对的电子转移数$n_1=1$，$n_2=2$，要使氧化还原反应定量进行，$\Delta\varphi^{\ominus'}$至少应为多少？

6. 重铬酸钾法测定Fe时，加入H_2SO_4-H_3PO_4混合酸的目的是什么？碘量法测定铜的实验中，KI和KSCN的作用各是什么？

7. Fe^{2+}在酸性介质中比在中性和碱性介质中稳定，为什么？

8. 碘量法的主要误差来源有哪些？配制、标定和保存I_2标准溶液时应注意哪些事项？

9. $KMnO_4$标准溶液和$Na_2S_2O_3$标准溶液配制时都需将水煮沸，二者在操作上有什么不同？解释原因。

10. 用高锰酸钾法滴定Fe^{2+}时，理论计算的滴定曲线与实验滴定曲线是否会相同？为什么？化学计量点电位是否在滴定突跃的中点？

11. $K_2Cr_2O_7$标定$Na_2S_2O_3$溶液时都采用间接碘量法，能否采用$K_2Cr_2O_7$直接滴定$Na_2S_2O_3$溶液？为什么？

12. 用$(NH_4)_2S_2O_8$（以Ag^+催化）或$KMnO_4$作预氧化剂，Fe^{2+}或$NaAsO_2$-$NaNO_2$作滴定剂，简述滴定混合液中Mn^{2+}、Cr^{3+}、VO^{2+}的方法原理。

13. 试设计用碘量法测定试液中Ba^{2+}浓度的方案。

14. 设计测定以下混合液（或混合物）中各组分含量的方案。用简单的流程图表示分析过程，并指出滴定剂、指示剂、主要反应条件及计算公式：

（1）$Fe^{2+}+Sn^{2+}$；（2）$Fe^{3+}+Sn^{4+}$；（3）$Fe^{3+}+Cr^{3+}$；（4）$Fe^{3+}+H_2O_2$；（5）$As_2O_3+As_2O_5$；（6）$H_3SO_4+H_2C_2O_4$；（7）$MnSO_4+MnO_2$。

15. 计算在4 $mol \cdot L^{-1}$ HCl溶液中的$\varphi^{\ominus'}[As(V)/As(III)]$。为什么能用间接碘量法在4 $mol \cdot L^{-1}$ HCl溶液中定量测定As(V)？

16. 有反应$H_2C_2O_4+2Ce^{4+} = 2CO_2+2Ce^{3+}+2H^+$，多少毫克的$H_2C_2O_4 \cdot 2H_2O$（$M=126.07\ g \cdot mol^{-1}$）将与1.00 mL 0.0273 $mol \cdot L^{-1}$的$Ce(SO_4)_2$依据上式反应？

习　题

5-1　$K_3Fe(CN)_6$在强酸溶液中能将I^-定量氧化为I_2，因此可用其作基准物质标定$Na_2S_2O_3$溶液。计算在2 $mol \cdot L^{-1}$ HCl溶液中$[Fe(CN)_6]^{3-}/[Fe(CN)_6]^{4-}$电对的条件电位。[已知$\varphi^{\ominus}([Fe(CN)_6]^{3-}/[Fe(CN)_6]^{4-})=0.36$ V；$H_3Fe(CN)_6$是强酸；$H_4Fe(CN)_6$的$K_{a_3}=10^{-2.2}$，$K_{a_4}=10^{-4.2}$；计算时忽略离子强度的影响]

5-2　计算在 pH 3.0，$c(\text{EDTA}) = 0.01\ \text{mol} \cdot \text{L}^{-1}$ 时 Fe^{3+} / Fe^{2+} 电对的条件电位。

5-3　计算 pH 10.0，总浓度为 $0.1\ \text{mol} \cdot \text{L}^{-1}$ 的 NH_3 - NH_4^+ 缓冲溶液中 Ag^+ / Ag 电对的条件电位。忽略离子强度以及形成 $[AgCl_2]^-$ 配离子的影响。

5-4　将等体积的 $0.4\ \text{mol} \cdot \text{L}^{-1}$ Fe^{2+} 溶液和 $0.1\ \text{mol} \cdot \text{L}^{-1}$ Ce^{4+} 溶液混合，若溶液中 H_2SO_4 浓度为 $0.5\ \text{mol} \cdot \text{L}^{-1}$，则反应达到平衡后 Ce^{4+} 的浓度为多少？

5-5　用 $K_2Cr_2O_7$ 标准溶液滴定 Fe^{2+}，计算 25℃时反应的平衡常数；若化学计量点时 Fe^{3+} 的浓度为 $0.05\ \text{mol} \cdot \text{L}^{-1}$，要使反应定量进行，$H^+$ 的最低浓度是多少？

5-6　在 $1\ \text{mol} \cdot \text{L}^{-1}$ 的 HCl 中用 Fe^{3+} 滴定 Sn^{2+}。计算下列滴定分数（%）时的电位：9，50，91，99，99.9，100.0，100.1，101，110，200，并绘制滴定曲线。

5-7　用一定体积的 $KMnO_4$ 溶液恰好能氧化一定质量的 $KHC_2O_4 \cdot H_2C_2O_4 \cdot 2H_2O$，若用 $0.2000\ \text{mol} \cdot \text{L}^{-1}$ 的 NaOH 中和同样质量的 $KHC_2O_4 \cdot H_2C_2O_4 \cdot 2H_2O$，所需 NaOH 体积恰为 $KMnO_4$ 的一半，试计算 $KMnO_4$ 溶液的浓度。

5-8　称取软锰矿 0.3216 g 和分析纯 $Na_2C_2O_4$　0.3685 g，置于同一烧杯中，加入 H_2SO_4 并加热，待反应完全后用 $0.02400\ \text{mol} \cdot \text{L}^{-1}$　$KMnO_4$ 溶液滴定剩余的 $Na_2C_2O_4$，消耗 $KMnO_4$ 溶液 11.26 mL。计算软锰矿中 MnO_2 的质量分数。

5-9　用碘量法测定钢中的硫时，使硫燃烧生成 SO_2，SO_2 被含有淀粉的水溶液吸收，再用标准碘滴定。若称取含硫 0.051%的标准钢样各 0.5000 g，滴定标准钢样中的硫消耗碘溶液 11.60 mL，滴定被测钢样中的硫消耗碘溶液 7.00 mL。计算被测钢样中硫的质量分数。

5-10　称取含苯酚的试样 0.5000 g，溶解后加入 $0.1000\ \text{mol} \cdot \text{L}^{-1}$　$KBrO_3$ 溶液（其中含有过量的 KBr）25.00 mL，并加 HCl 酸化，静置。待反应完全后加入 KI。滴定析出的 I_2 消耗 $0.1003\ \text{mol} \cdot \text{L}^{-1}$ 的 $Na_2S_2O_3$ 溶液 29.91 mL。计算试样中苯酚的质量分数。

5-11　称取含 KI 的试样 0.5000 g，溶于水后先用 Cl_2 水氧化 I^- 为 IO_3^-，煮沸除去过量的 Cl_2。再加入过量 KI 试剂，滴定 I_2 时消耗 $0.02082\ \text{mol} \cdot \text{L}^{-1}$　$Na_2S_2O_3$ 溶液 21.30 mL。计算试样中 KI 的质量分数。

5-12　有一 PbO + PbO_2 的混合物，称取 1.234 g 加入 20.00 mL $0.2500\ \text{mol} \cdot \text{L}^{-1}$ 的草酸溶液，PbO_2 被还原为 Pb^{2+}。然后用氨水中和，Pb^{2+} 以 PbC_2O_4 形式沉淀，过滤，滤液酸化后用 $KMnO_4$ 滴定，消耗 $0.0400\ \text{mol} \cdot \text{L}^{-1}$　$KMnO_4$ 10.00 mL。沉淀溶于酸中，滴定时消耗 $0.0400\ \text{mol} \cdot \text{L}^{-1}$ $KMnO_4$ 溶液 30.00 mL。计算试样中 PbO 和 PbO_2 的质量分数。

5-13　某一难被酸分解的 MnO-Cr_2O_3 矿石 2.000 g，用 Na_2O_2 熔融后得到 Na_2MnO_4 和 Na_2CrO_4 溶液，煮沸浸取液以除去过氧化物。酸化溶液，MnO_4^{2-} 歧化为 MnO_4^- 和 MnO_2，滤去 MnO_2，滤液用 $0.1000\ \text{mol} \cdot \text{L}^{-1}$　$FeSO_4$ 溶液 50.00 mL 处理，过量的 $FeSO_4$ 用 $0.01000\ \text{mol} \cdot \text{L}^{-1}$ $KMnO_4$ 溶液滴定，用去 18.40 mL。MnO_2 沉淀用 $0.01000\ \text{mol} \cdot \text{L}^{-1}$　$FeSO_4$ 溶液 10.00 mL 处理，过量的 $FeSO_4$ 用 $0.01000\ \text{mol} \cdot \text{L}^{-1}$　溶液滴定，用去 8.24 mL。求矿样中的 MnO 和 Cr_2O_3 的质量分数。

5-14　称取某试样 1.000 g，将其中的铵盐在催化剂存在下氧化为 NO，NO 再氧化为 NO_2，NO_2 溶于水后形成 HNO_3。该 HNO_3 用 $0.01000\ \text{mol} \cdot \text{L}^{-1}$ NaOH 溶液滴定，消耗 20.00 mL。求试

样中NH_3的质量分数。（提示：NO_2溶于水时发生歧化反应：$3NO_2 + H_2O = 2HNO_3 + NO$）

5-15　铀矿中的铀含量可通过间接氧化还原滴定法测定。先把矿样溶解在H_2SO_4中，再用瓦尔登（Walden）还原剂还原，使UO_2^{2+}转化为U^{4+}。向溶液中加入过量Fe^{3+}，形成U^{6+}和Fe^{2+}。然后用$K_2Cr_2O_7$标准溶液滴定Fe^{2+}。在某次分析中，0.315 g矿样经过上述一系列过程后用0.00978 mol · L^{-1} $K_2Cr_2O_7$溶液滴定Fe^{2+}时共消耗10.52 mL。计算试样中铀的质量分数。

5-16　移取乙二醇试液10.00 mL，加入0.02610 mol · L^{-1} $KMnO_4$的碱性溶液50.00 mL（反应式为$HOCH_2CH_2OH + 10MnO_4^- + 14OH^- = 10MnO_4^{2-} + 2CO_3^{2-} + 10H_2O$）；反应完成后酸化溶液，加入0.2800 mol · L^{-1} $Na_2C_2O_4$溶液10.00 mL，此时所有高价锰都被还原为Mn^{2+}。以0.02610 mol · L^{-1} $KMnO_4$溶液滴定过量的$Na_2C_2O_4$，消耗2.30 mL $KMnO_4$溶液。计算试液中的乙二醇浓度。

5-17　移取20.00 mL甲酸和乙酸的混合溶液，以0.1000 mol · L^{-1} NaOH滴定至终点，消耗25.00 mL。另取上述溶液20.00 mL，准确加入0.02500 mol · L^{-1} $KMnO_4$强碱性溶液50.00 mL。反应完全后调节至酸性，加入0.2000 mol · L^{-1} Fe^{2+}标准溶液40.00 mL，将剩余的MnO_4^-及MnO_4^{2-}歧化生成的MnO_4^-和MnO_2全部还原为Mn^{2+}，剩余的Fe^{2+}溶液用上述$KMnO_4$标准溶液滴定，至终点时消耗24.00 mL，计算试液中甲酸和乙酸的浓度。

5-18　称取丙酮试样1.000 g，定容于250 mL容量瓶中，移取25.00 mL于盛有NaOH溶液的碘量瓶中，准确加入50.00 mL 0.05000 mol · L^{-1} I_2标准溶液，放置一定时间后，加H_2SO_4调节溶液呈弱酸性，立即用0.1000 mol · L^{-1} $Na_2S_2O_3$标准溶液滴定过量的I_2，消耗10.00 mL。计算试样中丙酮的质量分数。（提示：丙酮与碘的反应为$CH_3COCH_3 + 3I_2 + 4NaOH = CH_3COONa + 3NaI + 3H_2O + CHI_3$）

5-19　称取含$NaIO_3$和$NaIO_4$的混合试样1.000 g，溶解后定容于250 mL容量瓶中。准确移取试液50.00 mL，调至弱碱性，加入过量的KI，此时IO_4^-被还原为IO_3^-（IO_3^-不氧化I^-）。释放出来的I_2用0.04000 mol · L^{-1} $Na_2S_2O_3$标准溶液滴定至终点，消耗10.00 mL。另取试液20.00 mL，用HCl调节至酸性，加入过量KI，释放出的I_2用0.04000 mol · L^{-1} $Na_2S_2O_3$标准溶液滴定至终点，消耗30.00 mL。计算混合试样中的$w(NaIO_3)$和$w(NaIO_4)$。

5-20　MnO_4^-与H_2O_2在酸性介质中反应生成O_2和Mn^{2+}，可能有如下两个反应：

（a）$MnO_4^- \longrightarrow Mn^{2+}$，$H_2O_2 \longrightarrow O_2$；

（b）$MnO_4^- \longrightarrow Mn^{2+} + O_2$，$H_2O_2 \longrightarrow H_2O$。

（1）通过增加e^-、H_2O和H^+，写出两个反应的半反应式和平衡时的总方程式。

（2）四水合硼酸钠溶解于酸中可生成H_2O_2：$BO_3^- + 2H_2O = H_2O_2 + H_2BO_3^-$。为了确定反应是按（a）还是按（b）进行，某学生称取1.023 g $NaBO_3 \cdot 4H_2O$（$M = 153.86\ g \cdot mol^{-1}$），加入20 mL 1.0 mol · L^{-1} H_2SO_4，转移至100 mL容量瓶定容。取10.00 mL溶液，用0.01046 mol · L^{-1} $KMnO_4$标准溶液滴定至出现紫色。（a）和（b）分别需要消耗多少毫升$KMnO_4$标准溶液？

第 6 章　重量分析法和沉淀滴定法

【问题提出】

案例一：饮用水中可溶性硫酸根（SO_4^{2-}）含量的测定。

生活中饮用水标准规定的硫酸盐含量应小于 250 mg·L^{-1}，监测 SO_4^{2-}的含量十分重要。如何测定饮用水中硫酸盐的含量？一般采用重量分析法测定，即 SO_4^{2-}与 Ba^{2+}生成 $BaSO_4$ 沉淀，可以定量将 SO_4^{2-}转化成沉淀形式。洗涤沉淀并除去多余的杂质及水分后，干燥、称量，再通过 $BaSO_4$ 的固有计量比实现 SO_4^{2-}浓度的测定。测定过程中需要采取哪些措施确保结果准确？

案例二：水中 Cl^-含量的测定。

生活中常用氯气对水进行消毒，导致水中常残留部分氯离子，如何检测水中氯离子的含量？由于 Cl^-与 Ag^+可形成难溶性白色沉淀，选择合适的指示剂，可以通过沉淀滴定法实现对 Cl^-的定量分析。

通过以上两个案例可以发现，可以使待测离子反应生成难溶性沉淀，通过分析所生成沉淀的质量，或者通过指示剂判断沉淀反应终点实现对待测离子的定量分析。重量分析法是通过称量沉淀的质量实现定量分析，因此如何获得干净的、具有固定化学计量比的沉淀是该分析方法的关键问题。而沉淀滴定法的关键问题是如何实现沉淀反应的定量进行以及如何选择合适的指示剂，准确地指示沉淀反应的终点。本章将对两种方法的主要原理进行详细介绍。

6.1　沉淀的溶解度及其影响因素

为了保证分析的准确性，在利用沉淀反应进行重量分析及沉淀滴定时要求沉淀反应进行完全，而反应的完全程度一般可根据沉淀溶解度的大小来衡量。通常，在重量分析中要求被测组分在溶液中残留量＜0.1 mg，即小于分析天平称量时允许的读数误差。但是，很多沉淀不能满足这个条件。例如，在 1000 mL 水中，$BaSO_4$ 的溶解度为 0.0023 g，故沉淀的溶解损失是重量分析法误差主要来源之一。在重量分析中必须了解各种影响沉淀溶解度的因素，从而提高重量分析和沉淀滴定分析方法的准确性。

6.1.1　溶解度的基本概念

1. 溶解度与固有溶解度

以 1∶1 型难溶化合物 MA 为例，在水溶液中有下列平衡：

$$MA_{(固)} \rightleftharpoons MA_{(水)} \rightleftharpoons M^+ + A^-$$

在水溶液中，除了 M^+、A^-外还有未解离的分子状态的 MA 或离子对化合物 M^+A^-。根据 $MA_{(固)}$和 $MA_{(水)}$之间的平衡，得到

$$\frac{a_{MA(水)}}{a_{MA(固)}} = s^0 （平衡常数） \tag{6-1}$$

因纯固体物质的活度等于 1，故

$$a_{MA(水)} = s^0 \tag{6-2}$$

可见，溶液中分子状态或离子对状态 $MA_{(水)}$ 的浓度为一常数 s^0，s^0 称为该物质的固有溶解度或分子溶解度。各种微溶化合物的固有溶解度一般为 $10^{-9} \sim 10^{-6} mol \cdot L^{-1}$。若溶液中没有影响沉淀溶解平衡的其他反应存在，则固体 MA 的溶解度 s 为固有溶解度和离子 M^+（或 A^-）浓度之和，即

$$s = s^0 + [M^+] = s^0 + [A^-] \tag{6-3}$$

2. 活度积、溶度积和条件溶解度

对于大多数电解质来说，s^0 都较小，而且大多未被测定，故一般计算中往往忽略 s^0 项。但有的化合物固有溶解度很大，说明溶液中有大量 MA 分子存在。

根据沉淀 MA 在水溶液中的平衡关系，得到

$$K = \frac{a_{M^+} a_{A^-}}{a_{MA(水)}} \tag{6-4}$$

$$\gamma_{MA} = 1, \quad a_{MA(水)} = s^0$$

故

$$K_{sp}^{\ominus} = a_{M^+} a_{A^-} = K s^0 \tag{6-5}$$

$K_{sp}^{\ominus}$ 是离子的活度积，称为活度积常数，它仅随温度变化。引入活度系数 γ，就得到用浓度表示的溶度积常数 K_{sp}：

$$K_{sp} = [M^+][A^-] = \frac{K_{sp}^{\ominus}}{\gamma_{M^+} \gamma_{A^-}} \tag{6-6}$$

溶度积常数 K_{sp} 与溶液中的离子强度有关。仅在计算沉淀在纯水中的溶解度时，才采用活度积。

对于形成 MA 沉淀的主反应，还可能存在多种副反应：

$$\begin{array}{ccccc} MA(固) & \Longrightarrow & M^+ & + & A^- \\ & OH^- \diagup & & \diagdown L^- & \big| H^+ \\ & MOH & & ML & HA \end{array}$$

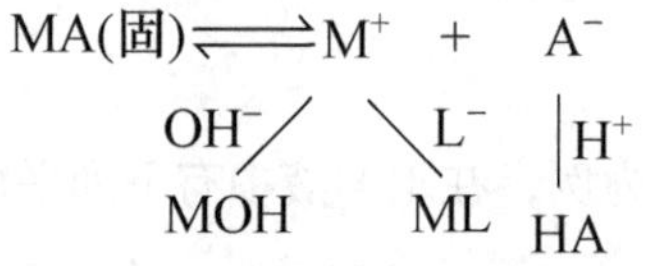

此时，溶液中金属离子总浓度 $[M']$ 和沉淀剂总浓度 $[A']$ 分别为

$$[M'] = [M] + [ML] + [ML_2] + \cdots + [MOH] + [M(OH)_2] + \cdots$$

$$[A'] = [A] + [HA] + [H_2A] + \cdots$$

引入相应的副反应系数α_M、α_A，则

$$K_{sp}=[M][A]=\frac{[M'][A']}{\alpha_M\,\alpha_A}=\frac{K'_{sp}}{\alpha_M\,\alpha_A}$$

即

$$K'_{sp}=[M'][A']=K_{sp}\alpha_M\alpha_A \tag{6-7}$$

K'_{sp}称为条件溶度积，可以看出，由于副反应的发生，条件溶度积K'_{sp}大于K_{sp}。

6.1.2　影响沉淀溶解度的因素

沉淀的溶解度受多种因素影响，如盐效应、同离子效应、酸效应、配位效应等。此外，温度、介质、晶粒结构和颗粒大小也对溶解度有影响，现分别加以讨论。

1. 盐效应

当溶液中有强电解质存在时，根据德拜-休克尔（Debye-Hückel）公式[式（6-8）、式（6-9）]可计算出活度系数γ_i，就能知道溶度积常数K_{sp}[式（6-10）]。强电解质的浓度越大，所带电荷数越大，溶液中离子强度越大，沉淀物的溶解度也随之增大。实验结果表明，在KNO_3、$NaNO_3$等强电解质存在的情况下，$PbSO_4$、AgCl 的溶解度比在纯水中大。这种加入强电解质使沉淀溶解度增大的现象称为盐效应（salt effect）。

德拜-休克尔公式为

$$-\lg\gamma_i=0.51z_i^2\left(\frac{\sqrt{I}}{1+B\mathring{a}\sqrt{I}}\right) \tag{6-8}$$

当离子强度较小时，可简化为极限公式：

$$-\lg\gamma_i=0.51z_i^2\sqrt{I} \tag{6-9}$$

$$K_{sp}=\frac{K_{sp}^{\ominus}}{\gamma_M\gamma_A} \tag{6-10}$$

离子强度与溶液中各种离子的浓度及所带电荷有关，稀溶液中离子强度的计算公式为

$$I=\frac{1}{2}\sum c_i z_i^{\,2} \tag{6-11}$$

强电解质的浓度、所带电荷数与溶液中离子强度呈正相关，沉淀物的溶解度随之增大。构晶离子的电荷数越高，盐效应影响越严重，这是因为高价离子的活度系数受离子强度的影响较大。

【例 6-1】　计算 $BaSO_4$ 在 0.0080 mol · L^{-1} $MgCl_2$ 溶液中的浓度。

解　根据

$$\begin{aligned}I&=\frac{1}{2}\sum c_i z_i^{\,2}\\&=\frac{1}{2}\left(c_{Mg^{2+}}\times2^2+c_{Cl^-}\times1^2+c_{Ba^{2+}}\times2^2+c_{SO_4^{2-}}\times2^2\right)\end{aligned}$$

$$\approx \frac{1}{2} \times (0.0080 \times 2^2 + 0.016 \times 1^2)$$

$$=0.024\ (\text{mol} \cdot \text{L}^{-1})$$

查得 Ba^{2+}的 $\mathring{a}$ 值为 500 pm，SO_4^{2-}的 $\mathring{a}$ 值为 400pm，活度系数为

$$\gamma_{Ba^{2+}} \approx 0.56,\ \gamma_{SO_4^{2-}} \approx 0.55$$

设 $BaSO_4$ 在 0.0080 mol · L^{-1} $MgCl_2$ 溶液中的溶解度为 s，则

$$s = [Ba^{2+}] = [SO_4^{2-}] = \sqrt{K_{sp}} = \sqrt{\frac{K_{sp}^{\ominus}}{\gamma_{Ba^{2+}} \gamma_{SO_4^{2-}}}}$$

$$= \sqrt{\frac{1.1 \times 10^{-10}}{0.56 \times 0.55}} = 1.9 \times 10^{-5} (\text{mol} \cdot \text{L}^{-1})$$

盐效应引起沉淀溶解度的增加不是很大，与其他效应相比影响小得多，常可忽略，除非电解质浓度很大，价数很高。

2. 同离子效应

组成沉淀晶体的离子称为构晶离子，当沉淀反应达到平衡后，向溶液中加入适当过量的含有某一构晶离子的试剂或溶液，则沉淀的溶解度减小，这就是同离子效应（common ion effect）。以 $BaSO_4$ 重量分析法测定 SO_4^{2-}为例，如果加入的 Ba^{2+}的物质的量正好和 SO_4^{2-}的相等，在 25℃水溶液中 $BaSO_4$ 溶解度为（25℃下 $BaSO_4$ 的 $K_{sp} = 1.1 \times 10^{-10}$）

$$s = [Ba^{2+}] = [SO_4^{2-}] = \sqrt{K_{sp}} = \sqrt{1.1 \times 10^{-10}} = 1.05 \times 10^{-5}\ (\text{mol} \cdot \text{L}^{-1})$$

如果将溶液中的 SO_4^{2-}浓度增至 0.10 mol · L^{-1}，此时 $BaSO_4$ 的溶解度为

$$s = [Ba^{2+}] = \frac{K_{sp}}{[SO_4^{2-}]} = 1.1 \times 10^{-9}\ (\text{mol} \cdot \text{L}^{-1})$$

通过计算不难看出，SO_4^{2-}的浓度增加会降低 $BaSO_4$ 的溶解度。

在实际中，通常利用同离子效应，即加大沉淀剂的用量，使被测组分沉淀完全。但沉淀剂加得太多，有时可能引起盐效应、酸效应及配位效应等副反应，反而使沉淀剂的溶解度增大。

如表 6-1 所示，溶液中有少量 Na_2SO_4 时，同离子效应使 $PbSO_4$ 的溶解度大大降低，当 Na_2SO_4 浓度增加时，盐效应等又使溶解度有所增加。在分析工作中，很多沉淀剂都是强电解质，在进行沉淀反应时，沉淀剂不要过量太多，以防止盐效应及配位效应等能增大溶解度的副反应发生。一般沉淀剂以过量 50%～100%为宜，对非挥发性沉淀剂，一般以过量 20%～30%为宜。

表 6-1　$PbSO_4$ 在不同浓度 Na_2SO_4 溶液中的溶解度

$c_{Na_2SO_4}$ / (mol · L^{-1})	0	0.001	0.01	0.02	0.04	0.10	0.20	0.35
c_{PbSO_4} / (mol · L^{-1})	152	24	16	14	13	16	19	23

3. 酸效应

很多沉淀是弱酸盐，当酸度较高时，将使沉淀溶解平衡移向生成弱酸的方向，从而增加沉淀的溶解度。溶液酸度对沉淀溶解度的影响称为酸效应（acid effect）。

例如，二元酸 H_2A 形成的微溶盐 MA，在溶液中有下列平衡：

$$MA_{(固)} \rightleftharpoons M^{2+} + A^{2-}$$

$$A^{2-} \xrightleftharpoons{K_{a2},H^+} HA^-$$

$$HA^- \xrightleftharpoons{K_{a1},H^+} H_2A$$

当溶液中的 H^+浓度增大时，平衡向右移动，生成 HA^-；H^+浓度更大时，甚至生成 H_2A，破坏了 MA 的沉淀平衡，使 MA 进一步溶解，甚至全部溶解。

设 MA 的溶解度为 s（$mol \cdot L^{-1}$），则

$$[M^{2+}] = s$$

$$[A^{2-}] + [HA^-] + [H_2A] = c_{A^{2-}} = s$$

$$\alpha_{A(H)} = 1 + \beta_1[H^+] + \beta_2[H^+]^2$$

根据溶度积计算公式，得

$$K'_{sp} = K_{sp}\alpha_{A(H)} \tag{6-12}$$

$$s = [M^{2+}] = c_{A^{2-}} = \sqrt{K'_{sp}} \tag{6-13}$$

【例 6-2】　计算 CaC_2O_4 在以下情况时的溶解度。

（$K^{\ominus}_{sp\ CaC_2O_4} = 10^{-8.6}$；$I = 0.1$时，$K_{sp\ CaC_2O_4} = 10^{-7.8}$；$H_2C_2O_4$的$pK_{a1} = 1.2$，$pK_{a2} = 4.2$）

（1）在纯水中；

（2）在 pH = 1.0 的 HCl 溶液中；

（3）在 pH = 4.0 的 0.10 $mol \cdot L^{-1}$ 草酸溶液中。

解　（1）在纯水中

$$s = [Ca^{2+}] = [C_2O_4^{2-}] = \sqrt{K^{\ominus}_{sp}(CaC_2O_4)} = 10^{-4.3}\ (mol \cdot L^{-1})$$

（2）pH = 1.0 时，酸效应影响溶解度

$$\alpha_{C_2O_4(H)} = 1 + \beta_1[H^+] + \beta_2[H^+]^2 = 1 + 10^{-1.0+4.2} + 10^{-2.0+5.4} = 10^{3.6}$$

$$K'_{sp}(CaC_2O_4) = K_{sp}(CaC_2O_4)\alpha_{C_2O_4(H)} = 10^{-7.8+3.6} = 10^{-4.2}$$

$$s = [Ca^{2+}] = [C_2O'_4] = \sqrt{K'_{sp}(CaC_2O_4)} = 10^{-2.1}\ (mol \cdot L^{-1})$$

（3）pH = 4.0，$c_{H_2C_2O_4} = 0.10\ mol \cdot L^{-1}$ 时，既要考虑酸效应，又要考虑同离子效应。

$$\alpha_{C_2O_4(H)} = 1 + 10^{-4.0+4.2} + 10^{-8.0+5.4} = 10^{0.4}$$

$$K'_{sp}(CaC_2O_4) = 10^{-7.8+0.4} = 10^{-7.4}$$

此时沉淀剂过量，有

$$[Ca^{2+}]=s$$

$$[C_2O_4']=0.1+s\approx 0.1\,mol\cdot L^{-1}$$

$$s=[Ca^{2+}]=\frac{K_{sp}'(CaC_2O_4)}{[C_2O_4']}=\frac{10^{-7.4}}{10^{-1.0}}=10^{-6.4}\ (mol\cdot L^{-1})$$

可见Ca^{2+}的沉淀是完全的。

弱酸盐（MA）的阴离子（A）碱性较强时，其在纯水中溶解度的计算也要考虑酸效应的影响。若沉淀的溶解度很小，溶解的弱碱 A 与水中H^+结合基本不影响溶液的 pH，可按 pH 为 7.0 计算；若溶解度较大，而 A 的碱性较强，可按$[OH^-]=s$进行计算。

【例 6-3】 计算：（1）CuS；（2）MnS 在纯水中的溶解度。

$[K_{sp}^{\ominus}(CuS)=10^{-35.2}$，$K_{sp}^{\ominus}(MnS)=10^{-12.5}$；$I=0.1$时，$H_2S$的$pK_{a1}=7.1$，$pK_{a2}=12.9]$

解　（1）CuS 的溶解度很小，S^{2-}与水中H^+结合产生的OH^-很少，溶液的$pH\approx 7.0$。此时

$$\alpha_{S(H)}=1+10^{-7.0+12.9}+10^{-14.0+20.0}=10^{6.3}$$

此酸效应系数很大。溶液中$[S^{2-}]$远小于溶解度s，则有

$$s=[S^{2-}]+[HS^-]+[H_2S]=[S']=[Cu^{2+}]$$

而

$$[Cu^{2+}][S']=s^2=K_{sp}'(CuS)$$

故

$$s=\sqrt{K_{sp}'(CuS)}=\sqrt{K_{sp}(CuS)\alpha_{S(H)}}=\sqrt{10^{-35.2+6.3}}=10^{-14.5}\ (mol\cdot L^{-1})$$

（2）MnS 的溶解度较大，S^{2-}定量地变成HS^-，生成等量的OH^-，可由沉淀与水的反应平衡常数求溶解度s。

$$MnS+H_2O = Mn^{2+}+HS^-+OH^-$$

$$K=[Mn^{2+}][HS^-][OH^-]=\frac{[Mn^{2+}][S^{2-}][H^+][OH^-]}{K_{a2}}=\frac{K_{sp}^{\ominus}(MnS)K_w}{K_{a2}}=\frac{10^{-12.5}\times 10^{-14.0}}{10^{-12.9}}=10^{-13.6}$$

所以

$$s=\sqrt[3]{10^{-13.6}}=10^{-4.5}\ (mol\cdot L^{-1})$$

此时，溶液中$[OH^-]=10^{-4.5}\,mol\cdot L^{-1}$，即$[H^+]=10^{-9.5}\,mol\cdot L^{-1}$，则

$$\alpha_{S(H)}=1+10^{-9.5+12.9}+10^{-19.0+20.0}=1+10^{3.4}+10^{1.0}$$

故

$$[S^{2-}]:[HS^-]:[H_2S]=1:10^{3.4}:10^{1.0}$$

表明溶液中HS^-形态占优势。可见，最初假设$[HS^-]$等于沉淀的溶解度s是合理的。

4. 配位效应

在进行沉淀反应时，若溶液中存在能与构晶离子生成可溶性配合物的配体，则反应向沉淀溶解的方向进行，影响沉淀的完全程度，甚至不产生沉淀，这种影响称为配位效应（complexation effect）。

配位效应对沉淀溶解度的影响与配体的浓度及配合物的稳定性有关。配体的浓度越大，生成的配合物越稳定，沉淀的溶解度越大。

进行沉淀反应时，有时沉淀剂本身是配体，则反应中既有同离子效应，降低沉淀的溶解度，又有配位效应，增大沉淀的溶解度。如果沉淀剂适当过量，同离子效应起主导作用，沉淀的溶解度降低；如果沉淀剂过量太多，则配位效应起主导作用，沉淀的溶解度反而增大。

对于微溶化合物 MA 的沉淀平衡，若溶液中同时有配体 L 存在，并形成逐级配位化合物 ML_1、ML_2、…、ML_n，则根据物料平衡方程，得

$$
\begin{aligned}
s &= [\mathrm{M}] + [\mathrm{ML}] + [\mathrm{ML_2}] + \cdots + [\mathrm{ML}_n] \\
&= [\mathrm{M}] + \beta_1[\mathrm{M}][\mathrm{L}] + \beta_2[\mathrm{M}][\mathrm{L}]^2 + \cdots + \beta_n[\mathrm{M}][\mathrm{L}]^n \\
&= \frac{K_{\mathrm{sp}}}{s}(1 + \beta_1[\mathrm{L}] + \beta_2[\mathrm{L}]^2 + \cdots + \beta_n[\mathrm{L}]^n)
\end{aligned}
$$

故

$$s = \sqrt{K_{\mathrm{sp}}(1 + \beta_1[\mathrm{L}] + \beta_2[\mathrm{L}]^2 + \cdots + \beta_n[\mathrm{L}]^n)} = \sqrt{K_{\mathrm{sp}}\alpha_{\mathrm{M(L)}}} \tag{6-14}$$

如果 M 与 L 仅能形成 ML 型配位化合物，则

$$s = \sqrt{K_{\mathrm{sp}}(1 + \beta[\mathrm{L}])} \tag{6-15}$$

当 β 值较大且配体的浓度又不是很小时，式（6-15）可简化为

$$s = \sqrt{K_{\mathrm{sp}}\beta[\mathrm{L}]} \tag{6-16}$$

当有副反应时，β 为条件稳定常数，相应地，[L]为[L′]。

【例 6-4】 计算 AgI 在 0.010 $mol \cdot L^{-1}$ NH_3 中的溶解度。

解　已知 AgI 的 $K_{sp} = 8.3 \times 10^{-17}$，$Ag(NH_3)_2^+$的 $\lg K_1 = 3.4$，$\lg K_2 = 4.0$。生成的$[Ag(NH_3)]^+$及$[Ag(NH_3)_2]^+$使 AgI 溶解度增大，设其溶解度为 s，则

$$[\mathrm{I^-}] = s$$

$$[\mathrm{Ag^+}] + [\mathrm{Ag(NH_3)^+}] + [\mathrm{Ag(NH_3)_2^+}] = c_{\mathrm{Ag^+}} = s$$

根据副反应系数 $\alpha_{Ag(NH_3)}$ 值计算公式，求得

$$
\begin{aligned}
\alpha_{\mathrm{Ag(NH_3)}} &= \frac{c_{\mathrm{Ag^+}}}{[\mathrm{Ag^+}]} = 1 + K_1[\mathrm{NH_3}] + K_1K_2[\mathrm{NH_3}]^2 \\
&= 1 + 10^{3.4} \times 10^{-2.00} + 10^{3.4+4.0} \times (10^{-2.00})^2 \\
&= 2.5 \times 10^3
\end{aligned}
$$

以上计算过程中，考虑到 AgI 的溶解度很小，而 $Ag(NH_3)_2^+$的稳定常数又不是很大，因此在形成配位化合物时消耗 NH_3 的浓度很小，可以忽略不计。

$$s = \sqrt{K_{sp}\alpha_{Ag(NH_3)}} = \sqrt{8.3\times10^{-17}\times2.5\times10^{3}} = 4.6\times10^{-7}\ (mol\cdot L^{-1})$$

5. 影响沉淀溶解度的其他因素

1）温度

沉淀的溶解反应多数为吸热反应，因此沉淀的溶解度会随着温度的升高而升高。通常沉淀反应是在热溶液中进行，沉淀完全后还要热陈化，因此在热溶液中溶解度较大的沉淀（如 CaC_2O_4 和 $MgNH_4PO_4\cdot6H_2O$ 等）必须冷却到室温后再进行过滤等操作。

2）溶剂

无机沉淀物大部分为离子晶体，它们在水中的溶解度一般比在有机溶剂中大，通常在水溶液中加入乙醇、丙酮等有机溶剂以降低沉淀的溶解度。

3）沉淀颗粒的大小

同一种沉淀，晶体颗粒越小，溶解度越大。

4）形成的胶体溶液

进行沉淀反应特别是产物为无定形沉淀时，如果沉淀条件掌握不好，常会形成胶体溶液，已经凝聚的胶体沉淀甚至还会因“胶溶”作用而重新分散到溶液中。将溶液加热和加入大量电解质能够有效地破坏胶体和促进胶体凝聚作用。

5）沉淀的析出形式

有许多沉淀，初形成时为“亚稳态”，放置后逐渐转化为“稳定态”。亚稳态沉淀的溶解度比稳定态大，所以沉淀能自发地由亚稳态转化为稳定态。

6.2　重量分析法

重量分析法又称为沉淀重量法，是利用沉淀反应使待测组分以微溶化合物的形式沉淀出来，与溶液中其他组分分离，再将其转换为称量形式称量，由称出的质量计算该组分在样品中的含量。具体流程如图 6-1 所示。

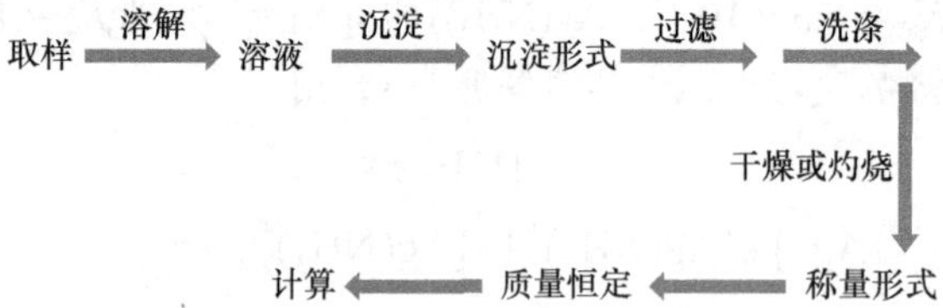

图 6-1　重量分析法流程

6.2.1　重量分析法对沉淀的要求

对于待测样品，首先分解试样，制备成试样溶液，加入适当的沉淀剂后，被测组分以沉淀形式析出。然后将沉淀过滤、洗涤、干燥或灼烧，使其转化为称量形式。沉淀形式和称量形式的化学式不一定相同。例如，$BaSO_4$ 沉淀经高温灼烧后，化学组成仍然为 $BaSO_4$。而当 Fe^{3+} 以 $Fe(OH)_3$ 形式沉淀时，沉淀形式为 $Fe(OH)_3$，经高温灼烧后，$Fe(OH)_3$ 失水变成

Fe_2O_3。

重量分析法对沉淀形式和称量形式有一定要求，以保证测定的准确度。

1）对沉淀形式的要求

沉淀的溶解度必须小，保证被测组分沉淀完全。若沉淀溶解损失小于天平称量误差，则测定的准确度可认为不受沉淀溶解损失影响。沉淀易于过滤和洗涤，沉淀要求纯净，避免其他杂质污染。沉淀还应易转化为称量形式。

2）对称量形式的要求

称量形式要求有确定的化学组成，否则无法计算结果。称量形式必须十分稳定，不受空气中水、二氧化碳和氧气等的影响。称量形式的摩尔质量大，可增大称量形式的质量，减小称量的相对误差，提高测定准确度。

6.2.2　沉淀的类型

沉淀根据其物理性质不同，可粗略地分为两类：一类为晶形沉淀（crystalline precipitate），其直径为 0.1～1 μm，如 $MgNH_4PO_4$、$BaSO_4$、CaC_2O_4 等；另一类为无定形沉淀（amorphous precipitation），又称非晶形沉淀或胶状沉淀，直径一般小于 0.02 μm，如 $Fe_2O_3 \cdot nH_2O$ 等。还有一类沉淀性质介于二者之间的是凝胶状沉淀，如 AgCl 等。

由上述可知，这些沉淀的最大差别在于沉淀颗粒的大小不同，晶形沉淀的颗粒最大，无定形沉淀的颗粒最小。然而，从整个沉淀外形来看，组成晶形沉淀的颗粒较大，内部排列规则，结构紧密，因此沉淀的体积较小，容易在容器底部沉降。而组成无定形沉淀的颗粒排列杂乱无章，疏松地聚集在一起，其中又包含数量不定的水分子，整个沉淀体积庞大，呈疏松的絮状，不能沉降在容器底部。

生成沉淀的类型首先取决于沉淀的性质，并且沉淀形成的条件以及沉淀后的处理也可以影响沉淀类型。在重量分析法中，最好能获得沉淀颗粒较大的晶形沉淀。晶形沉淀有粗晶形沉淀和细晶形沉淀之分。粗晶形沉淀有 $MgNH_4PO_4$ 等，细晶形沉淀有 $BaSO_4$ 等。如果是无定形沉淀，则应注意掌握好沉淀条件，以改善沉淀的物理性质。

沉淀的颗粒大小与进行沉淀反应时构晶离子的浓度有关。例如，在一般情况下，从稀溶液中沉淀出来的 $BaSO_4$ 是晶形沉淀。但是，如以乙醇和水为混合溶剂，将浓的 $Ba(SCN)_2$ 溶液和 $MnSO_4$ 溶液混合，得到的却是凝胶状的 $BaSO_4$ 沉淀。此外，沉淀颗粒的大小也与沉淀本身的溶解度有关。

冯韦曼（von Weimarn）提出了一个经验公式，表明沉淀生成的初始速度（晶核形成速度，也称分散度）与溶液的相对过饱和程度成正比，即

$$\text{分散度} = K \times \frac{c_Q - s}{s} \tag{6-17}$$

式中，c_Q 为加入沉淀剂瞬间沉淀物的浓度；s 为开始沉淀时沉淀物的溶解度；$c_Q - s$ 为沉淀开始瞬间的过饱和度，它是引起沉淀作用的动力；$(c_Q - s)/s$ 为沉淀开始瞬间的相对过饱和度；K 为常数，它与沉淀的性质、介质及温度等因素有关。由式（6-17）可知，溶液的相对过饱和度越大，分散度也越大，形成的晶核数目越多，得到的是小晶形沉淀。反之，溶液的相对过饱和度较小，分散度也较小，即晶核形成速度较慢，形成的晶核数目较少，得到的是大晶

形沉淀。

6.2.3 沉淀的形成过程

沉淀的形成过程较为复杂，目前仍没有成熟的理论，有关这方面的理论大多是定性的解释或经验公式的描述，包括上述冯韦曼公式，它只能定性解释有些沉淀现象，有关沉淀形成的具体过程需要进一步研究。

目前，对于晶形沉淀的形成机理研究得较多。一般认为当溶液呈过饱和状态时，构晶离子因静电作用而缔合形成晶核（crystal nucleus），然后进一步生长为定向排列的晶体沉淀。晶核的形成包括均相成核和异相成核两种情况。过饱和的溶质从均匀液相中自发地产生晶核的过程称为均相成核。与此同时，溶液中不可避免地混有不同数量的固体微粒，这些微粒由晶核的作用诱导形成沉淀，这种过程称为异相成核。

一般认为晶核含有 4～8 个构晶离子或 2～4 个离子对。例如，在 $BaSO_4$ 的过饱和溶液中，Ba^{2+}和 SO_4^{2-}由于静电作用缔合为离子对（$Ba^{2+}SO_4^{2-}$），离子对结合成为离子群后生长到一定大小成为晶核。实验证明 $BaSO_4$ 的晶核由 8 个构晶离子（4 个离子对）组成。不同沉淀组成晶核的离子数目不同，如 Ag_2CrO_4 的晶核由 6 个构晶离子组成，CaF_2 的晶核由 9 个构晶离子组成。

但是，溶液中不可避免地存在大量肉眼不可见的固体微粒，它们可以起到晶核的作用，诱导沉淀的形成。例如，在形成 $BaSO_4$ 沉淀时，若以常用方法在洗涤干净的烧杯中进行，每微升溶液约有 2000 个沉淀微粒；若使用蒸汽处理过的烧杯，每微升溶液中约有 100 个沉淀微粒。现在已经证明，烧杯壁用蒸汽处理后可以除去一些针状微粒，这些微粒可以在沉淀形成过程中起到晶核作用。除此之外，试剂、溶剂或灰尘等都会引入杂质起到晶核作用，诱导形成沉淀。由上述可知，在沉淀形成过程中，异相成核是无法避免的，甚至在某些情况下，只存在异相成核过程。此时，混入的固体微粒数目决定该溶液中的“晶核”数目，不会形成新的晶核。显然，此时“晶核”数目几乎不变，所以随着构晶离子浓度的增加，也不会形成新的晶体，只会令晶体长得更大。但如果溶液的相对饱和程度过大，构晶离子也会成为晶核，因此既有均相成核，又有异相成核。继续加入沉淀剂，会生成更多的晶核，沉淀的晶粒数目多但颗粒较小。

各种沉淀都有一个能大量地自发产生晶核的相对过饱和极限值，称为临界值。沉淀的相对过饱和度超过临界值后，均相成核占优势，生成大量细小微晶。反之，相对过饱和度小于临界值时，沉淀以异相成核为主，往往得到大粒沉淀。不同的沉淀，临界值不同。图 6-2 是沉淀 $BaSO_4$ 时晶核的数目与溶液浓度的关系曲线。由图可见，溶液中 $BaSO_4$ 的瞬时浓度在约 10^{-2} mol · L^{-1} 以下时开始产生沉淀，由于溶液中含有大量的不溶固体微粒而发生异相成核过程，导致晶核数目基本恒定。$BaSO_4$ 的瞬时浓度超过 10^{-2} mol · L^{-1} 继续增大后，晶核数目开始突增，说明发生了均相成核过程。10^{-2} mol · L^{-1} 的瞬时浓度便是 $BaSO_4$ 异相成核转化为均相成核的转折点，既存在异相成核又存在均相成核。根据图 6-2，可以求得沉淀 $BaSO_4$ 时转折点 c_Q 与 s 的比值，即临界 c_Q/s 值为

$$\frac{c_Q}{s} \approx \frac{10^{-2}}{10^{-5}} = 1000$$

沉淀的临界 c_Q/s 值越大，越不容易出现均相成核，因为它的相对过饱和度只有超过较大的临界值后才会均相成核。不同沉淀的性质不同，决定了它们有不同的临界 c_Q/s 值，如表 6-2 所示。因此，可以通过临界 c_Q/s 值判断沉淀类型。例如，$BaSO_4$ 为 1000，$PbSO_4$ 为 28，AgCl 为 5.5。因此，在形成 $BaSO_4$ 沉淀时，试液和沉淀剂浓度不需要太高，容易使相对过饱和度小于临界值，从而生成细粒的晶状沉淀。同样，控制合适的沉淀条件，$PbSO_4$ 也可以得到晶状沉淀。虽然 $BaSO_4$ 和 AgCl 的溶解度很接近，但在一般情况下 AgCl 的均相成核作用比较显著，容易生成晶核多而颗粒小的絮状沉淀，而不能生长为晶状颗粒。

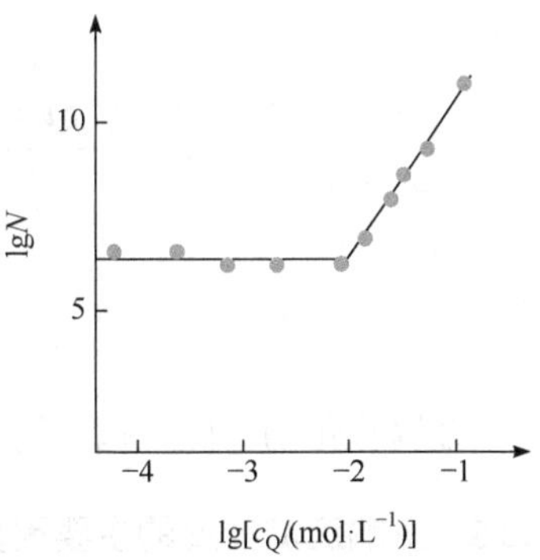

图 6-2　沉淀 $BaSO_4$ 时溶液浓度（c_Q）与晶核数目（N）的关系

表 6-2　几种微溶化合物的临界 c_Q/s 值和临界晶核半径

微溶化合物	c_Q/s	晶核半径/nm
$BaSO_4$	1000	0.43
$CaC_2O_4 \cdot H_2O$	31	0.58
AgCl	5.5	0.54
$SrSO_4$	39	0.51
$PbSO_4$	28	0.53
$PbCO_3$	106	0.45
$SrCO_3$	30	0.50
CaF_2	21	0.43

6.2.4　晶形沉淀和无定形沉淀的生成

沉淀形成过程中，构晶离子由于静电作用缔合起来形成晶核。溶液中有了晶核之后，构晶离子在晶核表面扩散并沉积，晶核逐渐生长为沉淀微粒。沉淀微粒既有聚集成为更大聚集体的趋势，又有按一定晶格排列形成大晶粒的趋势，分别称为聚集过程和定向过程。沉淀颗粒的大小由聚集速度和定向速度的相对大小决定。聚集速度主要与溶液的相对过饱和度有关，相对过饱和度越大，聚集速度越大。定向速度主要与物质的性质有关，极性较强的盐类一般具有较大的定向速度，如 $BaSO_4$、$MgNH_4PO_4$ 等。如果晶核的聚集速度小、定向速度大，则获得较大的沉淀颗粒，且能定向地排列成晶状沉淀；如果晶核的聚集速度大、定向速度小，则形成大量微晶，消耗过剩的溶质而难以长大，只能聚集得到胶状沉淀。图 6-3 为沉淀形成过程示意图。

金属水合氧化物沉淀的定向速度与金属离子的价数有关。当金属离子的价数为二价时，沉淀的定向速度通常较大，获得晶形沉淀。金属离子为高价态时，因其溶解度较小，溶液的相对过饱和度较大，导致更多地发生均相成核过程，聚集速度大，生成的颗粒小，得到无定形沉淀。

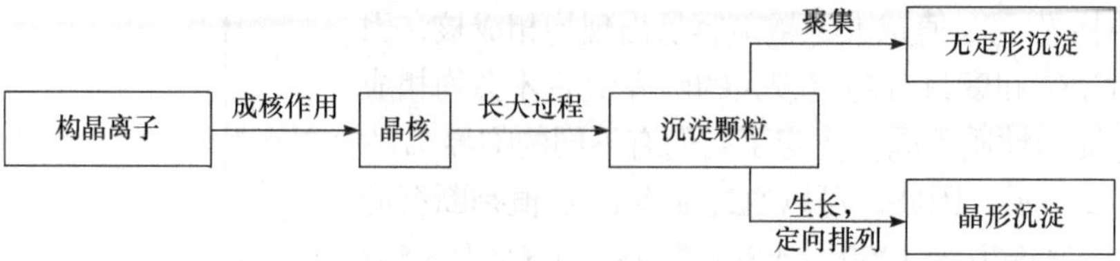

图 6-3　沉淀形成过程示意图

金属硫化物和硅、钨、铌、钽的水合氧化物沉淀通常也是无定形沉淀。

6.2.5　影响沉淀纯度的主要因素

重量分析法中要求得到的沉淀是纯净的，但当沉淀从溶液中析出时，不可避免地会夹杂溶液中的其他成分。因此，必须了解沉淀生成过程中杂质为什么会混入，从而找出减少杂质混入的解决方法，提高沉淀的纯度。

1. 共沉淀现象

在一定操作条件下，在溶液中本来是可溶的某些物质，因为溶液中另一物质形成沉淀时被带下来而混杂于沉淀中，这种现象称为共沉淀（coprecipitation）。沉淀会因共沉淀作用而被污染，这是引起误差的主要来源之一。例如，在沉淀 $BaSO_4$ 时，$Fe_2(SO_4)_3$ 或 Na_2SO_4 等可溶盐可能也会被 $BaSO_4$ 带下来。显然，这会给分析结果带来一定正误差。

共沉淀现象主要有以下三类。

1）表面吸附引起的共沉淀

在沉淀形成过程中，构晶离子按照同种电荷相互排斥、异种电荷相互吸引的规律排列，晶体内部达到电荷平衡，但晶体表面离子的电荷不平衡，导致表面吸附杂质。图 6-4 是 AgCl 沉淀表面吸附杂质示意图，AgCl 晶体内部处于电荷平衡状态，但在沉淀表面或边、角上的 Ag^+或 Cl^-，至少有一面未与带相反电荷的 Cl^-或 Ag^+连接，静电引力不平衡，因此它们可以吸附溶液中带相反电荷的离子。例如，将 NaCl 溶液加入 $AgNO_3$ 中，生成的 AgCl 沉淀表面因吸附过量的 Ag^+而带正电荷。为了维持电中性，吸附层外部会吸引带负电荷的 NO_3^-，此处离子结合较松散，组成扩散层。吸附层和扩散层共同组成包围着沉淀颗粒表面的双电层，从而使电荷处于平衡状态。处于双电层中的总数相等的正、负离子构成被沉淀表面吸附的化合物，也就是污染沉淀的杂质，它们会随着沉淀一起沉淀，从而污染沉淀。这种由于沉淀的表面吸附所引起的杂质共沉淀现象称为表面吸附共沉淀（adsorption coprecipitation）。通常，因为沉淀剂过量，沉淀会优先吸附溶液中的构晶离子，成为沉淀表面的第一层离子。

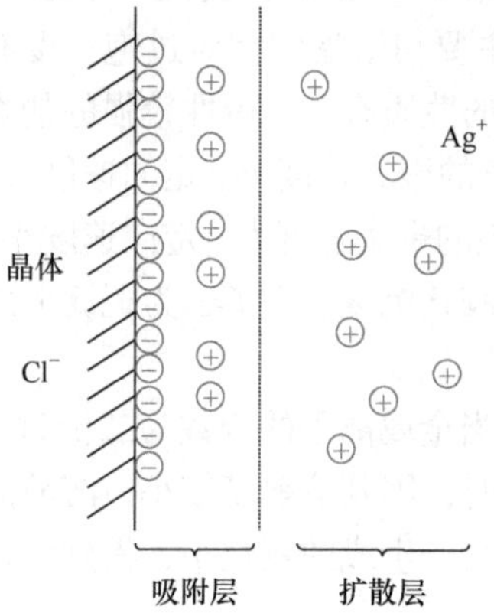

图 6-4　AgCl 沉淀表面吸附杂质示意图

表面吸附一般有下列规律：

（1）在杂质离子浓度相同的条件下，沉淀会优先吸附能与构晶离子生成微溶或解离度很小的化合物的离子。例如，溶液中存在过量的 SO_4^{2-}时，优先被吸附的是过量的 SO_4^{2-}，若溶液中还存在 Ca^{2+}及 Hg^{2+}，因为 $CaSO_4$ 的溶解度小于

$HgSO_4$的溶解度，所以扩散层的抗衡离子主要是Ca^{2+}。或者溶液中过量的是Ba^{2+}，则Ba^{2+}会被优先吸附在沉淀表面，溶液中存在Cl^-及NO_3^-，则NO_3^-构成扩散层中的主要抗衡离子。

（2）离子的价态越高，浓度越大，越容易被吸附。

（3）与沉淀的总表面积有关。相同质量的沉淀，沉淀颗粒越小，比表面积越大，吸附杂质也越多。与晶形沉淀颗粒相比，无定形沉淀颗粒小，表面吸附严重。

（4）与溶液的温度有关。吸附作用为放热过程，升高溶液温度，杂质吸附程度减小。

2）生成混晶或固溶体引起的共沉淀

如果溶液中的杂质离子和构晶离子半径相近、结构相似，则它们极易形成混晶（mixed crystal）共沉淀。混晶属于固溶体。某些混晶中，杂质离子或原子位于晶格的空隙上而不是正常晶格的位置，这种混晶称为异型混晶。生成混晶会造成沉淀纯度严重降低。例如，钡或镭的硫酸盐、溴化物和硝酸盐等因相似的半径和结构都极易形成混晶。有时杂质离子虽然与构晶离子的结构不相似，但在一定条件下也可形成异型混晶。例如，$MnSO_4 \cdot 5H_2O$ 和 $FeSO_4 \cdot 7H_2O$ 虽然是不同的晶系，但它们可形成异型混晶。

生成混晶的选择性高，同时难以避免。只要有能参与形成混晶的杂质离子存在，无论其浓度多小，都会在主沉淀的沉淀过程中混入这种杂质而形成混晶共沉淀。

常见的混晶共沉淀有：$BaSO_4$和$PbSO_4$、$BaSO_4$和$KMnO_4$、$KClO_4$和KBF_4、$BaCrO_4$和$RaCrO_4$、AgCl 和 AgBr、$MgNH_4PO_4$和$MgNH_4AsO_4$、$K_2NaCo(NO_2)_6$和$Rb_2NaCo(NO_2)_6$或$Cs_2NaCo(NO_2)_6$等。

3）吸留和包夹引起的共沉淀

在沉淀过程中，因沉淀生长太快，表面吸附的杂质离子还没有离开沉淀表面就被随后生成的沉淀覆盖，杂质被包藏在沉淀内部，引起共沉淀，这种现象称为吸留共沉淀（occlusion coprecipitation）。吸留程度也符合吸附规则，有时母液也可能被包夹在沉淀之中，引起共沉淀。例如，将钡盐加入硫酸盐中形成硫酸钡沉淀时，沉淀是在SO_4^{2-}过量下生成的，因此$BaSO_4$晶粒吸附SO_4^{2-}而带负电，杂质阳离子被优先吸附而吸留在沉淀内部；反之，将硫酸盐加入钡盐中得到硫酸钡沉淀时，$BaSO_4$会吸留阴离子杂质，且因$Ba(NO_3)_2$的溶解度小于$BaCl_2$，$Ba(NO_3)_2$被吸留的量更多。

可以利用共沉淀的原理，通过某种沉淀将溶液中的痕量组分富集，达到分离的效果，也就是沉淀分离法。

2. 后沉淀现象

后沉淀（postprecipitation）又称继沉淀，是指一种本来难以析出沉淀的物质，在另一种组分沉淀之后被“诱导”，在该沉淀表面也沉淀下来的现象，常见于该组分的过饱和溶液。例如，存在Mg^{2+}的条件下沉淀CaC_2O_4，Mg^{2+}因为形成过饱和的草酸盐而不生成沉淀。此时，如果立即过滤草酸钙沉淀，会发现仅有少部分Mg^{2+}被吸附。但是如果将含Mg^{2+}的母液和草酸钙沉淀长时间共热，会发现草酸钙后沉淀的量明显增多。

后沉淀现象与前述三种共沉淀现象的区别是：

（1）后沉淀引入杂质污染量比共沉淀引入的量多，并且放置时间越长，污染量越多，而放置时间对共沉淀的污染量影响较小。因此，应缩短沉淀和母液共置的时间以避免或减少后沉淀。

（2）无论杂质是在沉淀之前还是之后存在，后沉淀引入的杂质污染量基本一致。

（3）升高温度可能使后沉淀程度增加。

（4）后沉淀引入的污染量甚至有可能与被测组分的含量相当，因此后沉淀引入杂质的程度有时比共沉淀更严重。

3. *减少沉淀沾污的方法*

共沉淀和后沉淀现象使得沉淀不纯，可采取下列措施提高沉淀纯度：

（1）设计适当的分离步骤。测定试液中某成分含量时，可以设计某些步骤先除去试液中的少量组分，如果先沉淀主要组分，少量组分可能会随着主要组分的沉淀而混入其中，造成测量误差。

（2）选取合适的沉淀剂。例如，有机沉淀剂产生的沉淀对无机杂质吸附能力小，容易获得纯净的沉淀。

（3）将杂质转化为其他形式。例如，沉淀 $BaSO_4$ 时，为了减少 Fe^{3+} 的共沉淀量，可以将 Fe^{3+} 还原为 Fe^{2+}，或者加入 EDTA 形成螯合物等。

（4）改善沉淀条件。可以通过改善溶液浓度、温度、洗涤、试剂加入次序和速度等沉淀条件提高纯度。沉淀条件对沉淀纯度的影响可见表 6-3。

表 6-3　沉淀条件对沉淀纯度的影响

沉淀条件	表面吸附	混晶	吸留和包夹	后沉淀
稀溶液	+	0	+	0
慢沉淀	+	不定	+	−
搅拌	+	0	+	0
陈化	+	不定	+	−
加热	+	不定	+	0
洗涤沉淀	+	0	0	0
再沉淀	+	+	+	+

注：+：提高纯度；−：降低纯度；0：影响不大。有时再沉淀也无效果，则应选用其他沉淀剂。

（5）再沉淀。将已得到的沉淀过滤后溶解，再进行第二次沉淀。再沉淀方法可以有效去除吸留和包夹带来的杂质，第二次沉淀时的溶液中杂质会大幅度减少。

当采取上述措施均不能提高纯度时，可测定沉淀中的杂质，校正分析结果。

共沉淀或后沉淀现象对重量分析结果的影响程度取决于杂质性质和污染量的多少。共沉淀或后沉淀可能引起正误差，也可能引起负误差，还可能不引入误差。例如，$BaSO_4$ 沉淀中包夹 $BaCl_2$，在测定 Ba^{2+} 时，由于夹有的 $BaCl_2$ 摩尔质量小于 $BaSO_4$，若按 $BaSO_4$ 计算导致沉淀质量减少，引入负误差。若测定 SO_4^{2-}，$BaCl_2$ 属于外来杂质，导致沉淀质量增加，引入正误差。如果沉淀吸附的是挥发性盐，可以通过灼烧的方法完全除去，则对测定结果没有影响。

6.3　沉淀滴定法

6.3.1　沉淀滴定要求及沉淀滴定曲线

沉淀反应有很多，但是基于沉淀反应的滴定分析法却很少，原因在于有些沉淀反应不完全（K_{sp}不够小），沉淀的比表面积大，对滴定剂的吸附现象严重以及合适的指示剂比较少。因此，用于沉淀滴定法的沉淀反应必须符合下列三个条件：①生成沉淀的溶解度必须很小；②沉淀反应必须迅速、定量地进行；③有确定滴定终点的方法。满足上述条件的反应不多，目前应用较广的是生成难溶银盐的反应：

$$Ag^{+} + Cl^{-} \xlongequal{} AgCl\downarrow（白）$$

$$Ag^{+} + SCN^{-} \xlongequal{} AgSCN\downarrow（白）$$

这种利用生成难溶银盐反应的测试方法称为银量法，银量法可以测定 Cl^-、Br^-、I^-、Ag^+、CN^-、SCN^-等。

以 0.1000 mol · L^{-1} $AgNO_3$溶液滴定 20.00 mL 0.1000 mol · L^{-1} NaCl 溶液为例，计算滴定过程中 Ag^+浓度的变化，并作出滴定曲线[$K_{sp}(AgCl) = 3.2 \times 10^{-10}$]。

1. 化学计量点前

例如，滴定分数为 99.9%，即化学计量点前 0.1%，有

$$V_{AgNO_3} = 19.98\ \text{mL}$$

$$[Cl^-] = \frac{0.02}{20.00 + 19.98} \times 0.1000 = 5.0 \times 10^{-5}\ (\text{mol} \cdot \text{L}^{-1})$$

$$[Ag^+] = \frac{K_{sp}}{[Cl^-]} = \frac{3.2 \times 10^{-10}}{5.0 \times 10^{-5}} = 10^{-5.2}\ (\text{mol} \cdot \text{L}^{-1})$$

$$\text{pAg} = 5.2$$

2. 化学计量点时

$$s = [Ag^+] = [Cl^-] = \sqrt{K_{sp}(AgCl)} = \sqrt{3.2 \times 10^{-10}} = 10^{-4.7}\ (\text{mol} \cdot \text{L}^{-1})$$

$$\text{pAg} = 4.7$$

3. 化学计量点后

例如，滴定分数为 100.1%，即加入 $V_{AgNO_3} = 20.02\ \text{mL}$，有

$$\text{pAg} = 4.3$$

可以得到不同滴定分数的 pAg 值，作出滴定曲线，如图 6-5 所示。

由图可见，此沉淀滴定曲线与强酸强碱的滴定曲线极为相似，若忽略滴定过程中体积的变化，则滴定曲线在化学计量点前后完全对称。滴定突跃的大小与溶液的浓度有关，更取决

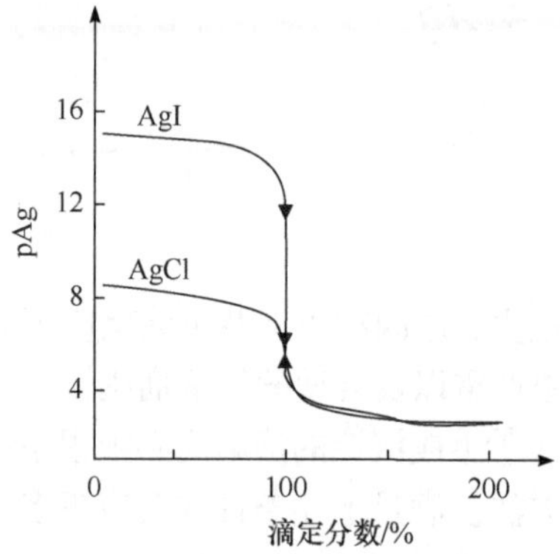

图 6-5　沉淀滴定中 pAg 随滴定分数变化的曲线

于沉淀的溶解度。与酸碱滴定类似，若浓度增大 10 倍（或减小为 1/10），则滴定突跃的 pAg 范围就增加（或减少）2 个单位。在浓度均为 $0.10\,mol\cdot L^{-1}$ 时，$AgNO_3$ 滴定 NaCl 的滴定突跃为 0.9 个单位，即 AgCl 的滴定突跃为 5.2～4.3，而 AgI 的滴定突跃为 11.5～4.3，这是因为 $K_{sp}(AgI) > K_{sp}(AgCl)$。

沉淀滴定法终点的确定按指示剂作用原理的不同分为三种：①形成有色的沉淀；②形成有色的配合物；③指示剂被吸附引起沉淀颜色的改变。根据所用指示剂不同，按创立者的名字命名，银量法分为三种方法，下面分别进行介绍。

6.3.2　莫尔法

莫尔（Mohr）法使用 K_2CrO_4 作指示剂，在中性或弱碱性溶液中，用 $AgNO_3$ 标准溶液直接滴定 Cl^-（或 Br^-）。该法中指示剂用量和滴定酸度是两个主要的影响因素。

滴定终点时，稍微过量的 Ag^+ 与 CrO_4^{2-} 形成砖红色沉淀 Ag_2CrO_4 起指示作用。滴定反应和指示反应分别为

$$Ag^+ + Cl^- = AgCl\downarrow \text{（白色）}$$

$$2Ag^+ + CrO_4^{2-} = Ag_2CrO_4\downarrow \text{（砖红色）}$$

由于 K_2CrO_4 的水溶液呈黄色，终点颜色变化不敏锐。K_2CrO_4 浓度不宜过高，否则终点过早出现，并且 K_2CrO_4 自身颜色过深，影响终点观察；K_2CrO_4 浓度也不宜过低，否则终点出现过迟，同样影响结果的准确性。若在化学计量点时刚好变色，则所需 K_2CrO_4 浓度可以计算如下。

首先根据溶度积计算 Ag^+ 浓度：

$$[Ag^+] = \sqrt{K_{sp}} = \sqrt{3.2\times10^{-10}} = 1.8\times10^{-5}\ (mol\cdot L^{-1})$$

根据 Ag_2CrO_4 的溶度积，计算形成 Ag_2CrO_4 沉淀所需的最低 $[CrO_4^{2-}]$：

$$[CrO_4^{2-}] = \frac{K_{sp}}{[Ag^+]^2} = \frac{2.0\times10^{-12}}{(1.8\times10^{-5})^2} = 1.5\times10^{-2}\ (mol\cdot L^{-1})$$

一般 $[CrO_4^{2-}]$ 应控制在 $5.0\times10^{-3}\ mol\cdot L^{-1}$（不包括生成 Ag_2CrO_4 需消耗约 $5.0\times10^{-3}\ mol\cdot L^{-1}$ CrO_4^{2-}），同时以 K_2CrO_4 为指示剂进行空白滴定，从实验消耗的滴定剂中减去空白值，可获得较准确的值。

应用 K_2CrO_4 作指示剂时应注意以下几点：

（1）滴定应在中性或弱碱性介质中进行。若在酸性介质中，CrO_4^{2-} 将与 H^+ 作用生成 $Cr_2O_7^{2-}$（$K=4.3\times10^{14}$），溶液中 $[CrO_4^{2-}]$ 减小，Ag_2CrO_4 沉淀出现过迟，甚至不会沉淀；但若碱度过高，又将出现 Ag_2O 沉淀。莫尔法测定的最适宜 pH 范围是 6.5～10.5。若溶液碱性太强，可先用稀 HNO_3 中和至甲基红变橙，再滴加稀 NaOH 至由橙变黄；酸性太强，则用 $NaHCO_3$、$CaCO_3$

或硼砂中和。

（2）不能在含有氨或其他能与 Ag^+生成配合物的物质存在下滴定，否则会增大 AgCl 和 Ag_2CrO_4的溶解度，影响测定结果。若溶液中有 NH_3存在，滴定的 pH 范围应控制在 6.5～7.2。

（3）莫尔法能测定 Cl^-、Br^-，但不能测定 I^-或 SCN^-。因为 AgI 或 AgSCN 沉淀强烈吸附 I^-或 SCN^-，使终点过早出现，且终点变化不明显。

（4）莫尔法的选择性较差，凡能与 CrO_4^{2-}或 Ag^+生成沉淀的阳、阴离子均干扰测定。前者如 Ba^{2+}、Pb^{2+}、Hg^{2+}等；后者如 SO_3^{2-}、PO_4^{3-}、AsO_4^{3-}、S^{2-}、CrO_4^{2-}等。

$AgNO_3$ 标准溶液可以用纯的 $AgNO_3$ 直接配制，更多的是采用标定的方法配制。若采用与测定相同的方法，用 NaCl 基准物质标定，则可以消除方法的系统误差。NaCl 易吸潮，使用前需在 500～600℃干燥除去吸附水。常用的方法是将 NaCl 置于洁净的瓷坩埚中，加热至不再有爆炸声为止。$AgNO_3$溶液见光易分解，应保存于棕色试剂瓶中。

氯化物、溴化物试剂纯度的测定以及天然水中氯含量的测定都可采用莫尔法，方法简便、准确。

6.3.3　福尔哈德法

福尔哈德（Volhard）法是在 Fe^{3+}存在下用 SCN^-滴定 Ag^+的方法，以铁铵矾作指示剂，SCN^-标准溶液用 NH_4SCN（或 KSCN、NaSCN）配制。滴定反应和指示反应如下：

$$Ag^+ + SCN^- \;=\!=\!=\; AgSCN\downarrow\ （白色）$$

$$Fe^{3+} + SCN^- \;=\!=\!=\; [Fe(SCN)]^{2+}\downarrow\ （红色）$$

滴定过程中，溶液中首先析出 AgSCN 沉淀，当 Ag^+定量沉淀后，过量 SCN^-与 Fe^{3+}形成红色配位化合物。

福尔哈德法在强酸性溶液中进行，一般酸度控制在 $0.1 \sim 1\ mol \cdot L^{-1}$。酸度过低，$Fe^{3+}$易水解，影响红色$[Fe(SCN)]^{2+}$配位化合物的生成。为了在滴定终点能刚好观察到$[Fe(SCN)]^{2+}$明显的红色，$[Fe(SCN)]^{2+}$的浓度至少为 $6 \times 10^{-6}\ mol \cdot L^{-1}$。要维持这个$[Fe(SCN)]^{2+}$的配位平衡浓度，$Fe^{3+}$的浓度要远大于这一数值，但过多水合铁离子显示的黄色会干扰终点观察。综合考虑，终点时 Fe^{3+}浓度一般控制在 $0.02\ mol \cdot L^{-1}$ 以内。

在滴定过程中不断形成的 AgSCN 沉淀会吸附部分 Ag^+，容易导致滴定终点过早出现，使结果偏低。因此，滴定时必须充分摇动溶液，使被吸附的 Ag^+及时释放出来。

福尔哈德法除了可直接滴定 Ag^+外，还可以用返滴定法测定卤素离子。过程如下：在含有卤素离子的硝酸介质中，先加入一定量过量的 $AgNO_3$ 标准溶液，然后加入铁铵矾指示剂，用 KSCN 标准溶液返滴定过量的 $AgNO_3$。因滴定在硝酸介质中进行，本法选择性较好。

在用福尔哈德法返滴定卤素离子中，为了减小终点误差，要注意下述现象并采取相应的措施：

（1）由于 AgSCN 的溶解度小于 AgCl 的溶解度，过量的 SCN^-将置换 AgCl 沉淀中的 Cl^-，生成溶解度更小的 AgSCN。这样在出现$[Fe(SCN)]^{2+}$红色后，继续摇动溶液，红色会逐渐消失，产生较大的终点误差。要解决这一问题，有两种办法。一是煮沸溶液，以减少 AgCl 沉淀对 Ag^+的吸附，使 AgCl 沉淀凝聚，过滤出沉淀，并用稀 HNO_3洗涤，洗涤液与滤液合并，然后用 KSCN 标准溶液滴定过量的 Ag^+。二是向溶液中加入有机溶剂，如硝基苯或 1,2-二氯乙烷，用力摇动，使 AgCl 沉淀表面附着一层有机溶剂，避免与溶液接触，阻止 SCN^-置换 AgCl 沉淀中 Cl^-的反应。此法虽然简单，但有机溶剂对人体有害，也污染环境。

（2）用返滴定法测定 Br^-和 I^-时，由于 AgBr 和 AgI 的溶解度小于 AgSCN 的溶解度，不发生置换反应。但在滴定 I^-时，指示剂要在加入过量的 $AgNO_3$ 标准溶液后才能加入，否则指示剂中的 Fe^{3+}会氧化溶液中的 I^-。

（3）根据福尔哈德法的终点指示原理 $Fe^{3+} + SCN^- \rightleftharpoons [Fe(SCN)]^{2+}$，增加 Fe^{3+}的浓度可以降低终点时 SCN^-的浓度，从而减小误差。实验证明，当提高溶液中 Fe^{3+}的浓度至 $0.02\ mol \cdot L^{-1}$时，滴定误差将在±0.1%范围内，尽管此浓度仍低于在化学计量点时变色所需要的浓度。

由于福尔哈德法测定实验在强酸性（$[H^+]$通常为 $0.3 \sim 1.0\ mol \cdot L^{-1}$）溶液中进行，许多弱酸根如 AsO_4^{3-}、$C_2O_4^{2-}$、CrO_4^{2-}、CO_3^{2-}、PO_4^{3-}等均不干扰。一些能与 SCN^-反应的汞盐、铜盐及强氧化剂等干扰测定，需预先除去。

福尔哈德法还可用于重金属硫化物的测定。滴定时在硫化物沉淀的悬浮液中加入一定量过量的 $AgNO_3$ 标准溶液，发生沉淀转化反应，如

$$CdS + 2Ag^+ \rightleftharpoons Ag_2S + Cd^{2+}$$

将沉淀 Ag_2S 过滤后，用 SCN^-标准溶液滴定滤液中过量的 Ag^+。

有机卤化物中的卤素同样可以采用福尔哈德法返滴定。

6.3.4　法扬斯法

用吸附指示剂（adsorption indicator）指示滴定终点的银量法称为法扬斯（Fajans）法。用 $AgNO_3$ 标准溶液滴定 Cl^-或者用 NaCl 标准溶液滴定 Ag^+，都可以采用吸附指示剂。吸附指示剂因吸附到沉淀上的颜色与其在溶液中的颜色不同而指示滴定终点。例如，用 Ag^+滴定 Cl^-，以二氯荧光素阴离子染料作指示剂，化学计量点前，由于 AgCl 沉淀吸附过量 Cl^-，表面带负电荷，因而排斥二氯荧光素阴离子指示剂，其仍然保持在溶液中的原有黄绿色。滴定至化学计量点后，AgCl 沉淀吸附过量 Ag^+，表面带正电荷，二氯荧光素阴离子染料通过静电引力吸附到沉淀表面呈粉红色，指示滴定终点。如果用 Cl^-溶液滴定 Ag^+，颜色变化刚好相反。

银量法中使用吸附指示剂应考虑以下几个因素：

（1）因为指示剂颜色变化发生在沉淀表面，所以应尽量使沉淀的比表面积大些，即沉淀颗粒小些。在滴定过程中，应防止沉淀凝聚。通常加入糊精保护胶体沉淀。

（2）被滴定物溶液浓度不能太低，若浓度太低，沉淀很少，终点时指示剂变色不易观察。例如，以荧光素（荧光黄）作指示剂，用 $AgNO_3$ 滴定 Cl^-时，Cl^-的浓度通常要求在 $0.005\ mol \cdot L^{-1}$以上。而滴定 Br^-、I^-、SCN^-的灵敏度稍高，在浓度低至 $0.001\ mol \cdot L^{-1}$ 时仍可准确滴定。

（3）避免在强光下进行滴定，因为卤化银沉淀对光敏感，很快变为灰黑色，从而影响终点观察。

各种吸附指示剂的特性差别很大，对滴定条件特别是酸度的要求不同，适用范围也不同。例如，荧光素、二氯荧光素、四溴荧光素（曙红）的 K_a 分别约为 10^{-7}、10^{-4}、10^{-2}，适用的酸度范围分别为 pH = 7～10、pH = 4～10 和 pH = 2～10 甚至小于 2。如果溶液的 pH＜7 时使用荧光素作吸附指示剂，则荧光素大部分以酸式存在，不被卤化银沉淀吸附，

不能指示终点。

另外，指示剂的吸附能力也要适当。例如，曙红适合用作滴定 Br^-、I^-、SCN^-的指示剂，不宜用于滴定 Cl^-，因为 Cl^-的吸附性能比指示剂差，在化学计量点前，有一部分指示剂阴离子先于 Cl^-进入吸附层，以致无法正确指示终点。最好根据实验结果选定指示剂。卤化银对卤离子和几种吸附指示剂的吸附能力的大小顺序如下：

$$I^- > SCN^- > Br^- > \text{曙红} > Cl^- > \text{荧光素}$$

表 6-4 列出了一些重要的吸附指示剂的应用实例，其中有的是用于其他沉淀滴定法。

表 6-4　一些吸附指示剂的应用

指示剂	被测定离子	滴定剂	滴定条件
荧光素	Cl^-	Ag^+	pH = 7～10（一般为 7～8）
二氯荧光素	Cl^-	Ag^+	pH = 4～10（一般为 5～8）
曙红	Br^-、I^-、SCN^-	Ag^+	pH = 2～10（一般为 3～8）
溴甲酚绿	SCN^-	Ag^+	pH = 4～5
甲基紫	Ag^+	Cl^-	酸性溶液
罗丹明 6G	Ag^+	Br^-	酸性溶液
钍试剂	SO_4^{2-}	Ba^{2+}	pH = 1.5～3.5
溴酚蓝	Hg_2^{2+}	Cl^-、Br^-	酸性溶液

值得一提的是，作为吸附指示剂的强荧光染料荧光素（其结构如图 6-6 所示，又称荧光黄），其钠盐称为荧光素钠。在弱碱性和碱性介质中它的荧光量子产率接近 1，以其为荧光团的荧光素异硫氰酸酯（图 6-7）广泛用于研究心血管疾病和其他疾病影像，即荧光素血管成像法。荧光素还能与 DNA 和蛋白质等生物大分子结合，作为这些分子的荧光探针。它也可以用作监测地下水井污染的示踪剂和激光染料。

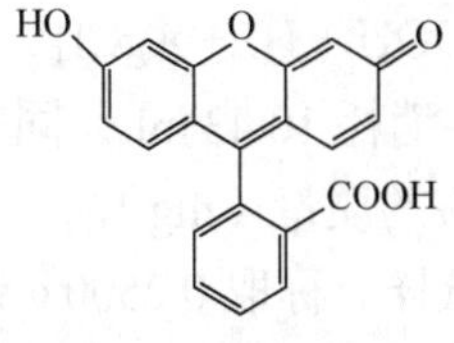

图 6-6　荧光素的分子结构

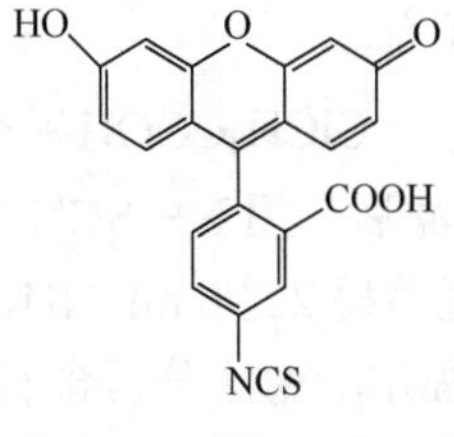

图 6-7　荧光素异硫氰酸酯的分子结构

6.3.5　混合离子的沉淀滴定

在沉淀滴定中，两种混合离子能否准确进行分别滴定，取决于两种沉淀的溶度积常数比值的大小。例如，用 $AgNO_3$ 滴定 I^-和 Cl^-的混合溶液时，首先达到 AgI 的溶度积而析出沉淀，当 I^-定量沉淀以后，随着 Ag^+浓度升高而析出 AgCl 沉淀，在滴定曲线上出现两个明显的突跃。当 Cl^-开始沉淀时，I^-和 Cl^-浓度的比值为

$$\frac{[I^-]}{[Cl^-]} = \frac{K_{sp}(AgI)}{K_{sp}(AgCl)} \approx 5\times10^{-7}$$

即当I^-浓度降低至Cl^-浓度的千万分之五时，开始析出 AgCl 沉淀。因此，理论上可以准确地进行分别滴定，但因为I^-被 AgI 沉淀吸附，在实际工作中产生一定的误差。此外，采用分别滴定较难找到合适的指示剂。若采用 $AgNO_3$ 滴定Br^-和Cl^-的混合溶液：

$$\frac{[Br^-]}{[Cl^-]}=\frac{K_{sp}(AgBr)}{K_{sp}(AgCl)}\approx 3\times 10^{-3}$$

即当Br^-浓度降低至Cl^-浓度的千分之三时，同时析出两种沉淀。显然，无法进行分别滴定，而只能滴定它们的含量。

【知识链接】　仪器分析法测水中阴离子及金属离子

随着技术的发展，为了检测水中氯离子的含量，除了定量分析化学中的沉淀滴定法和重量分析法外，还可以采用仪器分析方法中的离子色谱等测定，而一些金属离子可以采用原子吸收光谱法及电感耦合等离子体-原子发射光谱法（ICP-AES）测定。相关知识将在后续的仪器分析课程中详细讲解。

习　　题

6-1　0.5000 g 的纯 KIO_x，将其中的碘还原为I^-后，用 0.1000 mol · L^{-1} $AgNO_3$ 溶液滴定，消耗 23.36 mL，求该化合物的分子式。

6-2　将仅含有 BaCl 和 NaCl 的试样 0.1036 g 溶解在 50 mL 蒸馏水中，以法扬斯法指示终点，用 0.07916 mol · L^{-1} $AgNO_3$ 滴定，消耗 19.46 mL。计算试样中 $BaCl_2$ 的质量分数。

6-3　称取含有 NaCl 和 NaBr 的试样 0.6280 g，溶解后用 $AgNO_3$ 溶液处理，得到干燥的 AgCl 和 AgBr 沉淀 0.5064 g。另称取相同质量的试样一份，用 0.1050 mol · L^{-1} $AgNO_3$ 溶液滴定至终点，消耗 28.34 mL。计算试样中 NaCl 和 NaBr 的质量分数。

6-4　将 100.0 mL 碳酸饮料中的一氯乙酸防腐剂萃取至乙醚中，然后用 1 mol · L^{-1} $AgNO_3$ 处理，反应式为

$$ClCH_2COOH + Ag^+ + H_2O \ = \!= \!= \ HOCH_2COOH + H^+ + AgCl\downarrow$$

AgCl 沉淀过滤后，用 NH_4SCN 溶液滴定滤液及洗涤液，共消耗 10.43 mL，同时进行空白滴定，整个过程消耗 22.98 mL NH_4SCN。计算试样中一氯乙酸的质量（mg）。

6-5　用福尔哈德法分析含有惰性杂质的不纯 Na_2CO_3 试样。称取 0.2500 g 试样，再加入 50.0 mL 0.06911 mol · L^{-1} $AgNO_3$ 溶液后，用 0.05781 mol · L^{-1} KSCN 溶液返滴定需要 27.36 mL 至反应终点。计算 Na_2CO_3 试样的纯度。

6-6　称取含砷试样 0.5000 g，溶解在弱碱性介质中将砷处理成 AsO_4^-，然后沉淀为 Ag_3AsO_4，将沉淀过滤、洗涤后溶于酸中。以 0.1000 mol · L^{-1} NH_4SCN 溶液滴定其中的 Ag^+ 至终点，消耗 45.45 mL。计算试样中砷的质量分数。

6-7　测定 1.010 g 某种杀虫剂试样中的砷。用适当方法将试样处理转化成 H_3AsO_4，然后中和酸并准确加入 40.00 mL 0.06222 mol · L^{-1} $AgNO_3$ 溶液，以 Ag_3AsO_4 形式定量沉淀出砷。过滤沉淀并洗涤，滤液及洗涤液中过量的 Ag^+ 用 10.76 mL 0.01000 mol · L^{-1} KSCN 溶液滴定完全。计算试样中 As_2O_3 的质量分数。

6-8　用碳酸盐熔融含有矿物硅铋石（$2Bi_2O_3 \cdot 3SiO_2$）的试样，称取试样 0.6423 g，熔融

物溶于稀酸，然后用 27.36 mL 0.03369 mol · L^{-1} NaH_2PO_4溶液滴定至终点，反应式为

$$Bi^{3+} + H_2PO_4^- \ = \!= \!= \ BiPO_4 + 2H^+$$

计算试样中硅铋石（1112 g · mol^{-1}）的含量。

6-9　水蒸气蒸馏 5.00 g 种子杀菌剂试样中的甲醛，并收集在 500 mL 容量瓶中，定容后，取 25.0 mL 用 30.0 mL 0.121 mol · L^{-1} KSCN 溶液处理将甲醛转化为氰醇钾，反应式为

$$K^+ + CH_2O + CN^- \ = \!= \!= \ KOCH_2CN$$

过量的 KCN 通过加入 40.0 mL 0.100 mol · L^{-1} $AgNO_3$溶液除去：

$$2CN^- + 2Ag^+ \ = \!= \!= \ Ag_2(CN)_2$$

然后用 0.134 mol · L^{-1} NH_4SCN 溶液滴定过量的 Ag^+，消耗 16.1 mL。计算试样中甲醛的质量分数。

6-10　某微溶化合物 AB_2C_3的饱和溶液的解离平衡为：$AB_2C_3 \rightleftharpoons A + 2B + 3C$。现测得 A 的浓度为 1.0×10^{-3} mol · L^{-1}，AB_2C_3的 K_{sp}为多少？

6-11　计算微溶化合物 M_mA_n在水中的溶解度时，若考虑弱酸根 A 的水解，且其氢离子浓度一定，试推导出 M_mA_n的溶解度计算式。

6-12　计算微溶化合物 M_mA_n在水中的溶解度时，A 为弱酸根，且其氢离子浓度一定，当含 A 的过量共同离子浓度为 c(A)时，试导出其溶解度的计算式。

6-13　测定黄铁矿（FeS_2）中铁含量时，溶解试样后处理成 $BaSO_4$沉淀形式称量。试写出换算因数 F 值的表达式。

6-14　计算 ZnS 在 0.1 mol · L^{-1} $Na_2C_2O_4$溶液（除配位外）中的溶解度。（ZnS 的 pK_{sp} = 21.7，I = 0.1；$H_2C_2O_4$的 pK_{a1} = 1.22，pK_{a2} = 4.19；H_2S 的 pK_{a1} = 6.88，pK_{a2} = 14.15；Zn^{2+}-$C_2O_4^{2-}$配合物的 $\lg\beta_1$～$\lg\beta_3$分别为 4.9、7.6、8.2）

6-15　计算 CaF_2在 pH = 2.00，含 Ca^{2+}浓度为 0.10 mol · L^{-1} 溶液中的溶解度。（CaF_2的 pK_{sp} = 10.47，HF 的 pK_a = 3.18）

6-16　已知 $TiO(OH)_2$的 $K_{sp} = 1.0 \times 10^{-29}$，$TiO^{2+}$-$OH^-$配合物的 $\lg K_1$ = 14，求该沉淀在水中的溶解度。

6-17　计算 CuS 在水中的溶解度。（$K_{sp} = 6.0 \times 10^{-36}$；$H_2S$ 的 $K_{a1} = 1.3 \times 10^{-7}$，$K_{a2} = 7.1 \times 10^{-15}$）

6-18　已知 H_2SO_4的 $K_{a2} = 1.0 \times 10^{-2}$，求 $PbSO_4$沉淀在 0.10 mol · L^{-1} HNO_3中的溶解度。（$K_{sp} = 1.7 \times 10^{-8}$）

6-19　已知 $CaCO_3$沉淀在水中的主要解离平衡为

$$CaCO_3 + H_2O \rightleftharpoons Ca^{2+} + HCO_3^- + OH^-$$

试计算 $CaCO_3$在水中的溶解度。（已知 $K_{sp} = 3.8 \times 10^{-9}$；$H_2CO_3$的 $K_{a1} = 4.2 \times 10^{-7}$；$K_{a2} = 5.6 \times 10^{-11}$）

第 7 章　无机离子的定性分析

【问题提出】 无机化合物的定性分析，不仅要给出化合物的元素组成信息，还要给出其化合态。因此，需要分别对阳离子和阴离子的元素组成及化学形态进行鉴别。例如，分析某一含有硫酸钙、铬酸锌及氧化铁的物质，不仅需要求证钙、硫、锌、铬及铁元素的存在，还需要证实硫为硫酸盐状态（区别于硫化物或亚硫酸盐）、铬为铬酸盐（区别于铬盐）及铁为高价铁状态（区别于亚铁状态）。针对上述问题，可以采用化学分析法和仪器分析法进行无机化合物的定性分析。这里主要介绍化学定性分析方法，主要步骤是将待测物溶解于水（必要时使用稀酸），然后连续用不同的试剂与其反应，根据发生的反应现象（是否形成沉淀或产生气体，或者依据沉淀的颜色或气体的性质等）判断是否存在某种成分。本章将按照阳离子定性分析和阴离子定性分析两部分进行描述。

7.1　阳离子定性分析

对含有未知阳离子的物质进行定性分析时，为了防止遗漏，可采用如图 7-1 所示的阳离子系统分析步骤。首先，将固体物质用稀硝酸溶解，确保得到澄清溶液；然后，依次加入 NH_4Cl、H_2S、Na_2S、Na_2O_2 和$(NH_4)_2CO_3$ 等试剂，根据实验现象的不同将阳离子粗分为银组、铜组、锡组、铁组、铝组等不同组别；最后，利用各阳离子的特殊鉴定反应进行具体离子的确认。

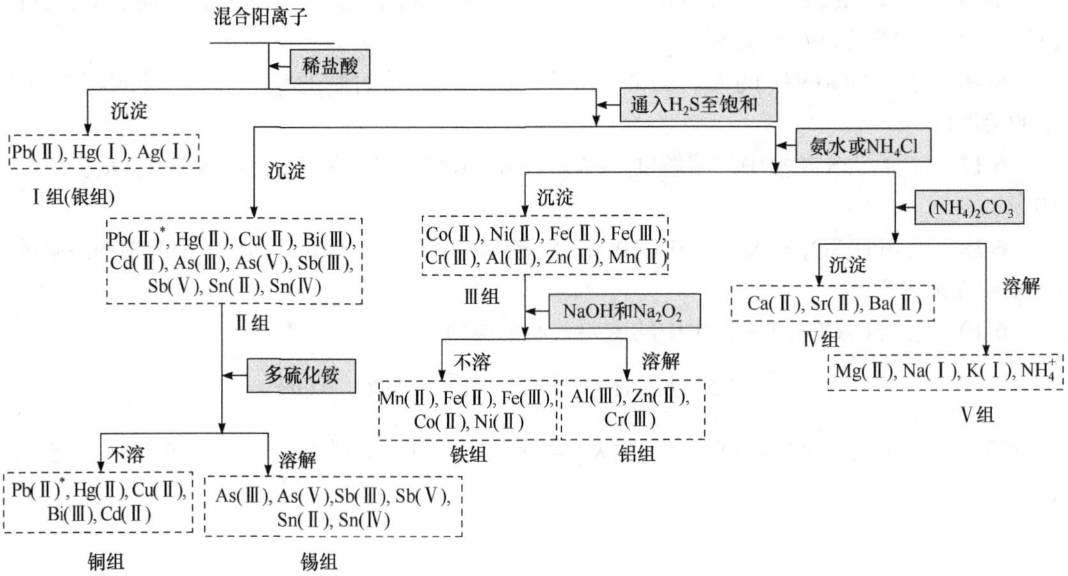

图 7-1　系统分析法进行阳离子分组示意图

第一步，在混合阳离子体系中加入稀盐酸，则 Pb^{2+}、$Hg_2{}^{2+}$和 Ag^+因其氯化物溶解度小而沉淀下来，这些离子称为Ⅰ组或银组。

第二步，在第一步得到的上清液中通入 H_2S 气体至饱和，则混合离子中的 Hg^{2+}、As^{3+}、Sb^{3+}、Sn^{2+}、 Pb^{2+}、Bi^{3+}、Cu^{2+}和 Cd^{2+}都因其硫化物溶解度小而生成沉淀，称为Ⅱ组。（注意：大部分 Pb^{2+}在第一步中能够与稀盐酸生成沉淀，应归属于银组，但由于 $PbCl_2$ 的溶解度大，沉淀不完全，会有部分 Pb^{2+}进入Ⅱ组。本书仅在银组中介绍 Pb^{2+}）。接下来，按照金属硫化物是否能够溶于多硫化铵而分成两个亚组，其中 HgS、PbS、Bi_2S_3、CuS 和 CdS 不能溶于多硫化铵溶液，称为铜组；而 As_2S_3、As_2S_5、Sb_2S_3、SnS、SnS_2 可以溶于多硫化铵溶液，称为锡组。

第三步，在酸性条件下通入 H_2S 气体至饱和时，部分阳离子，如 Al^{3+}、Zn^{2+}、Cr^{3+}、Mn^{2+}、Fe^{3+}、Co^{2+}、Ni^{2+}等，因其金属硫化物溶解度较大，不能生成金属硫化物沉淀。此时，再加入氨水或氯化铵，溶液呈碱性后可以生成沉淀，这些金属离子称为Ⅲ组。其中，Al_2S_3 和 ZnS 在 NaOH 作用下完全水解转化为可溶性羟基配合物，Cr_2S_3 在 NaOH 和 Na_2O_2 作用下生成可溶性 CrO_4^-，故 Al^{3+}、Zn^{2+}、Cr^{3+}称为铝组；而 Mn^{2+}、Fe^3、Co^{2+}、Ni^{2+}的金属硫化物在 NaOH 和 Na_2O_2 的作用下转化为氢氧化物沉淀，称为铁组。

第四步，大多数碱金属和碱土金属离子在稀盐酸、硫化氢或硫化铵条件下均不能生成沉淀，但 Ca^{2+}、Sr^{2+}和 Ba^{2+}在加入 1 mol · L^{-1} $(NH_4)_2CO_3$ 溶液后可以生成碳酸盐沉淀，称为Ⅳ组；而 Mg^{2+}、Na^+、K^+和 $NH_4{}^+$在此条件下不能生成沉淀，故称为Ⅴ组（值得注意的是，虽然 $MgCO_3$ 溶解度小，但在上述 $NH_4{}^+$共存条件下 Mg^{2+}不会形成碳酸盐沉淀，故在系统分析时 Mg^{2+}归入Ⅴ组）。

下面分组详细介绍各阳离子的定性鉴定反应。

7.1.1　Ⅰ组（银组）

1. 汞离子 Hg^{2+}

在含有 Hg^{2+}的溶液中通入 H_2S 气体或加入 H_2S 饱和水溶液，最初形成白色 $Hg_3S_2Cl_2$ 沉淀，最后转化为黑色 HgS 沉淀。HgS 沉淀是已知溶解度非常小的物质（$K_{sp} = 4 \times 10^{-53}$）。HgS 沉淀不溶于水、热的稀硝酸、苛性碱和硫化铵溶液。HgS 沉淀可溶于 2 mol · L^{-1} Na_2S 溶液，生成$[HgS_2]^{2-}$配离子。HgS 沉淀可溶于王水，生成 $HgCl_2$、S 沉淀和 NO 气体，加热则 S 沉淀继续氧化为 SO_4^{2-}。

在含有 Hg^{2+}的溶液中加入氨水，生成白色 $HgO \cdot Hg(NH_2)NO_3$ 沉淀。该沉淀在常压下升华。

在含有 Hg^{2+}的溶液中加入少量 NaOH 沉淀，生成棕红色 HgO 沉淀（组分不确定），化学计量比的 HgO 沉淀为黄色。HgO 沉淀不溶于过量 NaOH 溶液，可溶于酸。该反应是 Hg^{2+}的特征反应，可用于鉴别 Hg^{2+}和 Hg_2^{2+}。

在含有 Hg^{2+}的溶液中缓慢加入 KI 溶液，生成红色 HgI_2 沉淀。HgI_2 沉淀可溶于过量 KI 溶液，生成无色$[HgI_4]^{2-}$配离子。$[HgI_4]^{2-}$是水中铵离子的定性检测试剂（奈氏试剂），选择性好且灵敏度高。

在含有 Hg^{2+}的溶液中加入适量 $SnCl_2$ 溶液，生成白色丝状 Hg_2Cl_2（甘汞）沉淀。该反应常用于氧化还原滴定之前，除去预还原处理时剩余的 Sn(Ⅱ)。

2. 亚汞离子 Hg_2^{2+}

在含有 Hg_2^{2+}的溶液中加入盐酸，生成白色 Hg_2Cl_2 沉淀。Hg_2Cl_2 沉淀不溶于稀酸。向沉淀中加入氨水，可转化为黑色 Hg 沉淀和白色 $Hg(NH_2)Cl$ 沉淀，该反应可用于鉴别 Hg_2^{2+} [$Hg(NH_2)Cl$ 沉淀本身为白色，因混入黑色 Hg 沉淀变为灰色]。Hg_2Cl_2 沉淀可溶于王水，生成 $HgCl_2$。

在含有 Hg_2^{2+}的溶液中通入 H_2S 气体或滴加 H_2S 溶液，生成黑色 Hg 沉淀和黑色 HgS 沉淀。黑色 Hg 沉淀和黑色 HgS 沉淀可溶于王水，生成 $HgCl_2$、S 沉淀和 NO 气体。

在含有 Hg_2^{2+}的溶液中加入氨水，生成黑色 Hg 沉淀和 $HgO \cdot Hg(NH_2)NO_3$ 沉淀，其中 $HgO \cdot Hg(NH_2)NO_3$ 沉淀本身为白色。该反应可作为 Hg^{2+}和 Hg_2^{2+}的鉴定反应。

在含有 Hg_2^{2+}的溶液中加入 NaOH 溶液，生成黑色 Hg_2O 沉淀。Hg_2O 沉淀不溶于过量 NaOH 溶液，但可以溶于稀硝酸。若加热沉淀，沉淀颜色变为灰色，因为发生了歧化反应，生成 HgO 沉淀和 Hg 沉淀。

在含有 Hg_2^{2+}的溶液中加入 K_2CrO_4 溶液，生成红色结晶状 Hg_2CrO_4 沉淀。若反应在冷水中进行，则生成无定形沉淀；加热则生成结晶良好的沉淀。加入 NaOH，可使红色 Hg_2CrO_4 沉淀转化为黑色 Hg_2O 沉淀。

在含有 Hg_2^{2+}的溶液中加入 KI 溶液，生成绿色 Hg_2I_2 沉淀。反应过程中需缓慢滴加 KI 溶液。若加入过量 KI，则发生歧化反应，生成灰色 Hg 沉淀和$[HgI_4]^{2-}$配离子。

在含有 Hg_2^{2+}的溶液中加入 Na_2CO_3 溶液，生成浅黄色 Hg_2CO_3 沉淀。若在冷溶液中滴加 Na_2CO_3 溶液，Hg_2CO_3 沉淀缓慢变为灰黑色，因为生成 HgO 沉淀、Hg 沉淀和 CO_2 气体。

3. 银离子 Ag^+

在含有 Ag^+的溶液中加入盐酸，生成白色 AgCl 沉淀。如果使用浓度过高的盐酸，则不能生成沉淀，而是生成$[AgCl_2]^-$配离子；若进一步加水稀释，则重新生成沉淀。AgCl 沉淀溶于稀氨水，生成$[Ag(NH_3)_2]^+$配离子；用稀硝酸或盐酸中和过量的氨水，又重新生成沉淀。AgCl 沉淀可溶于 $Na_2S_2O_3$ 溶液，生成$[Ag(S_2O_3)_2]^{3-}$配离子。

在含有 Ag^+的溶液中通入 H_2S 气体或滴加 H_2S 溶液（中性或弱酸性介质），生成黑色 Ag_2S 沉淀。热浓硝酸可分解 Ag_2S 沉淀，生成白色 S 沉淀和 NO 气体，而且 S 沉淀可继续氧化为 SO_4^{2-}。Ag_2S 沉淀不溶于$(NH_4)_2S$、$(NH_4)_xS_{2-x}$、KCN 或 $Na_2S_2O_3$ 溶液。

在含有 Ag^+的溶液中加入氨水，生成棕色 Ag_2O 沉淀。如果原溶液中含有 NH_4NO_3 或其他酸性强的溶质，则反应不完全，不能生成沉淀。Ag_2O 沉淀可溶于过量氨水，生成$[Ag(NH_3)_2]^+$配离子。

在含有 Ag^+的溶液中加入 NaOH 溶液，生成棕色 Ag_2O 沉淀。Ag_2O 沉淀不溶于过量的 NaOH 溶液，但可溶于氨水和稀硝酸。

在含有 Ag^+的溶液中加入 KI 溶液，生成黄色 AgI 沉淀。AgI 沉淀不溶于稀或浓氨水，可溶于 KCN（有毒！）或 $Na_2S_2O_3$ 溶液，生成$[Ag(CN)_2]^-$或$[Ag(S_2O_3)_2]^{3-}$配离子。

在含有 Ag^+的溶液中加入 K_2CrO_4 溶液，生成红色 Ag_2CrO_4 沉淀。Ag_2CrO_4 沉淀可溶于稀硝酸和氨水。

在含有 Ag^+的溶液中加入 Na_2CO_3 溶液，生成浅黄色 Ag_2CO_3 沉淀。加热沉淀，Ag_2CO_3

沉淀分解为棕色 Ag_2O 沉淀和 CO_2 气体。

在含有 Ag^+的溶液中加入 Na_2HPO_4 溶液，生成黄色 Ag_3PO_4 沉淀。Ag_3PO_4 沉淀可溶于稀硝酸和氨水。

7.1.2　Ⅱ组（铜组）

1. 铅离子 Pb^{2+}

在含有 Pb^{2+}的溶液中加入盐酸，生成白色 $PbCl_2$ 沉淀。$PbCl_2$ 沉淀可溶于热水，冷却后得到长针状晶体（溶解度：33.4 g · L^{-1}，100℃；9.9 g · L^{-1}，20℃）。$PbCl_2$ 沉淀可以配离子形式（$[PbCl_4]^{2-}$）溶于浓 HCl 或浓 KCl 溶液。

在含有 Pb^{2+}的溶液中通入 H_2S 气体或滴加 H_2S 溶液，生成黑色 PbS 沉淀。但是，如果无机酸浓度超过 2 mol · L^{-1}，则由于沉淀反应可释放 H^+，所以沉淀不完全，建议使用乙酸缓冲溶液。若加入浓 HNO_3，则 PbS 分解，最终生成白色单质 S 沉淀；加热上述混合物，则 S 被氧化为 SO_4^{2-}，生成白色 $PbSO_4$ 沉淀。在 PbS 沉淀中加入 3% H_2O_2 加热，可转化为白色 $PbSO_4$ 沉淀。

在含有 Pb^{2+}的溶液中加入氨水，生成白色 $Pb(OH)_2$ 沉淀。该沉淀不能溶于过量氨水。

在含有 Pb^{2+}的溶液中加入 NaOH 溶液，生成白色 $Pb(OH)_2$ 沉淀。该沉淀可以$[Pb(OH)_4]^{2-}$形式溶于过量的 NaOH 溶液，故 $Pb(OH)_2$ 具有两性。

在含有 Pb^{2+}的溶液中加入稀 H_2SO_4 或硫酸盐溶液，生成白色 $PbSO_4$ 沉淀。该沉淀不溶于过量的稀 H_2SO_4，但可以溶解在热浓 H_2SO_4 溶液中，因为生成了 HSO_4^-；若有乙醇存在，则溶解度显著降低。

在含有 Pb^{2+}的溶液中加入 K_2CrO_4，生成黄色 $PbCrO_4$ 沉淀。该沉淀可溶于强酸（如 HNO_3 溶液），也可以溶于 NaOH 溶液中。两个溶解过程都是可逆的，若加入氨水或乙酸则又重新形成沉淀。

在含有 Pb^{2+}的溶液中加入 Na_2SO_3 溶液，生成白色 $PbSO_3$ 沉淀。虽然 $PbSO_3$ 在水中溶解度小于 $PbSO_4$，但其可以溶解在稀 HNO_3 溶液或 NaOH 溶液中。

2. 铋离子 Bi^{3+}

在含有 Bi^{3+}的溶液中通入 H_2S 气体或加入 H_2S 饱和水溶液，生成黑色 Bi_2S_3 沉淀。Bi_2S_3 沉淀不溶于冷的稀硝酸或硫化铵溶液，但可以溶解于煮沸的浓盐酸，释放 H_2S 气体；可以溶解于热的稀硝酸溶液，生成白色 S 沉淀和 NO 气体。

在含有 Bi^{3+}的溶液中加入氨水，生成白色 $Bi(OH)_2NO_3$ 沉淀（组成不确定）。该沉淀不溶于过量氨水（区别于 Cu^{2+}和 Cd^{2+}）。

在含有 Bi^{3+}的溶液中加入 NaOH 溶液，生成白色 $Bi(OH)_3$ 沉淀。$Bi(OH)_3$ 沉淀在冷的过量 NaOH 溶液中几乎不溶（100 mL 2 mol · L^{-1} NaOH 溶解 2～3 mg）。$Bi(OH)_3$ 沉淀可溶于酸。$Bi(OH)_3$ 沉淀受热失水，转化为浅黄色 BiO · OH 沉淀。$Bi(OH)_3$ 沉淀和 BiO · OH 沉淀均可被 H_2O_2 氧化为 BiO_3^-。

在含有 Bi^{3+}的溶液中逐滴加入 KI 溶液，生成黑色 BiI_3 沉淀。BiI_3 沉淀可溶于过量 KI 溶液中，形成橘红色$[BiI_4]^-$配离子。加水稀释，又生成黑色 BiI_3 沉淀。加热 BiI_3 沉淀的水溶液，转化为橘红色 BiOI 沉淀。

在含有 Bi^{3+}的溶液中加入碱性介质的 Sn(Ⅱ)溶液，生成黑色 Bi 沉淀。该反应必须使用新制备的 Sn(Ⅱ)溶液，并且在冷的碱性介质中进行。

3. 铜离子 Cu^{2+}

在含有 Cu^{2+}的溶液中通入 H_2S 气体或加入 H_2S 饱和水溶液，生成黑色 CuS 沉淀。CuS 沉淀不溶于煮沸的稀硫酸（区别于 Cd^{2+}），不溶于 NaOH、Na_2S 和$(NH_4)_2S$，仅微溶于多硫化物中。CuS 沉淀溶于热浓硝酸，生成白色 S 沉淀和 NO 气体，煮沸时间较长，则 S 继续氧化至 SO_4^{2-}，转化为透明溶液。

在含有 Cu^{2+}的溶液中加入氨水，生成蓝色 $Cu(OH)_2 \cdot CuSO_4$ 沉淀。$Cu(OH)_2 \cdot CuSO_4$ 沉淀可溶于过量氨水，生成$[Cu(NH_3)_4]^{2+}$配离子，形成深蓝色溶液。如果溶液酸性强或存在铵离子，则观察不到沉淀，直接形成深蓝色溶液。

在含有 Cu^{2+}的溶液中加入 NaOH 溶液，生成蓝色 $Cu(OH)_2$ 沉淀。$Cu(OH)_2$ 沉淀不能溶于过量 NaOH 溶液。受热后，$Cu(OH)_2$ 沉淀失水转变为黑色 CuO 沉淀。

在含有 Cu^{2+}的溶液中逐滴加入 KI 溶液，生成白色 CuI 沉淀和棕色含 I_3^-配离子溶液。加入过量的 $Na_2S_2O_3$ 溶液，I_3^-还原为无色的 I^-，可以清楚地看到白色 CuI 沉淀。

在含有 Cu^{2+}的溶液中逐滴加入 KSCN 溶液，生成黑色 $Cu(SCN)_2$ 沉淀。沉淀慢慢分解成白色 CuSCN 沉淀，同时产生$(SCN)_2$ 气体，$(SCN)_2$ 气体在水溶液中快速分解。

4. 镉离子 Cd^{2+}

在含有 Cd^{2+}的溶液中通入 H_2S 气体或加入 H_2S 饱和水溶液，生成黄色 CdS 沉淀。当 H^+浓度＞0.5 mol · L^{-1} 则沉淀不完全。CdS 沉淀可溶于浓酸，但不溶于 KCN（区别于 Cu^{2+}）。

在含有 Cd^{2+}的溶液中加入氨水，生成白色 $Cd(OH)_2$ 沉淀。$Cd(OH)_2$ 沉淀可溶于酸，也可溶于过量的氨水，生成无色$[Cd(NH_3)_4]^{2+}$配离子。

在含有 Cd^{2+}的溶液中适量加入 NaOH 溶液，生成白色 $Cd(OH)_2$ 沉淀。$Cd(OH)_2$ 沉淀不溶于过量 NaOH 溶液。加入稀酸，可以促进沉淀反应向左移动。

7.1.3 Ⅱ组（锡组）

1. 亚砷酸根 AsO_3^{3-}

在含有 AsO_3^{3-}的溶液中通入 H_2S 气体或加入 H_2S 饱和水溶液，生成黄色 CdS 沉淀。反应溶液必须为强酸性，如果酸性不够强，则只能看到黄色溶液，因为只能形成 As_2S_3 胶体。As_2S_3 沉淀不溶于浓盐酸，可溶于热浓硝酸，生成 AsO_4^{3-}、SO_4^{2-}及 NO 气体。As_2S_3 沉淀可溶于苛性碱溶液，生成 AsO_3^{3-}和 AsS_3^{3-}。As_2S_3 沉淀也可以溶于$(NH_4)_2S$ 溶液，生成 AsS_3^{3-}。

在含有 AsO_3^{3-}的溶液中加入中性的 $AgNO_3$ 溶液，生成黄色 Ag_3AsO_3 沉淀。Ag_3AsO_3 沉淀可溶于硝酸和氨水。

在含有 AsO_3^{3-}的溶液中加入 $CuSO_4$ 溶液，生成绿色沉淀，随介质 pH 不同，沉淀分子式为 $CuHAsO_3$ 或 $Cu_3(AsO_3)_2 \cdot xH_2O$。该沉淀可以溶解于热 NaOH 溶液，生成 Cu_2O 沉淀。

2. 砷酸根 AsO_4^{3-}

在含有 AsO_4^{3-}的溶液中通入 H_2S 气体或加入 H_2S 饱和水溶液，最初生成 S 沉淀和 AsO_3^{3-}，继续通入 H_2S，生成黄色 As_2S_3 沉淀。在稀 HCl 存在时不能立即产生沉淀，在热溶液中很快产生沉淀。当浓 HCl 存在时，通入 H_2S 气体，可很快产生黄色 As_2S_5 沉淀。As_2S_5 沉淀可以 AsS_4^{3-}形式溶于碱液或氨水、硫化铵、多硫化铵、碳酸钠或碳酸铵溶液。上述溶液酸化后又可生成 As_2S_5 沉淀。

在含有 AsO_4^{3-}的溶液中加入 $AgNO_3$ 溶液，生成棕红色 Ag_3AsO_4 沉淀。该反应灵敏度为 6 μg As，检测极限为 1∶8000。

在含有 AsO_4^{3-}的溶液中加入混合镁试剂（$MgCl_2$、NH_4Cl 和少量 NH_3），生成白色结晶 $Mg(NH_4)AsO_4 \cdot 6H_2O$。$AsO_3^{3-}$无此反应。用少量乙酸的 $AgNO_3$ 溶液处理白色沉淀，生成红色 Ag_3AsO_4 沉淀。

在含有 AsO_4^{3-}的溶液中加入 KI 和浓 HCl 混合溶液，生成 I_2 沉淀。在反应后溶液中加入 1～2 mL 氯仿摇动，氯仿层可看到碘单质的紫色。

3. 亚锑离子 Sb^{3+}

在含有 Sb^{3+}的溶液中通入 H_2S 气体或加入 H_2S 饱和水溶液（中强酸性溶液），生成橙色 Sb_2S_3 沉淀。Sb_2S_3 沉淀可溶于热浓 HCl [区别于 As(Ⅲ)和 Hg(Ⅱ)的硫化物]，也可溶于多硫化铵溶液（生成 SbS_4^{3-}），还可以溶于苛性碱溶液（生成 SbO_2^-和 SbS_2^-）。

将 Sb^{3+}溶液倒入水中，生成白色 $SbO \cdot Cl$ 沉淀。$SbO \cdot Cl$ 沉淀可溶于盐酸和酒石酸溶液（区别于 Bi^{3+}）。如果是大量的水，则产生 $Sb_2O_3 \cdot xH_2O$ 沉淀。

在含有 Sb^{3+}的溶液中加入 NaOH 溶液或氨水，生成白色 $Sb_2O_3 \cdot xH_2O$ 沉淀。$Sb_2O_3 \cdot xH_2O$ 沉淀可溶于 5 $mol \cdot L^{-1}$ 苛性碱，生成 SbO_2^-。

在含有 Sb^{3+}的溶液中加入 Zn，生成黑色 Sb 沉淀。该反应属于置换反应。

4. 锑离子 Sb^{5+}

在含有 Sb^{5+}的溶液中通入 H_2S 气体或加入 H_2S 饱和水溶液，生成橘红色 Sb_2S_5 沉淀。Sb_2S_5 沉淀溶于 $(NH_4)_2S$ 溶液中（生成 SbS_4^{3-}）；Sb_2S_5 沉淀可溶于苛性碱溶液中，生成 $SbSO_3^{3-}$（注意：$SbSO_3^{3-}$是 SbO_4^{3-}的衍生物，与亚硫酸盐无关）。Sb_2S_5 沉淀可溶于浓盐酸，生成 Sb^{3+}、S 沉淀和 H_2S 气体。

将 Sb^{5+}溶液倒入水中，生成 H_3SbO_4 沉淀。H_3SbO_4 既溶于酸也溶于碱，但不溶于碳酸盐溶液。

在含有 Sb^{5+}的溶液中加入酸性的 KI 溶液，生成棕色 I_2 沉淀。若 Sb^{5+}过量，生成的碘单质漂浮在溶液表面；若 KI 过量，生成黄色 $[SbI_6]^{3-}$溶液。

5. 亚锡离子 Sn^{2+}

在含有 Sn^{2+}的溶液中通入 H_2S 气体或加入 H_2S 饱和水溶液（pH = 0.6），生成橘棕色 SnS 沉淀。SnS 沉淀可溶于 $(NH_4)_2S_x$ 溶液，生成 SnS_3^{2-}。SnS_3^{2-}经酸处理，得到黄色 SnS_2 沉淀。

在含有 Sn^{2+}的溶液中加入适量 NaOH 溶液，生成白色 $Sn(OH)_2$ 沉淀。$Sn(OH)_2$ 沉淀可溶于过量 NaOH 溶液，生成$[Sn(OH)_4]^{2-}$。若使用氨水，可以生成白色 $Sn(OH)_2$ 沉淀，但不溶于过量氨水。

在含有 Sn^{2+}的溶液中加入 $HgCl_2$ 溶液，生成白色 Hg_2Cl_2 沉淀。快速加入大量 $HgCl_2$，可观察到白色 Hg_2Cl_2 沉淀。若 Sn^{2+}过量，由于生成黑色 Hg 沉淀，沉淀变为灰白色（所有含汞试剂均有毒！）。

在含有 Sn^{2+}的溶液中加入 Zn，生成海绵状 Sn 沉淀。该反应属于置换反应。

6. 锡离子 Sn^{4+}

在含有 Sn^{4+}的溶液中加入 H_2S 溶液（$0.3\ mol \cdot L^{-1}$ HCl），生成黄色 SnS_2 沉淀。SnS_2 沉淀可溶于过量盐酸 [区别于 As(Ⅲ)和 Hg(Ⅱ)的硫化物]，可溶于苛性碱溶液，也可溶于硫化铵和多硫化铵，生成 SnS_3^{2-}，酸化后生成 SnS_2 沉淀和 H_2S 气体。在草酸存在时，不能生成沉淀，原因是生成了$[Sn(C_2O_4)_4(H_2O)_2]^{4-}$配离子，据此可以区分 Sb^{5+}和 Sn^{4+}。

在含有 Sn^{4+}的溶液中加入适量 NaOH 溶液，生成胶状 $Sn(OH)_4$ 沉淀。$Sn(OH)_4$ 沉淀可溶于过量 NaOH 溶液，生成$[Sn(OH)_6]^{2-}$配离子。以氨水和碳酸盐溶液作为沉淀剂，也可以生成胶状 $Sn(OH)_4$，但不能溶于过量氨水或碳酸盐溶液。

7.1.4 Ⅲ组（铝组）

1. 铝离子 Al^{3+}

在含有 Al^{3+}的溶液中加入氨水，生成白色胶状 $Al(OH)_3$ 沉淀。胶状 $Al(OH)_3$ 沉淀仅微溶于过量氨水。为了保证沉淀完全，加入稍过量氨水，然后加热。新制备的 $Al(OH)_3$ 胶体可溶于强酸或强碱，但加热后变为微溶。

在含有 Al^{3+}的溶液中加入 NaOH 溶液，生成白色 $Al(OH)_3$ 沉淀。$Al(OH)_3$ 沉淀可溶于过量 NaOH 溶液，生成$[Al(OH)_4]^-$配离子。如果溶液中存在酒石酸、柠檬酸等有机酸，因其与 Al^{3+}配位，不能产生白色 $Al(OH)_3$ 沉淀。

在含有 Al^{3+}的溶液中加入过量、煮沸的乙酸钠溶液，生成蓬松状 $Al(OH)_2CH_3COO$ 沉淀。若反应发生在冷的中性溶液中，则无沉淀生成。

在含有 Al^{3+}的溶液中加入 Na_2HPO_4 溶液，生成白色胶状 $AlPO_4$ 沉淀。该反应是可逆反应。该沉淀溶于强酸，不溶于乙酸；可溶于强碱。

2. 锌离子 Zn^{2+}

在含有 Zn^{2+}的溶液中加入 NaOH 溶液，生成白色胶状 $Zn(OH)_2$ 沉淀。$Zn(OH)_2$ 沉淀可溶于过量 NaOH 溶液，生成$[Zn(OH)_4]^{2-}$。$Zn(OH)_2$ 沉淀可溶于酸，也可溶于过量的碱，因而称为两性氢氧化物。

在含有 Zn^{2+}的溶液中加入氨水，生成白色胶状 $Zn(OH)_2$ 沉淀。$Zn(OH)_2$ 沉淀可溶于过量氨水中，生成$[Zn(NH_3)_4]^{2+}$配离子。在 NH_4Cl 存在下，加入氨水不能生成 $Zn(OH)_2$ 沉淀。

在含有 Zn^{2+}的溶液中加入$(NH_4)_2S$ 溶液（中性或碱性介质），生成白色 ZnS 沉淀。ZnS

沉淀不溶于过量沉淀剂、乙酸和苛性碱溶液，可溶于稀酸。为了便于过滤、洗涤沉淀，使用热的过量$(NH_4)_2S$溶液，洗涤液采用含少量硫化铵的氯化铵溶液。

在含有Zn^{2+}的溶液中加入H_2S溶液（中性介质），生成白色ZnS沉淀，但沉淀不完全。若介质pH<0.6，则不能生成ZnS沉淀。加入乙酸钠溶液，可以促进沉淀完全，生成白色ZnS沉淀。

在含有Zn^{2+}的溶液中加入Na_2HPO_4溶液，生成白色$Zn_3(PO_4)_2$沉淀。$Zn_3(PO_4)_2$沉淀加入铵盐溶液，可转化为白色$Zn(NH_4)PO_4$沉淀。该沉淀反应可逆，即这两种沉淀均溶于稀酸。这两种沉淀均可溶于氨水，生成$[Zn(NH_3)_4]^{2+}$配离子。

在含有Zn^{2+}的溶液中加入稍过量的$[Fe(CN)_6]^{4-}$溶液，生成白色$K_2Zn_3[Fe(CN)_6]_2$沉淀。该沉淀不溶于稀酸，可溶于NaOH，生成$[Fe(CN)_6]^{4-}$和$[Zn(OH)_4]^{2-}$配离子。

3. 铬离子 Cr^{3+}

在含有Cr^{3+}的溶液中加入氨水，生成灰绿色胶状$Cr(OH)_3$沉淀。$Cr(OH)_3$沉淀可微溶于过量氨水，生成紫色或粉红色$[Cr(NH_3)_6]^{3+}$溶液，加热可转化为$Cr(OH)_3$沉淀。但在乙酸根、酒石酸根或柠檬酸根存在时，不能生成$Cr(OH)_3$沉淀。

在含有Cr^{3+}的溶液中加入NaOH溶液，生成灰绿色$Cr(OH)_3$沉淀。该沉淀反应可逆，沉淀溶于酸。$Cr(OH)_3$沉淀可溶于过量NaOH溶液，生成绿色$[Cr(OH)_4]^-$溶液。该溶解反应可逆，加入少量酸或加热重新生成沉淀。

在含有Cr^{3+}的溶液中加入Na_2CO_3溶液，生成灰绿色$Cr(OH)_3$沉淀和CO_2气体。

在含有Cr^{3+}的溶液中加入$(NH_4)_2S$溶液，生成灰绿色$Cr(OH)_3$沉淀和H_2S气体。

7.1.5　Ⅲ组（铁组）

1. 亚铁离子 Fe^{2+}

在隔绝氧气的条件下，在含有Fe^{2+}的溶液中加入NaOH溶液，生成白色$Fe(OH)_2$沉淀。该沉淀不溶于过量碱液，但可溶于酸。将该沉淀暴露于空气中，沉淀变为暗绿色。向沉淀中滴加H_2O_2，转化为棕红色$Fe(OH)_3$沉淀。

在含有Fe^{2+}的溶液中加入氨水，生成白色$Fe(OH)_2$沉淀。但如果氨水中存在大量NH_4^+，则因OH^-浓度低，沉淀无法生成或沉淀溶解。

在含有Fe^{2+}的溶液中通入H_2S气体，生成黑色FeS沉淀。需要注意的是，若在酸性条件下通入H_2S气体，因为S^{2-}浓度过低，不能生成FeS沉淀。这种情况下，可以向上述溶液中加入乙酸钠溶液，促进H_2S的电离从而增大S^{2-}的浓度，即可生成FeS沉淀。

在含有Fe^{2+}的溶液中加入$(NH_4)_2S$溶液，生成黑色FeS沉淀。在中性或弱碱性条件下，将该沉淀暴露于空气中，沉淀被氧化为棕色$Fe_2O(SO_4)_2$沉淀。

在含有Fe^{2+}的溶液中逐渐加入KCN溶液，当KCN适量时，生成黄棕色$Fe(CN)_2$沉淀。继续加入至过量，黄棕色沉淀溶解生成$[Fe(CN)_6]^{4-}$，溶液呈浅黄色。

在含有Fe^{2+}的溶液中加入$K_3[Fe(CN)_6]$溶液，$[Fe^{Ⅲ}(CN)_6]^{3-}$先将Fe^{2+}氧化，生成的Fe^{3+}、$[Fe^{Ⅱ}(CN)_6]^{4-}$结合形成$Fe_4^{Ⅲ}[Fe^{Ⅱ}(CN)_6]_3$深蓝色沉淀。

2. 铁离子 Fe^{3+}

在含有 Fe^{3+}的溶液中加入氨水，生成红棕色胶状 $Fe(OH)_3$ 沉淀。该沉淀不溶于过量碱液，可溶于酸。因 $Fe(OH)_3$ 溶度积小，即使在铵盐存在下也可沉淀完全，可以区别于 Fe^{2+}、Ni^{2+}、Co^{2+}、Mg^{2+}、Zn^{2+}、Mn^{2+}。有机酸与铁离子的配合物很稳定，因此在有机酸存在下不能生成沉淀。

在含有 Fe^{3+}的溶液中加入 NaOH 溶液，生成红棕色 $Fe(OH)_3$ 沉淀。该沉淀不能溶于过量碱液中，可以区别于 Al^{3+}和 Cr^{3+}。

在含有 Fe^{3+}的溶液中通入 H_2S，发生氧化还原反应，生成奶白色 S 沉淀，Fe^{3+}被还原为 Fe^{2+}。

在中性或碱性介质中，在含有 Fe^{3+}的溶液中加入$(NH_4)_2S$ 溶液，生成 S 沉淀和黑色 FeS 沉淀。用盐酸溶解 FeS 后，可观察到硫单质的颜色。潮湿的 FeS 暴露于空气中，被缓慢氧化为 $Fe(OH)_3$ 沉淀和 S 单质。该反应放热，有可能引燃滤纸发生危险。

在碱性介质中加入$(NH_4)_2S$ 溶液，生成黑色 Fe_2S_3 沉淀。此沉淀在酸化时发生自身氧化还原反应，生成 Fe^{2+}、H_2S 气体和 S 沉淀。

在含有 Fe^{3+}的溶液中逐渐加入 KCN 溶液，当 KCN 适量时，生成红棕色 $Fe(CN)_3$ 沉淀；继续加入至过量，黄棕色沉淀溶解生成$[Fe(CN)_6]^{3-}$。注意，这些反应必须在通风橱中进行，因为 $FeCl_3$ 中多余的 H^+可以与 CN^-形成剧毒的 HCN 气体。

在含有 Fe^{3+}的溶液中加入 $K_4[Fe(CN)_6]$溶液，生成蓝色 $Fe_4[Fe(CN)_6]_3$ 沉淀，称为普鲁士蓝。普鲁士蓝不溶于稀酸，在浓盐酸中分解，在 NaOH 中分解生成红棕色 $Fe(OH)_3$ 沉淀。普鲁士蓝可以溶于草酸，历史上曾用此方法制作蓝色墨水。如果将 Fe^{3+}滴加在过量的$[Fe(CN)_6]^{4-}$中，可以生成 $KFe[Fe(CN)_6]$，称为可溶性普鲁士蓝，不能用过滤的方法将其分离出来。

在含有 Fe^{3+}的溶液中加入 $K_3[Fe(CN)_6]$溶液，生成含有 $Fe[Fe(CN)_6]$的棕色溶液。在反应后的溶液中加入 H_2O_2 或 Sn(Ⅱ)，将 Fe^{3+}还原，生成普鲁士蓝。

在含有 Fe^{3+}的溶液中加入 Na_2HPO_4 溶液，生成黄白色 $FePO_4$ 沉淀。该反应可逆，因生成的 H^+造成沉淀溶解，可以加入少量乙酸钠构成缓冲溶液，避免沉淀溶解。

3. 锰离子 Mn^{2+}

在含有 Mn^{2+}的溶液中加入 NaOH 溶液，生成白色 $Mn(OH)_2$ 沉淀。该沉淀不溶于过量碱液；暴露于空气中迅速氧化，生成棕色 $MnO(OH)_2$ 沉淀。

在含有 Mn^{2+}的溶液中加入氨水，部分生成白色 $Mn(OH)_2$ 沉淀。该沉淀溶于铵盐溶液。

在含有 Mn^{2+}的溶液中加入$(NH_4)_2S$ 溶液，生成肉色 MnS 沉淀。该沉淀可以溶于乙酸，从而与 Ni^{2+}和 Co^{2+}区分。

在含有 Mn^{2+}的溶液中加入 Na_2HPO_4 溶液，生成粉红色 $Mn_3(PO_4)_2$ 沉淀，而在 NH_4^+存在时，生成 $Mn(NH_4)PO_4$ 沉淀，这两种沉淀均可溶于酸。

在含有 Mn^{2+}的溶液中加入 PbO_2 和浓 HNO_3，Mn^{2+}被氧化为紫红色的 MnO_4^-，但是要注意避免 Cl^-的存在导致 MnO_4^-消耗，无现象。

在含有 Mn^{2+}的溶液中加入$(NH_4)_2S_2O_8$ 溶液，Mn^{2+}被氧化为紫红色的 MnO_4^-，此反应同样要避免 Cl^-的存在，常加入 $AgNO_3$ 作为催化剂。Mn^{2+}浓度不宜大于 0.02 $mol \cdot L^{-1}$，否则

生成 MnO_2 沉淀。

将 $NaBiO_3$ 固体加入含有 Mn^{2+} 的冷稀 HNO_3 或稀 HCl 溶液中，搅拌后过滤，得到紫红色溶液。

4. 钴离子 Co^{2+}

在含有 Co^{2+} 的溶液中加入 NaOH 溶液，先生成蓝色 $Co(OH)NO_3$ 沉淀，随着加入的 NaOH 溶液过量，沉淀逐渐转化为浅红色 $Co(OH)_2$ 沉淀。$Co(OH)_2$ 沉淀暴露于空气中逐渐被氧化为棕黑色的 $Co(OH)_3$，也可以溶解于氨水或碱性铵盐溶液中。

在含有 Co^{2+} 的溶液中加入氨水，先生成蓝色 $Co(OH)NO_3$ 沉淀。$Co(OH)NO_3$ 沉淀溶于过量的氨水中，生成 $[Co(NH_3)_6]^{2+}$ 溶液。

在中性或碱性介质中，在含有 Co^{2+} 的溶液中加入 $(NH_4)_2S$ 溶液，生成 CoS 黑色沉淀。该沉淀不溶于乙酸或稀盐酸，但可溶于浓硝酸或王水，产生 S 沉淀。硝酸或王水过量后，S 氧化为 SO_4^{2-}，溶液变为澄清。

在含有 Co^{2+} 的中性溶液中加入乙酸，然后加入新配制的 KNO_2 饱和溶液，生成黄色 $K_3[Co(NO_2)_6]\cdot 3H_2O$ 沉淀和 NO 气体。该反应也用于定性检测 K^+ 或 NO_3^-。

在中性或酸性 Co^{2+} 溶液中加入几粒 NH_4SCN 晶粒，再加入戊醇或乙醚，可以在有机相中观察到蓝色的 $H_2[Co(SCN)_4]$，可以与 Ni^{2+} 区别开。

5. 镍离子 Ni^{2+}

在含有 Ni^{2+} 的溶液中加入 NaOH 溶液，生成不溶于过量碱液的绿色 $Ni(OH)_2$ 沉淀，但是在酒石酸根和柠檬酸根存在时，不能生成沉淀。用 NaClO 可以将绿色 $Ni(OH)_2$ 沉淀氧化为黑色 $Ni(OH)_3$ 沉淀。

在含有 Ni^{2+} 的溶液中加入氨水，生成绿色 $Ni(OH)_2$ 沉淀。$Ni(OH)_2$ 沉淀可溶于过量氨水，形成深蓝色 $[Ni(NH_3)_6]^{2+}$ 溶液。如果铵盐存在，则观察不到沉淀的生成，直接生成配合物。

在中性或碱性介质中，在含有 Ni^{2+} 的溶液中加入 $(NH_4)_2S$ 溶液，生成黑色 NiS 沉淀。其性质类似于 CoS，不溶于乙酸或稀盐酸，可溶于浓硝酸或王水，产生 S 沉淀。硝酸或王水过量后，溶液变澄清。

7.1.6　Ⅳ组

1. 钙离子 Ca^{2+}

在含有 Ca^{2+} 的溶液中加入氨水，无变化，因为 $Ca(OH)_2$ 溶解度大。但是久置后可能因吸收 CO_2 生成 $CaCO_3$ 而浑浊。

在含有 Ca^{2+} 的溶液中加入 $(NH_4)_2CO_3$ 溶液，生成白色无定形 $CaCO_3$ 沉淀，加热后沉淀可转化而结晶。若溶液含有过量的碳酸（如新制的苏打水），则沉淀因生成 HCO_3^- 而溶解，若加热赶出 CO_2，又重新生成 $CaCO_3$ 沉淀。

在含有 Ca^{2+} 的溶液中加入 H_2SO_4 溶液，生成白色 $CaSO_4$ 沉淀。该沉淀微溶于水（溶解度比 $BaSO_4$ 和 $SrSO_4$ 略大），在乙醇存在下溶解度降低，可溶于热浓 H_2SO_4，生成 $[Ca(SO_4)_2]^{2-}$。

在含有 Ca^{2+} 的溶液中加入 $(NH_4)_2C_2O_4$ 溶液，生成白色 CaC_2O_4 沉淀。该沉淀不溶于水，不溶于乙酸，可溶于无机酸。

2. 锶离子 Sr^{2+}

在含有 Sr^{2+}的溶液中加入氨水，无变化。

在含有 Sr^{2+}的溶液中加入$(NH_4)_2CO_3$溶液，生成白色 $SrCO_3$沉淀。该沉淀溶解度略低于 $BaCO_3$，可溶于盐酸。

在含有 Sr^{2+}的溶液中加入 H_2SO_4溶液，生成微溶于水（溶解度 0.097 g · L^{-1}）的白色 $SrSO_4$沉淀。即使煮沸，也不溶于$(NH_4)_2SO_4$溶液（区别于 Ca^{2+}），微溶于热盐酸溶液。将沉淀加入 Na_2CO_3溶液煮沸，$SrSO_4$可以全部转化为 $SrCO_3$沉淀。

在含有 Sr^{2+}的溶液中加入 $CaSO_4$饱和溶液，加热后迅速产生 $SrSO_4$沉淀（区别于 Ba^{2+}）。

在含有 Sr^{2+}的溶液中加入$(NH_4)_2C_2O_4$溶液，生成白色 SrC_2O_4沉淀。该沉淀微溶于水（溶解度 0.039 g · L^{-1}），不溶于乙酸，可溶于无机酸。

在含有 Sr^{2+}的溶液中加入 K_2CrO_4溶液，生成黄色 $SrCrO_4$沉淀。该沉淀在水中微溶（溶解度 1.2 g · L^{-1}），可溶于乙酸（区别于 Ba^{2+}），可溶于无机酸。

3. 钡离子 Ba^{2+}

在含有 Ba^{2+}的溶液中加入氨水，无变化，因为 $Ba(OH)_2$溶解度大。但是久置后可能因吸收 CO_2生成 $BaCO_3$而浑浊。

在含有 Ba^{2+}的溶液中加入$(NH_4)_2CO_3$溶液，生成白色 $BaCO_3$沉淀。该沉淀可溶于乙酸和稀盐酸。

在含有 Ba^{2+}的溶液中加入$(NH_4)_2C_2O_4$溶液，生成白色 BaC_2O_4沉淀。该沉淀微溶于水，可溶于热稀乙酸溶液（区别于 Ca^{2+}），可溶于无机酸。

在含有 Ba^{2+}的溶液中加入 H_2SO_4溶液，生成白色 $BaSO_4$沉淀。该沉淀不溶于稀酸或$(NH_4)_2SO_4$溶液，可溶于热的浓 H_2SO_4，可溶于热的 5% Na_2EDTA 和氨性缓冲溶液的混合溶液中。将沉淀加入 Na_2CO_3饱和溶液煮沸，可以转化为 $CaSO_4$和 $BaCO_3$沉淀。

在含有 Ba^{2+}的溶液中加入 $CaSO_4$饱和溶液（或 $SrSO_4$饱和溶液），立即生成 $BaSO_4$沉淀，因为 $BaSO_4$的溶度积最小。

在含有 Sr^{2+}的溶液中加入 K_2CrO_4溶液，生成黄色 $BaCrO_4$沉淀。该沉淀不溶于乙酸（区别于 Ca^{2+}和 Sr^{2+}），但可溶于无机酸。

7.1.7 V组

1. 镁离子 Mg^{2+}

在含有 Mg^{2+}的溶液中加入氨水，生成白色 $Mg(OH)_2$沉淀。该沉淀几乎不溶于水，可溶于 NH_4^+溶液。

在含有 Mg^{2+}的溶液中加入 NaOH 溶液，生成白色 $Mg(OH)_2$沉淀。该沉淀不溶于过量碱液，可溶于 NH_4^+溶液。

在含有 Mg^{2+}的溶液中加入 Na_2CO_3溶液，生成白色 $MgCO_3 \cdot Mg(OH)_2 \cdot 5H_2O$ 沉淀；但在含有 Mg^{2+}的溶液中加入$(NH_4)_2CO_3$溶液，则没有沉淀生成。因 $MgCO_3$在水中有一定的溶解度（$K_{sp}=1\times10^{-5}$），有 NH_4^+存在时，CO_3^{2-}转化为 HCO_3^-，CO_3^{2-}浓度减小，无法生成沉淀。

在用 NH_4Cl-NH_3 控制 pH 的条件下，在含有 Mg^{2+} 的溶液中加入 Na_2HPO_4 溶液，生成白色结晶状 $Mg(NH_4)PO_4$ 沉淀。生成的沉淀微溶于水，可溶于乙酸和无机酸。用 NH_4Cl-NH_3 缓冲溶液控制 pH 是为了避免产生 $Mg(OH)_2$ 沉淀。

2. 钠离子 Na^+

在含有 Na^+ 的溶液中加入 UO_2^{2+}、Mg^{2+} 和 CH_3COO^-，生成黄色 $NaMg(UO_2)_3(CH_3COO)_9 \cdot 9H_2O$ 结晶。反应时加入 1/3 体积的乙醇有助于沉淀生成。

在含有 Na^+ 的溶液中加入 UO_2^{2+}、Zn^{2+} 和 CH_3COO^-，生成黄色 $NaZn(UO_2)_3(CH_3COO)_9 \cdot 9H_2O$ 结晶。其选择性比上一方法好。但是当 K^+ 浓度超过 $5\ g \cdot L^{-1}$、Li^+ 浓度超过 $1\ g \cdot L^{-1}$ 时，有可能生成钾盐或锂盐沉淀，影响 Na^+ 的检验。

3. 钾离子 K^+

在含有 K^+ 的溶液中加入 $Na_3[Co(NO_2)_6]$ 溶液，生成黄色 $K_3[Co(NO_2)_6]$ 沉淀。该沉淀不溶于稀酸。但需要注意，如果 Na^+ 存在，则生成混晶 $K_2Na[Co(NO_2)_6]$ 沉淀。NH_4^+ 也会发生类似现象，应排除 NH_4^+。

在含有 K^+ 的溶液中加入酒石酸钠溶液，产生白色 $KHC_4H_4O_6$ 沉淀。该沉淀稍溶于水（溶解度 $3.26\ g \cdot L^{-1}$），溶于强酸或强碱，在 50%乙醇中不溶。NH_4^+ 也会发生类似现象，应排除。

在含有 K^+ 的溶液中加入 $HClO_4$ 溶液，生成白色 $KClO_4$ 结晶。该沉淀微溶于水（0℃，$3.2\ g \cdot L^{-1}$；100℃ $198\ g \cdot L^{-1}$）。

在含有 K^+ 的溶液中加入 $H_2[PtCl_6]$ 溶液，生成黄色 $K_2[PtCl_6]$ 沉淀。该沉淀微溶于水，在 75%乙醇中不溶。NH_4^+ 也会发生类似现象，应排除。

在含有 K^+ 的溶液中加入 $Na_3[Co(NO_2)_6]$ 溶液和 $AgNO_3$ 溶液，生成黄色 $K_2Ag[Co(NO_2)_6]$ 沉淀。该沉淀溶解度更小，检测更灵敏。

4. 铵离子 NH_4^+

在含有 NH_4^+ 的溶液中加入 NaOH 溶液，生成 NH_3 气体。

在含有 NH_4^+ 的溶液中加入奈氏试剂（碱性四碘合汞配离子），生成棕色沉淀或棕黄色溶液，其成分为 $HgO \cdot Hg(NH_2)I$。该反应灵敏度高，可用于定量测定饮用水中的 NH_4^+。

在含有 NH_4^+ 的溶液中加入 $Na_3[Co(NO_2)_6]$ 溶液，生成黄色 $(NH_4)_3[Co(NO_2)_6]$ 沉淀。

在含有 NH_4^+ 的溶液中加入 $H_2[PtCl_6]$ 溶液，生成黄色 $(NH_4)_2[PtCl_6]$ 沉淀。该沉淀在热 NaOH 溶液中发生分解，释放出 NH_3。

在含有 NH_4^+ 的溶液中加入酒石酸钠饱和溶液，生成白色 $NH_4HC_4H_4O_6$ 沉淀。该沉淀受热发生分解，释放出 NH_3。

7.2　阴离子反应

阴离子的定性鉴定反应分类方式虽然不如阳离子的分类那么严格，但在实际鉴定工作中比较实用。分类方法如表 7-1 所示，若该阴离子溶液遇酸可以生成挥发性产物，则归为 A 组，其余的归为 B 组。A 组阴离子又可以分为两个小类：A1 组，加稀盐酸或稀硫酸可以生成气体；A2 组，加入浓硫酸生成气体或蒸气。B 组阴离子也可以分为两类：B1 组为能够生成沉淀的；B2 组为发生氧化或还原反应的。

表 7-1　常见阴离子分类

A 组	A1 组	CO_3^{2-}、HCO_3^-、SO_3^{2-}、$S_2O_3^{2-}$、S^{2-}、NO_2^-、ClO^-、CN^-、OCN^-
	A2 组	F^-、Cl^-、Br^-、I^-、NO_3^-、$[SiF_6]^{2-}$、ClO_3^-、ClO_4^-、MnO_4^-、BrO_3^-、IO_3^-、$[Fe(CN)_6]^{4-}$、$[Fe(CN)_6]^{3-}$、SCN^-
B 组	B1 组	SO_4^{2-}、AsO_4^{3-}、CrO_4^{2-}、$S_2O_8^{2-}$、SiO_3^{2-}、PO_4^{3-}、HPO_3^{2-}、$H_2PO_2^-$、$[AsO(OH)_4]^{3-}$、$Cr_2O_7^{2-}$、$[SiF_6]^{2-}$
	B2 组	MnO_4^-、CrO_4^{2-}、$Cr_2O_7^{2-}$

需要说明的是，部分阴离子（如 MnO_4^-、$[SiF_6]^{2-}$、CrO_4^{2-}、$Cr_2O_7^{2-}$）归属于不同分类，以下性质描述时仅出现一次。

7.2.1　A1 组

1. 碳酸根 CO_3^{2-}

在含有 CO_3^{2-}的溶液中加入稀盐酸，产生大量气泡。产生的气体（CO_2）可以使澄清石灰水变浑浊，即生成白色 $CaCO_3$ 沉淀。

在含有 CO_3^{2-}的溶液中加入 $BaCl_2$ 溶液，生成白色 $BaCO_3$ 沉淀。类似地，在含有 CO_3^{2-}的溶液中加入 $CaCl_2$ 溶液，生成白色 $CaCO_3$ 沉淀。需要注意的是，碳酸氢根（HCO_3^-）不发生该反应。$BaCO_3$ 或 $CaCO_3$ 沉淀可溶于无机酸或碳酸中。

在含有 CO_3^{2-}的溶液中加入 $AgNO_3$ 溶液，生成白色 Ag_2CO_3 沉淀；加入过量的 $AgNO_3$ 溶液，则生成黄色或棕色 Ag_2O 沉淀。Ag_2CO_3 沉淀加热转化为黄色或棕色 Ag_2O 沉淀，Ag_2CO_3 沉淀也可溶解于硝酸或氨水中。需要注意的是，AgCl 溶于氨水后得到的银氨溶液应及时用 2 mol · L^{-1} 硝酸进行酸化，并及时处理。如果任其放置，将缓慢形成氮化银（Ag_3N）沉淀，后者即使在潮湿条件下也会发生爆炸。

在含有 CO_3^{2-}的溶液中加入酚酞溶液，溶液变红。再通入 CO_2，溶液颜色褪去。需要注意的是，可溶性碳酸盐溶液使酚酞变红，而可溶性碳酸氢盐溶液使酚酞褪色。因此，检测时碳酸钠溶液的浓度不能过低，否则空气中 CO_2 可能引起褪色。

2. 碳酸氢根 HCO_3^-

加热含有 HCO_3^-的溶液，观察到产生气泡，即生成 CO_2 气体。产生的气体可用石灰水检测（使澄清石灰水变浑浊）。

在含有 HCO_3^-的溶液中加入 $MgSO_4$ 溶液，无沉淀；加热后，生成白色 $MgCO_3$ 沉淀。与该反应类似，如果在碳酸盐溶液中加入 $MgSO_4$ 溶液，生成白色 $MgCO_3$ 沉淀。

直接加热碳酸氢盐固体，释放 CO_2 气体。产生的气体可用石灰水检测（使澄清石灰水变浑浊）。

在含有 HCO_3^-的溶液中加入过量的 $CaCl_2$ 溶液，生成白色 $CaCO_3$ 沉淀。在过滤后的滤液中加入氨水，生成白色 $CaCO_3$ 沉淀或浑浊，该反应可用于 CO_3^{2-}存在下鉴定 HCO_3^-。

3. 亚硫酸根 SO_3^{2-}

在含有 SO_3^{2-}的溶液中加入稀 HCl 或稀 H_2SO_4 溶液，发生分解反应产生气泡，即生成 SO_2 气体。生成的气体具有令人窒息的硫燃烧气味，可用下列方法鉴定：①可使试管口放置的湿润酸性重铬酸钾溶液浸渍过的试纸变绿；②可使试管口放置的湿润淀粉-碘化钾试纸变为蓝色。

在含有 SO_3^{2-}的溶液中加入 $BaCl_2$ 溶液，生成白色 $BaSO_3$ 沉淀。$BaSO_3$ 沉淀可溶于稀盐酸，产生 SO_2 气体。在空气中缓慢氧化或加入氧化剂，该沉淀可转化为不溶于稀酸的 $BaSO_4$ 沉淀。18℃时，$CaSO_3$、$SrSO_3$、$BaSO_3$ 的溶解度分别是 1.25 g · L^{-1}、0.033 g · L^{-1}、0.022 g · L^{-1}。

在含有 SO_3^{2-}的溶液中加入 $AgNO_3$ 溶液，开始少量加入无沉淀，因为生成了$[AgSO_3]^-$；再加适量，生成白色晶体 Ag_2SO_3 沉淀；再加至过量，沉淀溶解，生成配离子$[AgSO_3]^-$。Ag_2SO_3 沉淀可溶于稀 HNO_3，产生 SO_2 气体；该沉淀也可以溶解于氨水中（溶解后的溶液应尽快处理，以免引起爆炸）。加热$[AgSO_3]^-$溶液，生成灰色 Ag 沉淀。

在含有 SO_3^{2-}的溶液中加入 $KMnO_4$ 溶液，观察到 $KMnO_4$ 溶液的紫色褪去。此反应需预先用稀 H_2SO_4 溶液酸化。

在含有 SO_3^{2-}的溶液中加入 $Pb(CH_3COO)_2$ 或 $Pb(NO_3)_2$ 溶液，生成白色 $PbSO_3$ 沉淀。该沉淀溶于稀 HNO_3 溶液。加热，$PbSO_3$ 沉淀被空气中的 O_2 氧化产生 $PbSO_4$ 沉淀。上述反应可用于区别 SO_3^{2-}和 $S_2O_3^{2-}$，后者加热产生黑色沉淀。

在含有 SO_3^{2-}的溶液中加入 Zn 粒和 H_2SO_4 溶液，产生 H_2S 气体。该气体可使试管口放置的湿润乙酸铅试纸变黑。

在含有 SO_3^{2-}的溶液中加入石灰水，生成白色 $CaSO_3$ 沉淀。在亚硫酸盐固体上加入稀盐酸，产生的气体通入澄清石灰水中，溶液变浑浊。较长时间通入气体，溶液又变澄清，生成 HSO_3^-。

4. 硫代硫酸根 $S_2O_3^{2-}$

在含有 $S_2O_3^{2-}$的溶液中加入稀盐酸，冷溶液没有变化；酸化后立即看到浑浊，在溶液中生成 S 沉淀和亚硫酸。加热反应溶液，生成 SO_2 气体。

在含有 $S_2O_3^{2-}$的溶液中加入淀粉 KI 溶液和 I_2 溶液，观察到蓝色褪去。相关反应方程式为 $I_3^- + 2S_2O_3^{2-} = 3I^- + S_4O_6^{2-}$，该反应是碘量法的核心反应。

在含有 $S_2O_3^{2-}$的溶液中加入 $BaCl_2$ 溶液，生成白色 BaS_2O_3 沉淀。加入 $CaCl_2$ 溶液不能观察到沉淀，因为 CaS_2O_3 溶解度较大。

在含有 $S_2O_3^{2-}$的溶液中加入 $AgNO_3$ 溶液，生成白色 $Ag_2S_2O_3$ 沉淀。反应开始时由于生成$[Ag(S_2O_3)_2]^{3-}$没有沉淀生成；而生成的 $Ag_2S_2O_3$ 不稳定，放久变黑，因为生成了黑色 Ag_2S 沉淀。

在含有 $S_2O_3^{2-}$的溶液中加入 $Pb(CH_3COO)_2$ 溶液，生成白色 PbS_2O_3 沉淀。该反应可用于区别 SO_3^{2-}和 $S_2O_3^{2-}$。PbS_2O_3 沉淀可溶于硫代硫酸盐溶液，因此需要加入较大量的沉淀剂后才能看到沉淀。加热悬浮液，沉淀变黑，生成 PbS 沉淀。

在含有 $S_2O_3^{2-}$的溶液中加入$(NH_4)_2MoO_4$ 溶液，即为蓝环实验。将 $S_2O_3^{2-}$和$(NH_4)_2MoO_4$ 的混合溶液沿器壁缓慢倒入盛有浓硫酸的试管中，在两溶液接触部位可短暂观察到环状蓝色。该颜色是钼酸盐还原为钼蓝引起的。

5. 硫离子 S^{2-}

在含有 S^{2-}的溶液中加入稀 HCl 或稀 H_2SO_4，生成 H_2S 气体。该气体具有刺激性气味，可以使湿润的乙酸铅试纸变黑，可以使酸性高锰酸钾溶液、酸性重铬酸钾溶液和 I_3^-溶液褪色（同时形成硫单质）。

在含有 S^{2-}的溶液中加入 $AgNO_3$ 溶液，生成黑色 Ag_2S 沉淀。该沉淀可溶于热的稀 HNO_3 溶液。

在含有 S^{2-}的溶液中加入乙酸铅溶液，生成黑色 PbS 沉淀。

6. 亚硝酸根 NO_2^-

在冷的亚硝酸盐固体上小心滴加稀 HCl 溶液，生成短暂浅蓝色液体（HNO_2 或 N_2O_3）和棕色烟 NO_2。亚硝酸盐水溶液也可以发生类似反应。

在含有 NO_2^- 的溶液中小心地加入稀乙酸或稀硫酸酸化的 $FeSO_4$ 饱和溶液，在两液体的接触面可观察到棕色环（[Fe,NO]SO_4）。如果滴加不小心，将得到棕色溶液。该反应类似于硝酸盐的棕色环实验，但硝酸盐需要更强的酸（如浓硫酸）。

在含有 NO_2^- 的溶液中加入 $BaCl_2$ 溶液，无沉淀生成。

在含有 NO_2^- 的溶液中加入 $AgNO_3$ 溶液，生成白色结晶 $AgNO_2$ 沉淀。注意该反应需要较浓的 NO_2^- 溶液。

在含有 NO_2^- 的溶液中加入 KI 溶液，用稀乙酸或稀硫酸酸化，析出 I_3^-。该溶液可使淀粉块变蓝色；加入氯仿，氯仿层为紫色。

在含有 NO_2^- 的溶液中加入酸性 $KMnO_4$ 溶液，$KMnO_4$ 溶液褪色，但没有气体逸出。

将亚硝酸盐固体与铵盐溶液一起加热，产生 N_2 气体。相关反应式为 $NO_2^- + NH_4^+ \longrightarrow N_2\uparrow + 2H_2O$。

7. 次氯酸根 ClO^-

在含有 ClO^-的溶液中加入稀 HCl 溶液，溶液先变为黄色，后开始冒泡，释放出 Cl_2 气体。Cl_2 可通过如下方式鉴别：①黄绿色且具有刺激性气味；②使湿润石蕊试纸褪色；③使淀粉-碘化钾试纸变为蓝黑色。

ClO^-在中性或弱碱性介质中使 I^-变成 I_3^-，可以使淀粉-碘化钾试纸变为蓝黑色。如果介质碱性过强，则颜色消失，因为生成了 IO^-。

在含有 ClO^-的溶液中加入 $Pb(CH_3COO)_2$ 溶液，并加热煮沸，生成棕色 PbO_2 沉淀。

在含有 ClO^-的溶液中加入几滴 $Co(NO_3)_2$ 溶液，生成 $Co(OH)_3$ 沉淀。加热溶液可以释放出 O_2，这是由于 Co 的存在催化了 ClO^-的分解。

8. 氰根 CN^-

在含有 CN^-的溶液中加入稀 HCl 溶液，生成 HCN 气体。在试管口放置浸润有多硫化铵溶液的试纸，生成的气体使其转化为硫氰化铵。将试纸酸化后，滴加 $FeCl_3$ 溶液，生成 $Fe(SCN)_3$，观察到试纸变红。

在含有 CN^-的溶液中加入 $AgNO_3$ 溶液，生成白色 AgCN 沉淀。该沉淀可溶于过量 CN^- 溶液中，生成配合物 $[Ag(CN)_2]^-$。

在浓 H_2SO_4 中加入少量氰化物，加热，生成 CO 气体。该气体可点燃，产生蓝色火焰。所有的氰化物（配合物或简单化合物）都可以被浓硫酸分解。

普鲁士蓝检验：用 NaOH 溶液将氰化物溶液调节至强碱性，加入 2～3 mL 新制的 $FeSO_4$ 溶液，加热煮沸，得到 $[Fe(CN)_6]^{4-}$。加入 HCl 溶液中和游离碱，得到透明溶液。再加入少量 $FeCl_3$ 溶液，生成普鲁士蓝沉淀。如果氰化物的量较少，需使用 $FeSO_4$ 饱和溶液。

9. 氰酸根 OCN^-

在含有 OCN^-的溶液中加入稀 H_2SO_4 溶液，冒出大量气泡，生成 CO_2 气体。HOCN 不稳定，分解为 CO_2 和 NH_4^+。少量 HOCN 以分子形式释放，有令人不愉快的气味。

在含有 OCN^-的溶液中加入浓 H_2SO_4 溶液，冒出大量气泡，生成 CO_2 气体。反应现象同稀 H_2SO_4 溶液，程度更为剧烈。

在含有 OCN^-的溶液中加入 $AgNO_3$ 溶液，生成白色凝胶状 AgOCN 沉淀。该沉淀可溶于氨水或稀 HNO_3 溶液（溶解于氨水后的溶液应尽快处理，以免发生爆炸）。沉淀瞬间产生，且不能形成配合物（区别于 CN^-）。

7.2.2　A2 组

1. 氟离子 F^-

将氟化物固体与浓 H_2SO_4 混合，产生无色腐蚀性气体 H_2F_2。因为在常温下 HF 分子是双分子化的，所以写作 H_2F_2，在 90℃左右解离为单分子。

HF 可用于刻蚀玻璃，使光滑玻璃变为磨砂玻璃。HF 与玻璃中的 SiO_2 作用，生成挥发性 SiF_4 气体，留下刻蚀后的痕迹。

在含有 F^-的溶液中加入 $CaCl_2$ 溶液，生成白色丝状 CaF_2 沉淀。该沉淀微溶于乙酸，稍溶于稀盐酸。

在含有 F^-的溶液中加入 $FeCl_3$ 溶液，形成白色结晶状 $Na_3[FeF_6]$沉淀。$Na_3[FeF_6]$（冰晶石）微溶于水，稳定性好，几乎不能解离出 Fe^{3+}。

2. 氯离子 Cl^-

在含有 Cl^-的溶液中加入浓 H_2SO_4，加热，释放出 HCl 气体。产生的 HCl 气体具有辛辣气味，在试管口因形成 HCl 微小液滴而形成白烟。HCl 在试管口与另一盛有 NH_3 的试管相遇，形成白色 NH_4Cl 白雾，可以使蓝色石蕊试纸变红。

固体氯化物与新制得的 MnO_2 混合，并加入浓 H_2SO_4 溶液，微热，可以产生 Cl_2 气体。Cl_2 气体为黄绿色，有令人窒息的气味，可以使湿润的石蕊试纸褪色，使淀粉-碘化钾试纸变蓝。

在含有 Cl^-的溶液中加入 $AgNO_3$ 溶液，生成白色凝胶状 AgCl 沉淀。该沉淀不溶于水和

稀 HNO_3 溶液，可溶于氨水、KCN（有毒！）、$Na_2S_2O_3$ 溶液（上述溶于氨水后的溶液应尽快处理，以免发生爆炸）。反应后过滤所得的 AgCl 沉淀加入 Na_3AsO_3 溶液振荡，转化为黄色 Ag_3AsO_3 沉淀（AgBr 和 AgI 无此反应，可确定 Cl^-的存在）。

在含有 Cl^-的溶液中加入 $Pb(CH_3COO)_2$ 溶液，生成白色 $PbCl_2$ 沉淀。

3. 溴离子 Br^-

在含有 Br^-的溶液中加入浓 H_2SO_4 溶液，湿润条件下形成烟雾。如果在少量 KBr 固体上倒入浓 H_2SO_4 溶液，先形成红棕色溶液，再生成红棕色 Br_2 并伴随着 HBr 气体。如果使用浓 H_3PO_4 溶液代替浓 H_2SO_4 溶液，仅有 HBr 气体释放出来。

将溴化物固体、新沉淀的 MnO_2 和浓 H_2SO_4 溶液的混合物加热，释放出红棕色 Br_2 气体。Br_2 气体具有强烈刺激性气味，可以使石蕊试纸褪色，使淀粉试纸变为橘红色，使浸润有荧光物的滤纸变为红色。

在含有 Br^-的溶液中加入 $AgNO_3$ 溶液，生成浅黄色凝胶状 AgBr 沉淀。该沉淀微溶于稀氨水溶液，在浓氨水溶液中溶解度增大。该沉淀也可以溶解于 KCN 和 $Na_2S_2O_3$ 溶液中，不溶于稀 HNO_3 溶液（上述溶于氨水后的溶液应尽快处理，以免发生爆炸）。

在含有 Br^-的溶液中加入 $Pb(CH_3COO)_2$ 溶液，生成白色结晶状 $PbBr_2$ 沉淀。该沉淀可溶于沸水。

4. 碘离子 I^-

碘化物固体遇到浓 H_2SO_4 溶液，释放出 I_3^-，加热产生紫色蒸气，能使淀粉试纸变蓝，同时还有 HI 生成，但大多数 HI 与 H_2SO_4 反应生成 SO_2、S 或 H_2S，取决于反应物的浓度。如果使用 H_3PO_4，生成纯 HI 气体。如果加入 MnO_2 和 H_2SO_4，只有 I_3^-生成，硫酸不被还原。

在含有 I^-的溶液中加入 $AgNO_3$ 溶液，生成黄色凝胶状 AgI 沉淀。该沉淀可溶于 KCN 和 $Na_2S_2O_3$ 溶液，在浓氨水中溶解度很小，不溶于稀硝酸。

在含有 I^-的溶液中加入 $Pb(CH_3COO)_2$ 溶液，生成黄色 PbI_2 沉淀。该沉淀可溶于大量的热水中形成无色溶液，冷却后形成金黄色亮片。

在含有 I^-的溶液中逐滴加入氯水，释放出 I_3^-，使溶液变黄。再加入 1～2 mL 氯仿后振摇，下层有机相呈紫色。若氯水过量，则碘单质被氧化为无色的 IO_3^-。

在含有 I^-的溶液中加入 $K_2Cr_2O_7$ 和浓 H_2SO_4 溶液，蒸馏，在蒸馏液中只有 I_3^-，没有 CrO_2Cl_2。该反应区别于氯化物。

5. 硝酸根 NO_3^-

加热硝酸盐固体与浓 H_2SO_4 溶液的混合物，生成红棕色 NO_2 气体。稀硫酸无此反应（区别于亚硝酸盐）。

加热硝酸盐固体、铜屑与浓 H_2SO_4 溶液的混合物，生成红棕色 NO_2 气体，同时溶液变为蓝色，生成 Cu^{2+}。该反应也可以用于硝酸盐溶液，加入浓硫酸时要小心操作。

浓硫酸沿试管壁缓慢倒入新制备的 $FeSO_4$ 和硝酸盐的混合溶液中，在两种液体接触面可观察到棕色环，生成$[Fe(NO)]^{2+}$（灵敏度：2.5 μg NO_3^-，检测极限：1∶25000）。BrO_3^-、IO_3^-

因释放卤素而产生干扰。若有 CrO_4^{2-}、SO_3^{2-}、$S_2O_3^{2-}$、IO_5^-、CN^-、SCN^-、$[Fe(CN)_6]^{3-}$、$[Fe(CN)_6]^{4-}$存在，结果可能受到质疑。

6. 六氟合硅离子$[SiF_6]^{2-}$

加热六氟合硅酸盐固体与浓 H_2SO_4 溶液的混合物，生成 SiF_4 气体和 H_2F_2 气体。

在含有$[SiF_6]^{2-}$的溶液中加入 $BaCl_2$ 溶液，生成白色结晶状 $Ba[SiF_6]$沉淀。该沉淀微溶于水（0.25 g · L^{-1}，25℃），不溶于稀硝酸。

在含有$[SiF_6]^{2-}$的溶液中加入 KCl 溶液，生成白色胶状 $K_2[SiF_6]$沉淀。该沉淀微溶于水（1.77 g · L^{-1}，25℃），不溶于过量 KCl 溶液或 50%乙醇。

在含有$[SiF_6]^{2-}$的溶液中加入氨水，$[SiF_6]^{2-}$分解，生成胶状 H_2SiO_3 沉淀。

7. 氯酸根 ClO_3^-

在含有 ClO_3^-的溶液中加入 KNO_2 溶液，可以将 ClO_3^-还原至 Cl^-。Cl^-可用酸化的硝酸银检测。加入亚硫酸溶液或甲醛（10%）溶液具有相似的现象。或者使用锌、铝作为还原剂也能得到相似的现象。

在含有 ClO_3^-的溶液中加入 $AgNO_3$ 溶液，无现象，加入 KNO_2 溶液后，可观察到白色 AgCl 沉淀。

在含有 ClO_3^-的溶液中加入 KI 溶液，在无机酸共存条件下游离出 I_3^-。如果使用的是乙酸，则很长时间也没有 I_3^-生成。该反应区别于 IO_3^-。

在含有 ClO_3^-的溶液中加入 $FeSO_4$ 溶液，在无机酸共存条件下加热，可以将 ClO_3^-还原至 Cl^-。该反应区别于 ClO_4^- 。

8. 高氯酸根 ClO_4^-

在含有 ClO_4^- 的溶液中加入浓 H_2SO_4 溶液，产生白色 $HClO_4 \cdot H_2O$ 烟雾。高氯酸盐固体遇冷的浓 H_2SO_4 溶液并无明显反应，但加热后产生白烟。注意：灰尘、木炭或滤纸落入热浓 $HClO_4$ 溶液将发生爆炸！

在含有 ClO_4^- 的溶液中加入 KCl 溶液，生成白色 $KClO_4$ 沉淀。$KClO_4$ 沉淀不溶于乙醇。如果用 NH_4Cl 溶液代替 KCl 溶液，可以观察到类似的现象。

在含有 ClO_4^- 的溶液中加入 $CdSO_4$ 溶液和氨水，生成白色结晶状$[Cd(NH_3)_4](ClO_4)_2$ 沉淀。在中性氯酸盐溶液中加入 $CdSO_4$ 饱和溶液和浓氨水，出现结晶现象。S^{2-}存在时生成 CdS 沉淀，会形成干扰，应预先除去。

9. 高锰酸根 MnO_4^-

在稀硫酸酸化的高锰酸钾溶液中加入 H_2O_2 溶液，溶液紫色褪去，释放出纯净而湿润的 O_2 气体。

在含有 MnO_4^-的溶液中加入浓盐酸，加热，释放出 Cl_2 气体。

在浓 $KMnO_4$ 溶液中加入浓 NaOH 溶液，加热，生成绿色 K_2MnO_4 和 O_2 气体。将 K_2MnO_4 溶液倒入大量水或稀硫酸溶液中，重新生成紫色 $KMnO_4$，同时生成 $MnO(OH)_2$ 沉淀。

加热含有 $KMnO_4$ 的溶液，溶液受热分解，产生纯净 O_2 气体和黑色残渣（K_2MnO_4 和 MnO_2）。

10. 溴酸根 BrO_3^-

在溴酸盐固体上加入冷的浓 H_2SO_4 溶液，释放出 Br_2 气体和 O_2 气体。

在含有 BrO_3^-的溶液中加入 $AgNO_3$ 溶液，生成白色结晶状 $AgBrO_3$ 沉淀。$AgBrO_3$ 沉淀可溶于热水、稀氨水和稀硝酸。在含有 BrO_3^-的溶液中加入 Ba^{2+}、Pb^{2+}、Hg_2^{2+}，生成相应的 $Ba(BrO_3)_2$ 沉淀、$Pb(BrO_3)_2$ 沉淀、$Hg_2(BrO_3)_2$ 沉淀。

在含有 BrO_3^-的溶液中通入 SO_2 气体，将 BrO_3^-还原至 Br^-。使用 H_2S 和 NO_2^- 也能发生类似的反应。

在含有 BrO_3^-的溶液中加入 HBr 溶液，混合溴酸钾和溴化物，用稀硫酸酸化，释放出 Br_2 气体。加入氯仿可萃取 Br_2。

加热含有 BrO_3^- 的溶液，溴酸钾受热后释放出 O_2 气体，留下 KBr。

在含有 BrO_3^- 的溶液中加入 $MnSO_4$ 饱和溶液与硫酸的混合液（1∶1），可观察到短暂的红色（Mn^{3+}）。快速浓缩溶液，得到红棕色 MnO_2 沉淀。MnO_2 沉淀不溶于稀硫酸，可溶于稀硫酸和草酸的混合溶液。该反应的现象区别于氯酸盐和碘酸盐，后者不能形成有颜色的溶液或生成沉淀。

11. 碘酸根 IO_3^-

在含有 IO_3^- 的溶液中加入浓 H_2SO_4 溶液和 $FeSO_4$ 溶液，IO_3^-被还原至 I^-。若 IO_3^-过量，有 I_2 沉淀生成。

在含有 IO_3^- 的溶液中加入 $AgNO_3$ 溶液，生成白色凝胶状 $AgIO_3$ 沉淀。$AgIO_3$ 沉淀可溶于稀氨水，微溶于稀硝酸溶液。

在含有 IO_3^- 的溶液中加入 $BaCl_2$ 溶液，生成白色 $Ba(IO_3)_2$ 沉淀（该反应区别于氯酸盐）。$Ba(IO_3)_2$ 沉淀微溶于热水和稀硝酸，不溶于乙醇（区别于碘化物）。$Ba(IO_3)_2$ 沉淀洗涤后，用少量亚硫酸处理，加 1～2 mL 氯仿，可在氯仿层观察到碘的紫色，同时生成 $BaSO_4$ 沉淀。

在酸化的碘酸盐溶液中通入 SO_2 或 H_2S 气体，生成棕色 I_2 沉淀。若 SO_2 或 H_2S 气体过量，可继续还原至 I^-。

在含有 IO_3^- 的溶液中加入 KI 溶液，用盐酸、乙酸或酒石酸酸化，立即产生 I_3^-。

加热含有 IO_3^- 的溶液，分解，释放出 O_2 气体。碱金属的碘酸盐受热分解出氧气和碘化物。大多数二价金属碘酸盐受热分解为 I_2、O_2 和金属氧化物。$Ba(IO_3)_2$ 比较特殊，分解为 I_2、O_2 和 $Ba_5(IO_6)_2$。

12. 亚铁氰酸根 $[Fe(CN)_6]^{4-}$

在含有 $[Fe(CN)_6]^{4-}$的溶液中加入 $AgNO_3$ 溶液，生成白色 $Ag_4[Fe(CN)_6]$沉淀。该沉淀不溶于氨水（区别于铁氰酸根 $[Fe(CN)_6]^{3-}$）和硝酸，但可溶于氰化钾和硫代硫酸钠溶液。该沉淀在硝酸中加热，可转化为橘红色 $Ag_3[Fe(CN)_6]$沉淀，后者可溶于氨水。

在含有 $[Fe(CN)_6]^{4-}$ 的溶液中加入 $FeCl_3$ 溶液，在中性或酸性介质中生成蓝色

$Fe_4[Fe(CN)_6]_3$ 沉淀。该沉淀在氢氧化物碱性溶液中分解，生成红棕色 $Fe(OH)_3$ 沉淀（灵敏度：1 μg $[Fe(CN)_6]^{4-}$，检测极限：1∶400000）

在含有$[Fe(CN)_6]^{4-}$的溶液中加入 $FeSO_4$ 溶液，生成白色 $K_2Fe[Fe(CN)_6]$沉淀，被空气中的氧气氧化，转化为 $Fe_4[Fe(CN)_6]_3$ 沉淀。

在含有$[Fe(CN)_6]^{4-}$的溶液中加入 $CuSO_4$ 溶液，生成棕色 $Cu_2[Fe(CN)_6]$沉淀。该沉淀不溶于稀乙酸溶液，在碱性氢氧化物溶液中分解。

在含有$[Fe(CN)_6]^{4-}$的溶液中加入 HCl 溶液，浓的$[Fe(CN)_6]^{4-}$溶液与 6 $mol \cdot L^{-1}$ HCl 溶液混合，生成 $H_4[Fe(CN)_6]$。产物可用乙醚萃取，蒸干后得到白色结晶状固体。

所有亚铁氰酸盐受热分解，产生 N_2 气体和$(CN)_2$ 气体。

13. 铁氰酸根$[Fe(CN)_6]^{3-}$

在含有$[Fe(CN)_6]^{3-}$的溶液中加入 $AgNO_3$ 溶液，生成橘红色 $Ag_3[Fe(CN)_6]$沉淀。该沉淀可溶于氨水（区别于$[Fe(CN)_6]^{4-}$），但不溶于硝酸。（溶于氨水后的溶液应尽快处理，以免发生爆炸！）

在含有$[Fe(CN)_6]^{3-}$的溶液中加入 $FeSO_4$ 溶液，在中性或酸性介质中生成深蓝色 $Fe_4[Fe(CN)_6]_3$ 沉淀。

在含有$[Fe(CN)_6]^{3-}$的溶液中加入 $FeCl_3$ 溶液，溶液变为棕色，生成 $Fe[Fe(CN)_6]$。

在含有$[Fe(CN)_6]^{3-}$的溶液中加入 $CuSO_4$ 溶液，生成绿色 $Cu_3[Fe(CN)_6]_2$ 沉淀。

在冷的 $K_3[Fe(CN)_6]$饱和溶液中加入浓 HCl 溶液，生成棕色 $H_3[Fe(CN)_6]$沉淀。

在含有$[Fe(CN)_6]^{3-}$的溶液中加入 KI 溶液，生成的单质碘可用淀粉试纸检测。在稀 HCl 介质中，I^-被$[Fe(CN)_6]^{3-}$氧化为 I_2；在中性介质中，I_2 可以氧化$[Fe(CN)_6]^{4-}$。

加热含有$[Fe(CN)_6]^{3-}$的碱金属溶液，碱金属铁氰酸盐发生分解。（$6K_3[Fe(CN)_6] \longrightarrow 6N_2\uparrow + 3(CN)_2\uparrow + 18KCN + 2Fe_3C + 10C$）

14. 硫氰根 SCN^-

在含有 SCN^-的溶液中加入 $AgNO_3$ 溶液，生成白色凝胶状 AgSCN 沉淀。该沉淀可溶于氨水，生成$[Ag(NH_3)_2]^+$（该溶液需尽快处理，以免发生爆炸！）。该沉淀在 NaCl 溶液中煮沸，转化为 AgCl 沉淀，同时生成 SCN^-。

在含有 SCN^-的溶液中加入 $CuSO_4$ 溶液，开始形成绿色溶液，然后生成黑色 $Cu(SCN)_2$ 沉淀。加入亚硫酸（或通入 SO_2），该沉淀转变为白色 CuSCN 沉淀。

在含有 SCN^-的溶液中加入 $FeCl_3$ 溶液，溶液变为血红色，生成 $Fe(SCN)_3$。实际上生成了一系列配位阳离子和阴离子，其中配位分子（不带电荷）可以用乙醚萃取。加入 F^-、Hg(Ⅱ)和乙酸，可以生成更稳定的配合物，使血红色褪去。

在含有 SCN^-的溶液中加入 $Co(NO_3)_2$ 溶液，溶液变为蓝色，生成$[Co(SCN)_4]^{2-}$，无沉淀生成。该反应区别于 CN^-、$[Fe(CN)_6]^{3-}$、$[Fe(CN)_6]^{4-}$。

7.2.3　B1 组

注意：AsO_4^{3-}详见阳离子Ⅱ组（锡组）。

1. 硫酸根 SO_4^{2}

在含有 SO_4^{2-}的溶液中加入 $BaCl_2$ 溶液，生成白色 $BaSO_4$ 沉淀。一般在稀盐酸条件下进行，此时 CO_3^{2-}、SO_3^{2-}和 PO_4^{3-}不干扰。不使用浓盐酸或浓硝酸，因为有可能生成 $BaCl_2$ 或 $Ba(NO_3)_2$ 沉淀（加水稀释后二者均可溶解）。

在含有 SO_4^{2-}的溶液中加入 $Pb(CH_3COO)_2$，生成白色 $PbSO_4$ 沉淀。$PbSO_4$ 沉淀可溶于浓硫酸、乙酸铵或酒石酸铵溶液，也可溶于氢氧化钠溶液。

在含有 SO_4^{2-}的溶液中加入 $AgNO_3$ 溶液，生成白色结晶状 Ag_2SO_4 沉淀（溶解度：$5.8\ g \cdot L^{-1}$，18℃）。

2. 过二硫酸根 $S_2O_8^{2-}$

将含有过二硫酸盐的溶液加水，煮沸，所有过二硫酸盐均分解为 SO_4^{2-}和 O_2 气体（可能含有部分 O_3，可使湿润的淀粉-碘化钾试纸变蓝）。使用稀硝酸和稀硫酸，观察到类似的现象。如果使用稀盐酸，同时释放出 Cl_2 气体。将过二硫酸盐固体在 0℃溶解在浓硫酸中，可以得到 H_2SO_5[卡罗酸（Caro’s acid）]，具有强氧化能力。

在含有 $S_2O_8^{2-}$ 的溶液中加入 $AgNO_3$ 溶液，生成黑色 Ag_2O_2 沉淀。如果在过二硫酸盐溶液中只加入少量 $AgNO_3$ 溶液，随后加入稀氨水，则 Ag^+作为催化剂催化 $S_2O_8^{2-}$和 NH_3 反应，释放出 N_2 气体和大量的热。

在含有 $S_2O_8^{2-}$的溶液中加入 $BaCl_2$ 溶液，在冷的过二硫酸盐溶液中加入 Ba^{2+}，最初无反应，等一段时间或加热后，可观察到 $BaSO_4$ 沉淀。原因是过二硫酸盐发生分解，生成 SO_4^{2-}。

在含有 $S_2O_8^{2-}$ 的溶液中加入 $MnSO_4$ 溶液，在中性或碱性介质中生成棕色 $MnO(OH)_2$ 沉淀。在硝酸或硫酸和少量 $AgNO_3$ 存在下，加热可以生成 MnO_4^-，溶液变为紫色。

3. 硅酸根 SiO_3^{2-}

在含有 SiO_3^{2-}的溶液中加入稀 HCl 溶液，生成胶状 H_2SiO_3 沉淀（煮沸时现象更明显）。该反应在定性分析时用于预先除去 SiO_3^{2-}，否则可能被氯化铵溶液沉淀。

在含有 SiO_3^{2-}的溶液中加入 NH_4Cl 溶液或$(NH_4)_2CO_3$ 溶液，生成胶状 H_2SiO_3 沉淀。该反应在定性分析时用于预先除去 SiO_3^{2-}，否则可能被氯化铵溶液沉淀。

在含有 SiO_3^{2-}的溶液中加入 $AgNO_3$ 溶液，生成黄色 Ag_2SiO_3 沉淀。Ag_2SiO_3 沉淀可溶于稀酸和氨水。

在含有 SiO_3^{2-}的溶液中加入 $BaCl_2$ 溶液，生成白色 $BaSiO_3$ 沉淀。$BaSiO_3$ 沉淀可溶于稀硝酸。加入 $CaCl_2$ 溶液，生成白色 $CaSiO_3$ 沉淀。

对含有 SiO_3^{2-}的溶液进行 SiF_4 检验。用 Pt 丝蘸一滴水靠近试管口，遇到 SiF_4 气体可生成浑浊(SiO_2)。SiO_2 与少于化学计量比的 CaF_2 和浓硫酸共热，生成 SiF_4 气体。应避免加入过量的 CaF_2，因为可能生成 H_2F_2 和 SiF_4 的混合物，干扰判断。

4. 磷酸根 PO_4^{3-}

在含有 PO_4^{3-}的溶液中加入 $AgNO_3$ 溶液，生成黄色 Ag_3PO_4 沉淀（区别于偏磷酸盐和焦磷酸盐）。Ag_3PO_4沉淀可以溶于稀氨水和稀硝酸。

在含有PO_4^{3-}的溶液中加入$BaCl_2$溶液，生成白色$BaHPO_4$沉淀。$BaHPO_4$沉淀可溶于稀无机酸和乙酸。在氨水中，生成更难溶的$Ba_3(PO_4)_2$沉淀。

在含有PO_4^{3-}的溶液中加入$Mg(NO_3)_2$和NH_4NO_3，生成白色结晶状$Mg(NH_4)PO_4\cdot 6H_2O$沉淀。$Mg(NH_4)PO_4\cdot 6H_2O$沉淀溶于乙酸和无机酸；不溶于2.5%氨水，生成$MgNH_4PO_4$沉淀。有As(Ⅴ)存在时，生成$Mg(NH_4)AsO_4\cdot 6H_2O$沉淀。

在含有PO_4^{3-}的溶液中加入$(NH_4)_2MoO_4$溶液，生成黄色结晶状$(NH_4)_3[PMo_{12}O_{40}]$沉淀或$(NH_4)_3[P(Mo_3O_{10})_4]$沉淀。在少量（0.5 mL）磷酸盐溶液中加入过量（2～3 mL）钼酸铵溶液生成沉淀。$(NH_4)_3[P(Mo_3O_{10})_4]$沉淀溶于氨水或苛性碱溶液。

在含有PO_4^{3-}的溶液中加入$FeCl_3$溶液，生成黄白色$FePO_4$沉淀。如果存在少量H^+，则沉淀不完全。

PO_4^{3-}、$P_2O_7^{4-}$和PO_3^-的定性分析方法比较列于表 7-2。

表 7-2　PO_4^{3-}、$P_2O_7^{4-}$和PO_3^-的定性分析方法比较

加入试剂	PO_4^{3-}	$P_2O_7^{4-}$	PO_3^-
硝酸银溶液	黄色沉淀，可溶于稀硝酸或稀氨水	白色沉淀，可溶于稀硝酸或稀氨水，微溶于稀乙酸	白色沉淀，可溶于稀硝酸、稀氨水或稀乙酸
白蛋白+稀乙酸	不絮凝	不絮凝	絮凝
硫酸铜溶液	浅蓝色沉淀	非常浅的蓝色沉淀	无沉淀
氧化镁或$Mg(NO_3)_2$溶液	白色沉淀，不溶于过量试剂	白色沉淀，可溶于过量试剂，但加热重新沉淀	即使加热也无沉淀
乙酸钙溶液和稀乙酸	无沉淀	白色沉淀	无沉淀
硫酸锌溶液	白色沉淀，可溶于稀乙酸	白色沉淀，不溶于稀乙酸；可溶于稀氨水，加热后生成白色沉淀	稍加热，生成白色沉淀，可溶于稀乙酸

5. 亚磷酸根HPO_3^{2-}

在含有HPO_3^{2-}的溶液中加入$AgNO_3$溶液，生成白色Ag_2HPO_3沉淀。Ag_2HPO_3沉淀迅速分解，得到黑色Ag沉淀。

在含有HPO_3^{2-}的溶液中加入$BaCl_2$溶液，生成白色$BaHPO_3$沉淀。$BaHPO_3$沉淀可溶于稀无机酸。

在含有HPO_3^{2-}的溶液中加入浓硫酸，加热后释放出SO_2气体。冷浓硫酸与固体亚磷酸盐无反应。

在含有HPO_3^{2-}的溶液中加入$CuSO_4$，生成淡蓝色$CuHPO_3$沉淀。$CuHPO_3$沉淀在加热煮沸条件下可溶于乙酸。

在含有HPO_3^{2-}的溶液中加入$Pb(CH_3COO)_2$，生成白色$PbHPO_3$沉淀。$PbHPO_3$沉淀不溶于乙酸。

6. 次磷酸根 $H_2PO_2^-$

在含有 $H_2PO_2^-$的溶液中加入 $AgNO_3$ 溶液，生成白色 AgH_2PO_2 沉淀。在室温下 AgH_2PO_2 沉淀缓慢分解，得到黑色 Ag 沉淀，同时释放出 H_2 气体。

在含有 $H_2PO_2^-$的溶液中加入 $BaCl_2$ 溶液，无沉淀生成。

在含有 $H_2PO_2^-$的溶液中加入 $CuSO_4$ 溶液，冷溶液无沉淀生成，加热时生成红色 CuH 沉淀。CuH 沉淀与浓盐酸加热时分解，生成白色 CuCl 沉淀和 H_2 气体。

在含有 $H_2PO_2^-$的溶液中加入 $KMnO_4$ 溶液，在冷溶液状态立即还原至无色，生成 Mn^{2+} 和 H_3PO_4。

次磷酸盐固体加入浓硫酸，在加热条件下，浓硫酸被还原为 SO_2 气体。在反应过程中有可能观察到单质硫的生成。

7.2.4　B2 组

在含有铬酸根 CrO_4^{2-}和重铬酸根 $Cr_2O_7^{2-}$的溶液中加入 $BaCl_2$ 溶液，生成浅黄色 $BaCrO_4$ 沉淀。$BaCrO_4$ 沉淀不溶于水和乙酸，可溶于稀无机酸。在重铬酸盐溶液中加入 Ba^{2+}也可以生成 $BaCrO_4$ 沉淀，但由于同时生成 H^+，沉淀不完全。加入氢氧化钠或乙酸钠溶液可使沉淀完全。

在含有 CrO_4^{2-}和 $Cr_2O_7^{2-}$的溶液中加入 $AgNO_3$ 溶液，生成棕红色 Ag_2CrO_4 沉淀（在浓重铬酸盐溶液中加入 Ag^+可以生成红棕色 $Ag_2Cr_2O_7$ 沉淀，与水加热后转化为溶解度更小的 Ag_2CrO_4 沉淀）。Ag_2CrO_4 沉淀可溶于稀硝酸或氨水，不溶于乙酸。Ag_2CrO_4 沉淀遇盐酸转化为白色 AgCl 沉淀。

在含有 CrO_4^{2-}和 $Cr_2O_7^{2-}$的溶液中加入 $Pb(CH_3COO)_2$溶液，生成黄色 $PbCrO_4$沉淀。$PbCrO_4$ 沉淀不溶于乙酸，可溶于稀硝酸。

在含有 CrO_4^{2-}和 $Cr_2O_7^{2-}$的溶液中加入 H_2O_2 溶液，在酸性铬酸盐溶液中加入 H_2O_2 溶液，生成深蓝色 CrO_5 溶液。该蓝色物质不稳定，很快分解为 O_2 气体和绿色溶液，溶液中 Cr 主要以 Cr(Ⅲ)形式存在。用戊醇、乙酸戊酯或乙醚将蓝色物质萃取出来，因 CrO_5 与这些有机溶剂生成某种含氧化合物使稳定性增加。推荐戊醇，最好不用乙醚（因为乙醚易燃，并且在储存过程中可能生成过氧化物，造成干扰）。

在含有 CrO_4^{2-}和 $Cr_2O_7^{2-}$的溶液中通入 H_2S 气体，铬酸盐溶液被还原为绿色 Cr(Ⅲ)溶液，同时生成 S 沉淀。

【知识链接】

无机离子的鉴定目前多采用仪器分析的方法，如离子色谱法、原子发射光谱法、ICP-MS 或 ICP-OES 等，也包括离子选择性电极专属方法。在后续的仪器分析课程中将详细介绍和讲解。

习　　题

7-1　试用最简便的方法鉴别下列各组物质。

（1）$CaCO_3$ 和 $Ca(HCO_3)_2$；

（2）Li_2CO_3 和 $Na_2S_2O_3$；

（3）NO_2^- 和 NO_3^-；

（4）NO_3^- 和 PO_4^{3-}；

（5）Zn^{2+}、Cr^{3+}和 Al^{3+}；

（6）Hg^{2+}和 Hg_2^{2+}；

（7）Fe^{3+}、Fe^{2+}、Co^{3+}和 Ni^{2+}；

（8）Ni^{2+}和 Mn^{2+}。

7-2　试用最简单的方法分离下列各组混合物。

（1）$Cu(NO_3)_2$ 和 $AgNO_3$；

（2）$CuSO_4$ 和 $ZnSO_4$；

（3）$CuSO_4$ 和 $CdSO_4$；

（4）CdS 和 HgS；

（5）Cr^{2+}和 Pb^{2+}；

（6）Ba^{2+}和 Sr^{2+}；

（7）Cu^{2+}和 Mn^{2+}；

（8）Mn^{2+}、Zn^{2+}、Cr^{3+}、Al^{3+}。

7-3　若需在实验室鉴定碳酸盐和碳酸氢盐，试列举至少三种方法。

7-4　某酸性 $BaCl_2$ 溶液中含少量 $FeCl_3$ 杂质。用 $Ba(OH)_2$ 或 $BaCO_3$ 调节溶液的 pH 均可将 Fe^{3+}沉淀为 $Fe(OH)_3$ 而除去。试用平衡移动原理解释去除原理。

7-5　现有一瓶白色固体，可能含有 $SnCl_2$、$SnCl_4$、$PbCl_2$、$PbSO_4$ 等化合物，从下列实验现象判断哪几种物质确实存在，并用反应式表示实验现象。

（1）白色固体用水处理得一乳浊液 A 和不溶固体 B；

（2）乳浊液 A 加入适量盐酸溶液后，则乳浊状基本消失，滴加碘-淀粉溶液可褪色；

（3）固体 B 易溶于盐酸溶液，通入 H_2S 气体得到黑色沉淀，此沉淀与 H_2O_2 反应后又生成白色沉淀。

7-6　有四个试剂瓶标签已脱落，可能分别是 Na_2SO_4、Na_2SO_3、$Na_2S_2O_3$、Na_2S。试设计一个简单方法将它们分辨出来。

7-7　试仅用一种试剂鉴别下列溶液：KCl、$Cu(NO_3)_2$、$AgNO_3$、$ZnSO_4$、$Hg(NO_3)_2$。

7-8　拟除去 $BaCl_2$ 溶液中的少量 $FeCl_3$ 杂质，加入 $Ba(OH)_2$ 和 $BaCO_3$ 哪种试剂更好？

7-9　在不引入杂质的情况下，如何将粗 $ZnSO_4$ 溶液中含有的 Fe^{2+}、Fe^{3+}和 Cu^{2+}杂质除去？

7-10　粗盐提纯时，如何除去粗盐溶液中的 Mg^{2+}、Ca^{2+}和 SO_4^{2-}？

参 考 文 献

刘新锦，朱亚先，高飞. 2005. 无机元素化学. 北京：科学出版社

彭崇慧，冯建章，张锡瑜. 2009. 分析化学：定量化学分析简明教程. 3 版. 北京：北京大学出版社

邵利民. 2020. 分析化学. 2 版. 北京：科学出版社

王玉枝，张正奇. 2016. 分析化学. 3 版. 北京：科学出版社

武汉大学. 2016. 分析化学（上册）. 6 版. 北京：高等教育出版社

中国标准出版社，全国标准物质计量技术委员会. 2019. 标准物质国家计量技术规范和国家标准汇编. 北京：中国标准出版社

Carol J. 2016. Analytical Chemistry. New York：NY Research Press

Christian G D，Dasgupta P K，Schug K A. 2013. Analytical Chemistry. 7th ed. New York：John Wiley & Sons

Harris D C. 2010. Quantitative Chemical Analysis. New York：W. H. Freeman and Company

Noyes A A. 1950. 定性分析化学. 4 版. 蓝春池，余大猷，译. 上海：商务印书馆

Skoog D A，West D M，James H F，et al. 2014. Fundamentals of Analytical Chemistry. 9th ed. Belmont: Brooks/Cole, Cengage Learning

Svehla G. 1996. Vogel's Qualitative Inorganic Analysis. 7th ed. London：Addison Wesley Longman

附　　录

附录 1　常见酸碱指示剂

指示剂	颜色		变色范围 pH	pK_a	每 10 mL 被滴定溶液中指示剂用量
	酸色	碱色			
甲基黄	红	黄	2.9～4.0	3.3	1 滴 0.1%乙醇溶液（pT = 3.9）
甲基橙	红	黄	3.1～4.4	3.4	1 滴 0.1%水溶液（pT = 4.0）
溴酚蓝	黄	紫	3.0～4.4	4.1	1 滴 0.1%水溶液（pT = 4.0）
溴甲酚绿	黄	蓝	3.8～5.4	4.9	1 滴 0.1%水溶液（pT = 4.4）
甲基红	红	黄	4.4～6.2	5.0	1 滴 0.1%水溶液（pT = 5.0）
溴甲酚紫	黄	紫	5.2～6.8		1 滴 0.1%水溶液（pT = 6.0）
溴百里酚蓝	黄	蓝	6.0～7.6	7.3	1 滴 0.1%水溶液（pT = 7.0）
酚红	黄	红	6.4～8.0	8.0	1 滴 0.1%水溶液（pT = 7.0）
百里酚蓝（第一步解离）	红	黄	1.2～2.8	1.7	1～2 滴 0.1%水溶液（pT = 2.6）
百里酚蓝（第二步解离）	黄	蓝	8.0～9.6	8.9	1～5 滴 0.1%水溶液（pT = 9.0）
酚酞	无色	红	8.0～9.8	9.1	1～2 滴 0.1%乙醇溶液
百里酚酞	无色	蓝	9.4～10.6	10.0	1 滴 0.1%乙醇溶液（pT = 10.0）

附录 2　常见混合酸碱指示剂

混合酸碱指示剂	变色点 pH	颜色		
		酸色	转变色	碱色
0.1%甲基黄乙醇溶液+0.1%亚甲基蓝乙醇溶液(1+1)	3.25*	蓝紫	—	绿
0.1%甲基橙水溶液+0.25%靛蓝胭脂红水溶液(1+1)	4.1	紫	灰	绿
0.02%甲基橙水溶液+0.1%溴甲酚绿钠盐水溶液(1+1)	4.3	橙	浅绿	蓝绿
0.2%甲基红乙醇溶液+0.1%溴甲酚绿乙醇溶液(1+3)	5.1*	酒红	—	绿
0.2%甲基红乙醇溶液+0.1%亚甲基蓝乙醇溶液(1+1)	5.4	紫红	灰蓝	绿

续表

混合酸碱指示剂	变色点 pH	颜色		
		酸色	转变色	碱色
0.1%绿酚红钠盐水溶液+0.1%溴甲酚绿钠盐水溶液(1+1)	6.1	黄绿	浅蓝	蓝紫
0.1%溴甲酚紫钠盐水溶液+0.1%溴百里酚蓝钠盐水溶液(1+1)	6.7	黄	紫	蓝紫
0.1%中性红乙醇溶液+0.1%亚甲基蓝乙醇溶液(1+1)	7.0*	蓝紫	—	绿
0.1%中性红乙醇溶液+0.1%溴百里酚蓝乙醇溶液(1+1)	7.2	玫红	灰绿	绿
0.1%酚红钠盐水溶液+0.1%溴百里酚蓝钠盐水溶液(1+1)	7.5*	黄	浅紫	紫
0.1%甲酚红钠盐水溶液+0.1%百里酚蓝钠盐水溶液(1+1)	8.3*	黄	玫红	紫
0.1%酚酞乙醇溶液+0.1% α-萘酚酞乙醇溶液(3+1)	8.9	浅玫红	浅绿	紫
0.1%酚酞 50%乙醇溶液+0.1%百里酚蓝 50%乙醇溶液(3+1)	9.0*	黄	绿	紫
0.1%酚酞乙醇溶液+0.1%百里酚酞乙醇溶液(1+1)	9.9	无	玫红	紫
0.1%酚酞乙醇溶液+0.2%尼罗蓝乙醇溶液(1+2)	10.0*	蓝	紫	红
0.1%百里酚酞乙醇溶液+0.1%茜素黄乙醇溶液(2+1)	10.2	黄	—	紫
0.2%尼罗蓝水溶液+0.1%茜素黄水溶液(2+1)	10.8	绿	—	棕红

*表明该指示剂颜色变化敏锐，是理想指示剂。

附录 3　常见弱酸弱碱的解离常数

酸	化学式	pK_{a1}	K_{a1}	pK_{a2}	K_{a2}	pK_{a3}	K_{a3}
氢氟酸	HF	3.18	6.6×10^{-4}				
亚硝酸	HNO_2	3.29	5.1×10^{-4}				
次氯酸	HClO	7.52	3.0×10^{-8}				
氢氰酸	HCN	9.21	6.2×10^{-10}				
亚砷酸	$HAsO_2$	9.22	6.0×10^{-10}				
硼酸	H_3BO_3	9.24	5.8×10^{-10}				
过氧化氢	H_2O_2	11.74	1.8×10^{-12}				
硫酸	H_2SO_4			1.92	1.0×10^{-2}		
铬酸	H_2CrO_4	0.74	1.8×10^{-1}				

续表

酸	化学式	pK_{a1}	K_{a1}	pK_{a2}	K_{a2}	pK_{a3}	K_{a3}
亚磷酸	H_3PO_3	1.30	5.0×10^{-2}				
砷酸	H_3AsO_4	2.20	6.3×10^{-3}	7.00	1.0×10^{-7}	11.50	3.2×10^{-12}
焦硼酸	$H_2B_4O_7$	4.0	1.0×10^{-4}	9.0	1.0×10^{-9}		
碳酸	H_2CO_3	6.38	4.2×10^{-7}	10.25	5.6×10^{-11}		
磷酸	H_3PO_4	2.16	7.6×10^{-3}	7.21	6.3×10^{-8}	12.32	4.4×10^{-13}
焦磷酸	$H_4P_2O_7$	1.52	3.0×10^{-2}	2.36	4.4×10^{-3}	6.60	2.5×10^{-7}
氢硫酸	H_2S	6.88	1.3×10^{-7}	14.15	7.1×10^{-15}		
亚硫酸	H_2SO_3	1.90	1.3×10^{-2}	7.20	6.3×10^{-8}		
硅酸	H_2SiO_3	9.77	1.7×10^{-10}	11.8	1.6×10^{-12}		
甲酸	HCOOH	3.74	1.8×10^{-4}				
乙酸	CH_3COOH	4.74	1.8×10^{-5}				
一氯乙酸	$CH_2ClCOOH$	2.86	1.4×10^{-3}				
二氯乙酸	$CHCl_2COOH$	1.30	5.0×10^{-2}				
三氯乙酸	CCl_3COOH	0.64	0.23				
氨基乙酸	$^{+}NH_3CH_2COOH$	2.35	4.5×10^{-3}	9.60	2.5×10^{-10}		
抗坏血酸	$C_6H_8O_6$	4.30	5.0×10^{-5}	9.82	1.5×10^{-10}		
乳酸	$CH_3CHOHCOOH$	3.89	1.4×10^{-4}				
苯甲酸	C_6H_5COOH	4.21	6.2×10^{-5}				
草酸	$H_2C_2O_4$	1.22	5.9×10^{-2}	4.19	6.4×10^{-5}		
酒石酸	$[CH(OH)COOH]_2$	3.04	9.1×10^{-4}	4.37	4.3×10^{-5}		
邻苯二甲酸	$C_6H_4(COOH)_2$	2.95	1.1×10^{-3}	5.41	3.9×10^{-6}		
碱	化学式	pK_{b1}	K_{b1}	pK_{b2}	K_{b2}	pK_{b3}	K_{b3}
氨	NH_3	4.74	1.8×10^{-5}				
联氨	H_2NNH_2	6.01	9.8×10^{-7}	14.88	1.3×10^{-15}		
羟胺	NH_2OH	8.04	9.1×10^{-6}				

续表

碱	化学式	pK_{b1}	K_{b1}	pK_{b2}	K_{b2}	pK_{b3}	K_{b3}
甲胺	CH_3NH_2	3.38	4.2×10^{-4}				
乙胺	$C_2H_5NH_2$	3.37	4.3×10^{-4}				
二甲胺	$(CH_3)_2NH$	3.92	1.2×10^{-4}				
二乙胺	$(C_2H_5)_2NH$	2.89	1.3×10^{-3}				
乙醇胺	$HOCH_2CH_2NH_2$	4.50	3.2×10^{-5}				
三乙醇胺	$(HOCH_2CH_2)_3N$	6.26	5.8×10^{-7}				
六次甲基四胺	$(CH_2)_6N_4$	8.85	1.4×10^{-9}				
吡啶	C_5H_5N	8.74	1.7×10^{-9}				

附录 4　一些离子的离子体积参数（$\mathring{a}$）和活度系数（γ）

离子	$\mathring{a}$/nm	γ			
		离子强度			
		0.005	0.01	0.05	0.1
H^+	0.9	0.934	0.914	0.854	0.826
Li^+, $C_6H_5COO^-$	0.6	0.930	0.907	0.834	0.796
Na^+, HCO_3^-, IO_3^-, $H_2PO_4^-$, Ac^-	0.4	0.927	0.902	0.817	0.770
$HCOO^-$, ClO_3^-, ClO_4^-, F^-, MnO_4^-, OH^-, SH^-	0.35	0.926	0.900	0.812	0.762
K^+, Br^-, CN^-, Cl^-, I^-, NO_3^-, NO_2^-	0.3	0.925	0.899	0.807	0.754
Ag^+, Cs^+, NH_4^+, Rb^+, Tl^+	0.25	0.925	0.897	0.802	0.745
Be^{2+}, Mg^{2+}	0.8	0.756	0.690	0.517	0.446
Ca^{2+}, Cu^{2+}, Zn^{2+}, Fe^{2+}, $C_6H_4(COO)_2^{2-}$	0.6	0.748	0.676	0.484	0.402
Ba^{2+}, Cd^{2+}, Hg^{2+}, Pb^{2+}, S^{2-}, $C_2O_4^{2-}$	0.5	0.743	0.669	0.465	0.377
Hg_2^{2+}, CrO_4^{2-}, HPO_4^{2-}, SO_4^{2-}	0.4	0.738	0.661	0.445	0.351
Al^{3+}, Cr^{3+}, Fe^{3+}, La^{3+}	0.9	0.540	0.443	0.242	0.179
Cit^{3-}(柠檬酸根离子)	0.5	0.513	0.404	0.179	0.112
$[Fe(CN)_6]^{3-}$, PO_4^{3-}	0.4	0.505	0.394	0.162	0.095
Ce^{4+}, Th^{4+}, Zr^{4+}	1.1	0.348	0.253	0.099	0.063
$[Fe(CN)_6]^{4-}$	0.5	0.305	0.200	0.047	0.020

附录 5　常见金属指示剂

指示剂	解离常数	滴定元素	颜色变化	配制方法
酸性铬蓝 K	$pK_{a1}=6.7$ $pK_{a2}=10.2$ $pK_{a3}=14.6$	Mg（pH 10） Ca（pH 12）	红～蓝	0.1%乙醇溶液
钙指示剂	$pK_{a1}=3.8$ $pK_{a2}=9.4$ $pK_{a3}=13～14$	Ca（pH 12～13）	酒红～蓝	与 NaCl 按 1∶100 的质量比混合
铬黑 T	$pK_{a1}=3.9$ $pK_{a2}=6.4$ $pK_{a3}=11.5$	Ca（pH 10，加入 EDTA-Mg） Mg（pH 10） Pb（pH 10，加入酒石酸钾） Zn（pH 6.8～10）	红～蓝 红～蓝 红～蓝 红～蓝	与 NaCl 按 1∶100 的质量比混合
紫脲酸铵	$pK_{a1}=1.6$ $pK_{a2}=8.7$ $pK_{a3}=10.3$ $pK_{a4}=13.5$ $pK_{a5}=14$	Ca（pH> 10，25%乙醇） Cu（pH 7～8） Ni（pH 8.5～11.5）	红～紫 黄～蓝 黄～紫红	与 NaCl 按 1∶100 的质量比混合
o-PAN	$pK_{a1}=2.9$ $pK_{a2}=11.2$	Cu（pH 6） Zn（pH 5～7）	红～黄 粉红～黄	0.1%乙醇溶液
磺基水杨酸	$pK_{a1}=2.6$ $pK_{a2}=11.7$	Fe(Ⅲ)（pH 1.5～3）	红紫～黄	1%～2%水溶液
二甲酚橙	$pK_{a1}=1.6$ $pK_{a2}=8.7$ $pK_{a3}=10.3$ $pK_{a4}=13.5$ $pK_{a5}=14$	Bi（pH 1～2） La（pH 5～6） Pb（pH 5～6） Zn（pH 5～6）	红～黄	0.5%乙醇溶液

附录 6　常见金属配合物的稳定常数

金属离子	离子强度	n	$\lg\beta_n$
氨配合物			
Ag^+	0.1	1，2	3.40，7.40
Cd^{2+}	0.1	1，…，6	2.60，4.65，6.04，6.92，6.6，4.9
Co^{2+}	0.1	1，…，6	2.05，3.62，4.61，5.31，5.43，4.75

续表

金属离子	离子强度	n	$\lg\beta_n$
氨配合物			
Cu^{2+}	2	1，…，4	4.13，7.61，10.48，12.59
Ni^{2+}	0.1	1，…，6	2.75，4.95，6.64，7.79，8.5，8.49
Zn^{2+}	0.1	1，…，6	2.27，4.61，7.01，9.06
羟基配合物			
Ag^{+}	0	1，2，3	2.3，3.6，4.8
Al^{3+}	2	4	33.3
Bi^{3+}	3	1	12.4
Cd^{2+}	3	1，…，4	4.3，7.7，10.3，12.0
Cu^{2+}	0	1	6.0
Fe^{2+}	1	1	4.5
Fe^{3+}	3	1，2	11.0，21.7
Mg^{2+}	0	1	2.6
Ni^{2+}	0.1	1	4.6
Pb^{2+}	0.3	1，…，3	6.2，10.3，13.3
Zn^{2+}	0	1，…，4	4.4，—，14.4，15.5
Zr^{4+}	4	1，…，4	13.8，27.2，40.2，2.53
氟配合物			
Al^{3+}	0.53	1，…，6	6.1，11.5，15.0，17.7，19.4，19.7
Fe^{3+}	0.5	1，2，3	5.2，9.2，11.9
Sn^{4+}	不确定	6	25
Th^{4+}	0.5	1，2，3	7.7，13.5，18.0
TiO^{2+}	3	1，…，4	5.4，9.8，13.7，17.4
Zr^{4+}	2	1，2，3	8.81，6.1，21.9
氯配合物			
Ag^{+}	0.2	1，…，4	2.9，4.7，5.0，5.9
Hg^{2+}	0.5	1，…，4	6.7，13.2，14.1，15.1
氰配合物			
Ag^{+}	0～0.3	1，…，4	—，21.1，21.8，20.7
Cd^{2+}	3	1，…，4	5.5，10.6，15.3，18.9
Cu^{2+}	0	1，…，4	—，24.0，28.6，30.3
Fe^{2+}	0	6	35.4
Fe^{3+}	0	6	43.6
Hg^{2+}	0.1	1，…，4	18.0，34.7，38.5，41.5
Ni^{2+}	0.1	4	31.3

续表

金属离子	离子强度	n	$\lg\beta_n$
氰配合物			
Zn^{2+}	0.1	4	16.7
硫氰配合物			
Fe^{3+}	不确定	1，…，5	2.3，4.2，5.6，6.4，6.4
Hg^{2+}	1	1，…，4	—，24.0，28.6，30.3
硫代硫酸配合物			
Ag^{+}	0	1，2	8.82，13.5
Hg^{2+}	0	1，2	29.86，32.26
柠檬酸配合物			
Al^{3+}	0.5	1	20.2
Cu^{2+}	0.5	1	18
Fe^{3+}	0.5	1	25
Ni^{2+}	0.5	1	14.3
Pb^{2+}	0.5	1	12.3
Zn^{2+}	0.5	1	11.4
磺基水杨酸配合物			
Al^{3+}	0.1	1，2，3	12.9，22.9，29.0
Fe^{3+}	3	1，2，3	14.4，25.2，32.2
乙酰丙酮配合物			
Al^{3+}	0.1	1，2，3	8.1，15.7，21.2
Cu^{2+}	0.1	1，2	7.8，14.3
Fe^{3+}	0.1	1，2，3	9.3，17.9，25.1
碘配合物			
Cd^{2+}	不确定	1，…，4	2.4，3.4，5.0，6.15
Hg^{2+}	0.5	1，…，4	12.9，23.8，27.6，29.8
邻二氮菲配合物			
Ag^{+}	0.1	1，2	5.02，12.07
Cd^{2+}	0.1	1，2，3	6.4，11.6，15.8
Co^{2+}	0.1	1，2，3	7.0，13.7，20.1
Cu^{2+}	0.1	1，2，3	9.1，15.8，21.0
Fe^{2+}	0.1	1，2，3	5.9，11.1，21.3
Hg^{2+}	0.1	1，2，3	—，19.65，23.35
Ni^{2+}	0.1	1，2，3	8.8，17.1，24.8
Zn^{2+}	0.1	1，2，3	6.41，2.15，17.0

续表

金属离子	离子强度	n	$\lg\beta_n$
乙二胺配合物			
Ag^+	0.1	1，2	4.7，7.7
Cd^{2+}	0.1	1，2	5.47，10.02
Cu^{2+}	0.1	1，2	10.55，19.60
Co^{2+}	0.1	1，2，3	5.89，10.72，13.82
Hg^{2+}	0.1	2	23.42
Ni^{2+}	0.1	1，2，3	7.66，14.06，18.59
Zn^{2+}	0.1	1，2，3	5.71，10.37，12.08

附录 7　金属离子与氨羧配位剂配合物的稳定常数

金属离子	EDTA			EGTA		HEDTA	
	$\lg K^{H}$(MHL)	$\lg K$(ML)	$\lg K^{OH}$(MOHL)	$\lg K^{H}$(MHL)	$\lg K$(ML)	$\lg K$(ML)	$\lg K^{OH}$(MOHL)
Ag^+	6.0	7.3					
Al^{3+}	2.5	16.1	8.1				
Ba^{2+}	4.6	7.8		5.4	8.4	6.2	
Bi^{3+}		27.9					
Ca^{2+}	3.1	10.7		3.8	11.1	8.0	
Ce^{3+}		16.0					
Cd^{2+}	2.9	16.5		3.5	15.6	13.2	
Co^{2+}	3.1	16.3			12.3	14.4	
Co^{3+}	1.3	36					
Cr^{3+}	2.3	23	6.6				
Cu^{2+}	3.0	18.8	2.5	4.4	17	17.4	
Fe^{2+}	2.8	14.3				12.2	5.0
Fe^{3+}	1.4	25.1	6.5			19.8	10.1
Hg^{2+}	3.1	21.8	4.9	3.0	23.4	20.1	
La^{3+}		15.4			15.6	13.2	
Mg^{2+}	3.9	8.7			5.2	5.2	
Mn^{2+}	3.1	14.0		5.0	11.5	10.7	
Ni^{2+}	3.2	18.6		6.0	12.0	17.0	
Pb^{2+}	2.8	18.0		5.3	13.0	15.5	
Sn^{2+}		22.1					
Sr^{2+}	3.9	8.6		5.4	8.5	6.8	
Th^{4+}		23.2					8.6
Ti^{3+}		21.3					
TiO^{2+}		17.3					
Zn^{2+}	3.0	16.5		5.2	12.8	14.5	

附录 8　一些配位滴定剂、掩蔽剂、缓冲剂阴离子的 $\lg\alpha_{A(H)}$

pH	EDTA	HEDTA	NH_3	CN^-	F^-
0	24.0	17.9	9.4	9.2	3.05
1	18.3	15.0	8.4	8.2	2.05
2	13.8	12.0	7.4	7.2	1.1
3	10.8	9.4	6.4	6.2	0.3
4	8.6	7.2	5.4	5.2	0.05
5	6.6	8.3	4.4	4.2	
6	4.8	3.9	3.4	3.2	
7	3.4	2.8	2.4	2.2	
8	2.3	1.8	1.4	1.2	
9	1.4	0.9	0.5	0.4	
10	0.5	0.2	0.1	0.1	
11	0.1				
12					
13					
酸的形成常数					
$\lg K_1$	10.34	9.81	9.4	9.2	3.1
$\lg K_2$	6.24	5.41			
$\lg K_3$	2.75	2.72			
$\lg K_4$	2.07				
$\lg K_5$	1.6				
$\lg K_6$	0.9				

附录 9　一些金属离子的 $\lg\alpha_{M(OH)}$

金属离子	离子强度	pH													
		1	2	3	4	5	6	7	8	9	10	11	12	13	14
Al^{3+}	2					0.4	1.3	5.3	9.3	13.3	17.3	21.3	25.3	29.3	33.3
Bi^{3+}	3	0.1	0.5	1.4	2.4	3.4	4.4	5.4							
Ca^{2+}	0.1													0.3	1.0
Cd^{2+}	3									0.1	0.5	2.0	4.5	8.1	12.0
Co^{2+}	0.1								0.1	0.4	1.1	2.2	4.2	7.2	10.2
Cu^{2+}	0.1								0.2	0.8	1.7	2.7	3.7	4.7	5.7
Fe^{2+}	1									0.1	0.6	1.5	2.5	3.5	4.5
Fe^{3+}	3			0.4	1.8	3.7	5.7	7.7	9.7	11.7	13.7	15.7	17.7	19.7	21.7
Hg^{2+}	0.1			0.5	1.9	3.9	5.9	7.9	9.9	11.9	13.9	15.9	17.9	19.9	21.9
La^{3+}	3										0.3	1.0	1.9	2.9	3.9
Mg^{2+}	0.1											0.1	0.5	1.3	2.3

续表

金属离子	离子强度	pH													
		1	2	3	4	5	6	7	8	9	10	11	12	13	14
Mn^{2+}	0.1										0.1	0.5	1.4	2.4	3.4
Ni^{2+}	0.1									0.1	0.7	1.6			
Pb^{2+}	0.1							0.1	0.5	1.4	2.7	4.7	7.4	10.4	13.4
Th^{4+}	1				0.2	0.8	1.7	2.7	3.7	4.7	5.7	6.7	7.7	8.7	9.7
Zn^{2+}	0.1									0.2	2.4	5.4	8.5	11.8	15.5

附录 10 金属指示剂的 $\lg\alpha_{In(H)}$ 及 $(pM)_t$

铬黑 T

pH	6.0	7.0	8.0	9.0	10.0	11.0	12.0	13.0	稳定常数
$\lg\alpha_{In(H)}$	6.0	4.6	3.6	2.6	1.6	0.7	0.1		$\lg K^H(HIn)$11.5，$\lg K^H(H_2In)$6.4
$(pCa)_t$（至红）			1.8	2.8	3.8	4.7	5.3	5.4	$\lg K(CaIn)$5.4
$(pMg)_t$（至红）	1.0	2.4	3.4	4.4	5.4	6.3			$\lg K(MgIn)$7.0
$(pZn)_t$（至红）	6.9	8.3	9.3	10.5	12.2	13.9			$\lg\beta(ZnIn)$12.9，$\lg\beta(ZnIn_2)$20.0

紫脲酸铵

pH	6.0	7.0	8.0	9.0	10.0	11.0	12.0	13.0	稳定常数
$\lg\alpha_{In(H)}$	7.7	5.7	3.7	1.9	0.7	0.1			$\lg K^H(HIn)$10.5
$\lg\alpha_{HIn(H)}$	3.2	2.2	1.2	0.4	0.2	0.6	1.5		$\lg K^H(H_2In)$9.2
$(pCa)_t$（至红）		2.6	2.8	3.4	4.0	4.6	5.0		$\lg K(CaIn)$5.0
$(pMg)_t$（至红）	6.4	8.2	10.2	12.2	13.6	15.8	17.9		
$(pZn)_t$（至红）	4.6	5.2	6.2	7.8	9.3	10.3	11.3		

二甲酚橙

pH	1.0	2.0	3.0	4.0	4.5	5.0	5.5	6.0
$(pBi)_t$（至红）	4.0	5.4	6.8					
$(pCd)_t$（至红）					4.0	4.5	5.0	5.5
$(pHg)_t$（至红）						7.4	8.2	9.0
$(pLa)_t$（至红）					4.0	4.5	5.0	5.6
$(pPb)_t$（至红）			4.2	4.8	6.2	7.0	7.6	8.2
$(pTh)_t$（至红）	3.6	4.9	6.3					
$(pZn)_t$（至红）					4.1	4.8	5.7	6.5
$(pZr)_t$（至红）	7.5							

PAN

pH	4.0	5.0	6.0	7.0	8.0	9.0	10.0	11.0	稳定常数
$\lg\alpha_{In(H)}$	8.2	7.2	6.2	5.2	4.2	3.2	2.2	1.2	$\lg K^H(HIn)12.2$，$\lg K^H(H_2In)1.9$
$(pCu)_t$（至红）	7.8	8.8	9.8	10.8	11.8	12.8	13.8	14.8	$\lg K(CuIn)16.0$

附录 11　常见电对的标准电极电位（$\varphi^{\ominus}$，18～25℃）

电极反应	$\varphi^{\ominus}$ /V
$F_2 + 2e^- = 2F^-$	+2.87
$O_3 + 2H^+ + 2e^- = O_2 + H_2O$	+2.07
$S_2O_8^{2-} + 2e^- = 2SO_4^{2-}$	+2.01
$H_2O_2 + 2H^+ + 2e^- = 2H_2O$	+1.77
$2HClO + 2H^+ + 2e^- = Cl_2 + 2H_2O$	+1.63
$Ce^{4+} + e^- = Ce^{3+}$	+1.61
$2BrO_3^- + 12H^+ + 10e^- = Br_2 + 6H_2O$	+1.52
$MnO_4^- + 8H^+ + 5e^- = Mn^{2+} + 4H_2O$	+1.51
$2ClO_3^- + 12H^+ + 10e^- = Cl_2 + 6H_2O$	+1.47
PbO_2(固)$ + 4H^+ + 2e^- = Pb^{2+} + 2H_2O$	+1.46
$BrO_3^- + 6H^+ + 6e^- = Br^- + 3H_2O$	+1.44
$Cl_2 + 2e^- = 2Cl^-$	+1.358
$Cr_2O_7^{2-} + 14H^+ + 6e^- = 2Cr^{3+} + 7H_2O$	+1.33
MnO_2(固)$ + 4H^+ + 2e^- = Mn^{2+} + 2H_2O$	+1.23
$O_2 + 4H^+ + 4e^- = 2H_2O$	+1.229
$2IO_3^- + 12H^+ + 10e^- = I_2 + 6H_2O$	+1.19
$Br_2 + 2e^- = 2Br^-$	+1.08
$HNO_2 + H^+ + e^- = NO + H_2O$	+0.98
$VO_2^+ + 2H^+ + e^- = VO^{2+} + H_2O$	+0.999
$NO_3^- + 3H^+ + 2e^- = HNO_2 + H_2O$	+0.94
$Hg^{2+} + 2e^- = Hg$	+0.845
$Ag^+ + e^- = Ag$	+0.7994
$Hg_2^{2+} + 2e^- = 2Hg$	+0.792
$Fe^{3+} + e^- = Fe^{2+}$	+0.771
$O_2 + 2H^+ + 2e^- = H_2O_2$	+0.69

续表

电极反应	$\varphi^{\ominus}$ /V
$2HgCl_2 + 2e^- \rightleftharpoons Hg_2Cl_2 + 2Cl^-$	+0.63
$MnO_4^- + 2H_2O + 3e^- \rightleftharpoons MnO_2 + 4OH^-$	+0.588
$MnO_4^- + e^- \rightleftharpoons MnO_4^{2-}$	+0.57
$H_3AsO_4 + 2H^+ + 2e^- \rightleftharpoons HAsO_2 + 2H_2O$	+0.56
$I_3^- + 2e^- \rightleftharpoons 3I^-$	+0.54
I_2(固)$+ 2e^- \rightleftharpoons 2I^-$	+0.535
$Cu^+ + e^- \rightleftharpoons Cu$	+0.52
$[Fe(CN)_6]^{3-} + e^- \rightleftharpoons [Fe(CN)_6]^{4-}$	+0.355
$Cu^{2+} + 2e^- \rightleftharpoons Cu$	+0.34
$Hg_2Cl_2 + 2e^- \rightleftharpoons 2Hg + 2Cl^-$	+0.268
$SO_4^{2-} + 4H^+ + 2e^- \rightleftharpoons H_2SO_3 + H_2O$	+0.17
$Cu^{2+} + e^- \rightleftharpoons Cu^+$	+0.17
$Sn^{4+} + 2e^- \rightleftharpoons Sn^{2+}$	+0.15
$S + 2H^+ + 2e^- \rightleftharpoons H_2S$	+0.14
$S_4O_6^{2-} + 2e^- \rightleftharpoons 2S_2O_3^{2-}$	+0.09
$2H^+ + 2e^- \rightleftharpoons H_2$	0.00
$Pb^{2+} + 2e^- \rightleftharpoons Pb$	−0.126
$Sn^{2+} + 2e^- \rightleftharpoons Sn$	−0.14
$Ni^{2+} + 2e^- \rightleftharpoons Ni$	−0.25
$PbSO_4$(固)$+ 2e^- \rightleftharpoons Pb + SO_4^{2-}$	−0.356
$Cd^{2+} + 2e^- \rightleftharpoons Cd$	−0.403
$Fe^{2+} + 2e^- \rightleftharpoons Fe$	−0.44
$S + 2e^- \rightleftharpoons S^{2-}$	−0.48
$2CO_2 + 2H^+ + 2e^- \rightleftharpoons H_2C_2O_4$	−0.49
$Zn^{2+} + 2e^- \rightleftharpoons Zn$	−0.7628
$SO_4^{2-} + H_2O + 2e^- \rightleftharpoons SO_3^{2-} + 2OH^-$	−0.93
$Al^{3+} + 3e^- \rightleftharpoons Al$	−1.66
$Mg^{2+} + 2e^- \rightleftharpoons Mg$	−2.37
$Na^+ + e^- \rightleftharpoons Na$	−2.713
$Ca^{2+} + 2e^- \rightleftharpoons Ca$	−2.87
$K^+ + e^- \rightleftharpoons K$	−2.925

附录 12　一些氧化还原电对的条件电位（$\varphi^{\ominus\prime}$, 18～25℃）

电极反应	$\varphi^{\ominus\prime}$/V	介质
$Ag^+ + e^- = Ag$	2.00	$4\ mol \cdot L^{-1}\ HClO_4$
	1.93	$3\ mol \cdot L^{-1}\ HNO_3$
$Ce(IV) + e^- = Ce(III)$	1.74	$1\ mol \cdot L^{-1}\ HClO_4$
	1.60	$1\ mol \cdot L^{-1}\ HNO_3$
	1.45	$0.5\ mol \cdot L^{-1}\ H_2SO_4$
	1.28	$1\ mol \cdot L^{-1}\ HCl$
$Co(III) + e^- = Co(II)$	1.95	$4\ mol \cdot L^{-1}\ HClO_4$
	1.86	$1\ mol \cdot L^{-1}\ HNO_3$
$Cr_2O_7^{2-} + 14H^+ + 6e^- = 2Cr^{3+} + 7H_2O$	1.03	$1\ mol \cdot L^{-1}\ HClO_4$
	1.15	$4\ mol \cdot L^{-1}\ H_2SO_4$
	1.00	$1\ mol \cdot L^{-1}\ HCl$
$Fe(III) + e^- = Fe(II)$	0.75	$1\ mol \cdot L^{-1}\ HClO_4$
	0.70	$1\ mol \cdot L^{-1}\ HCl$
	0.68	$1\ mol \cdot L^{-1}\ H_2SO_4$
	0.51	$1\ mol \cdot L^{-1}\ HCl\text{-}0.25\ mol \cdot L^{-1}\ H_3PO_4$
$[Fe(CN)_6]^{3-} + e^- = [Fe(CN)_6]^{4-}$	0.72	$1\ mol \cdot L^{-1}\ HClO_4$
	0.56	$0.1\ mol \cdot L^{-1}\ HCl$
$I_3^- + 2e^- = 3I^-$	0.545	$0.5\ mol \cdot L^{-1}\ H_2SO_4$
$Sn(IV) + 2e^- = Sn(II)$	0.14	$1\ mol \cdot L^{-1}\ HCl$
$Sb(V) + 2e^- = Sb(III)$	0.75	$3.5\ mol \cdot L^{-1}\ HCl$
$SbO_3^- + H_2O + 2e^- = SbO_2^- + 2OH^-$	−0.43	$3\ mol \cdot L^{-1}\ KOH$
$Ti(IV) + e^- = Ti(III)$	−0.01	$0.2\ mol \cdot L^{-1}\ H_2SO_4$
	0.15	$5\ mol \cdot L^{-1}\ H_2SO_4$
	0.10	$3\ mol \cdot L^{-1}\ HCl$
$V(V) + e^- = V(IV)$	0.94	$1\ mol \cdot L^{-1}\ H_3PO_4$
$U(VI) + 2e^- = U(IV)$	0.35	$1\ mol \cdot L^{-1}\ HCl$

附录 13　常用氧化还原指示剂

指示剂	$\varphi^{\ominus\prime}(In)$/V $[H^+]=1\ mol \cdot L^{-1}$	颜色变化		配制方法
		还原态	氧化态	
次甲基蓝	+0.52	无	蓝	0.05%水溶液
二苯胺磺酸钠	+0.85	无	紫红	0.8 g 指示剂和 2 g Na_2CO_3，加水稀释至 100 mL
邻苯氨基苯甲酸	+0.89	无	紫红	0.11 g 指示剂溶于 20 mL 5% Na_2CO_3 中，加水稀释至 100 mL
邻二氮菲亚铁	+1.06	红	浅蓝	1.485 g 邻二氮菲和 0.695 g $FeSO_4 \cdot 7H_2O$，加水稀释至 100 mL

附录 14　常用预氧化剂和预还原剂

预氧化剂或预还原剂	反应条件	主要用途	过量试剂除去方法
$(NH_4)_2S_2O_8$	酸性，银催化	$Mn^{2+} \longrightarrow MnO_4^-$ $Cr^{3+} \longrightarrow Cr_2O_7^{2-}$ $Ce^{3+} \longrightarrow Ce^{4+}$ $VO^{2+} \longrightarrow VO_3^-$	煮沸分解
Na_2BiO_3	酸性	同上	过滤除去
$KMnO_4$	酸性	$VO^{2+} \longrightarrow VO_3^-$	加 $NaNO_2$ 和尿素
H_2O_2	碱性	$Cr^{3+} \longrightarrow CrO_4^{2-}$	煮沸分解（Ni^{2+} 催化）
Cl_2, Br_2	酸性或中性	$I^- \longrightarrow IO_3^-$	煮沸除去，或加苯酚除溴
锌汞齐还原器 （Jones 还原器）	酸性	$Fe^{3+} \longrightarrow Fe^{2+}$ $Ti(IV) \longrightarrow Ti(III)$ $VO_3^- \longrightarrow V^{2+}$ $Sn(IV) \longrightarrow Sn(II)$ $Cr^{3+} \longrightarrow Cr^{2+}$	注：由于氢在汞上有很大的超电势，在酸性溶液中使用锌汞齐不致产生 H_2
银还原器	HCl 介质	$Fe^{3+} \longrightarrow Fe^{2+}$ $U(VI) \longrightarrow U(IV)$	注：Cr^{3+}、Ti(IV) 不被还原，在用 $K_2Cr_2O_7$ 滴定 Fe^{2+}时不产生干扰
Zn，Al	酸性	$Sn(IV) \longrightarrow Sn(II)$ $Ti(IV) \longrightarrow Ti(III)$	过滤或加酸溶解
$SnCl_2$	酸性加热	$Fe^{3+} \longrightarrow Fe^{2+}$ $As(V) \longrightarrow As(III)$ $Mo(VI) \longrightarrow Mo(V)$	加 $HgCl_2$ 氧化
$TiCl_3$	酸性	$Fe^{3+} \longrightarrow Fe^{2+}$	水稀释，Cu^{2+}催化空气氧化
SO_2	中性或弱酸性	$Fe^{3+} \longrightarrow Fe^{2+}$ $As(V) \longrightarrow As(III)$ $Sb(V) \longrightarrow Sb(III)$	煮沸或通 CO_2 气流

附录 15　微溶化合物的溶度积（18～25℃）

微溶化合物	$I=0$		$I=0.1$	
	K_{sp}	pK_{sp}	K_{sp}	pK_{sp}
AgAc	2×10^{-3}	2.7	8×10^{-3}	2.1
AgCl	1.8×10^{-10}	9.75	3.2×10^{-10}	9.50
AgBr	4.95×10^{-13}	12.31	8.7×10^{-13}	12.06
AgI	8.3×10^{-17}	16.08	1.48×10^{-16}	15.83
Ag_2CrO_4	2.0×10^{-12}	11.70	5×10^{-12}	11.3
AgSCN	1.07×10^{-12}	11.97	2×10^{-12}	11.7
Ag_2CO_3	8.1×10^{-12}	11.09		
AgCN	1.2×10^{-16}	15.92		
Ag_2S	6×10^{-50}	49.2	6×10^{-49}	48.2
Ag_2SO_4	1.58×10^{-5}	4.80	8×10^{-5}	4.1
$Ag_2C_2O_4$	1×10^{-11}	11.0	4×10^{-11}	10.4
Ag_3AsO_4	1.12×10^{-20}	19.95	1.3×10^{-19}	18.9
Ag_3PO_4	1.45×10^{-16}	15.84	2×10^{-15}	14.7
AgOH	1.9×10^{-8}	7.71	3×10^{-8}	7.5
$Al(OH)_3$（无定形）	4.6×10^{-33}	32.34	3×10^{-32}	31.5
As_2S_3	2.1×10^{-22}	21.68		
$BaCrO_4$	1.17×10^{-10}	9.93	8×10^{-10}	9.1
$BaCO_3$	4.9×10^{-9}	8.31	3×10^{-8}	7.5
BaC_2O_4	1.6×10^{-7}	6.79	1×10^{-6}	6
BaF_2	1.05×10^{-6}	5.98	5×10^{-6}	5.3
$BaSO_4$	1.07×10^{-10}	9.97	6×10^{-10}	9.2
$Bi(OH)_3$	4×10^{-31}	30.4		
$Bi(OH)_2Cl$	1.8×10^{-31}	30.75		
Bi_2S_3	1×10^{-97}	97.0		
$Ca(OH)_2$	5.5×10^{-6}	5.26	1.3×10^{-5}	4.9
$CaCO_3$	3.8×10^{-9}	8.42	3×10^{-8}	7.5
CaC_2O_4	2.3×10^{-9}	8.64	1.6×10^{-8}	7.8
CaF_2	3.4×10^{-11}	10.47	1.6×10^{-10}	9.8
$Ca_3(PO_4)_2$	1×10^{-26}	26.0	1×10^{-23}	23
$CaSO_4$	2.4×10^{-5}	4.62	1.6×10^{-4}	3.8
$CaWO_4$	8.7×10^{-9}	8.06		
$CdCO_3$	3×10^{-14}	13.5	1.6×10^{-13}	12.8
CdC_2O_4	1.51×10^{-8}	7.82	1×10^{-7}	7.0
$Cd[Fe(CN)_6]$	3.2×10^{-17}	16.49		
$Cd(OH)_2$（新析出）	3×10^{-14}	13.5	6×10^{-14}	13.2

续表

微溶化合物	$I=0$		$I=0.1$	
	K_{sp}	pK_{sp}	K_{sp}	pK_{sp}
CdS	8×10^{-27}	26.1	5×10^{-26}	25.3
$Ce(OH)_3$	6×10^{-21}	20.2	3×10^{-20}	19.5
$CePO_4$	2×10^{-24}	23.7		
$CoCO_3$	1.4×10^{-13}	12.84		
$Co_2[Fe(CN)_6]$	1.8×10^{-15}	14.74		
$Co(OH)_2$（新析出）	1.6×10^{-15}	14.8	4×10^{-15}	14.4
$Co(OH)_3$	2×10^{-44}	43.7		
α-CoS	4×10^{-21}	20.4	3×10^{-20}	19.5
β-CoS	2×10^{-25}	24.7	1.3×10^{-24}	23.9
$Co[Hg(SCN)_4]$	1.5×10^{-8}	5.82		
$Co_3(PO_4)_2$	2×10^{-35}	34.7		
$Cr(OH)_3$	1×10^{-31}	31.0	5×10^{-31}	30.3
CuI	1.10×10^{-12}	11.96	2×10^{-12}	11.7
$CuBr$	5.2×10^{-9}	8.28		
$CuCl$	1.2×10^{-3}	5.92		
$CuCN$	3.2×10^{-20}	19.49		
$CuOH$	1×10^{-14}	14.0		
Cu_2S	2×10^{-48}	47.7		
$CuCO_3$	1.4×10^{-10}	9.86		
$CuSCN$	4.8×10^{-15}	14.32	2×10^{-13}	12.7
CuS	6×10^{-36}	35.2	4×10^{-35}	34.4
$Cu(OH)_2$	2.6×10^{-19}	18.59	6×10^{-19}	18.2
$Fe(OH)_2$	8×10^{-16}	15.1	2×10^{-15}	14.7
$FeCO_3$	3.2×10^{-11}	10.50	2×10^{-10}	9.7
FeS	6×10^{-18}	17.2	4×10^{-17}	16.4
$Fe(OH)_3$	3×10^{-39}	38.5	1.3×10^{-38}	37.9
$FePO_4$	1.3×10^{-22}	21.89		
Hg_2Br_2	5.8×10^{-23}	22.24		
Hg_2CO_3	8.9×10^{-17}	16.05		
Hg_2Cl_2	1.32×10^{-18}	17.88	6×10^{-18}	17.2
HgS（黑）	1.6×10^{-52}	51.8	1×10^{-51}	51
HgS（红）	4×10^{-53}	52.4		
$Hg(OH)_2$	4×10^{-26}	25.4	1×10^{-25}	25.0
Hg_2I_2	4.5×10^{-29}	28.35		
Hg_2SO_4	7.4×10^{-7}	6.13		
Hg_2S	1×10^{-47}	47.0		
$KHC_2H_4O_6$	3×10^{-4}	3.5		

续表

微溶化合物	$I=0$		$I=0.1$	
	K_{sp}	pK_{sp}	K_{sp}	pK_{sp}
K_2PtCl_6	1.10×10^{-5}	4.96		
$La(OH)_3$（新析出）	1.6×10^{-19}	18.8	8×10^{-19}	18.1
$LaPO_4$			4×10^{-23}	22.4*
MgF_2	6.4×10^{-9}	8.19		
$MgCO_3$	1×10^{-5}	5.0	6×10^{-5}	4.2
MgC_2O_4	8.5×10^{-5}	4.07	5×10^{-4}	3.3
$Mg(OH)_2$	1.8×10^{-11}	10.74	4×10^{-11}	10.4
$MgNH_4PO_4$	3×10^{-13}	12.6		
$MnCO_3$	5×10^{-10}	9.30	3×10^{-9}	8.5
$Mn(OH)_2$	1.9×10^{-13}	12.72	5×10^{-13}	14.3
MnS（无定形）	3×10^{-10}	9.5	6×10^{-9}	8.8
MnS（晶形）	3×10^{-13}	12.5		
$Ni(OH)_2$（新析出）	2×10^{-15}	14.7	5×10^{-15}	14.3
α-NiS	3×10^{-19}	18.5		
β-NiS	1×10^{-24}	24.0		
γ-NiS	2×10^{-26}	25.7		
$NiCO_3$	6.6×10^{-9}	8.18		
$Ni_3(PO_4)_2$	5×10^{-31}	30.3		
$PbCO_3$	8×10^{-14}	13.1	5×10^{-13}	12.3
$PbCl_2$	1.6×10^{-5}	4.79	8×10^{-5}	4.1
$PbCrO_4$	1.8×10^{-14}	13.75	$1.3\times x10^{-13}$	12.9
PbI_2	6.5×10^{-9}	8.19	3×10^{-8}	7.5
PbClF	2.4×10^{-9}	8.62		
PbF_2	2.7×10^{-8}	7.57		
$PbMoO_4$	1×10^{-13}	13.0		
$Pb_3(PO_4)_2$	8.0×10^{-43}	42.10		
$Pb(OH)_2$	8.1×10^{-17}	16.09	2×10^{-16}	15.7
$Pb(OH)_4$	3×10^{-66}	65.5		
PbS	3×10^{-27}	26.6	1.6×10^{-26}	25.8
$PbSO_4$	1.7×10^{-8}	7.78	1×10^{-7}	7.0
$Sb(OH)_3$	4×10^{-42}	41.4		
Sb_2S_3	2×10^{-93}	92.8		
$Sn(OH)_2$	8×10^{-29}	28.1	2×10^{-28}	27.7
$Sn(OH)_4$	1×10^{-56}	56.0		
SnS	1×10^{-25}	25.0		
SnS_2	2×10^{-27}	26.7		
$SrCO_3$	9.3×10^{-10}	9.03	6×10^{-9}	8.2

续表

微溶化合物	$I = 0$		$I = 0.1$	
	K_{sp}	pK_{sp}	K_{sp}	pK_{sp}
SrC_2O_4	5.6×10^{-8}	7.25	3×10^{-7}	6.5
$SrCrO_4$	2.2×10^{-5}	4.65		
SrF_2	2.5×10^{-9}	8.61	1×10^{-8}	8.0
$SrSO_4$	3×10^{-7}	6.5	1.6×10^{-6}	5.8
$Sr_3(PO_4)_2$	4.1×10^{-28}	27.39		
$Th(C_2O_4)_2$	1×10^{-22}	22.0		
$Th(OH)_4$	1.3×10^{-45}	44.9	1×10^{-44}	44.0
$Ti(OH)_3$	1×10^{-40}	40.0		
$TiO(OH)_2$	1×10^{-29}	29.0	3×10^{-29}	28.5
$ZnCO_3$	1.7×10^{-11}	10.78	1×10^{-10}	10.0
$Zn_2[Fe(CN)_6]$	4.1×10^{-16}	15.39		
$Zn_3(PO_4)_2$	9.1×10^{-33}	32.04		
$Zn(OH)_2$（新析出）	2.1×10^{-16}	15.68	5×10^{-16}	15.3
α-ZnS	1.6×10^{-24}	23.8		
β-ZnS	5×10^{-25}	24.3		
$ZrO(OH)_2$	6×10^{-49}	48.2	1×10^{-47}	47.0

*$I = 0.5$。

附录 16　酸碱（配位）滴定误差图

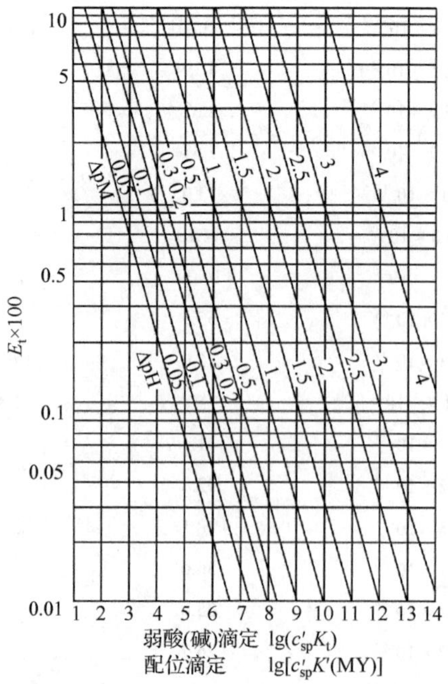

科学出版社 高等教育出版中心

教学支持说明

科学出版社高等教育出版中心为了对教师的教学提供支持，特对教师免费提供本教材的电子课件，以方便教师教学。

获取电子课件的教师需要填写如下情况的调查表，以确保本电子课件仅为任课教师获得，并保证只能用于教学，不得复制传播用于商业用途。否则，科学出版社保留诉诸法律的权利。

微信关注公众号“科学 EDU”，可在线申请教材课件。也可将本证明签字盖章、扫描后，发送到 chem@mail.sciencep.com，我们确认销售记录后立即赠送。

如果您对本书有任何意见和建议，也欢迎您告诉我们。意见一旦被采纳，我们将赠送书目，教师可以免费选书一本。

证　明

兹证明______________大学_____________学院/______系第______学年□上□下学期开设的课程，采用科学出版社出版的____________/______________（书名/作者）作为上课教材。任课教师为______________共_____________人，学生______个班共________人。

任课教师需要与本教材配套的电子教案。

电　话：________________________________

传　真：________________________________

E-mail：________________________________

地　址：________________________________

邮　编：________________________________

院长/系主任：___________（签字）

（学院/系办公室章）

____年___月___日